"十二五"全国高校动漫游戏专业课程权威教材

中文版 CorelDRAW X6 平面设计全实例

张丕军 杨顺花 朱梦莉 编著

50 种设计思路
50 幅范例制作流程图
50 个产品制作模板
50 个范例制作视频

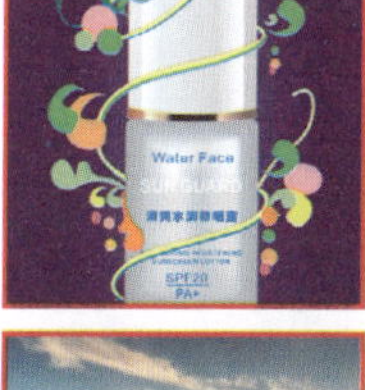

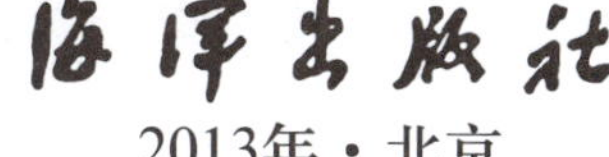

海洋出版社

2013年·北京

内 容 简 介

本书以 50 个典型范例的制作流程图、范例效果图、精彩应用效果图、具体操作步骤和视频教学，详细、完整、准确地介绍了 CorelDRAW X6 在平面设计领域的精彩应用。

全书分为 11 章，其中范例“开门见喜、健康、神奇巧手、瓜果节、Spring、LOVE YOU”介绍文字特效设计；范例“圆角矩形按钮、圆形按钮、导航按钮”介绍按钮设计；范例“卡通少女、卡通角色、苹果、装饰画-鱼”介绍了绘画技巧；范例“条形图案、对称图案、衣服图案”介绍了图案设计；范例“对讲机、化妆瓶”介绍了工业产品造型设计；范例“标志设计、挂牌设计、挂旗设计、桌面旗设计、路牌设计、路灯牌设计、店面设计”介绍 CI 视觉设计；范例“卷页效果、异象效果、天气效果-雪中虎、立方体的拼凑”介绍位图处理；范例“感恩回报、周年庆典、博览会广告牌、店庆宣传画”介绍商业 POP 广告设计；范例“戏曲海报、房地产广告、推广海报、商场宣传广告、服饰周年庆典海报、互联星空广告、化妆品广告设计”介绍广告与海报设计；范例“酒类标签设计、矿泉水标签设计、CD 盒封面设计、包装设计、包装立体效果”介绍包装设计；最后以范例“酒店 VIP 卡设计、摄影礼券设计、贺卡设计、播放器界面设计、网站设计”综合介绍了使用 CorelDRAW X6 进行平面设计的方法与技巧。

适用范围：电脑初学者、高等院校电脑美术专业师生和社会平面设计培训班，平面设计、三维动画设计、影视广告设计、电脑美术设计、电脑绘画、网页制作、室内外设计与装修等广大从业人员。

图书在版编目（CIP）数据

中文版 CorelDRAW X6 平面设计全实例/张丕军，杨顺花，朱梦莉编著. —北京：海洋出版社，2013.6

ISBN 978-7-5027-8570-3

Ⅰ.①中… Ⅱ.①张…②杨…③朱… Ⅲ.①图形软件 Ⅳ.①TP391.41

中国版本图书馆 CIP 数据核字（2013）第 107402 号

总 策 划：刘 斌
责任编辑：刘 斌
责任校对：肖新民
责任印制：赵麟苏
排 版：海洋计算机图书输出中心 申彪
出版发行：海洋出版社
地 址：北京市海淀区大慧寺路 8 号（716 房间）100081
经 销：新华书店
技术支持：（010）62100055 hyjccb@sina.com

发 行 部：（010）62174379（传真）（010）62132549
（010）68038093（邮购）（010）62100077
网 址：www.oceanpress.com.cn
承 印：北京画中画印刷有限公司
版 次：2017 年 2 月第 1 版第 2 次印刷
开 本：787mm×1092mm 1/16
印 张：24.25（全彩印刷）
字 数：582 千字
印 数：3001~5000 册
定 价：68.00 元（含 1CD）

本书如有印、装质量问题可与发行部调换

扩边效果——开门见喜（P2）

板材立体效果——健康（P6）

饼干效果——神奇巧手（P9）

图案扩边效果——瓜果节（P11）

花体效果——spring（P16）

空中立体效果——LOVE YOU（P23）

圆角矩形按钮（P34）

圆形按钮（P39）

导航按钮（P42）

卡通少女（P50）

卡通角色（P63）

苹果（P79）

装饰画——鱼（P96）

条形图案（P104）

对称图案（P110）

衣服图案（P124）

对讲机（P134）

化妆瓶（P145）

标志设计（P156）

挂牌设计（P159）

挂旗设计（P165）

桌面旗设计（P172）

路牌设计（P179）

路灯牌设计（P184）

店面设计（P188）

卷页效果（P196）

异象效果（P198）

天气效果——雪中虎（P201）

立方体的拼凑（P204）

感恩回报（P211）

周年庆典（P218）

博览会广告牌（P224）

店庆宣传画（P234）

戏曲海报（P242）

房地产广告（P246）

推广海报（P251）

商场宣传广告（P258）

服饰周年庆典海报（P265）

互联星空广告（P272）

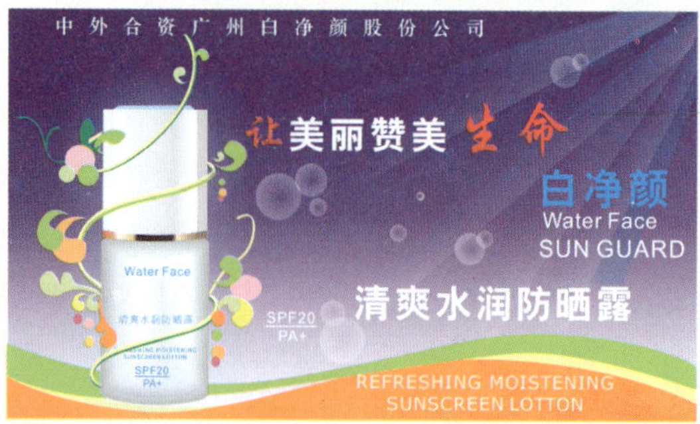

化妆品广告设计（P282）

酒类标签设计（P289）

矿泉水标签设计（P296）

包装设计（P308）

CD盒封面设计（P303）

包装立体效果（P316）

酒店VIP卡设计（P327）

摄影礼券设计（P334）

贺卡设计（P338）

播放器界面设计（P350）

网站设计（P365）

前言 Preface

中文版CorelDRAW X6是Corel公司推出的一款功能强大使用范例广泛的绘图软件，它广泛地应用于广告业、印刷业、标牌制作、雕刻与制造业，CorelDRAW 都为用户提供了制作精良且富有创造性的矢量图和专业的版面设计所需的工具。

本书特点如下：

1. 基础知识紧跟实用范例，书中范例都是初学者想掌握的热点、焦点，设计思路清晰，步骤讲解详细，环环紧扣。

2. 内容丰富、全面，巧妙地将CorelDRAW X6中文版强大的功能划分为50个知识块，从易到难，为初学者量身定做，知识点与实际操作相结合，学习有趣又快乐。

3. 书中50个典型范例就是50种应用，50种设计思路、50种制作方法、50个产品制作模板，读者在学完的基础上可以举一反三、活学活用，再加上50个动手操作使读者在复习软件功能的同时进行新的创作。

4. 多媒体视频教学。配套光盘中的视频教学软件立体演示每个范例的具体实现步骤，让读者喜出望外，事半功倍，创意无限!

书中的大部分范例都在课堂上多次讲过，深受学员们的喜爱。本书不但是高等院校平面设计专业教材，也是社会平面设计培训班的优秀教材，同是也可作为平面设计师的最佳参考书。

本书由张丕军、杨顺花和河南工程学院朱梦莉共同编写，其中朱梦莉编写了本书第3～5章，全书由张丕军、杨顺花统稿。

在本书的编写过程中还得到了杨喜程、唐帮亮、王靖城、莫振安、杨顺乙、杨昌武、龙幸梅、张声纪、唐小红、武友连、王翠英、韦桂生等亲朋好友的大力支持，还有许多热心支持和帮助我们的单位和个人，表示衷心的感谢!

Contents 目录

第1章 文字特效

第2章 按钮系列

第3章 绘画系列

第4章 图案系列

Water Face
SUN GUARD

快乐巴士
HPBUS.com
新 感 觉 时 代

HPBUS.com

店庆5周年
欢乐总动员

第9章 广告与海报设计

第10章 包装设计

第11章 综合设计

第1章
文字特效

在生活中我们会看到各种各样的文字，比如立体字、渐变字、阴影字、描边字等，在文字排版中也会给文字添加效果，以增强画面效果。本章通过实例介绍文字特效的制作技巧。

1.1 扩边效果——开门见喜

实例说明

“扩边效果”在许多领域中都会用到，如广告招牌、封面设计、图案、标志文字等。如图1-1所示为实例效果图，如图1-2所示为扩边效果的实际应用效果图。

图1-1　条形图案最终效果图

图1-2　精彩效果欣赏

设计思路

本例将利用CorelDRAW为文字添加扩边效果，先新建一个文档，再使用矩形工具、PostScript填充、透明度工具制作出背景，然后使用文本工具、轮廓笔、设置轮廓色、轮廓图工具等工具与命令为文字描边，以体现多层次效果，最后使用选择工具、艺术笔工具、置于此对象前等工具与命令为画面效果装饰对象。制作流程如图1-3所示。

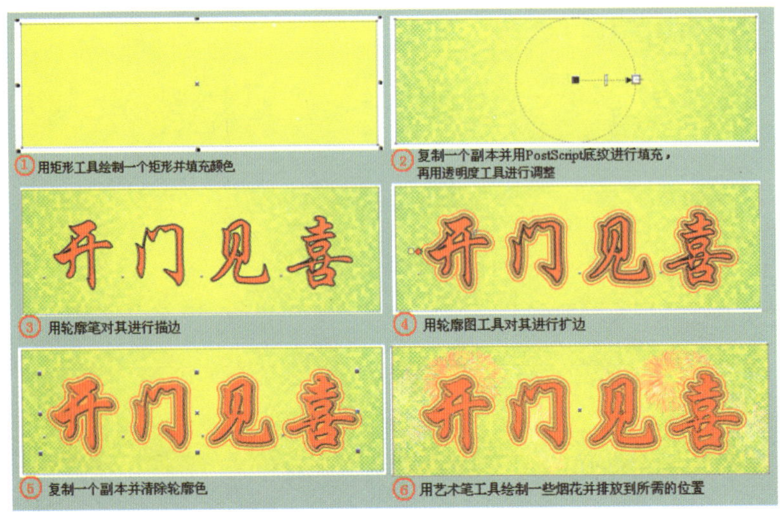

图1-3　扩边效果绘制流程图

操作步骤

01 先打开CorelDRAW X6程序，接着在【欢迎屏幕】对话框中单击【新建空白文档】文字链接，如图1-4所示，弹出【创建新文档】对话框，在其中单击□（横向）按钮，如图1-5所示，单击【确定】按钮，即可新建一个文档，如图1-6所示。

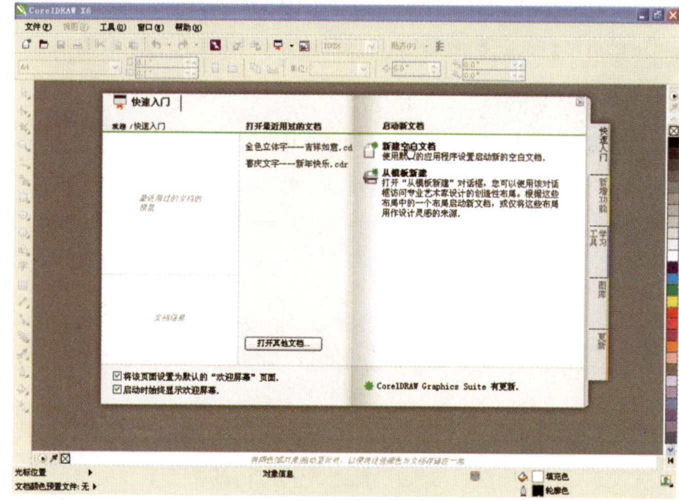

图1-4 【欢迎屏幕】对话框

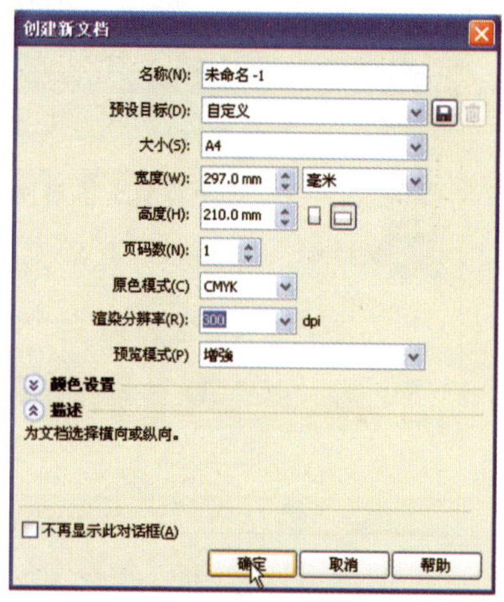

图1-5 【创建新文档】对话框

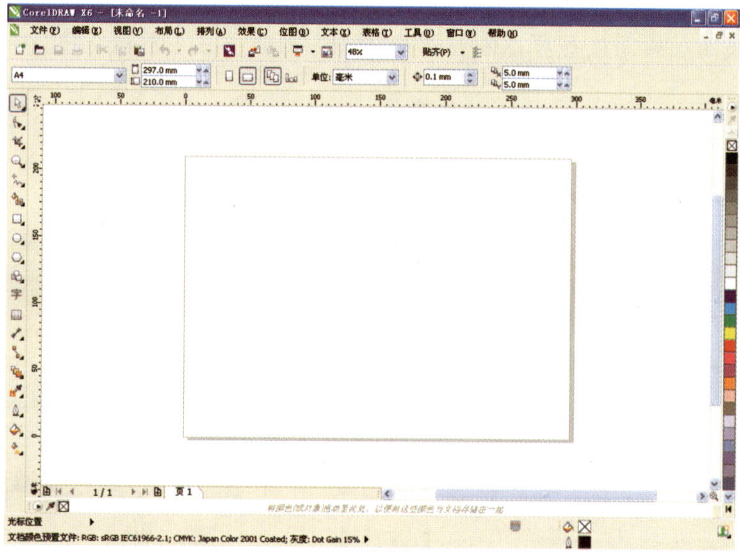

图1-6 创建了新文档的窗口

02 在工具箱中选择□矩形工具，在绘图页的适当位置绘制一个矩形，然后在属性栏的 中输入285 mm与95 mm，将矩形设定为所需的大小，并在默认CMYK调色板中单击黄，使它填充为黄色，结果如图1-7所示。

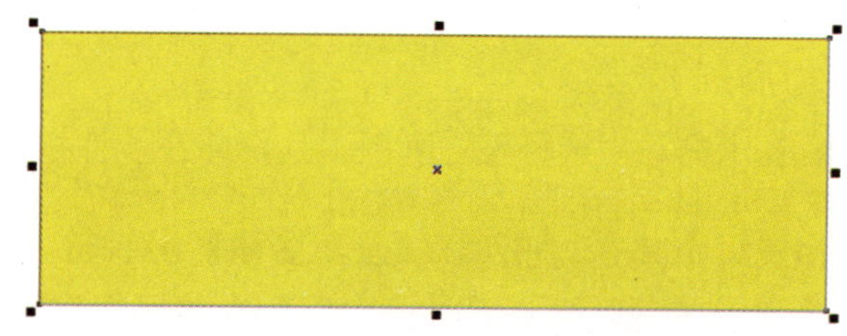

图1-7 用矩形工具绘制矩形

提 示

如果矩形不按指定比例缩放，可以单击按钮使它变为按钮，使它解锁。

03 按“+”键复制一个副本，接着在工具箱中选择填充工具下的PostScript填充，弹出【PostScript底纹】对话框，在其中的列表中选择所需的底纹，如图1-8所示，单击【刷新】按钮，如果是所需的底纹，则单击【确定】按钮，即可得到如图1-9所示的效果。

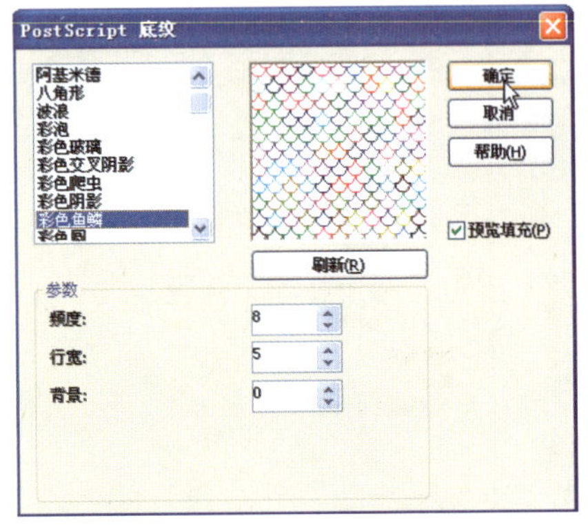

图1-8 【PostScript底纹】对话框

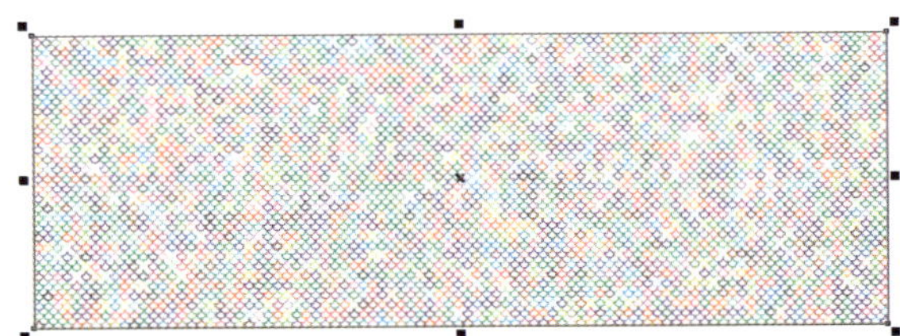

图1-9 填充底纹后的效果

04 在工具箱中选择透明度工具，并在属性栏的【透明度类型】列表中选择“辐射”，在【透明度操作】列表中选择“兰”，再拖动白色控制柄至适当位置，以调整透明度，调整好后的效果如图1-10所示。

05 在工具箱中选择文本工具，并在画面中的矩形内单击，显示光标，再在属性栏中设置参数为 华文行楷 170 pt ，在默认CMYK调色板中单击红，然后输入“开门见喜”文字，结果如图1-11所示。

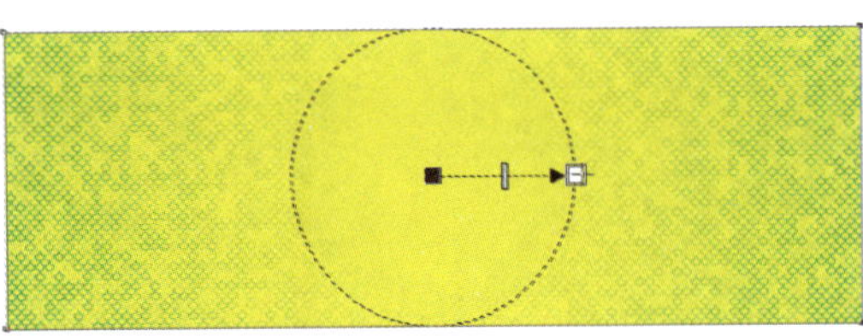

图1-10 用透明度工具调整不透明度

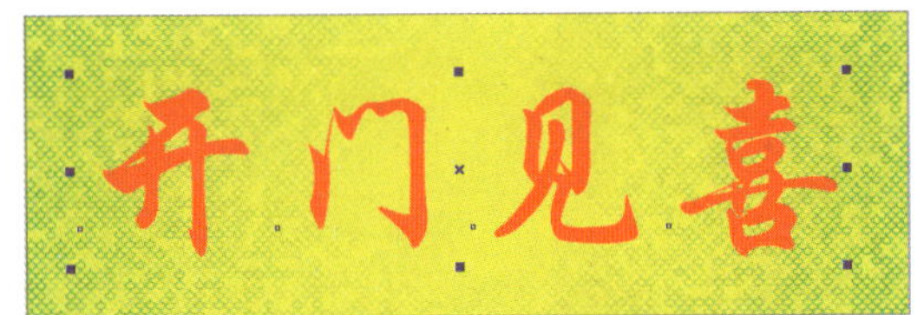

图1-11 用文本工具输入文字

06 按“F12”键弹出【轮廓笔】对话框，在其中设置【颜色】为“黑色”，【宽度】为“1.0 mm”，其他不变，如图1-12所示，设置完成后单击【确定】按钮，即可得到如图1-13所示的效果。

07 在工具箱中选择轮廓图工具，并在属性栏中设置参数为 2 2.5 mm ，即可得到如图1-14所示的效果。

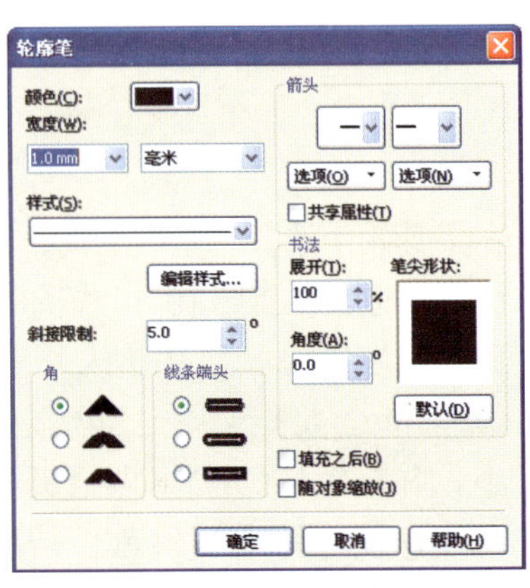

图1-12 【轮廓笔】对话框

图1-13　设置轮廓笔宽度后的效果

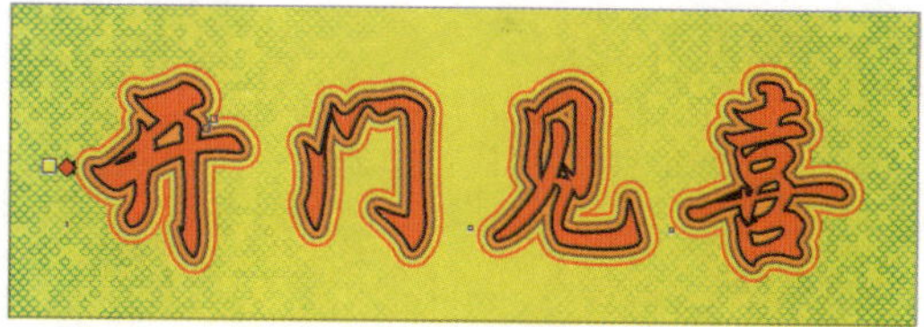

图1-14　添加轮廓图后的效果

08 用选择工具先在空白处单击取消选择，再在红色文字上单击，如图1-15所示，以选择它，按“+”键复制一个副本，再在默认CMYK调色板中右击无，清除轮廓色，得到如图1-16所示的效果。

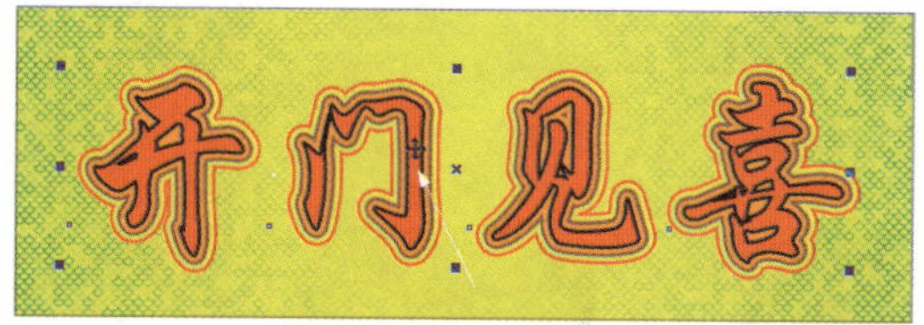

图1-15　选择对象

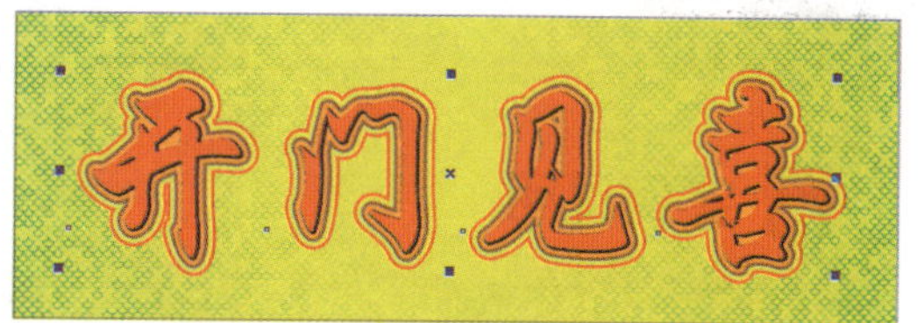

图1-16　复制副本后清除轮廓色

09 在工具箱中选择艺术笔工具，在属性栏中设置参数为，然后在画面中绘制一条曲线，如图1-17所示，松开左键后即可绘制出所选择的艺术笔触，结果如图1-18所示。

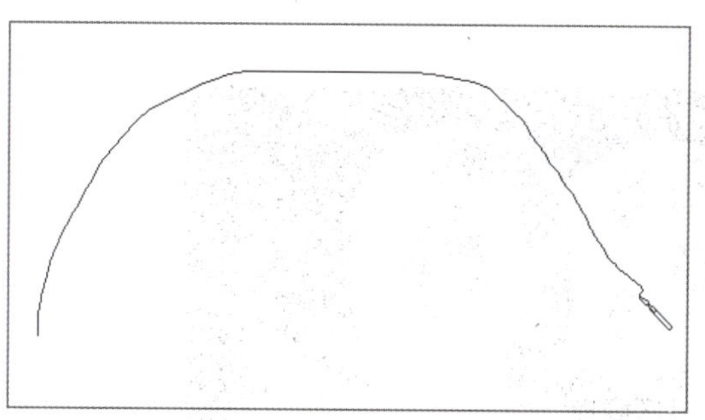
图1-17　按下左键拖动时的状态

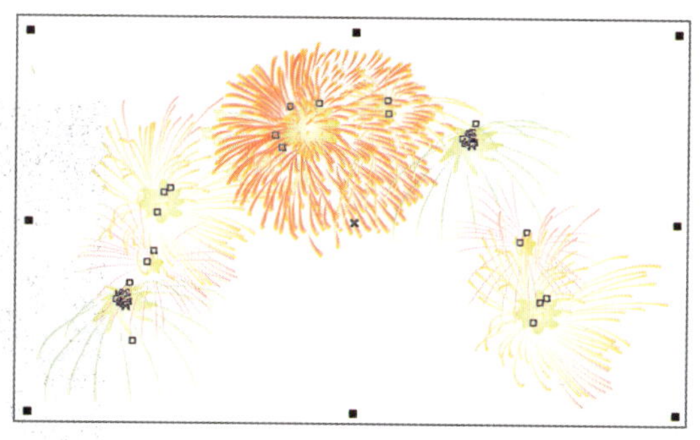
图1-18　绘制好的艺术笔触

10 移动指针到中心控制柄上按下左键将其拖动到文字上，如图1-19所示，然后再将其拖动到右边的适当位置右击，复制一个副本，结果如图1-20所示。

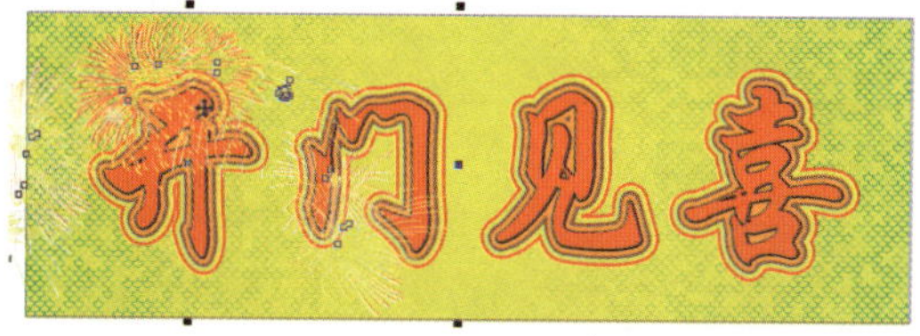

图1-19　移动艺术笔触

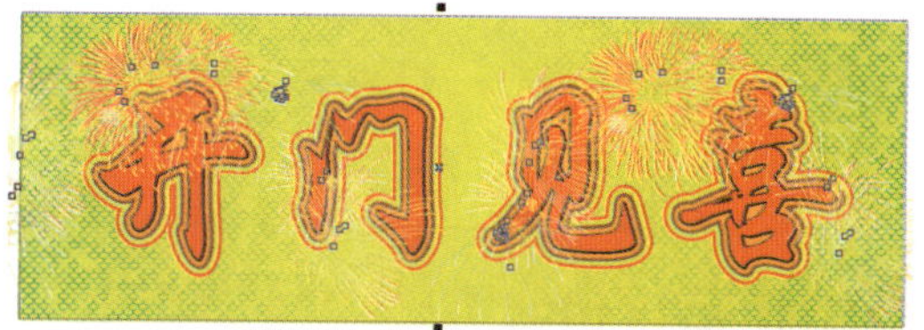

图1-20　复制艺术笔触

11 在工具箱中选择选择工具，并按“Shift”键在画面中单击另一个艺术笔对象，以同时选择它，然后在菜单中执行【排列】→【顺序】→【置于此对象前】命令，指针呈粗箭头状，如图1-21所示，用粗箭头单击填充底纹的矩形，将选择的对象置于该矩形的上层，得到如图1-22所示的效果。

图1-21　指向对象时的状态

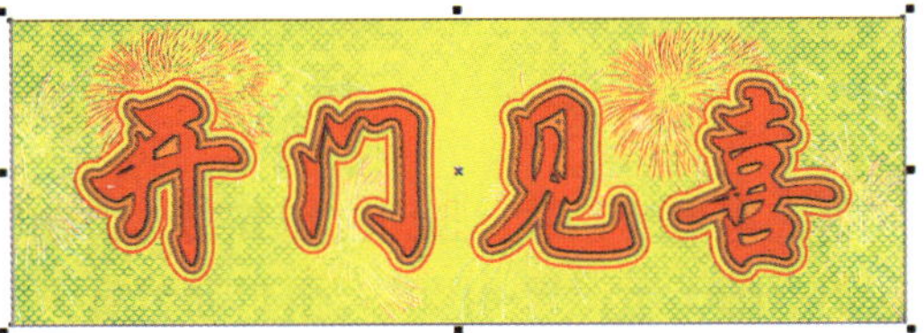
图1-22　改变位置后的效果

1.2 板材立体效果——健康

实例说明

“板材立体效果”在许多领域中都会用到，如广告招牌、封面设计、宣传单、海报等平面设计作品。如图1-23所示为实例效果图，如图1-24所示为板材立体效果的实际应用效果。

图1-23　实例效果

图1-24　精彩效果欣赏

设计思路

本例将利用CorelDRAW X6制作板材立体效果，先新建一个文档，再使用文本工具、轮廓图工具、拆分轮廓图群组、选择工具、设置轮廓色为文字添加轮廓图，然后使用立体化工具、阴影工具、轮廓图工具等功能将其处理为立体效果，以体现多层次效果。如图1-25所示为制作流程图。

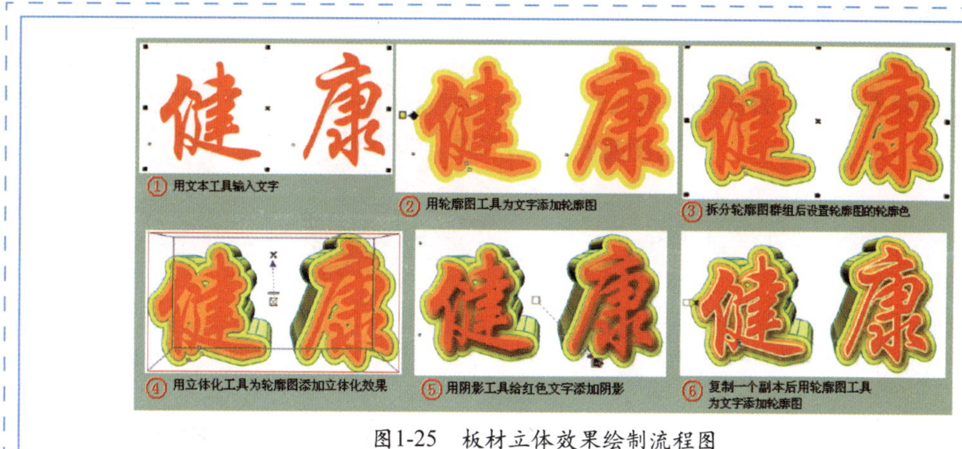

图1-25 板材立体效果绘制流程图

操作步骤

01 按“Ctrl”+“N”键新建一个图形文件，接着在属性栏中单击□按钮，将页面设为横向。

02 在工具箱中选择字文本工具，先在画面中单击显示光标，再在属性栏中设置参数为 华文行楷 300 pt ，在默认CMYK调色板中单击“红”，然后再输入“健康”文字，画面效果如图1-26所示。

03 在工具箱中选择轮廓图工具，并在属性栏中设置参数为，其中填充色为黄色，得到如图1-27所示的效果。

图1-26 输入的文字

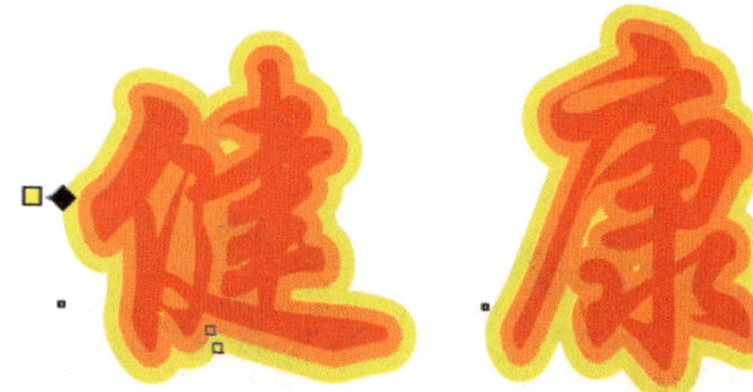

图1-27 用轮廓图工具扩边后的效果

04 在菜单中执行【排列】→【拆分轮廓图群组】命令，将轮廓图群组打散，结果如图1-28所示。

05 使用选择工具在画面的空白处单击取消选择，再在黄色轮廓图上单击以选择它，然后在默认CMYK调色板中右击“绿”，得到如图1-29所示的效果。

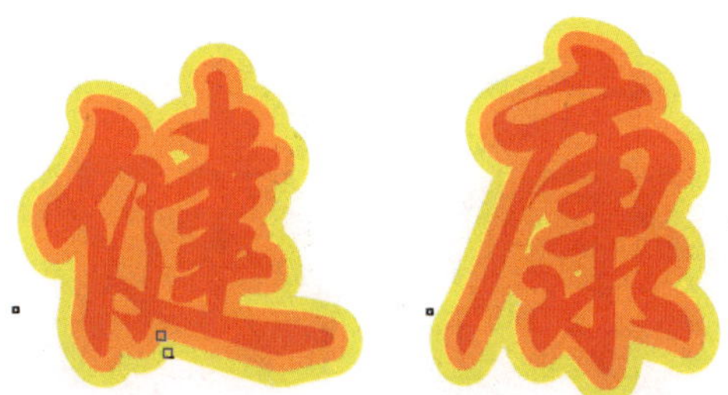

图1-28 将轮廓图群组打散

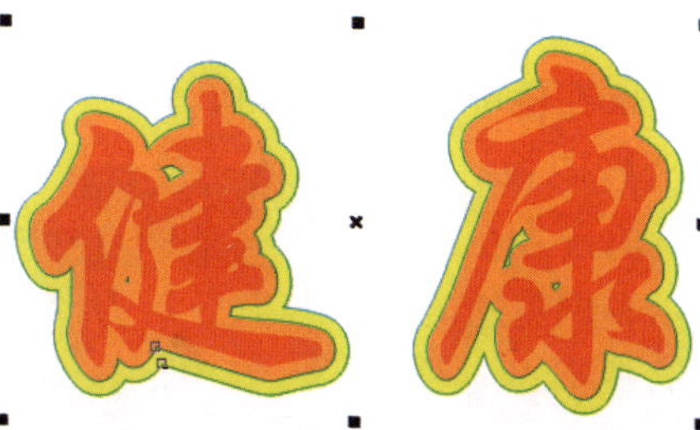

图1-29 添加轮廓色

06 在工具箱中选择立体化工具，接着在黄色轮廓图上按下左键向上拖至适当位置，以添加立体化效果，如图1-30所示。

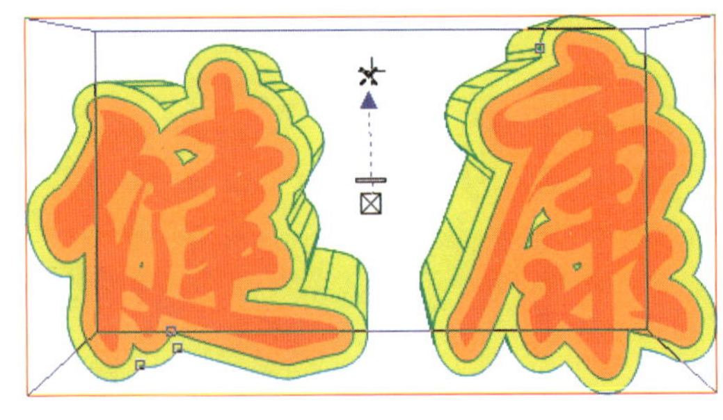

图1-30 用立体化工具添加立体化效果

07 在属性栏中单击按钮，弹出【照明】调板，在其中单击“光源1”，向画面中添加一个光源，然后在右边的预览框中拖动1光源至所需位置，如图1-31所示，调整光源位置，调整好后的效果如图1-32所示。

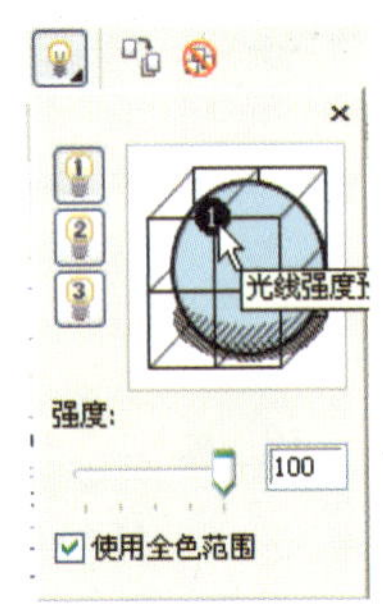

图1-31 【照明】调板

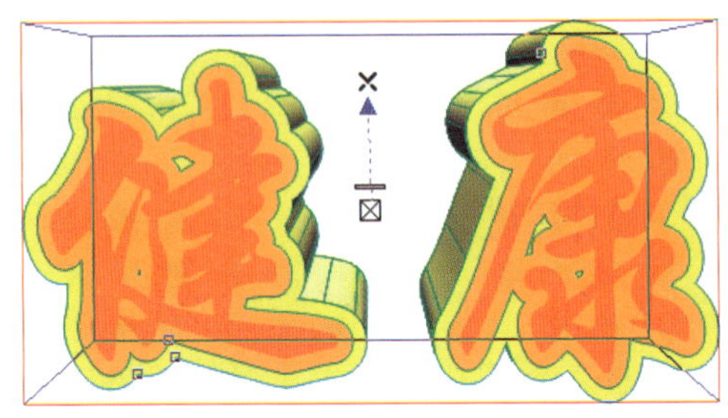

图1-32 添加光源后的效果

08 在工具箱中选择阴影工具，在画面中单击红色文字，选择文字，再在画面中从中心向右下方拖动，给文字添加阴影，然后在属性栏中设置【阴影的不透明】为“80”，【阴影羽化】为“10”，得到如图1-33所示的效果。

09 在工具箱中选择选择工具，在空白处单击取消选择，再在红色文字上单击，选择文字，按“+”键复制一个副本，然后在默认CMYK调色板中右击“白”，得到如图1-34所示的效果。

图1-33 用阴影工具添加阴影

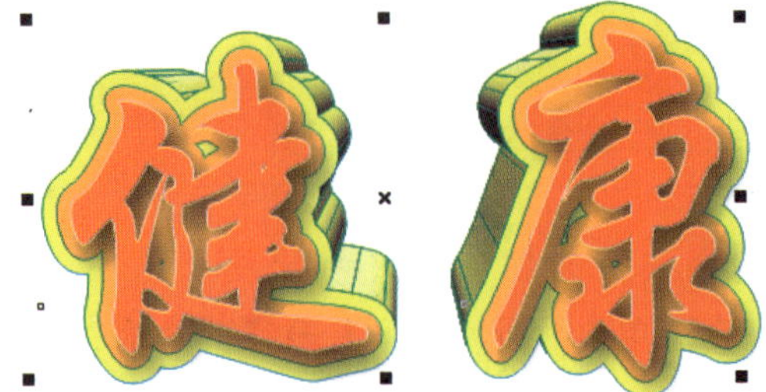

图1-34 复制一个副本并添加轮廓色

10 在工具箱中选择轮廓图工具，并在属性栏中设置参数为，即可得到如图1-35所示的效果。

11 在属性栏中单击按钮，弹出【加速】调板，在其中拖动滑杆上的滑块向左至适当位置，如图1-36所示，调整轮廓对象与颜色的方向，调整后的效果如图1-37所示。这样，我们的作品就制作完成了。

图1-35 用轮廓图工具给文字扩边

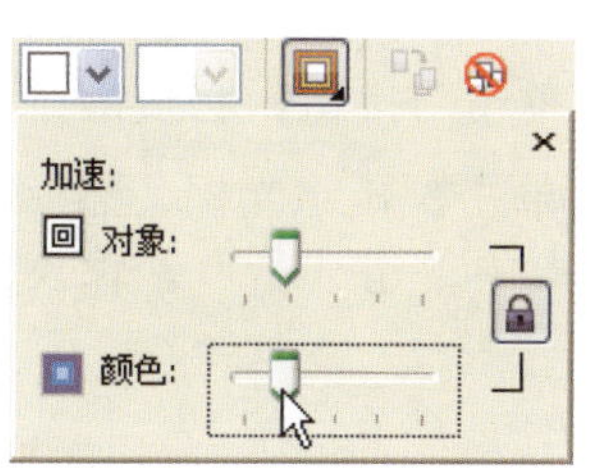

图1-36 【加速】调板

图1-37 调整轮廓图后的效果

1.3 饼干效果——神奇巧手

实例说明

“饼干效果”在许多领域中都会用到，如广告招牌、封面设计、宣传单、海报、饼干效果图绘制等。如图1-38所示为实例效果图，如图1-39所示为饼干效果实物图。

图1-38 实例效果

图1-39 精彩效果欣赏

设计思路

本例将利用CorelDRAW X6来制作饼干效果，先新建一个文档，再使用文本工具、轮廓图工具、拆分轮廓图群组、设置轮廓宽度、设置轮廓色、设置填充色为文字添加轮廓图，然后使用阴影工具、再制等工具与命令为文字添加阴影与立体效果。如图1-40所示为制作流程图。

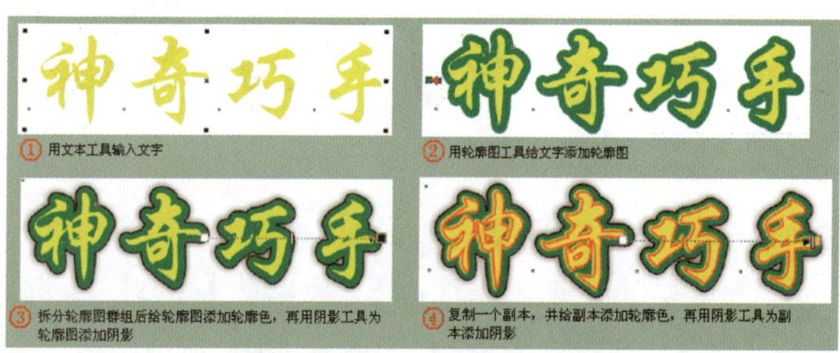

图1-40 饼干效果绘制流程图

操作步骤

01 按“Ctrl”+“N”键新建一个图形文件，在属性栏中单击□按钮，将页面设为横向，再在工具箱中选择字文本工具，并在画面中的页面内单击，显示光标，然后在属性栏中设置参数为，在默认CMYK调色板中单击“黄”，输入“神奇巧手”文字，结果如图1-41所示。

02 在工具箱中选择轮廓图工具，在属性栏中设置参数为，得到如图1-42所示的效果。

图1-41　输入的文字　　图1-42　用轮廓图工具给文字扩边

03 在菜单中执行【排列】→【拆分轮廓图群组】命令，将轮廓图群组打散，在画面的空白处单击取消选择，然后在画面中单击轮廓图，以选择它，再在属性栏的【轮廓宽度】列表中选择“1.0 mm”，接着在默认CMYK调色板中右击“黑”，得到如图1-43所示的效果。

图1-43　将轮廓图群组打散

04 在工具箱中选择阴影工具，并在属性栏的【预设列表】中选择“小型辉光”，如图1-44所示，再设置【阴影的不透明】为“50”，【阴影羽化】为“10”，【透明度操作】为“常规”，【阴影颜色】为“黑色”，即可得到如图1-45所示的效果。

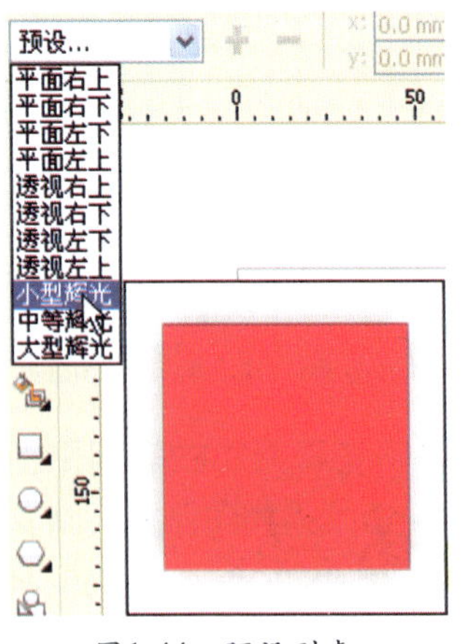

图1-44　预设列表

图1-45　用阴影工具添加阴影后的效果

05 在空白处单击取消选择，再在黄色文字上单击，选择文字，按“+”键复制一个副本，然后按“F12”键弹出【轮廓笔】对话框，在其中设置【颜色】为“红”，【宽度】为“1.0 mm”，其他不变，如图1-46所示，单击【确定】按钮，接着在默认CMYK调色板中单击“无”，使它的填充色为无，即可得到如图1-47所示的效果。

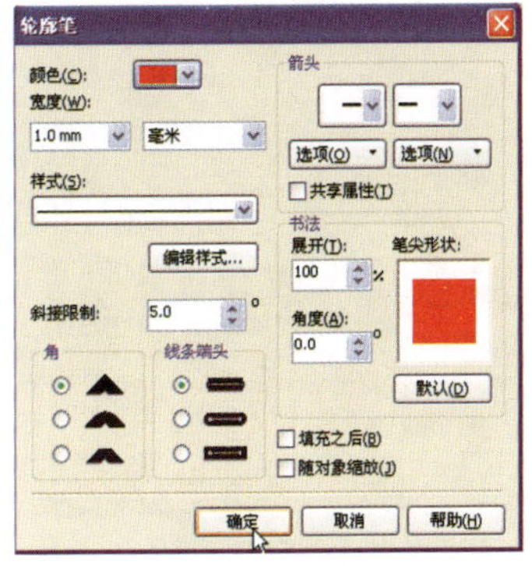

图1-46 【轮廓笔】对话框

图1-47 描边后的效果

06 在工具箱中选择阴影工具，并在属性栏的【预设列表】中选择“中等辉光”，再设置【阴影的不透明】为“100”，【阴影羽化】为“3”，【透明度操作】为“正常”，【阴影颜色】为“深黄色”，即可得到如图1-48所示的效果。

图1-48 用阴影工具添加阴影

07 在属性栏中单击按钮，弹出【羽化方向】对话框，在其中选择【向外】选项，如图1-49所示，即可得到如图1-50所示的效果。这样，我们的作品就制作完成了。

图1-49 【羽化方向】对话框

图1-50 调整阴影后的效果

1.4 图案扩边效果——瓜果节

实例说明

“图案扩边效果”在许多领域中都会用到，如广告招牌、封面设计、图案、标志文字、POP广告等。如图1-51所示为实例效果图，如图1-52所示为图案扩边效果的实际应用效果图。

图1-51　实例效果

图1-52　精彩效果欣赏

设计思路

本例将利用CorelDRAW为文字添加图案扩边效果，先新建一个文档，再使用导入一张图片作背景，接着使用文本工具、拆分美术字、轮廓图工具、复制轮廓图属性为文字添加轮廓图，然后使用选择工具、再制、向后一层、导入、群组、图框精确剪裁等功能为文字添加投影与图案。如图1-53所示为制作流程图。

图1-53　图案扩边效果绘制流程图

操作步骤

01 按“Ctrl”+“N”键新建一个图形文件，按“Ctrl”+“I”键导入一个图像文件，并将其排放到绘图页中，如图1-54所示。

02 在工具箱中选择字文本工具，并在刚导入的图像中单击，显示光标，再在属性栏中设置参数为 隶书 162 pt，在默认CMYK调色板中单击“洋红”，然后输入“瓜果节”文字，结果如图1-55所示。

图1-54 导入的文件

图1-55 输入文字

03 在工具箱中选择选择工具，再在菜单中执行【排列】→【拆分美术字】命令，将文字打散，结果如图1-56所示。

04 在工具箱中选择轮廓图工具，在属性栏中设置参数为 1 2.5 mm，即可得到如图1-57所示的效果。

图1-56 拆分美术字

图1-57 添加轮廓图

05 使用选择工具在画面中单击“果”字，以选择它，再选择轮廓图工具，并在属性栏中单击按钮，移动指针到已经添加了轮廓图的文字上单击，如图1-58所示，即可将该属性添加到“果”字上，画面效果如图1-59所示。

06 使用同样的方法将“节”字也应用轮廓图效果，复制完成后的效果如图1-60所示。

07 在工具箱中选择选择工具，在键盘上按小键盘上的“+”键复制一个副本，然后在属性栏中将轮廓图的填充色改为黑色，得到如图1-61所示的效果。

图1-58 指向要复制属性的对象

图1-59 复制后的效果

图1-60 复制轮廓图属性后的效果

图1-61 复制一个副本并改变填充色

08 按“Ctrl”+“PgDn”键（“PgDn”也就是“Page Down”的简写）将其后移一层，再在键盘上按“Shift”键和方向键“→”与“↓”各5次，得到如图1-62所示的效果。

09 使用同样的方法对“瓜”与“果”文字及轮廓图进行复制并改变填充色，然后进行位移，完成后的效果如图1-63所示。

图1-62 改变位置后的效果

图1-63 更改副本填充色后再改变位置后的效果

10 在空白处单击取消选择，再在“瓜”字上单击以选择文字，按“+”键复制一个副本；再用同样的方法将“果”与“节”字进行复制，结果如图1-64所示。

11 按“Ctrl”+“I”键导入一个图形文件，将其排放到适当位置，并取消全部群组，再用选择工具在画面中单击选择一个对象，如图1-65所示。

图1-64　复制文字

图1-65　导入图案

12 将选择的对象拖动到“瓜”字上，如图1-66所示，再将其复制两个副本，并进行适当排放，排放完成后的效果如图1-67所示。

图1-66　排放图案

图1-67　复制并移动图案

13 按“Shift”键单击右边的两个对象，以同时选择刚排放好的三个对象，再在默认调色板中单击白色，使它们填充为白色，然后按“Ctrl”+“G”键使之群组，结果如图1-68所示。

14 在菜单中执行【效果】→【图框精确剪裁】→【置于图文框内部】命令，指针呈粗箭头状，再用粗箭头单击“瓜”字，如图1-69所示，即可将图案置于所单击的“瓜”字中，如图1-70所示。

15 在画面中选择另一个导入的对象，将其填充为白色，再将其拖动到“果”字上，如图1-71所示。

图1-68　改变颜色

图1-69　指向容器时的状态

图1-70　置于容器中的效果

图1-71　改变图案颜色

16 在菜单中执行【效果】→【图框精确剪裁】→【置于图文框内部】命令，指针呈粗箭头状，使用粗箭头单击“果”字，即可将图案置于所单击的“果”字中，如图1-72所示。

17 使用前面同样的方法将导入的图案置于“节”字内，制作完成后的效果如图1-73所示。

图1-72　置于容器中的效果

图1-73　最终效果图

1.5 花体效果——spring

实例说明

“花体效果”在许多领域中都会用到，如广告招牌、封面设计、贺卡、海报、宣传单、POP广告等。如图1-74所示为实例效果图，如图1-75所示为花体效果的实际应用效果图。

图1-74　实例效果

图1-75　精彩效果欣赏

设计思路

本例将利用CorelDRAW为文字添加立体花体效果，先新建一个文档，再使用文本工具、拆分美术字、渐变填充、立体化工具、立体化自将文字制作成渐变立体效果；然后使用选择工具、向后一层、向前一层、打开、复制、粘贴、导入将文字与图案进行组合，以组合成一幅完美的图画。如图1-76所示为制作流程图。

图1-76　花体效果绘制流程图

操作步骤

01 按“Ctrl”+“N”键新建一个图形文件，在属性栏中单击□按钮，将页面设为横向，再在工具箱中选择字文本工具，在画面中的页面内单击，显示光标，然后在属性栏中设置参数为 Arial Black 165 pt，再输入“spring”文字，结果如图1-77所示。

02 在菜单中执行【排列】→【拆分美术字】命令，将美术字打散，结果如图1-78所示。

图1-77 输入文字

图1-78 拆分美术字

03 使用矩形工具在画面中绘制出一个矩形，再按“Shift”+“PgDn”键排放到最底层，然后在默认CMYK调色板中单击“青”，右击“无”，得到如图1-79所示的效果。

图1-79 绘制矩形并置于底层

04 在空白处单击取消选择，再按“Shift”键在画面中单击“s”、“i”、“n”三个字母，以选择它们，再按“F11”键弹出【渐变填充】对话框，在其中设定“类型”为辐射，左边色标的颜色为“酒绿色”，中间色标的颜色为“浅黄色”，右边色标的颜色为“白色”，【水平】为“28%”，【垂直】为“24%”，其他不变，如图1-80所示，单击【确定】按钮，得到如图1-81所示的效果。

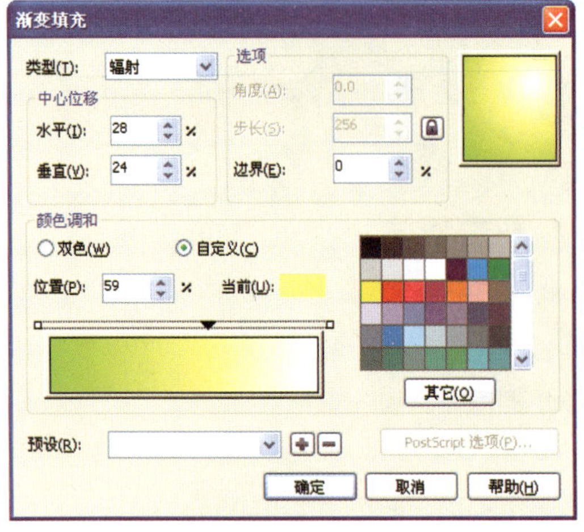

图1-80 【渐变填充】对话框

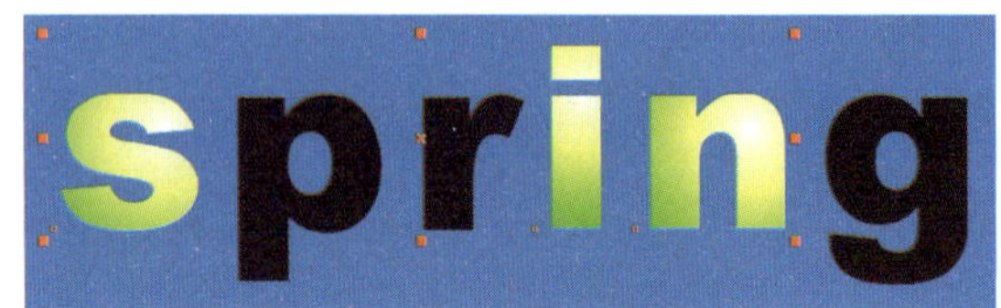

图1-81 改变文字颜色

05 在空白处单击取消选择，再按“Shift”键在画面中单击“p”、“g”两个字母，以选择它们，再按“F11”键弹出【渐变填充】对话框，在其中设定“类型”为“辐射”，【从】为“冰蓝色”，【到】为“白色”，【水平】为“－31%”，【垂直】为“14%”，其他不变，如图1-82所示，单击【确定】按钮，得到如图1-83所示的效果。

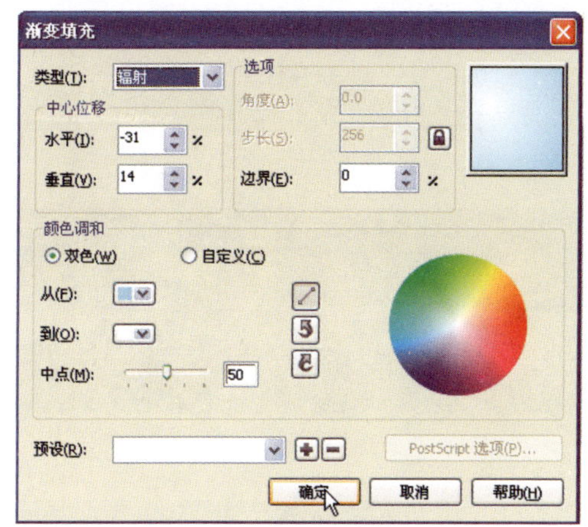

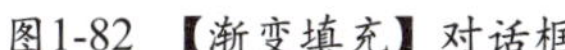
图1-82 【渐变填充】对话框

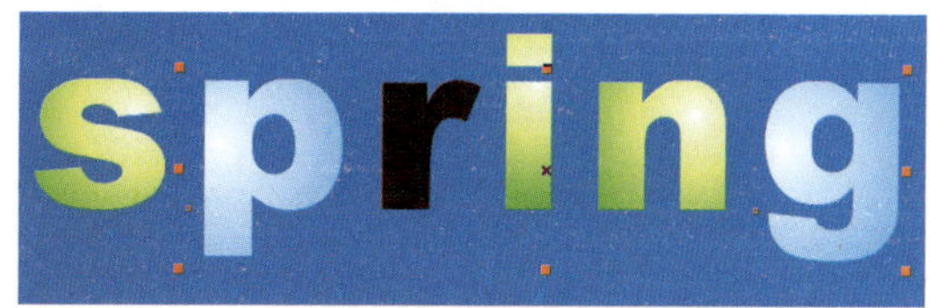

图1-83 改变文字颜色

06 在画面中单击“r”字母，以选择它，再按“F11”键弹出【渐变填充】对话框，在其中设定“类型”为“辐射”，左边色标的颜色为“洋红”，右边色标的颜色为“白色”，【水平】为“−25%”，【垂直】为“9%”，其他不变，如图1-84所示，单击【确定】按钮，得到如图1-85所示的效果。

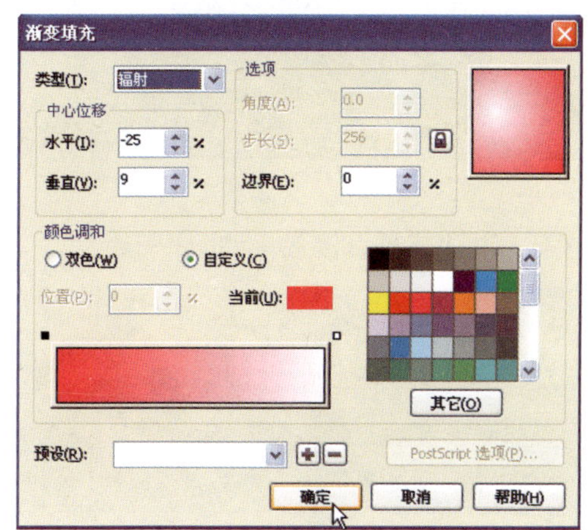

图1-84 【渐变填充】对话框

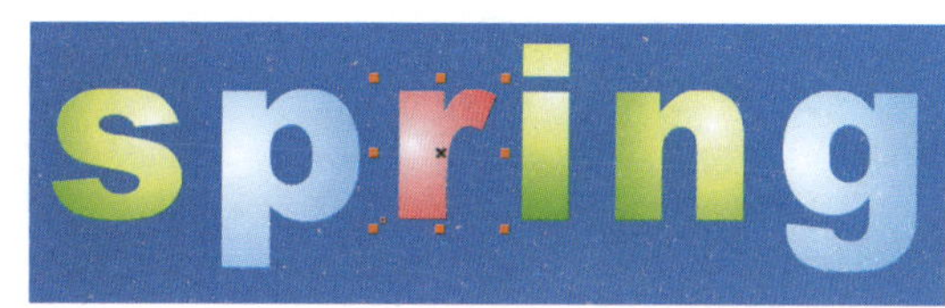

图1-85 改变文字颜色

07 在工具箱中选择立体化工具，接着在“s”字母上按下左键向右下方拖动，给“s”字母添加立体化效果，添加立体化效果后的效果如图1-86所示。

图1-86 添加立体化效果

08 在属性栏中单击按钮，弹出【颜色】调板，在其中设置【从】为“绿”，【到】为“酒绿”，如图1-87所示，得到如图1-88所示的效果。

09 在画面中选择“p”字母，在菜单中执行【效果】→【复制效果】→【立体化自】命令，使用指针指向“s”字母的立体化效果单击，如图1-89所示，即可使“p”字母应用“s”字母的立体化效果，如图1-90所示。

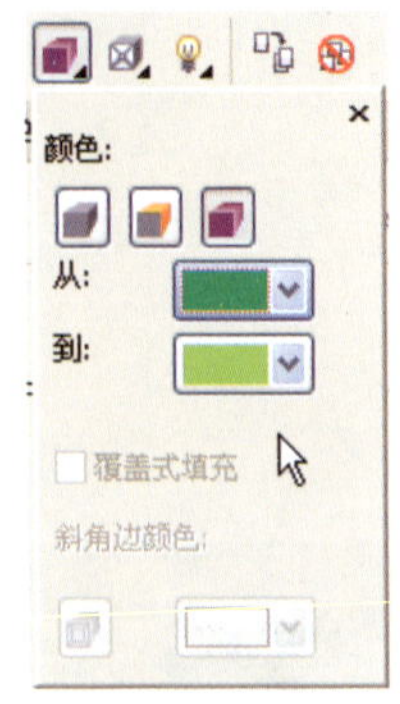

图1-87 【颜色】调板

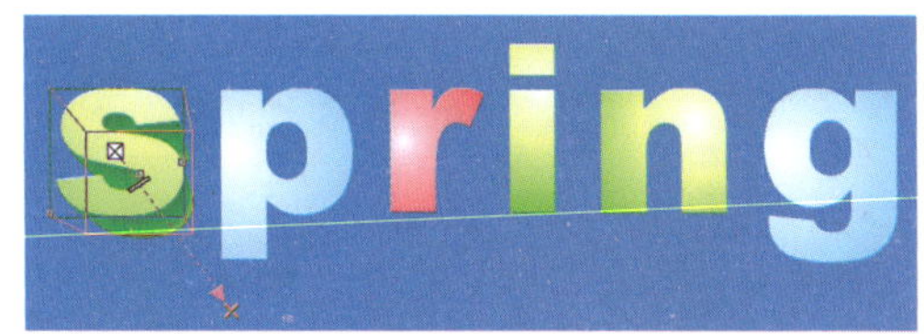
图1-88 改变立体化颜色后的效果

图1-89 复制效果

图1-90 复制效果

10 使用步骤09同样的方法给其他字母添加立体化效果，添加了立体化效果的画面效果如图1-91所示。

图1-91 复制效果

11 在工具箱中选择立体化工具，在画面中单击“g”字母，使它处于立体化编辑状态，如图1-92所示，然后拖动灭点向左至适当位置，以调整灭点位置，如图1-93所示。

图1-92 选择对象

图1-93 调整灭点位置后的效果

12 使用立体化工具在画面中单击“p”字母，在属性栏中单击按钮，弹出【颜色】调板，并在其中设置【从】为“青”，【到】为“冰蓝”，如图1-94所示，得到如图1-95所示的效果。

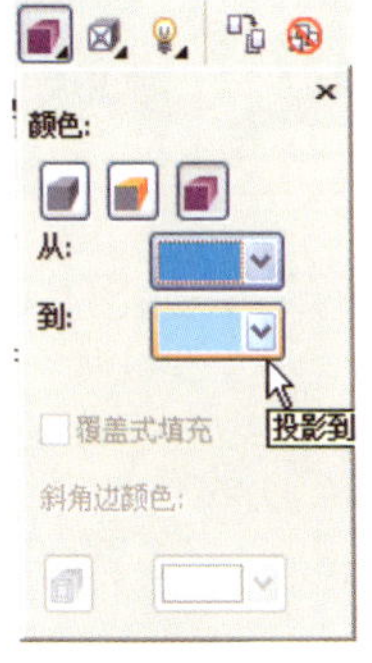

图1-94 【颜色】调板

图1-95 改变立体化颜色后的效果

⑬ 使用步骤⑫同样的方法与立体化颜色，将“g”字的立体化颜色进行更改，更改后的效果如图1-96所示。

图1-96　改变立体化颜色后的效果

⑭ 使用立体化工具在画面中单击“r”字母，再在属性栏中单击按钮，弹出【颜色】调板，在其中设置【从】为“洋红”，【到】为“浅黄”，如图1-97所示，得到如图1-98所示的效果。

图1-97　【颜色】调板

图1-98　改变立体化颜色后的效果

⑮ 使用选择工具在画面中单击“p”字母，以选择它，再在其上单击使之处于旋转状态，然后将其旋转一定的角度，旋转后的效果如图1-99所示。

⑯ 使用选择工具在画面中单击“s”字母，以选择它，再按“Shift”+“PgUp”键（“PgUp”也就是“PageUp”的简写）将其排放到最上层，然后移动到适当位置，排放完成后的效果如图1-100所示。

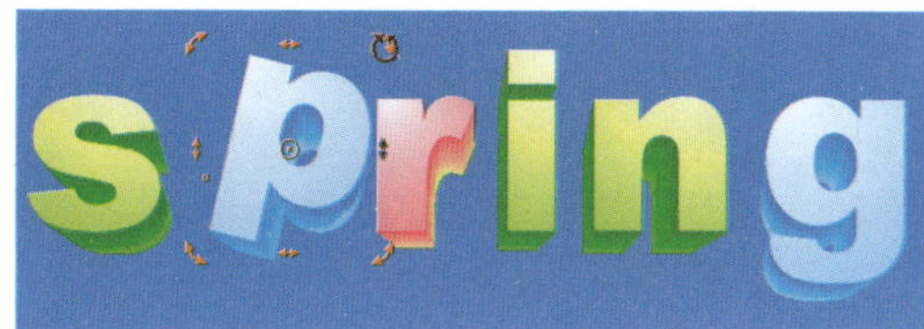
图1-99　旋转后的效果

图1-100　改变位置并移动后的效果

⑰ 使用选择工具在画面中单击“i”字母，以选择它，再将其向上拖动到适当位置，排放完成后的效果如图1-101所示。

⑱ 使用选择工具在画面中单击“n”字母，以选择它，再在其上单击使之处于旋转状态，然后将其旋转一定的角度，并拖动到所需的位置，旋转并移动后的效果如图1-102所示。

图1-101　改变位置后的效果

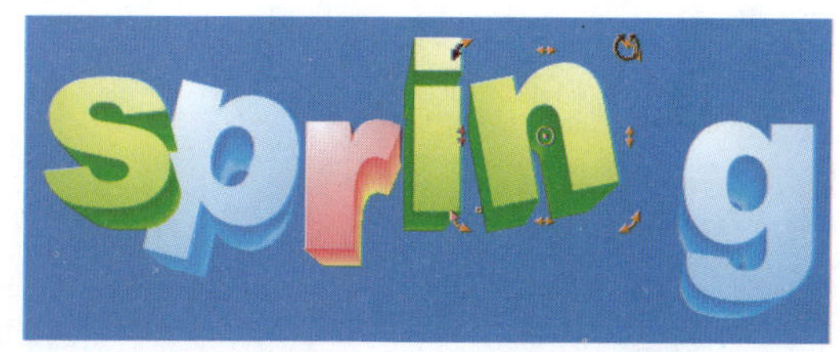
图1-102　旋转与改变位置后的效果

19 使用选择工具在画面中单击“g”字母，以选择它，再在其上单击使之处于旋转状态，然后将其旋转一定的角度，并拖动到所需的位置，旋转并移动后的效果如图1-103所示。

20 按“Ctrl”+“O”键打开一个有图案的文件，如图1-104所示，使用选择工具将所需的图案框选，再按“Ctrl”+“C”键进行复制。

图1-103 旋转与改变位置后的效果

图1-104 打开的文件

21 在【窗口】菜单中选择正在编辑的文件，按“Ctrl”+“V”键进行粘贴，将图案粘贴到艺术字文件中，再在空白处单击取消选择，然后拖动第1个图案至“s”字母上方，并在默认CMYK调色板中单击“月光绿”，得到如图1-105所示的效果。

22 在画面中分别拖动第2个图案与第4个图案至“pr”与“ng”字母上方，并在默认CMYK调色板中单击“酒绿”，得到如图1-106所示的效果。

图1-105 复制并改变颜色

图1-106 改变颜色后的效果

23 在画面中拖动第3个图案至字母下方，并在默认CMYK调色板中单击“月光绿”，得到如图1-107所示的效果。

24 在菜单中执行【排列】→【顺序】→【置于此对象前】命令，再使用指针单击矩形，使选择的图案置于矩形的上层，结果如图1-108所示。

图1-107 改变颜色与移动后的效果

图1-108 改变位置后的效果

25 按“Ctrl”+“I”键导入一个图像文件，如图1-109所示，用来作背景，再按“Shift”+“PgDn”键将其排放到底层，按“Ctrl”+“PgUp”键将其上移一层，然后将其移动到适当位置，从而得到如图1-110所示的效果。这样，我们的作品就制作完成了。

图1-109 导入的文件

图1-110 改变位置后的最终效果图

1.6 空中立体效果——LOVE YOU

实例说明

“空中立体效果”在许多领域中都会用到，如广告招牌、海报、影视与动画片、封面设计等中的立体字。如图1-111所示为实例效果图，如图1-112、图1-113所示为空中立体效果的实际应用效果图。

图1-111 实例效果

图1-112 精彩效果欣赏

图1-113 精彩效果欣赏

设计思路

本例将利用CorelDRAW为文字制作成空中立体效果，先新建一个文档，再使用文本工具、立体化工具、复制效果、轮廓图工具、拆分轮廓图群组、选择工具将文字制作成立体效果；然后使用矩形工具、导入、到图层后面、再制、置于图文框内部、打开、复制、粘贴等功能为文字添加背景，并将所需的图案导入到画面与置入到文字中以组合成一幅完美的图画。如图1-114所示为制作流程图。

图1-114　空中立体效果绘制流程图

操作步骤

01 按“Ctrl”+“N”键新建一个图形文件，在属性栏中单击□按钮，将页面设为横向，再在工具箱中选择字文本工具，在绘图页的适当位置单击，显示光标，然后在属性栏中设置参数为 Arial Black 165 pt，再输入“LOVE”文字，结果如图1-115所示。

图1-115　输入文字

02 使用文本工具在文字的下方单击，显示光标，然后在属性栏中设置参数为 Arial Black 205 pt，再输入“YOU”文字，结果如图1-116所示。

03 在工具箱中选择立体化工具，接着在画面中“LOVE”文字上按下左键向下方拖动，给文字添加立体化效果，如图1-117所示。

图1-116 输入文字

图1-117 添加立体化效果

04 在属性栏中单击按钮，弹出【颜色】调板，在其中设置【从】为“浅黄”，【到】为“绿”，如图1-118所示，得到如图1-119所示的效果。

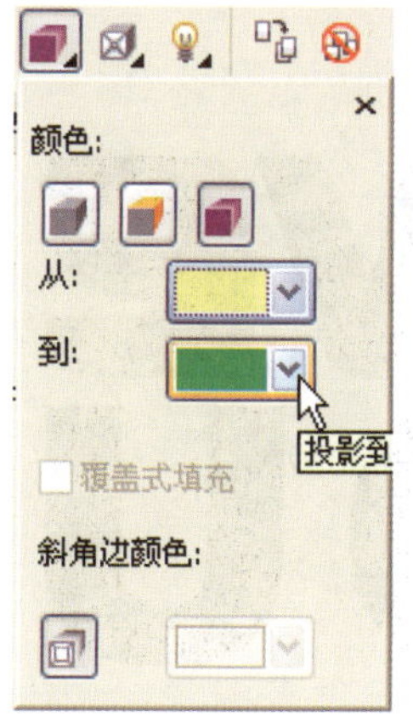

图1-118 【颜色】调板

图1-119 改变颜色后的效果

05 在属性栏的中输入“15”，将立体化的深度改为15，得到如图1-120所示的效果。

图1-120 改变深度后的效果

06 在属性栏中单击按钮，弹出【照明】调板，在其中单击【光源1】按钮，向画面中添加一个光源，如图1-121所示，得到如图1-122所示的效果。

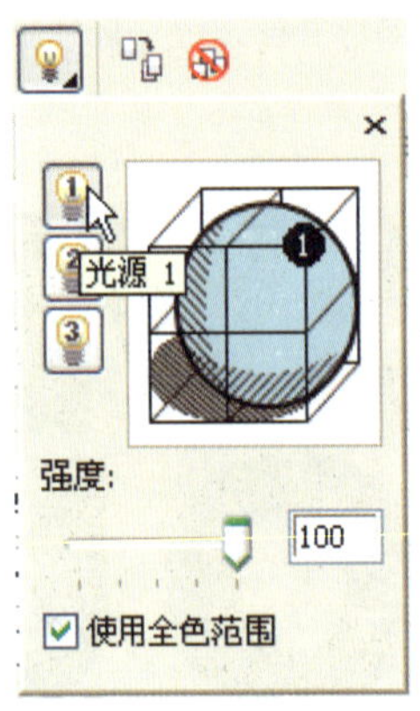

图1-121 【照明】调板

图1-122 添加光源后的效果

07 在【照明】调板中单击【光源2】按钮，向画面中再添加一个光源，并将其拖动到左下方，调整【强度】为“40”，如图1-123所示，得到如图1-124所示的效果。

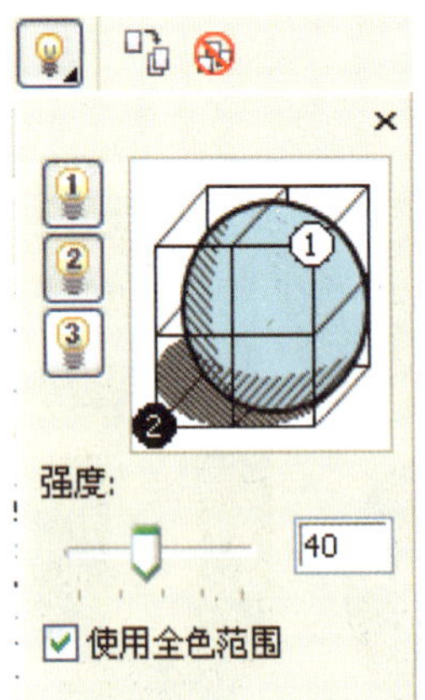

图1-123 【照明】调板

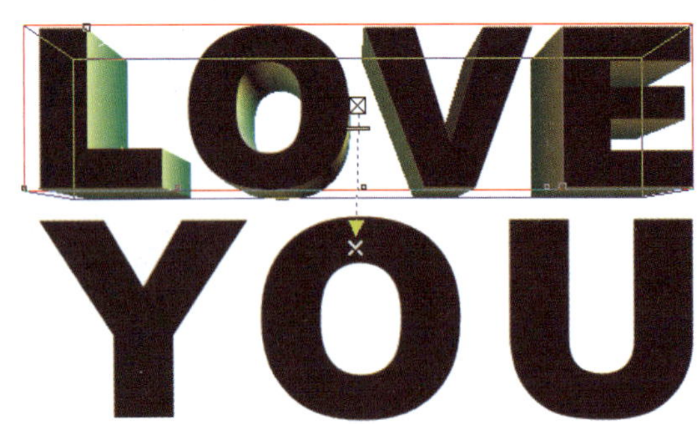
图1-124 添加光源后的效果

08 在属性栏中单击按钮，弹出【修饰边】调板，在其中勾选【使用斜角修饰边】选项，再设置【斜角修饰边】为“3.0 mm”，【斜角修饰边角度】为“45度”，如图1-125所示，即可得到如图1-126所示的效果。

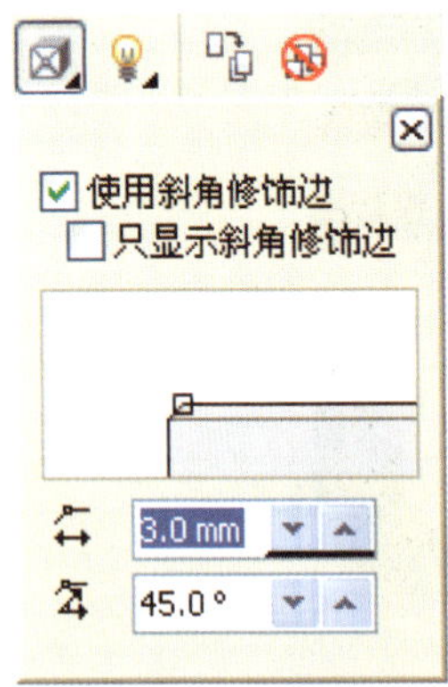

图1-125 【修饰边】调板

图1-126 使用斜角修饰边后的效果

09 在画面中单击“YOU”文字，以选择它，在菜单中执行【效果】→【复制效果】→

【立体化自】命令，然后用指针单击立体化效果，如图1-127所示，即可将单击的立体化效果应用到“YOU”文字中，如图1-128所示。

图1-127 复制效果

图1-128 复制效果

10 在画面中拖动灭点至所需的位置调整立体化效果，调整后的效果如图1-129所示。

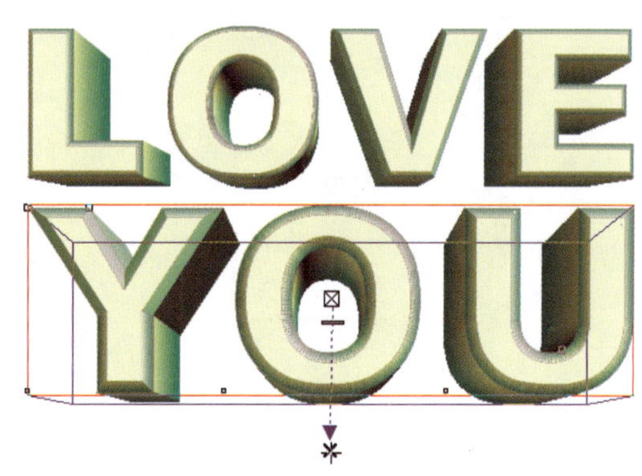

图1-129 改变灭点后的效果

11 使用选择工具在画面中选择“LOVE”文字，按“+”键复制一个副本，再在立体化工具的属性栏中单击按钮，弹出【修饰边】调板，在其中取消【使用斜角修饰边】选项的勾选，取消斜角修饰边，如图1-130所示，然后单击按钮清除立体化效果，即可得到如图1-131所示的效果。

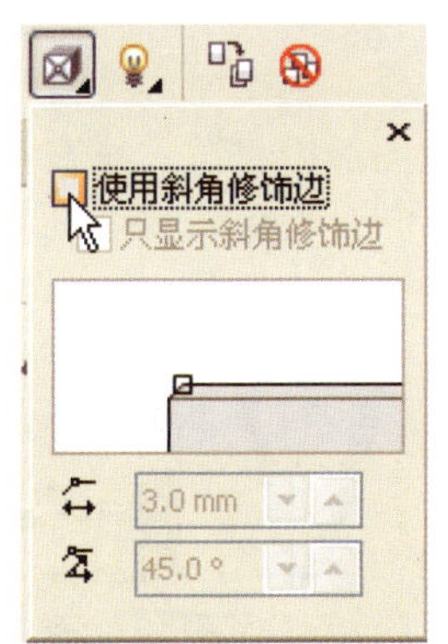

图1-130 取消使用斜角修饰边

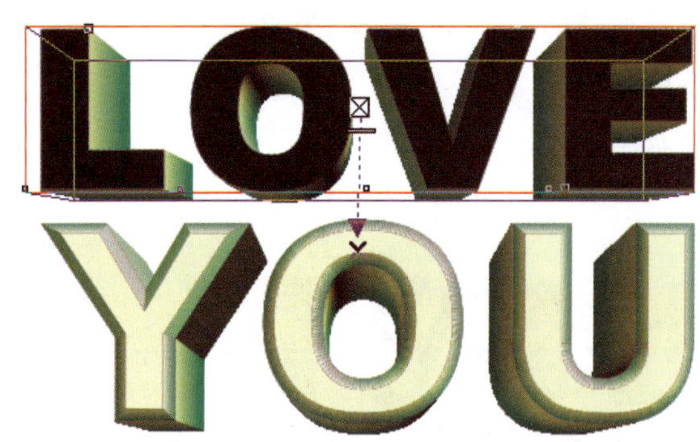

图1-131 清除立体化效果

12 在工具箱中选择轮廓图工具，并在属性栏中设置参数为，得到如图1-132所示的效果。

13 在菜单中执行【排列】→【拆分轮廓图群组】命令，将轮廓图群组打散，再在空白处单击取消选择，然后再用选择工具单击黑色边，以选择它，再按“Del”键将其删除，删除后的效果如图1-133所示。

图1-132　用轮廓图工具添加轮廓图　　　　图1-133　拆分轮廓图群组

14 使用选择工具在画面中选择“YOU”文字，按“+”键复制一个副本，再在立体化工具的属性栏中单击按钮，弹出【修饰边】调板，在其中取消【使用斜角修饰边】选项的勾选，取消斜角修饰边，如图1-134所示，然后单击按钮，清除立体化效果，即可得到如图1-135所示的效果。

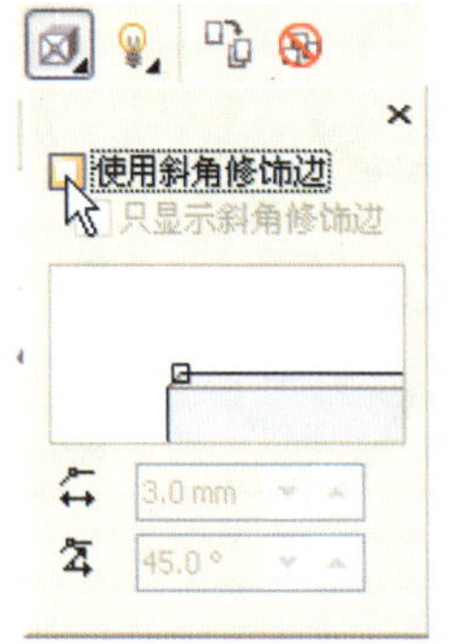

图1-134　【修饰边】调板

图1-135　清除立体化效果

15 在工具箱中选择轮廓图工具，并在属性栏中设置【轮廓图偏移】为“2.5 mm”，其他不变，得到如图1-136所示的效果。

16 在菜单中执行【排列】→【拆分轮廓图群组】命令，将轮廓图群组打散，再在空白处单击取消选择，然后再用选择工具单击黑色边，以选择它，再按“Del”键将其删除，删除后的效果如图1-137所示。

图1-136　用轮廓图工具添加轮廓图　　　　图1-137　拆分轮廓图群组

17 使用矩形工具在画面中围绕文字绘制一个矩形，如图1-138所示。

18 按“Shift”+“PgDn”键将其排放到底层，再按“F11”键弹出【渐变填充】对话框，在其中设定【从】为“C95 M89 Y88 K89”，【到】为“天蓝”，【角度】为“90”，【边界】为“13%”，其他不变，如图1-139所示，单击【确定】按钮，得到如图1-140所示的效果。

19 按“Ctrl”+“I”键导入一个图像文件，并将其排放到画面的底部，如图1-141所示。

图1-138 绘制矩形

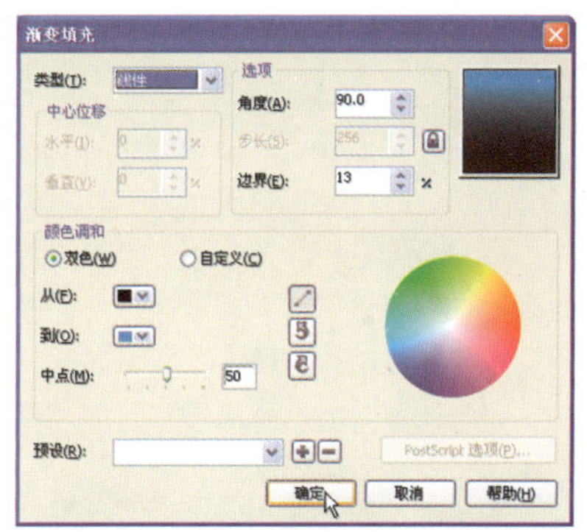

图1-139 【渐变填充】对话框

图1-140 添加渐变颜色后的效果

图1-141 导入一个图像并排放到底部

20 按“+”键复制一个副本，在菜单中执行【效果】→【图框精确剪裁】→【置于图文框内部】命令，指针呈粗箭头状，再用粗箭头单击“LOVE”文字，如图1-142所示，即可将图案置于所单击的文字中，如图1-143所示。

图1-142 复制一个副本

图1-143 置于图文框内部后的效果

21 按“Ctrl”键在画面中单击“LOVE”文字，使它处于编辑状态，再在图像上单击花纹，以选择它，将其拖动到适当位置，然后拖动对角控制柄来调整它的大小，如图1-144所示，再次按“Ctrl”键在空白处单击完成编辑，得到如图1-145所示的效果。

图1-144　编辑容器中的图像

图1-145　完成编辑后的效果

22 在画面中单击导入的图像，按“+”键复制一个副本，在菜单中执行【效果】→【图框精确剪裁】→【置于图文框内部】命令，指针呈粗箭头状，再用粗箭头单击白色的“YOU”文字，即可将图案置于所单击的文字中，如图1-146所示。

23 按“Ctrl”键在画面中单击“YOU”字，使它处于编辑状态，再在图像上单击花纹，以选择它，将其拖动到适当位置，然后拖动对角控制柄来调整它的大小，如图1-147所示，再次按“Ctrl”键在空白处单击完成编辑，得到如图1-148所示的效果。

24 在画面中单击导入的图像，接着在菜单中执行【效果】→【图框精确剪裁】→【置于图文框内部】命令，指针呈粗箭头状，再用粗箭头单击背景，即可将图案置于所单击的背景中，如图1-149所示。

图1-146　图框精确剪裁

图1-147　编辑容器中的图像

图1-148　完成编辑后的效果

图1-149　图框精确剪裁

25 按“Ctrl”键在画面中单击矩形背景，使它处于编辑状态，再在图像上单击花纹，以选择它，并将其拖动到适当位置，然后拖动对角控制柄来调整它的大小，如图1-150所示，再次按“Ctrl”键在空白处单击完成编辑，得到如图1-151所示的效果。

图1-150　编辑容器中的图像

图1-151　完成编辑后的效果

26 按“Ctrl”+“O”键打开已经制作好的图形，如图1-152所示，使用选择工具框选所有内容，按“Ctrl”+“C”键进行复制，再在【窗口】菜单中选择正在编辑艺术字的文件，然后按“Ctrl”+“V”键进行粘贴，将复制的内容粘贴到艺术字文件中，再将其移动到适当位置，并根据需要调整其大小，调整后的结果如图1-153所示。

图1-152　打开的图形

图1-153　复制后并排放到顶部

27 使用选择工具在画面中依次选择表示星形的对象，在默认CMYK调色板中单击“白”，使它们的填充色改为白色，更改颜色后的效果如图1-154所示。这样，我们的作品就制作完成了。

图1-154　最终效果图

第2章
按钮系列

按钮的应用很广泛，可以用于网页、宣传单、电视画面、界面设计中，在文字排版中也会用一些小按钮来增强画面效果。

2.1 圆角矩形按钮

实例说明

圆角矩形按钮效果在许多领域中都会用到，如网页导航按钮、提示按钮、玻璃纽扣与一些立体实物等。如图2-1所示为实例效果图，如图2-2所示为圆角矩形按钮的实际应用效果图。

图2-1　圆角矩形按钮最终效果图

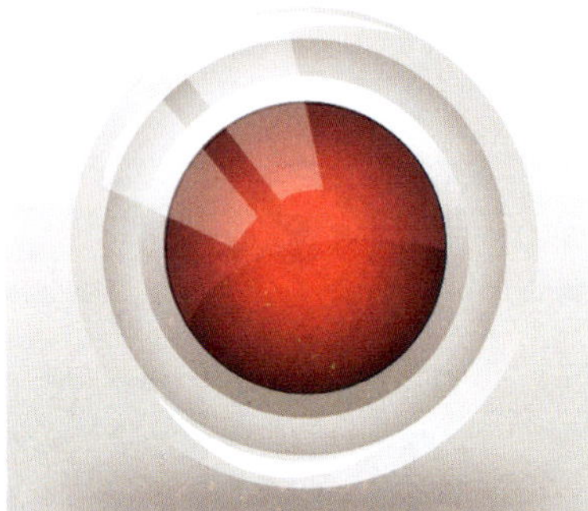

图2-2　精彩效果欣赏

设计思路

先新建一个文档，再使用矩形工具绘制出一个圆角矩形表示按钮的大小，使用渐变填充命令对其进行渐变填充，然后选择选择工具对渐变圆角矩形进行复制并缩小，根据需要对圆角矩形进行复制并改变其颜色；最后用透明度工具与矩形工具绘制出高光。如图2-3所示为制作流程图。

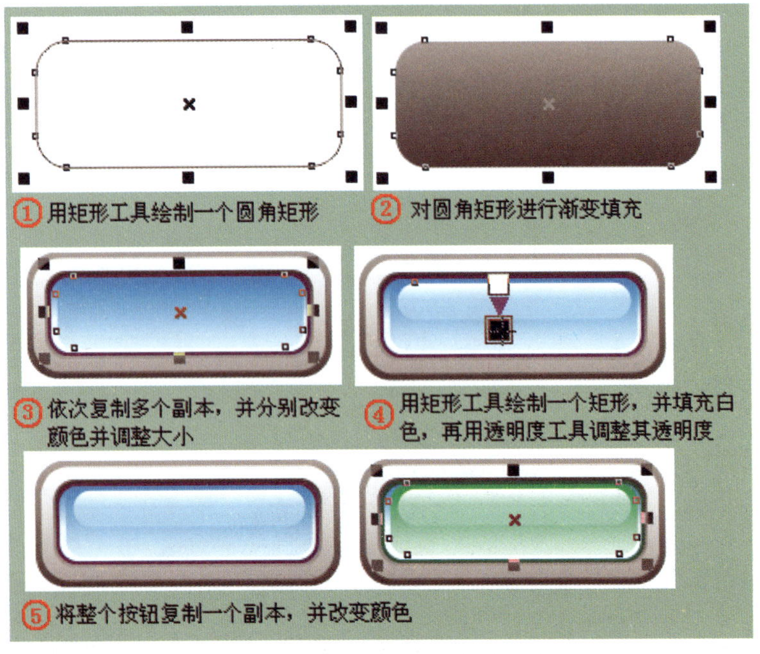

图2-3　圆角矩形按钮绘制流程图

操作步骤

01 按“Ctrl”+“N”键新建一个图形文件，在属性栏中单击按钮，将页面设为横向，再在工具箱中选择矩形工具，在绘图页的适当位置绘制一个矩形，然后在属性栏的中输入50 mm与20 mm，结果如图2-4所示，在中输入5 mm，以将矩形改为所需大小的圆角矩形，结果如图2-5所示。

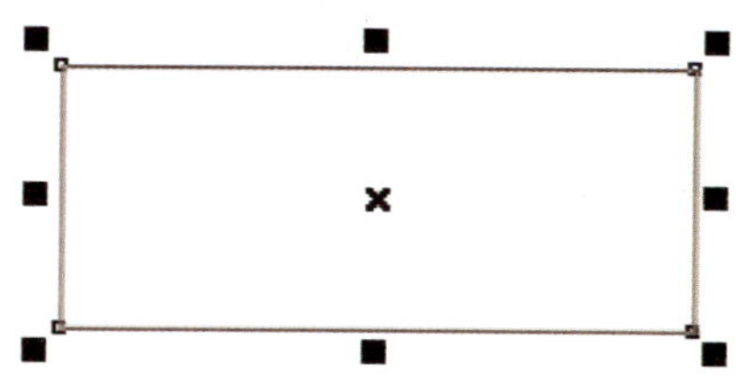

图2-4 绘制矩形

图2-5 改为圆角矩形

02 按“F11”键弹出【渐变填充】对话框，在其中设定【从】为“90% 黑”，【到】为“50% 黑”，【角度】为“90”，其他不变，如图2-6所示，单击【确定】按钮，再在默认CMYK调色板中右击“无”，清除轮廓色，得到如图2-7所示的效果。

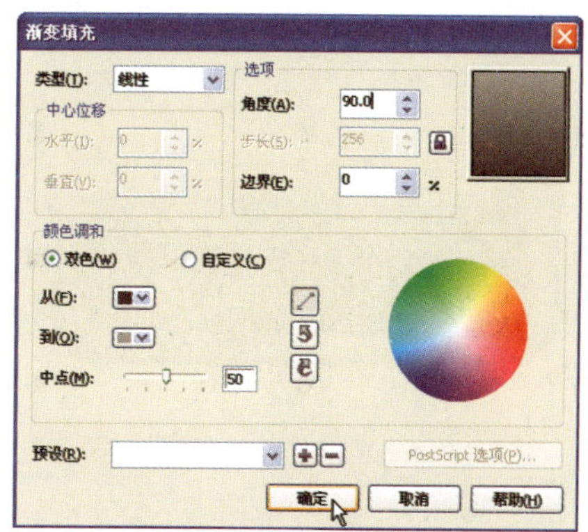

图2-6 【渐变填充】对话框

图2-7 渐变填充后的效果

03 按“+”键复制一个副本，再按“F11”键弹出【渐变填充】对话框，在其中设定【从】的颜色为“白色”，【到】为“50% 黑”，【角度】为“－90”，如图2-8所示，其他不变，单击【确定】按钮得到如图2-9所示的效果。

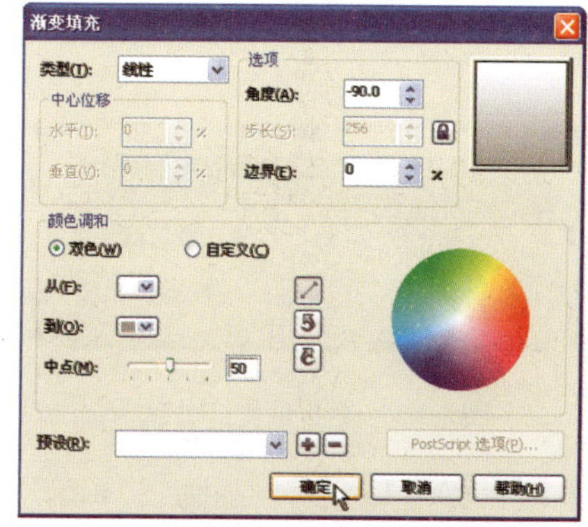

图2-8 【渐变填充】对话框

图2-9 渐变填充后的效果

04 在属性栏的 中输入宽为48 mm，高为18 mm，将副本等比缩小，结果如图2-10所示。

05 按“+”键再制一个副本，在属性栏的 中设置宽为44 mm，高为14 mm，将副本等比缩小，结果如图2-11所示。

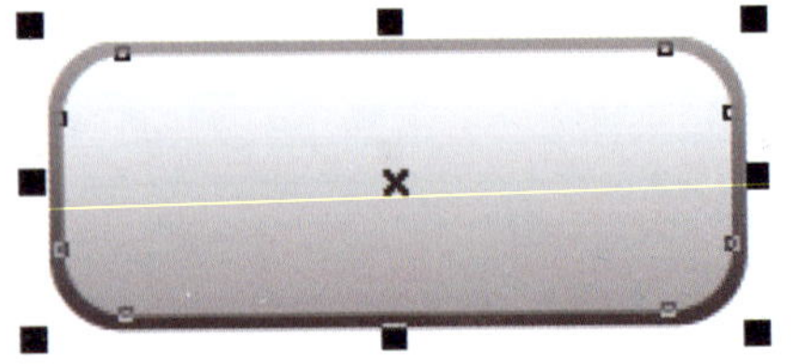

图2-10 将副本等比缩小

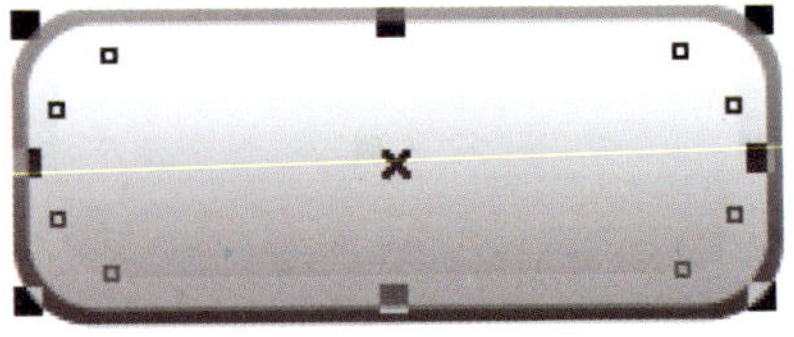

图2-11 将副本等比缩小

06 在画面中单击最底层的圆角矩形，以选择它，再从状态栏中的渐变图标上按下左键向最上层的圆角矩形拖移，当指针呈 状时松开左键，如图2-12所示，即可用最底层圆角矩形的渐变颜色对最上层圆角矩形进行渐变填充，如图2-13所示。

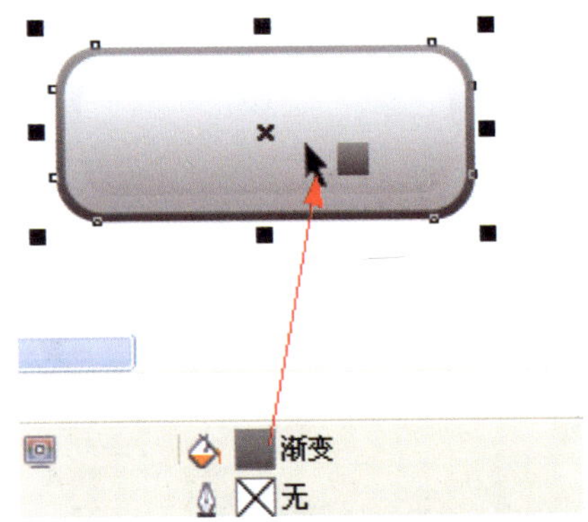

图2-12 应用设置好的渐变颜色

图2-13 改变渐变颜色后的效果

07 选择刚填充的图形，按“F11”键弹出【渐变填充】对话框，在其中将【角度】改为“－90”，其他不变，如图2-14所示，单击【确定】按钮得到如图2-15所示的效果。

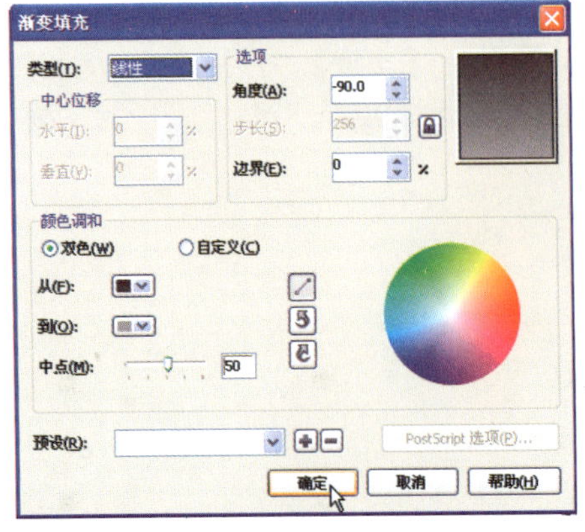

图2-14 【渐变填充】对话框

图2-15 改变角度后的效果

08 按“+”键再制一个副本，在属性栏的 中设置宽为43 mm，高为13 mm，将副本等比缩小，再在默认CMYK调色板中单击“蓝”，得到如图2-16所示的效果。

09 按“+”键再制一个副本，在属性栏中将宽改为42 mm，高改为12 mm，将副本等比缩小，接着按“F11”键弹出【渐变填充】对话框，在其中设定左边色标的颜色为“天蓝”，右边色标的颜色为“白色”，【角度】为“－90”，然后在渐变条的93%位置处双击，添加一个色标，如图2-17所示，再将其向左拖至51%位置处，如图2-18所示，【角度】为“－90”，其他不变，单击【确定】按钮得到如图2-19所示的效果。

图2-16　将副本等比缩小并填充颜色

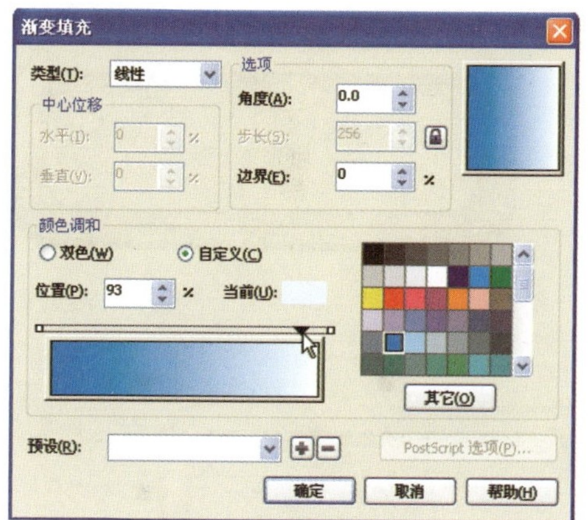

图2-17　【渐变填充】对话框

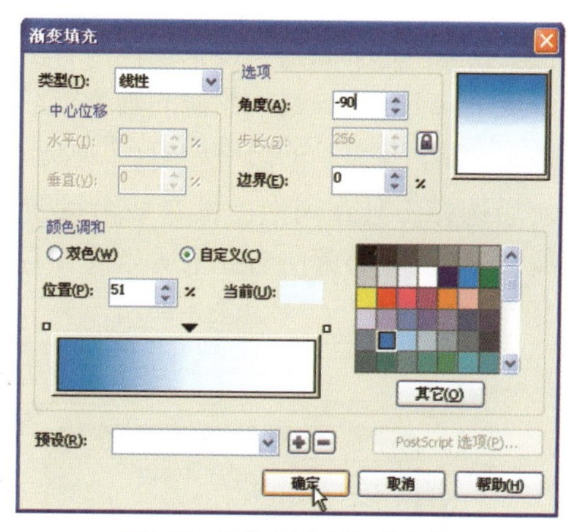

图2-18　【渐变填充】对话框

10 按“+”键再制一个副本，按“Alt”＋“Z”键撤销贴齐对象的选择，拖动对角的控制柄向内至适当位置，以将副本缩小，接着按“F11”键弹出【渐变填充】对话框，在其中设定左边色标的颜色为“天蓝”，右边色标的颜色为“C9 M0 Y0 K0”，其他不变，如图2-20所示，单击【确定】按钮得到如图2-21所示的效果。

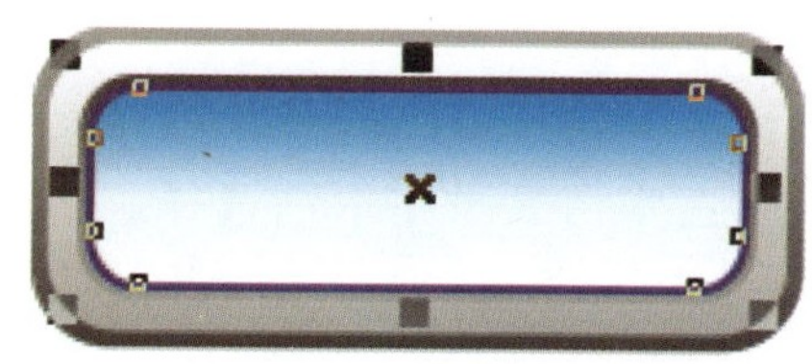

图2-19　填充渐变颜色后的效果

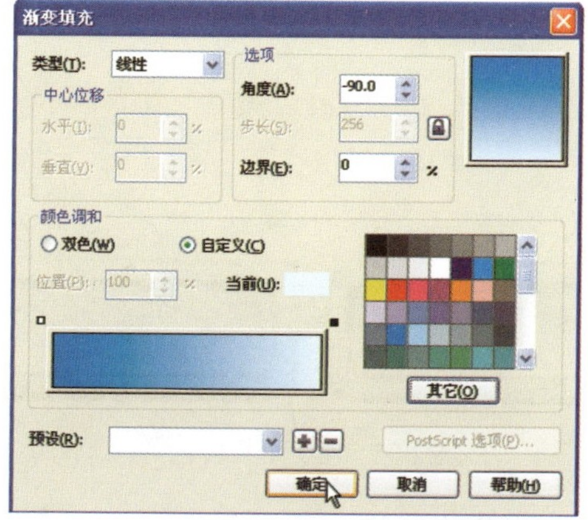

图2-20　【渐变填充】对话框

图2-21　填充渐变颜色后的效果

11 使用矩形工具在圆角矩形上绘制一个矩形，再在属性栏的 中输入“6”，将矩形改为圆角矩形，如图2-22所示，然后在默认CMYK调色板中单击“白”，右击“无”，得到如图2-23所示的效果。

图2-22　绘制圆角矩形

图2-23　填充白色后的效果

12 在工具箱中选择透明度工具，接着在画面中从上向下拖动，给刚绘制的圆角矩形进行透明调整，调整后的结果如图2-24所示。

13 使用选择工具在画面中框选整个按钮，再按“Ctrl”键将其向右拖至适当位置右击，复制一个副本，结果如图2-25所示。

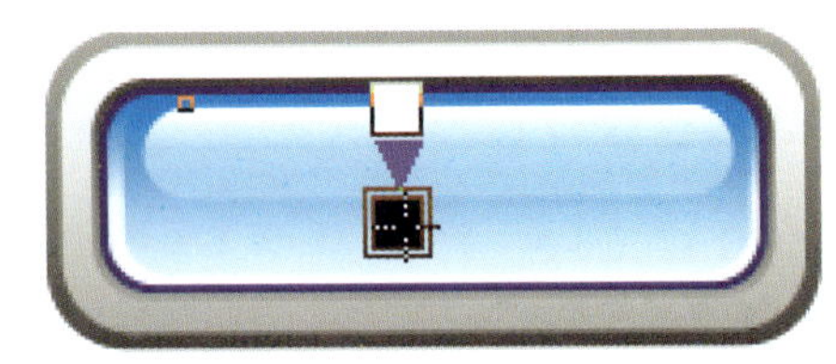

图2-24　用透明度工具调整不透明度后的效果

图2-25　复制一个副本

14 在空白处单击取消选择，再在副本的蓝色圆角矩形上单击，以选择它，然后按“Shift”+“F11”键弹出【均匀填充】对话框，在其中设定【C】为“96”，【M】为“51”，【Y】为“95”，【K】为“24”，如图2-26所示，设置完成后单击【确定】按钮，得到如图2-27所示的效果。

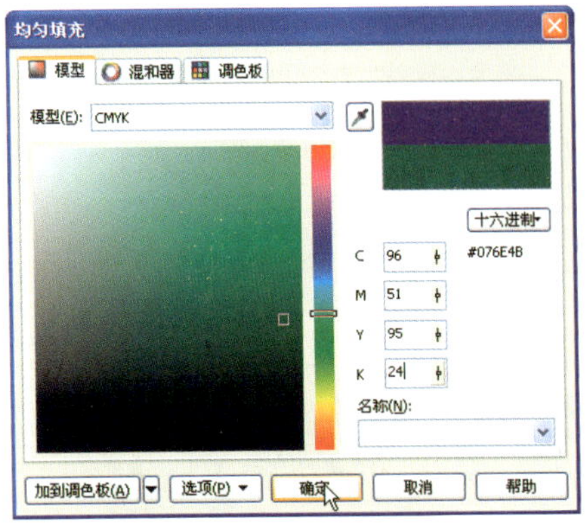

图2-26　【均匀填充】对话框

图2-27　改变填充颜色

15 在画面中选择调整过透明度的圆角矩形下方的圆角矩形，按“F11”键弹出【渐变填充】对话框，并在其中设定【从】为“绿”，【到】为“C10 M0 Y10　K0”，【角度】为“－90”，其他不变，如图2-28所示，单击【确定】按钮，得到如图2-29所示的效果。这样，我们的作品就制作完成了。

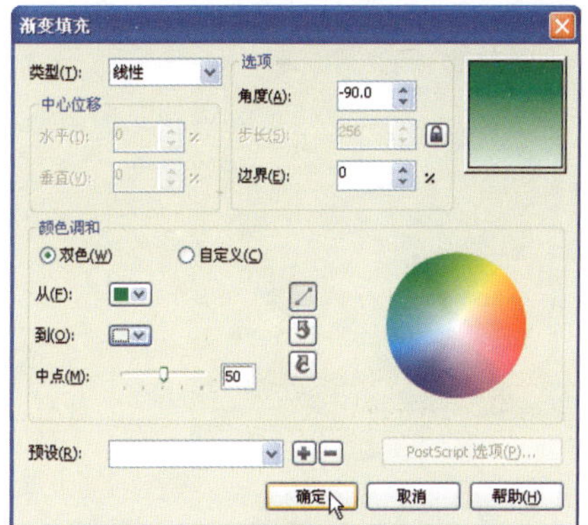

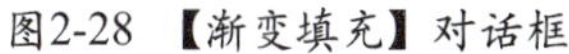
图2-28 【渐变填充】对话框

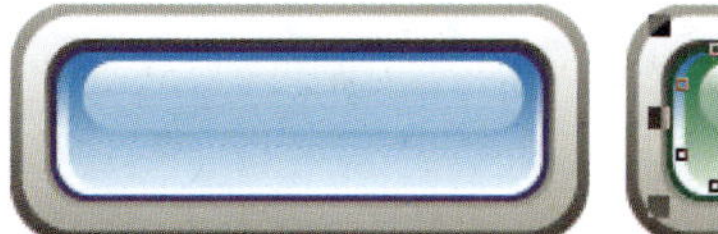
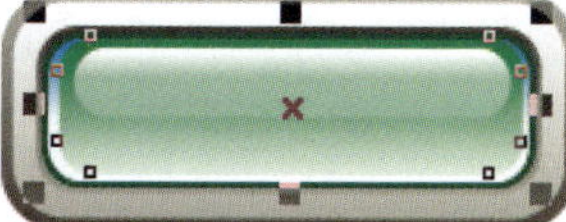
图2-29 改变渐变颜色

2.2 圆形按钮

实例说明

圆角矩形按钮效果在许多领域中都会用到，如网页导航按钮、提示按钮、玻璃纽扣与一些立体实物等。如图2-30所示为实例效果图，如图2-31所示为圆形按钮实际应用效果图。

图2-30 实例效果

图2-31 精彩效果欣赏

设计思路

先新建一个文档，再使用椭圆形工具绘制出一个圆形表示按钮的大小，然后使用均匀填充、选择工具、渐变工具为圆形进行颜色填充，接着使用复制与粘贴、填充、缩放比例、透明度工具、调和工具、选择工具等功能将几个圆形调整为按钮效果。最后使用文本工具、轮廓图工具为按钮添加文字与效果。如图2-32所示为制作流程图。

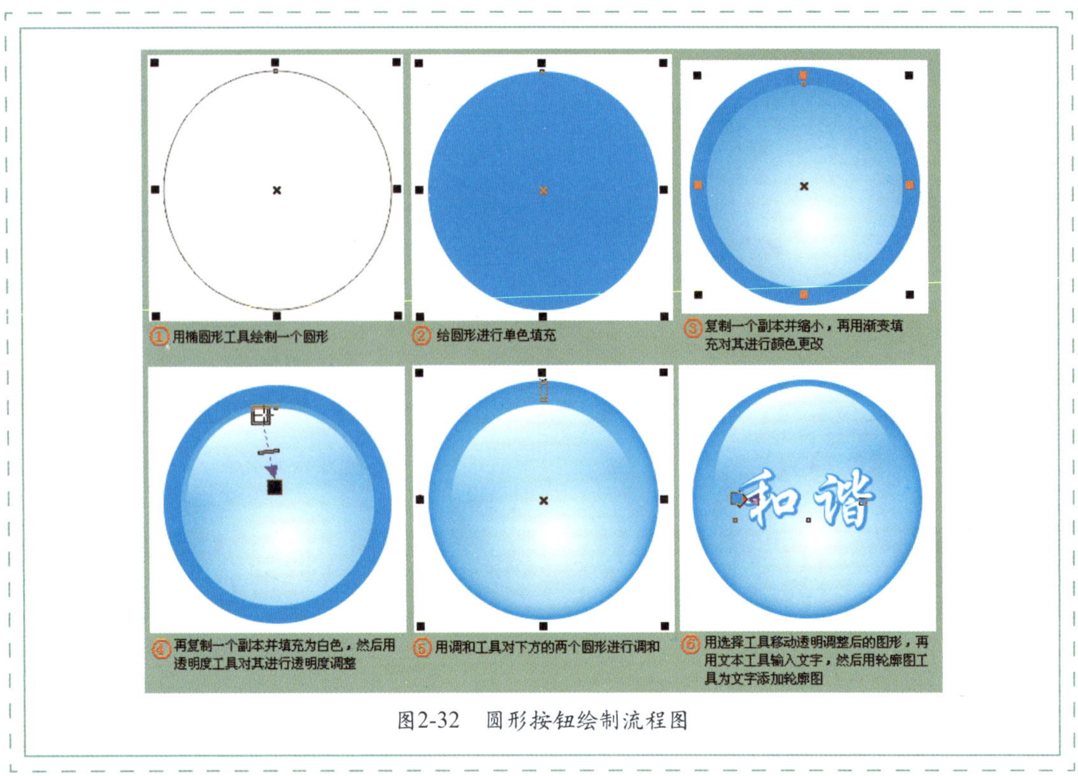

图2-32　圆形按钮绘制流程图

操作步骤

01 按“Ctrl”+“N”键新建一个文档，再在工具箱中选择椭圆形工具，按“Alt”+“Ctrl”键在画布上绘制一个圆形，结果如图2-33所示。

02 在默认CMYK调色板中单击“青”，右击“无”，将圆形填充青色，并清除轮廓色，得到如图2-34所示的效果。

03 按“Ctrl”+“C”键复制，再按“Ctrl”+“V”键粘贴后新建一个副本，然后在属性栏中单击按钮锁定比例，再设置缩放比例为85%，将副本缩小，结果如图2-35所示。

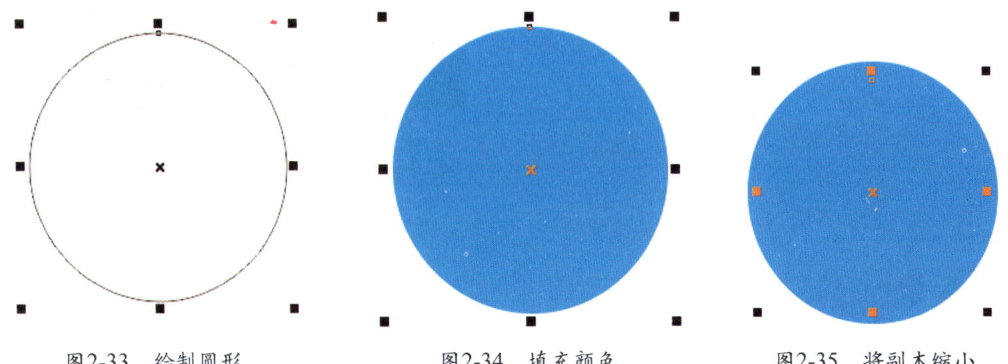

图2-33　绘制圆形　　图2-34　填充颜色　　图2-35　将副本缩小

04 按“F11”键弹出【渐变填充】对话框，在其中设置【类型】为辐射，在右边的预览框中单击，确定中心位移位置，如图2-36所示，单击【确定】按钮，得到如图2-37所示的效果。

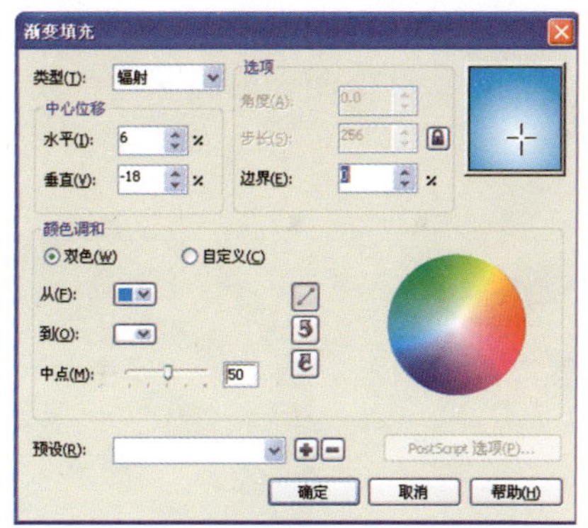

图2-36 【渐变填充】对话框

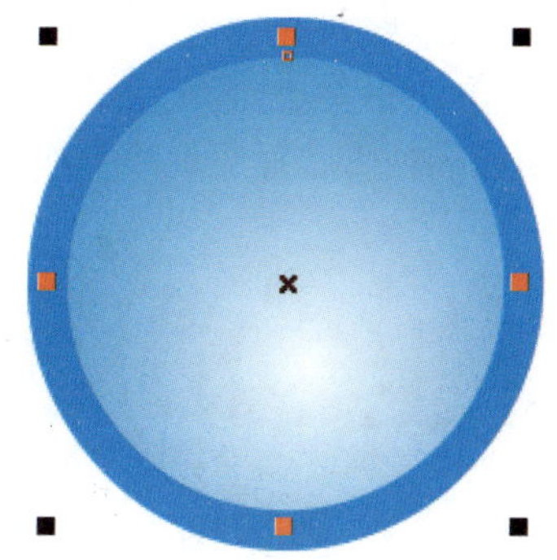

图2-37 填充渐变颜色后的效果

05 按“Ctrl”+“C”键复制，再按“Ctrl”+“V”键粘贴后新建一个副本，然后在属性栏中设置缩放比例为80%，将副本缩小，然后在调色板中单击白色，得到如图2-38所示的效果。

06 在工具箱中选择透明度工具，移动指针到画面中白色圆形上按下左键进行拖动，对白色圆形进行透明调整，调整后的效果如图2-39所示。

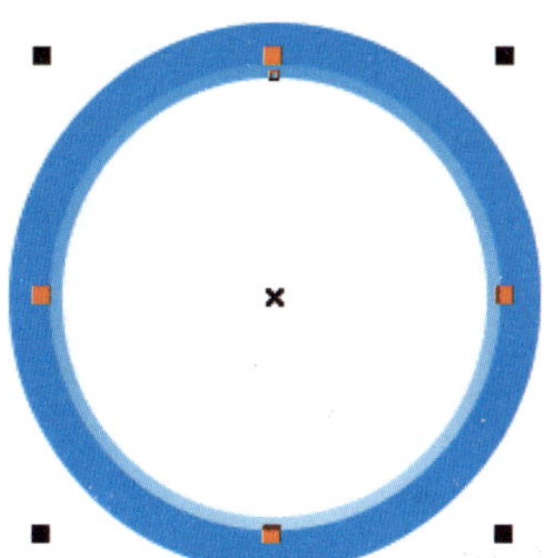

图2-38 将副本缩小并填充白色

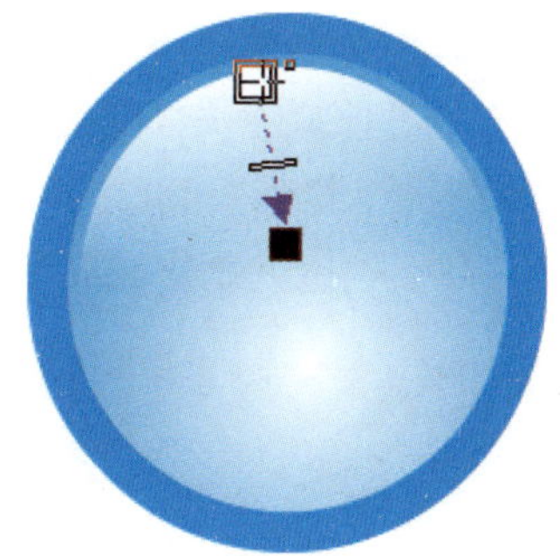

图2-39 用透明度工具调整不透明度

07 在工具箱中选择调和工具，在画面中选择中间的圆形，如图2-40所示，再在其上按下左键向最大的圆形拖动，如图2-41所示，给这两个圆形进行调和，调和后的效果如图2-42所示。

图2-40 用调和工具调和对象

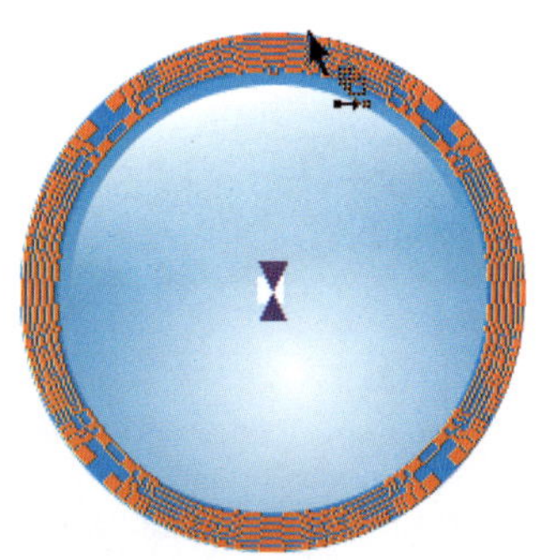

图2-41 调和对象

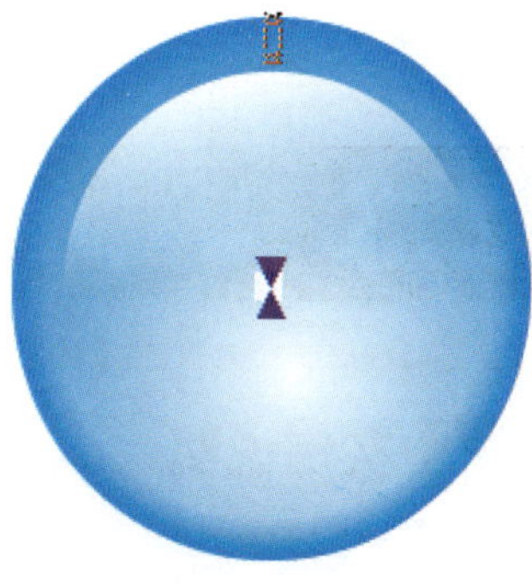

图2-42 调和后的效果

08 在属性栏中单击（对象与颜色加速）按钮，并在弹出的面板中拖动滑块向左至适当位置，调整加速的对象与颜色，如图2-43所示，从而得到如图2-44所示的效果。

09 在工具箱中选择选择工具，在画面中选择最上层做过透明调整的圆形，然后将其拖动到所需的位置，如图2-45所示。

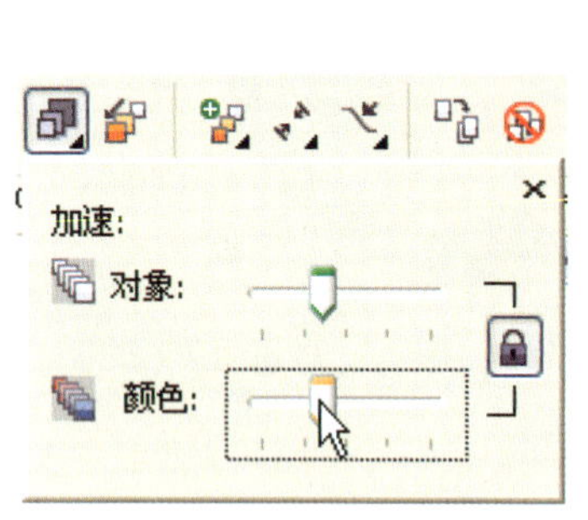
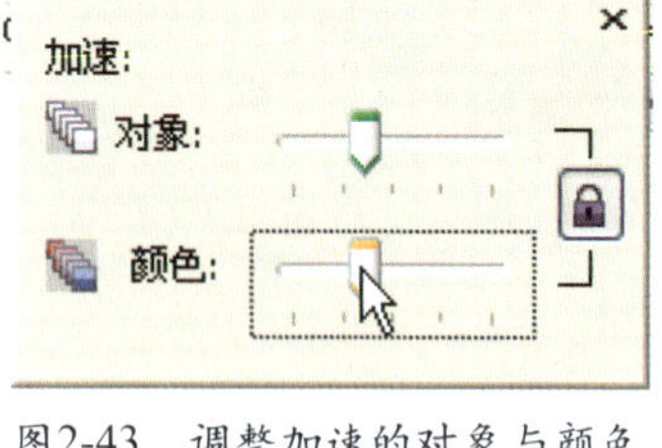

图2-43　调整加速的对象与颜色

图2-44　调整后的效果

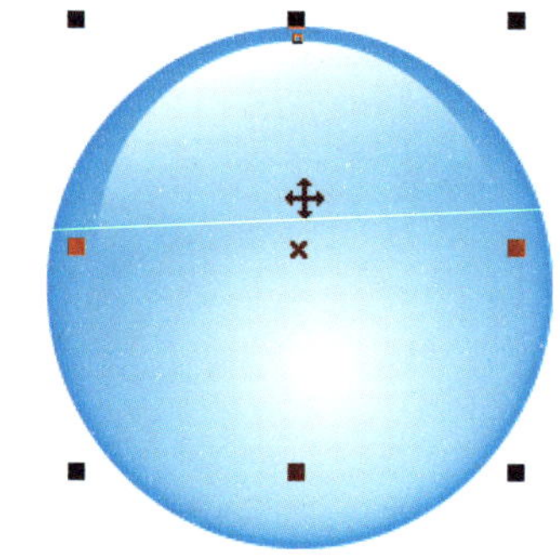

图2-45　选择并移动对象

10 在工具箱中选择文本工具，在画面中的圆形按钮上单击并输入“和谐”文字，如图2-46所示，按“Ctrl”+“A”键全选文字，再在属性栏中设置【字体】为“华文行楷”，【字体大小】为“36pt”，结果如图2-47所示。

11 使用选择工具将文字移动到所需的位置，并在调色板中单击“白色”，将文字填充为白色。接着在工具箱中选择轮廓图工具，并在属性栏中单击（外部轮廓）按钮，设置轮廓图偏移为0.54 mm，填充色为青色，得到如图2-48所示的效果。这样，圆形按钮就制作完成了。

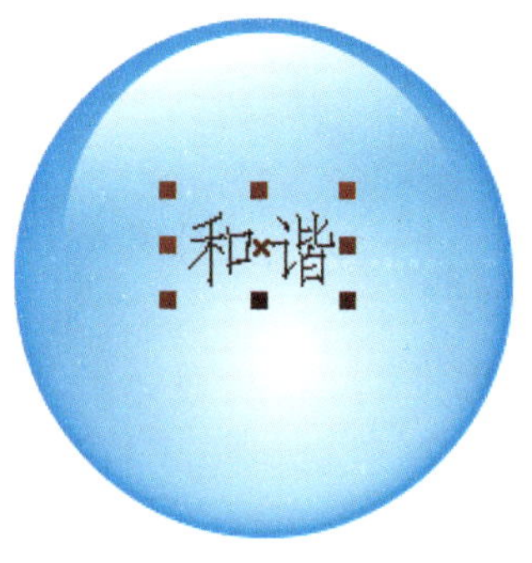

图2-46　输入文字

图2-47　改变字体与字体大小

图2-48　添加轮廓图后的效果

2.3 导航按钮

实例说明

导航按钮在许多领域中都会用到，如网页导航按钮、提示按钮与其他按钮等，也可以用在一些播放器、程序的界面中。如图2-49所示为实例效果图，如图2-50所示为导航按钮的实际应用效果图。

图2-49　导航按钮最终效果图

图2-50　精彩效果欣赏

设计思路

本例将利用CorelDRAW绘制网页中的导航按钮，先新建一个文档，再使用矩形工具、钢笔工具绘制出一个矩形与一个辅助图形表示导航按钮的背景，使用渐变填充命令对其进行渐变填充；然后使用透明度工具、椭圆形工具、渐变填充、选择工具、相交等功能来绘制圆形按钮，根据需要对圆形进行复制并改变其颜色；最后使用文字工具输入所需的文字。如图2-51所示为制作流程图。

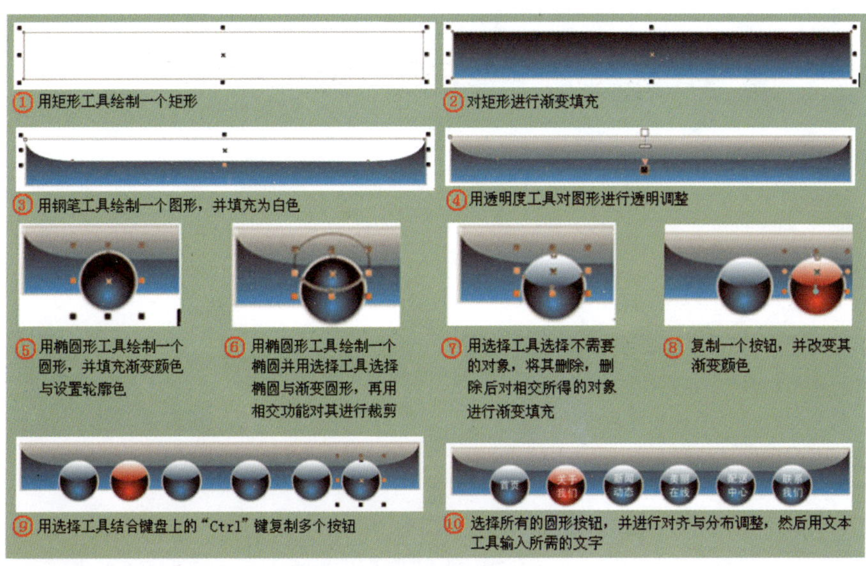

图2-51　导航按钮绘制流程图

操作步骤

01 按“Ctrl”+“N”键新建一个横向的图形文件，在工具箱中选择□矩形工具，在绘图页的适当位置绘制一个矩形，然后在属性栏的 中输入250 mm与28 mm，将矩形设定为所需的大小，结果如图2-52所示。

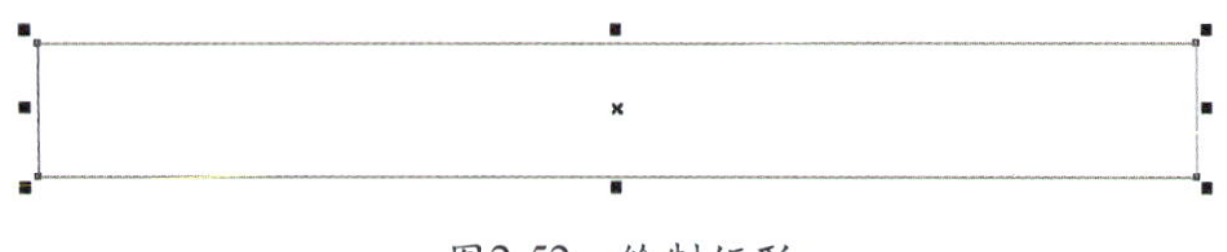

图2-52　绘制矩形

02 按“F11”键弹出【渐变填充】对话框，在其中设定【从】为“青”，【到】为“黑”，【角度】为“90”，其他不变，如图2-53所示，单击【确定】按钮得到如图2-54所示的效果。

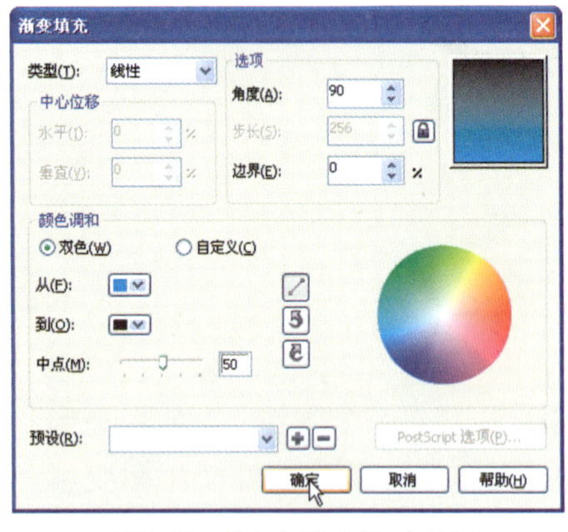

图2-53　【渐变填充】对话框

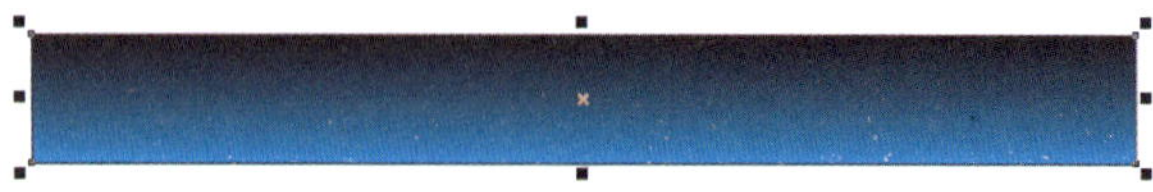

图2-54　填充渐变颜色后的效果

03 在属性栏的 （轮廓宽度）下拉列表中选择“1.0 mm”，再在默认CMYK调色板中右击“30%黑”，以得到如图2-55所示的效果。

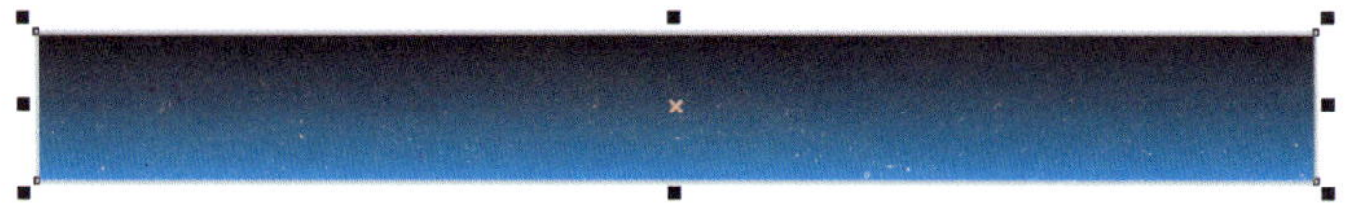

图2-55　设置轮廓宽度与颜色后的效果

04 在工具箱中选择钢笔工具，在刚绘制的渐变矩形上方绘制一个图形，如图2-56所示，再在默认CMYK调色板中单击“白”，使它填充为白色，得到如图2-57所示的效果。

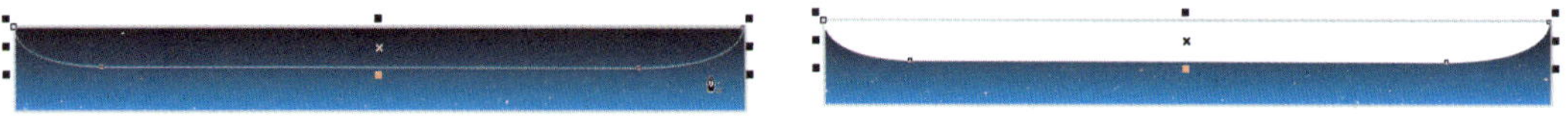

图2-56　用钢笔工具绘制图形　　图2-57　填充白色后的效果

05 在工具箱中选择透明度工具，接着在画面的上方按下左键向下方拖动，对白色矩形进行透明调整，调整后的效果如图2-58所示。

06 在工具箱中选择椭圆形工具，按“Ctrl”键在渐变矩形的左下方适当位置绘制一个圆形，如图2-59所示。

图2-58 用透明度工具调整透明度后的效果

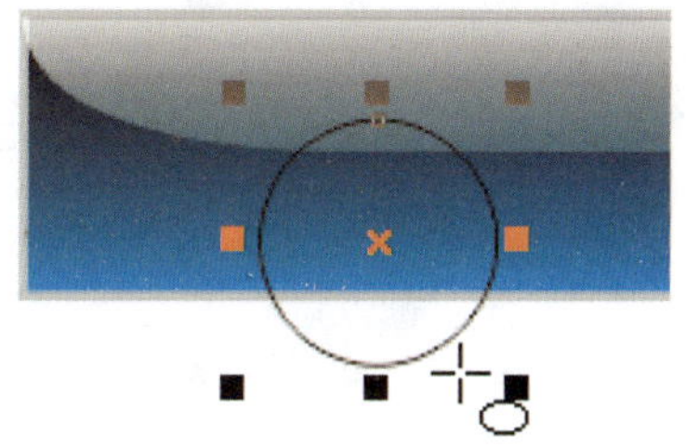

图2-59 用椭圆形工具绘制椭圆

07 按“F11”键弹出【渐变填充】对话框，在其中设定【类型】为“辐射”，【从】为“黑”，【到】为“青”，【水平】为“1%”，【垂直】为“−24%”，【边界】为“23%”，其他不变，如图2-60所示，单击【确定】按钮得到如图2-61所示的效果。

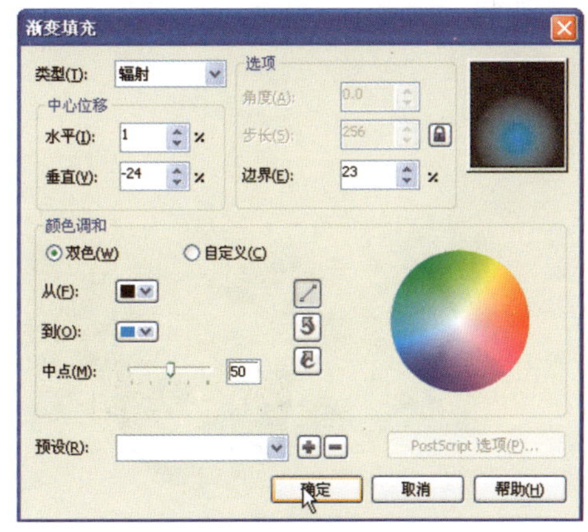

图2-60 【渐变填充】对话框

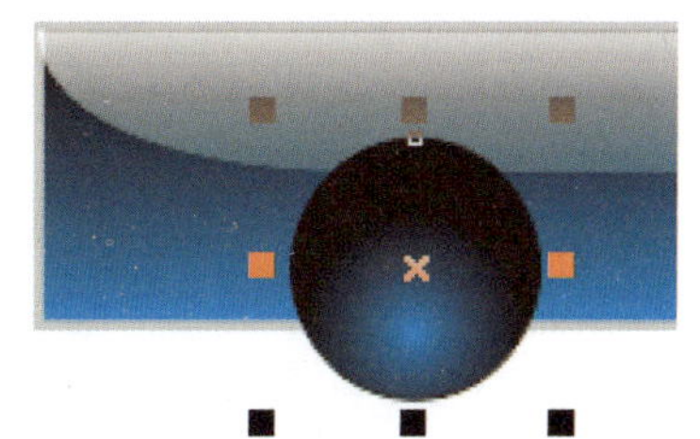

图2-61 填充渐变颜色后的效果

08 在属性栏的【轮廓宽度】下拉列表中选择“1.0 mm”，再在默认CMYK调色板中右击“30%黑”，得到如图2-62所示的效果。

09 按“+”键再制一个副本，再用椭圆形工具绘制一个椭圆形，如图2-63所示。

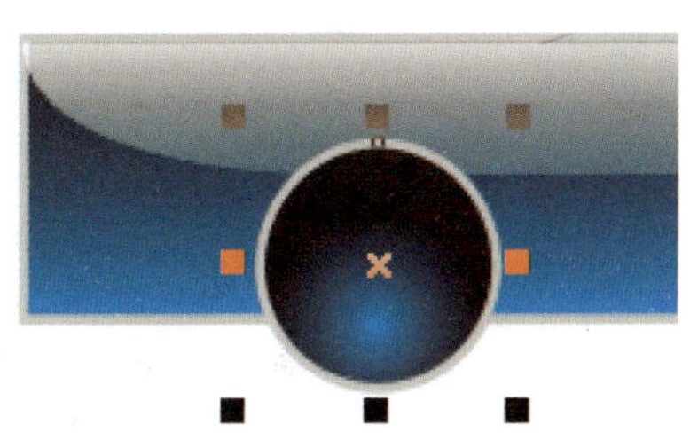

图2-62 设置轮廓宽度与颜色后的效果

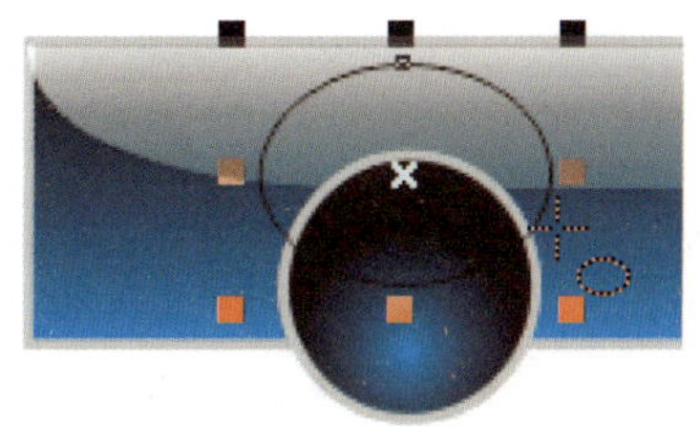

图2-63 绘制椭圆形

10 在工具箱中选择选择工具，接着按“Shift”键在渐变圆形上单击，同时选择椭圆与圆形，如图2-64所示，然后在属性栏中单击（相交）按钮，以相交部分创建一个新对象，结果如图2-65所示。

11 在画面中选择相交部分外的对象，再在键盘上按“Del”键将其删除，然后再选择相交所得的对象，如图2-66所示；再在默认CMYK调色板中右击“无”，清除轮廓色。

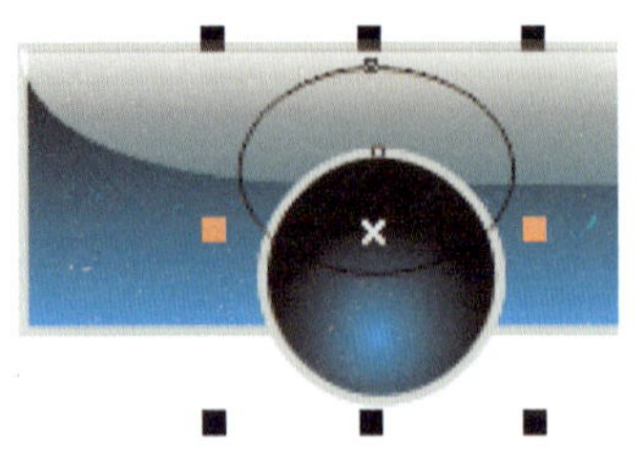

图2-64　选择对象

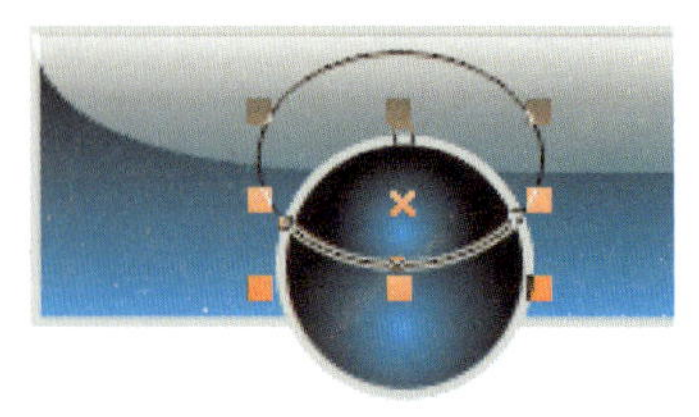

图2-65　相交后的结果

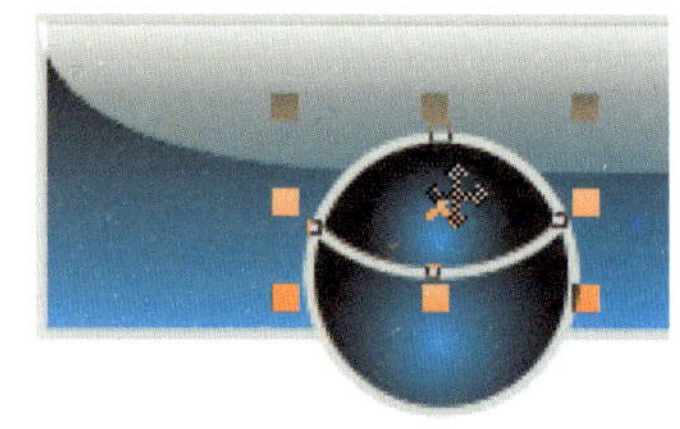

图2-66　删除多余对象后清除轮廓色

12 按“F11”键弹出【渐变填充】对话框，在其中设定【类型】为“线性”，【边界】为“0”，角度】为“－90”，【从】为“白色”，【到】为“C100 M40 Y0 K40”，其他不变，如图2-67所示，单击【确定】按钮，再在键盘上按“↓”向下键一次，得到如图2-68所示的效果。

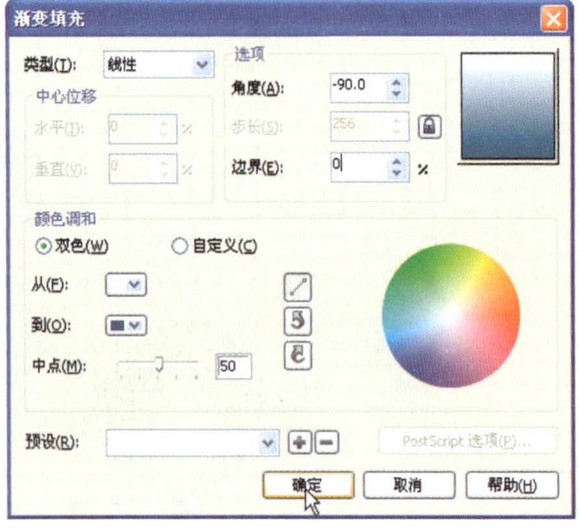

图2-67　【渐变填充】对话框

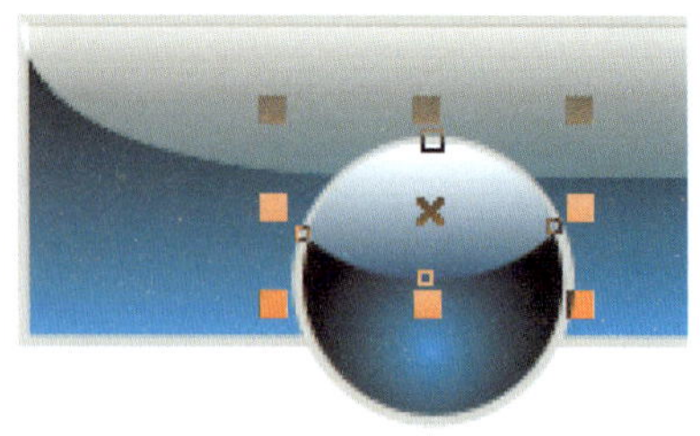

图2-68　填充渐变颜色后的效果

13 使用选择工具框选出圆形按钮，再按“Ctrl”＋“G”键将其编组，如图2-69所示；然后按“Ctrl”键将其水平向右拖动到适当位置时右击，以复制一个副本，结果如图2-70所示。

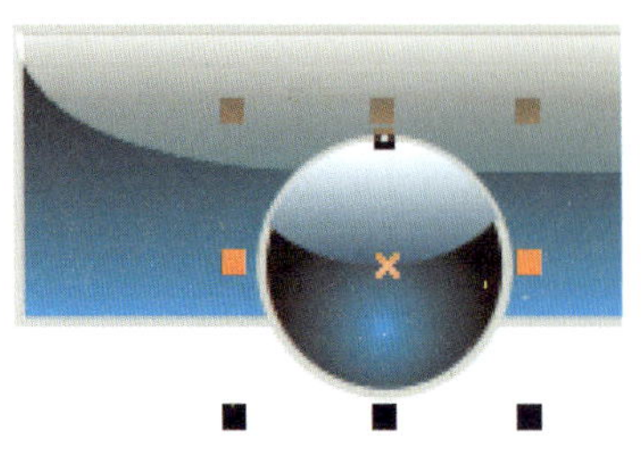

图2-69　编组

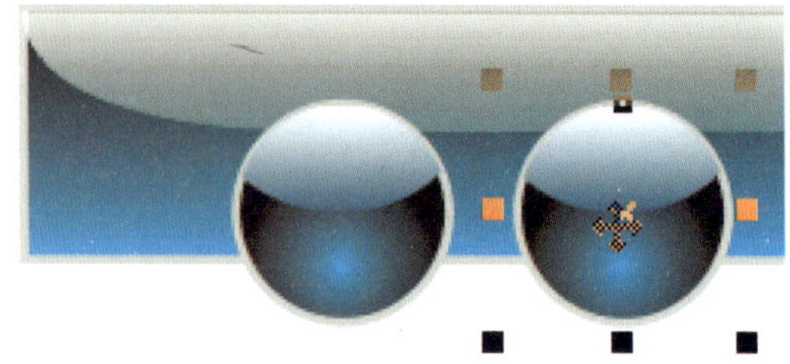

图2-70　复制一个副本

14 按“Ctrl”键在复制的副本上单击渐变圆形，再按“F11”键弹出【渐变填充】对话框，并在其中设定【到】为“红”，【水平】为“0%”，【垂直】为“－25%”，其他不变，如图2-71所示，单击【确定】按钮得到如图2-72所示的效果。

15 按“Ctrl”键在画面中单击相交所得的对象，按“F11”键弹出【渐变填充】对话框，并在其中设定【到】为“C0 M100 Y100 K40”，其他不变，如图2-73所示，单击【确定】按钮得到如图2-74所示的效果。

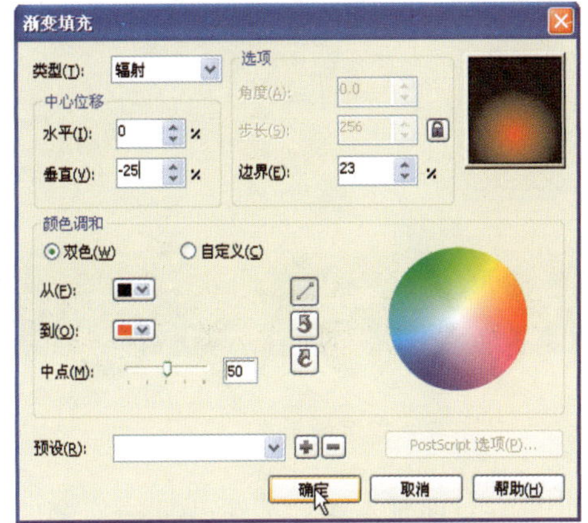

图2-71 【渐变填充】对话框

图2-72 改变渐变颜色

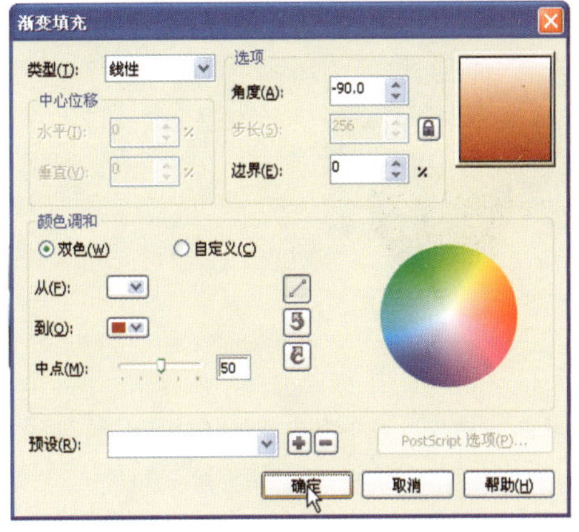

图2-73 【渐变填充】对话框

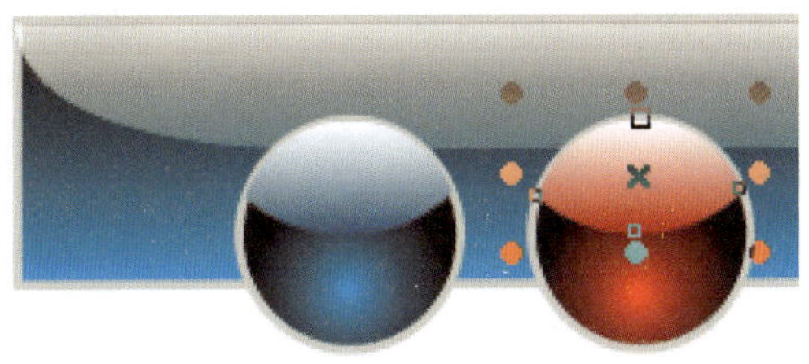

图2-74 改变渐变颜色

16 按“Ctrl”键将蓝色按钮水平向右拖动到适当位置右击，再复制一个副本，然后使用同样的方法复制三个副本，复制完成后的结果如图2-75所示。

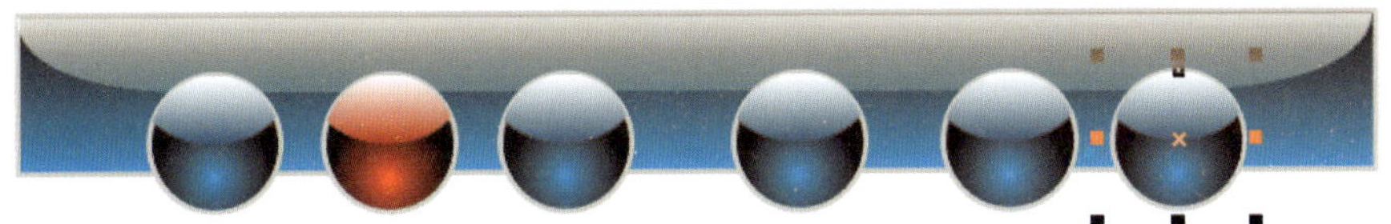

图2-75 复制多个副本

17 使用选择工具框选所有的圆形按钮，如图2-76所示，在属性栏中单击按钮，弹出【对齐与分布】泊坞窗，并在分布栏选择（水平分散排列中心）按钮，如图2-77所示，以使所选对象之间的距离相等，然后在画面的空白处单击取消选择，得到如图2-78所示的效果。

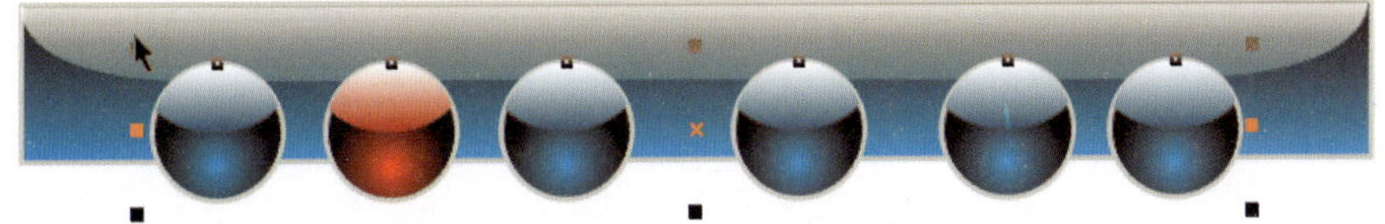

图2-76 选择要对齐与分布的对象

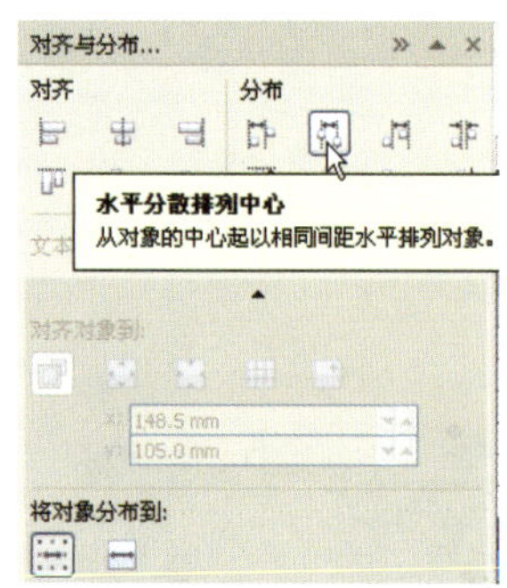

图2-77 【对齐与分布】泊坞窗

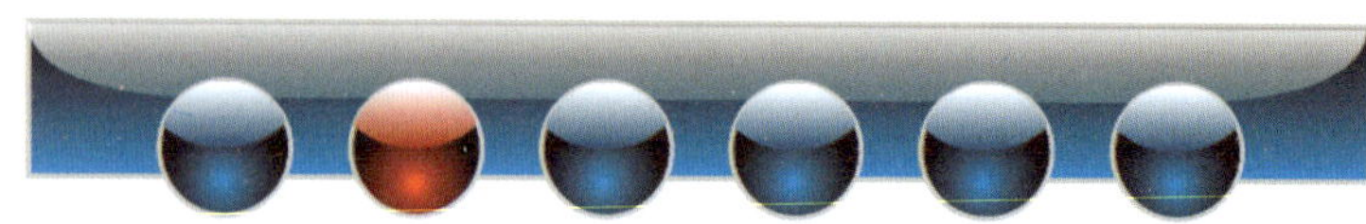

图2-78 对齐与分布后的效果

18 在工具箱中选择字文本工具，先在第1个按钮的适当位置单击，显示光标后在属性栏中设定为 Adobe 黑体 Std R 18 pt ，再在默认CMYK调色板中单击白，然后输入所需的文字（如：首页），在左边第一个按钮单击确认“首页”文字的输入，结果如图2-79所示。

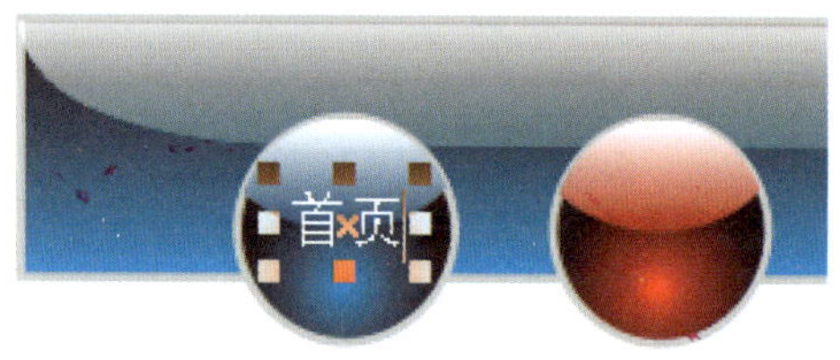

图2-79 输入文字

19 使用步骤18同样的方法再输入所需的文字，输入文字后的效果如图2-80所示。这样，作品就制作完成了。

图2-80 输入文字后的最终效果图

第3章 绘画系列

使用CorelDRAW X6可以绘制插画、油画、漫画、装饰画、壁画、连环画等作品。

3.1 卡通少女

实例说明

“卡通少女”主要用在杂志封面、漫画中作为插图。如图3-1所示为实例效果图，如图3-2所示为效果欣赏。

图3-1 卡通少女最终效果图

图3-2 精彩效果欣赏

设计思路

本例将利用CorelDRAW来画卡通少女，先新建一个文档，再使用矩形工具绘制出一个矩形表示背景，使用钢笔工具、形状工具绘制出人身结构图并填充颜色，然后使用折线工具、形状工具、渐变填充、均匀填充、复制与粘贴等功能绘制出衣服、头发、手套、围巾与袜子等。如图3-3所示为制作流程图。

图3-3 卡通少女绘制流程图

操作步骤

01 按“Ctrl”+“N”键新建一个图形文件，接着在工具箱中选择矩形工具，再在绘图页中绘制出一个矩形，并在属性栏的中输入165 mm与280 mm，然后在默认CMYK调色板中单击“天蓝”，得到如图3-4所示的矩形，在菜单中执行【排列】→【锁定对象】命令，将矩形锁定，结果如图3-5所示。

图3-4 绘制矩形

图3-5 锁定矩形

02 使用钢笔工具在矩形的上部绘制出人物的头部，如图3-6所示，如果一次绘制不好，可以用形状工具对其进行调整，调整后的结果如图3-7所示。

03 使用步骤02同样的方法绘制出人物的身体结构，如图3-8所示。

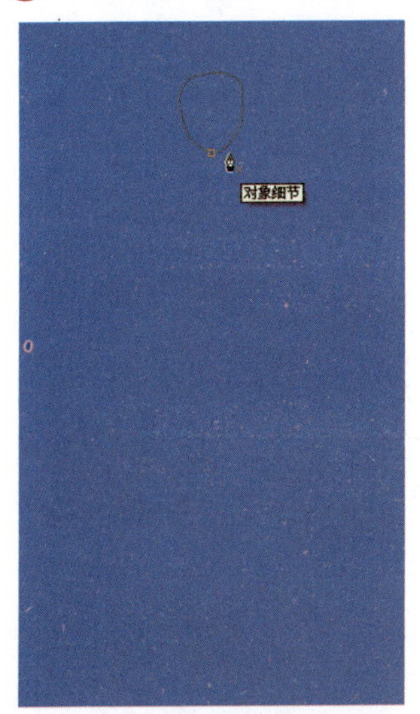

图3-6 用钢笔工具人物的头部

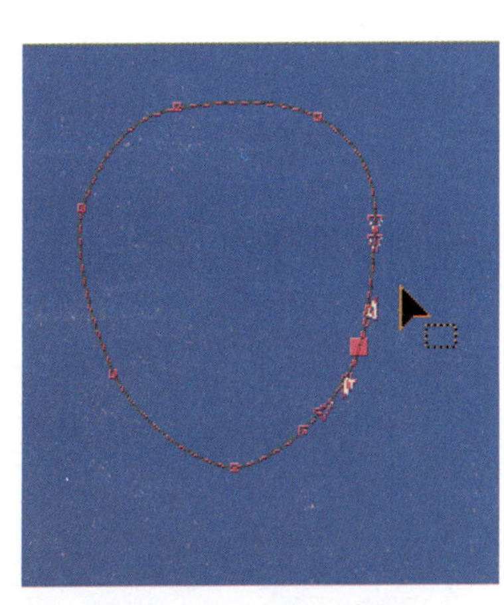

图3-7 调整头部轮廓形状

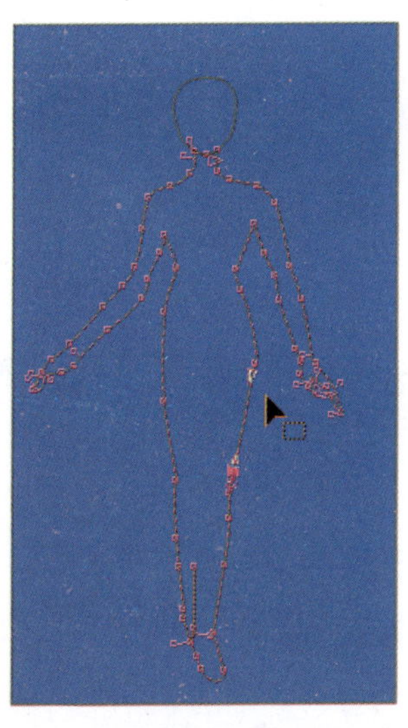

图3-8 绘制人物的身体结构

04 使用选择工具在画面中框选整个人体，然后在默认CMYK调色板中先按住渐粉，并在弹出的调色盒中选择所需的颜色，如图3-9所示，再在默认CMYK调色板中右击“无”，得到如图3-10所示的效果。

05 使用折线工具在脸部左边适当位置绘制出眼睛的结构图，如图3-11所示。

图3-9 选择颜色

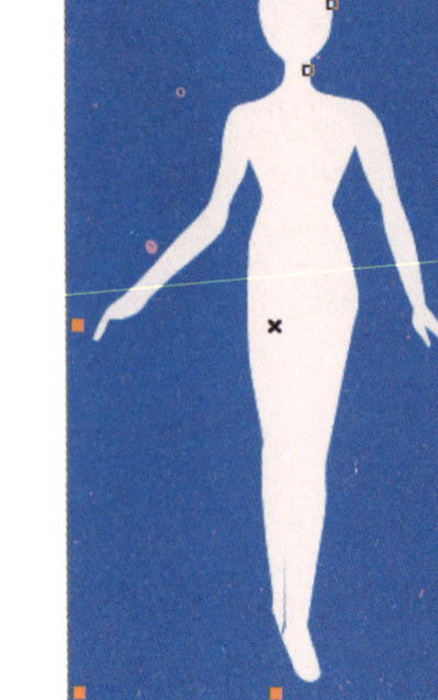

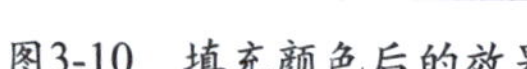

图3-10 填充颜色后的效果

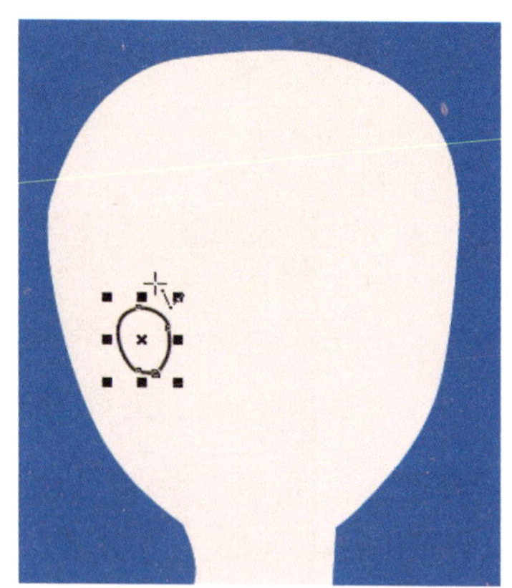

图3-11 用折线工具绘制眼睛的结构图

06 按“F11”键弹出【渐变填充】对话框，在其中设定【类型】为“辐射”，【从】的颜色为“宝石红”，【到】为“黑”，【水平】为“20%”，【垂直】为“33%”，其他不变，如图3-12所示，单击【确定】按钮，得到如图3-13所示的效果。

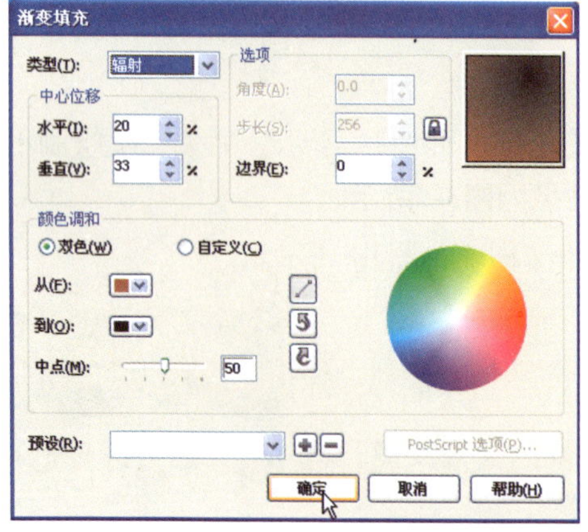

图3-12 【渐变填充】对话框

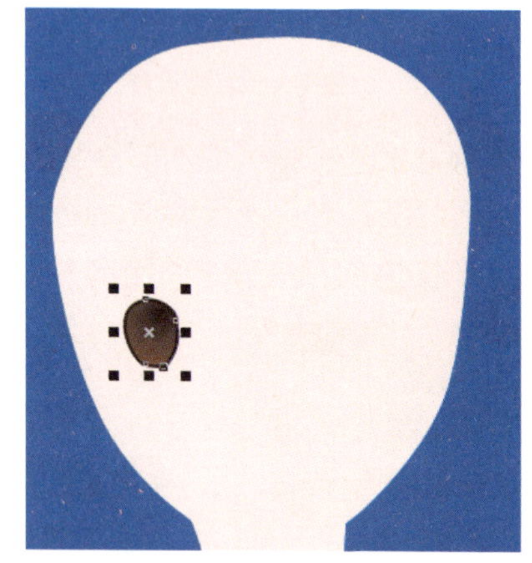

图3-13 填充渐变颜色后的效果

07 使用折线工具在眼睛内绘制出眼珠的结构图，按“F11”键弹出【渐变填充】对话框，在其中设定【类型】为“辐射”，【从】为“黑”，【到】为“栗”，【水平】为“20%”，【垂直】为“19%”，如图3-14所示，其他不变，单击【确定】按钮，得到如图3-15所示的效果。

08 使用折线工具在眼睛的上方绘制出睫毛与表示高光的图形，如图3-16所示，再依次在默认CMYK调色板中单击“黑”和“白”，得到如图3-17所示的效果。

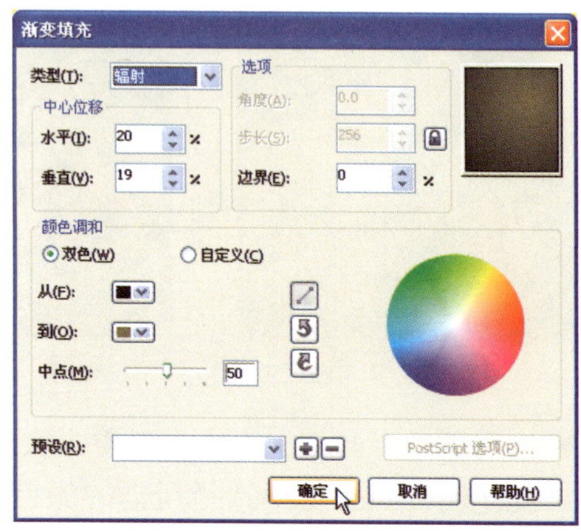

图3-14 【渐变填充】对话框

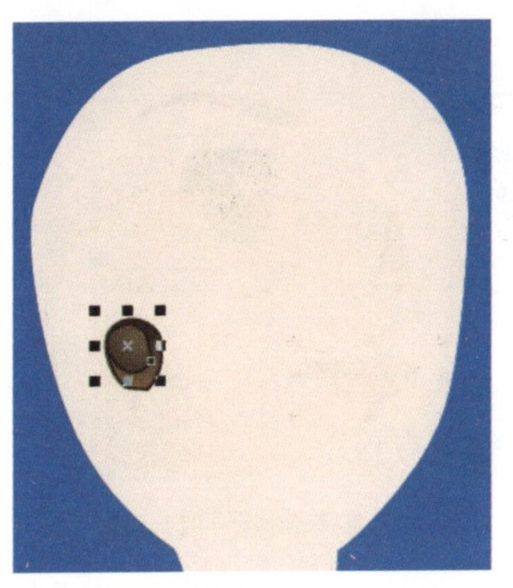

图3-15 填充渐变颜色后的效果

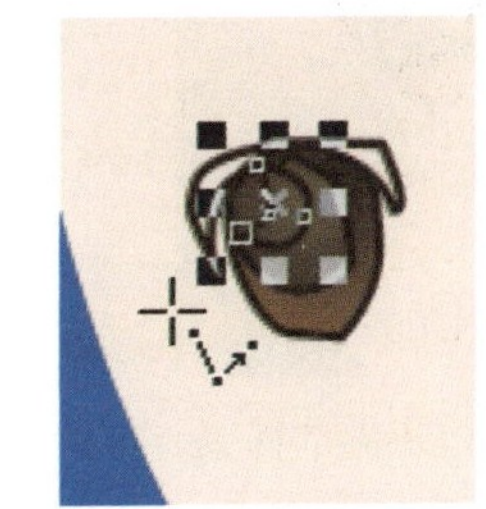

图3-16 用折线工具绘制睫毛与表示高光的图形

图3-17 填充相应颜色后的效果

09 使用选择工具框选整只眼睛，再将其向右拖动到适当位置右击，复制一个副本，如图3-18所示，然后在属性栏中单击按钮，将副本进行水平镜像，结果如图3-19所示。

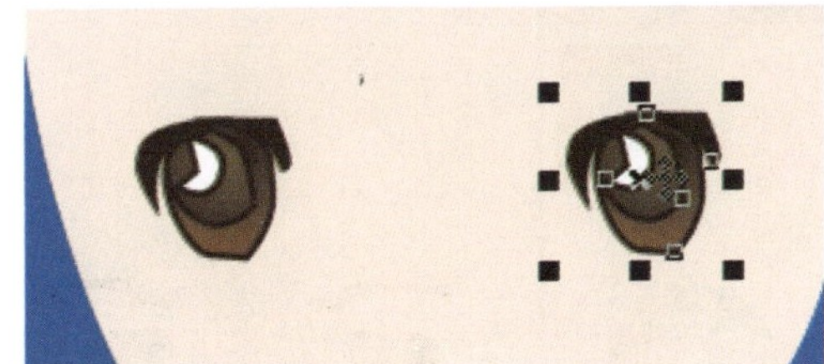

图3-18 复制一个副本

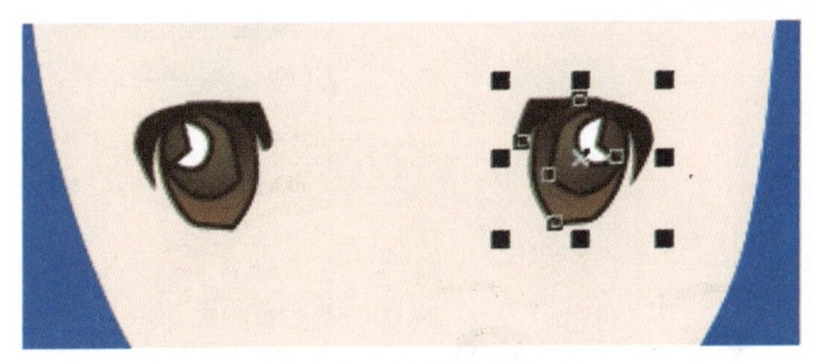

图3-19 水平镜像右眼

10 使用形状工具对另一只眼睛进行调整，调整后的效果如图3-20所示。

11 使用折线工具在脸部绘制出眉毛的形状，如图3-21所示，接着选择选择工具，并按“Shift”键单击另一只眉毛，以同时选择它，在默认CMYK调色板中单击“深褐”，得到如图3-22所示的效果。

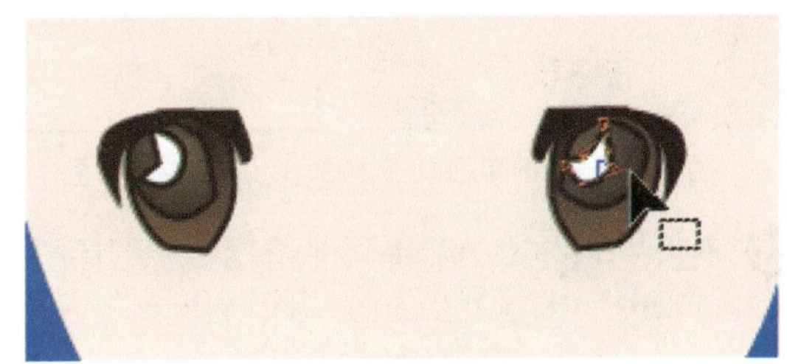

图3-20 调整眼睛形状

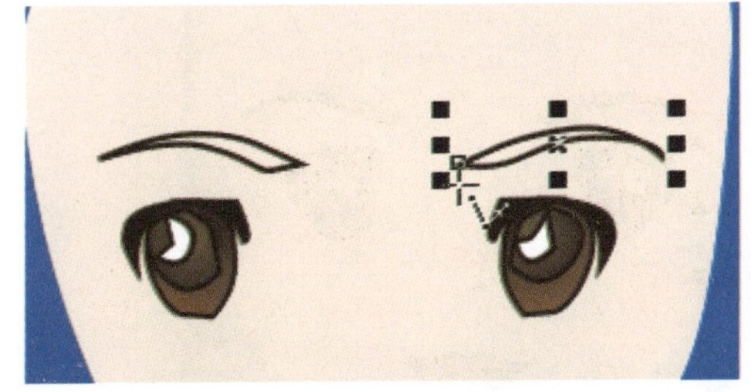

图3-21 用折线工具绘制眉毛

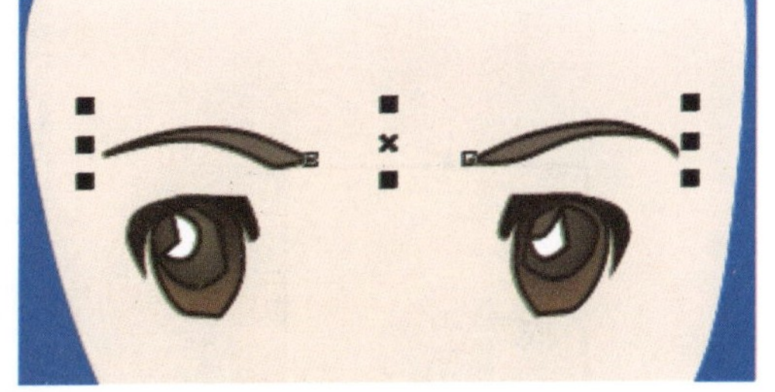

图3-22 填充颜色后的效果

12 使用折线工具在画面中绘制出鼻子侧面较暗的区域，再在默认CMYK调色板中单击“渐粉”，得到如图3-23所示的效果。

13 使用折线工具在画面中绘制出嘴，并将它填充为红色，画面效果如图3-24所示。

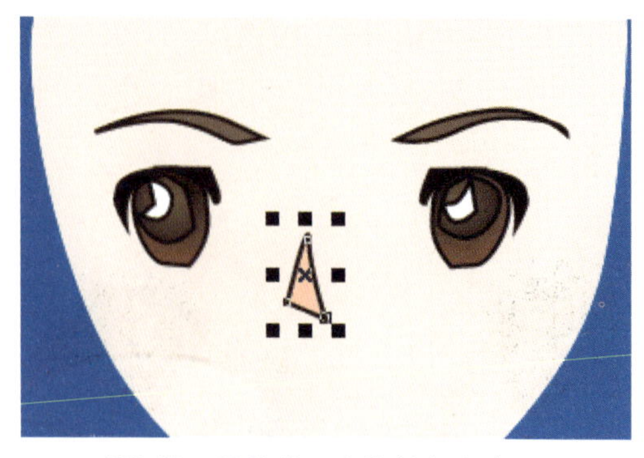

图3-23　用折线工具绘制鼻子暗面

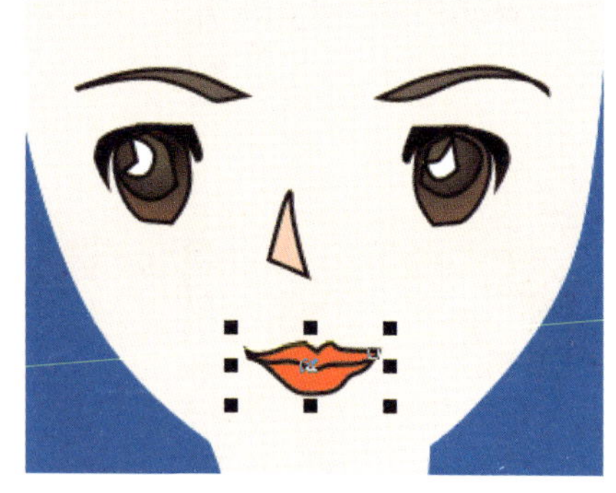

图3-24　用折线工具绘制嘴

14 使用折线工具在嘴上绘制表示高光的对象，如图3-25所示，按“F11”键弹出【渐变填充】对话框，并在其中设定【类型】为“辐射”，【从】为“红”，【到】为“白”，其他不变，如图3-26所示，单击【确定】按钮，再在默认CMYK调色板中右击“无”，得到如图3-27所示的效果。

图3-25　绘制高光

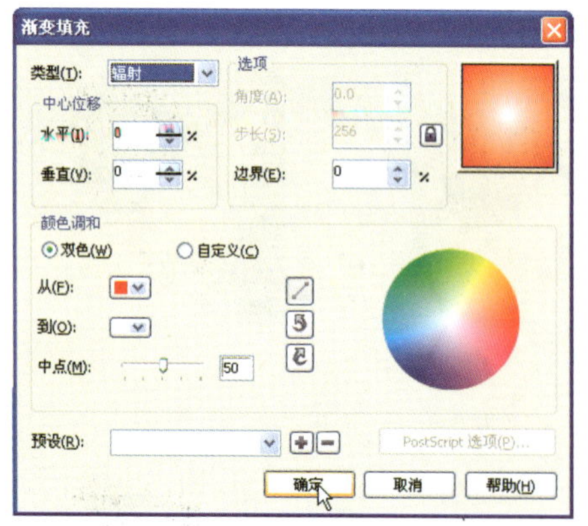

图3-26　【渐变填充】对话框

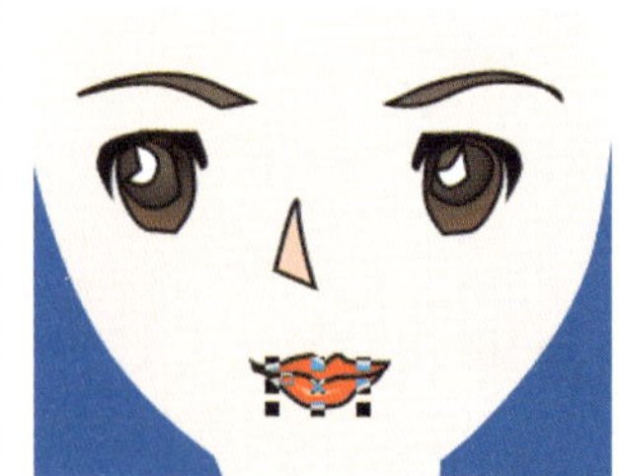

图3-27　填充渐变颜色后的效果

15 使用折线工具在画面中脸部左边适当位置绘制出耳朵的形状，并在默认CMYK调色板中先按住“渐粉”，并在弹出的调色盒中选择所需的颜色，如图3-28所示，得到如图3-29所示的效果。

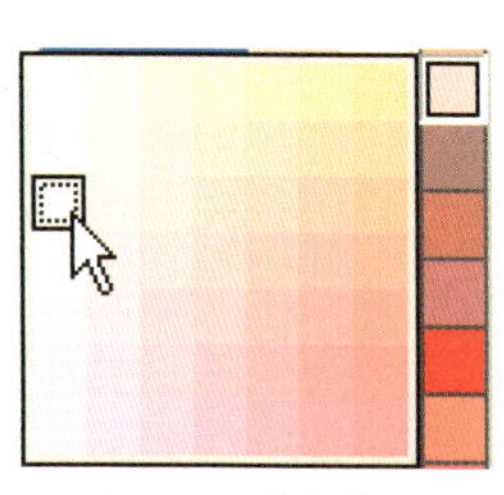

图3-28　选择颜色

图3-29　绘制耳朵并填充颜色

16 使用折线工具在耳朵内绘制出结构图，再在默认CMYK调色板中单击“渐粉”，得到如图3-30所示的效果，然后使用选择工具将左耳拖动到右边右击，复制一个副本，再在属性栏中单击按钮，得到如图3-31所示的效果。

图3-30 绘制耳内结构并填充颜色

图3-31 复制一个副本并镜像

17 按“Shift”键框选另一只耳朵，接着在菜单中执行【排列】→【顺序】→【置于此对象前】命令，再用指针单击天蓝色矩形，使它置于天蓝色矩形的上层，结果如图3-32所示。

图3-32 改变排放位置

18 使用选择工具选择不需要轮廓色的对象，再在默认CMYK调色板中右击“无”，清除轮廓色，得到如图3-33所示的效果。接着用选择工具框选眉毛，并在默认CMYK调色板中右击“宝石红”，得到如图3-34所示的效果。

图3-33 清除一些轮廓色

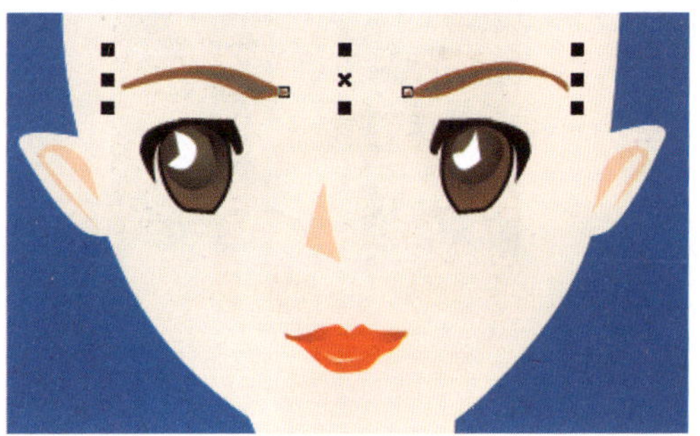
图3-34 改变眉毛的轮廓色

19 使用钢笔工具在画面中脸部左边绘制出背光面，如图3-35所示，按“F11”键弹出【渐变填充】对话框，在其中设定【从】的颜色为“渐粉”，【到】为“C3 M8 Y8 K0”，【角度】为“10.6”，【边界】为“11%”，其他不变，如图3-36所示，单击【确定】按钮，在默认CMYK调色板中右击“无”，得到如图3-37所示的效果。

图3-35 用钢笔工具绘制背光面

20 使用钢笔工具在人体上分别绘制出其他基本结构图，如图3-38所示，再使用选择工具在画面中框选出刚绘制的所有结构图，然后在默认CMYK调色板中单击“渐粉”，右击“无”，得到如图3-39所示的效果。

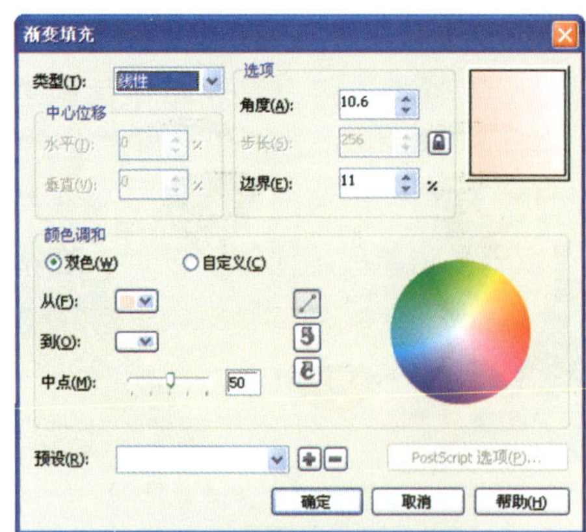

图3-36 【渐变填充】对话框

图3-37 填充渐变颜色后的效果

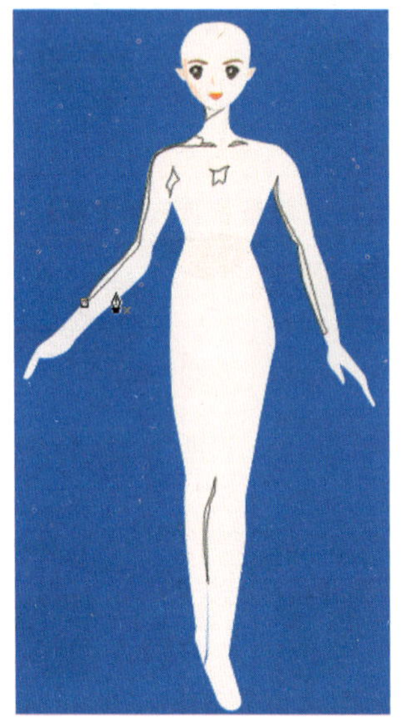

图3-38 用钢笔工具绘制基本结构图

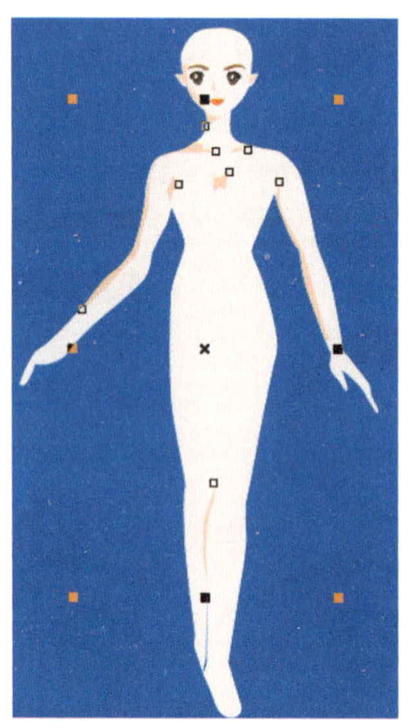

图3-39 填充颜色后的效果

21 使用钢笔工具在画面中头的上部绘制出头发，如图3-40所示，按“F11”键弹出【渐变填充】对话框，并在其中设置所需的渐变，具体渐变如图3-41所示，设置完成后单击【确定】按钮，再在默认CMYK调色板中右击“橘红”，得到如图3-42所示的效果。

图3-40 绘制头发

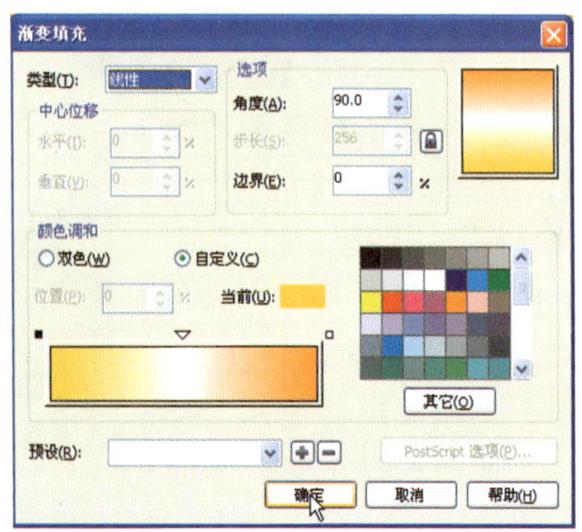

图3-41 【渐变填充】对话框

图3-42 填充渐变颜色后的效果

说 明

左边色标的颜色为深黄，中间色标的颜色为白，右边色标的颜色为橘红。

22 使用钢笔工具在画面中绘制出头发的结构，如图3-43所示。

图3-43　绘制头发

23 按“F11”键弹出【渐变填充】对话框，在其中设置所需的渐变，具体渐变如图3-44所示，设置好完成单击【确定】按钮，再在默认CMYK调色板中右击“橘红”，在菜单中执行【排列】→【顺序】→【置于此对象前】命令，使用指针单击天蓝色矩形，将其排放到矩形的上层，得到如图3-45所示的效果。

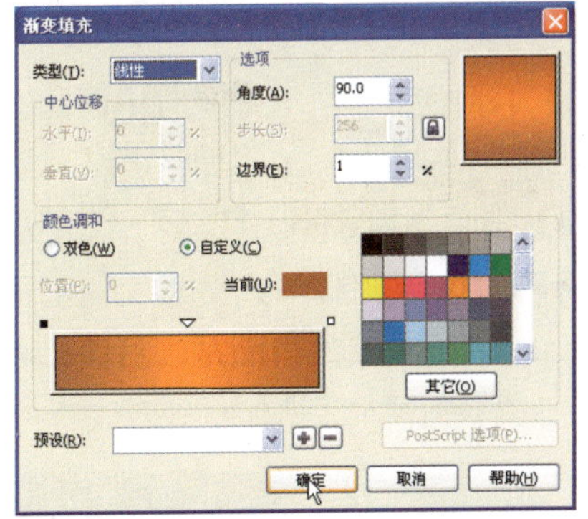

图3-44　【渐变填充】对话框

图3-45　填充渐变颜色后的效果

说 明

左边色标的颜色为宝石红，中间色标的颜色为橘红，右边色标的颜色为C33 M79 Y99 K1。

24 使用钢笔工具在画面中绘制出头巾，按“F11”键弹出【渐变填充】对话框，并在其中设置所需的渐变，具体参数如图3-46所示，设置完成后单击【确定】按钮，再清除其轮廓色，得到如图3-47所示的效果。

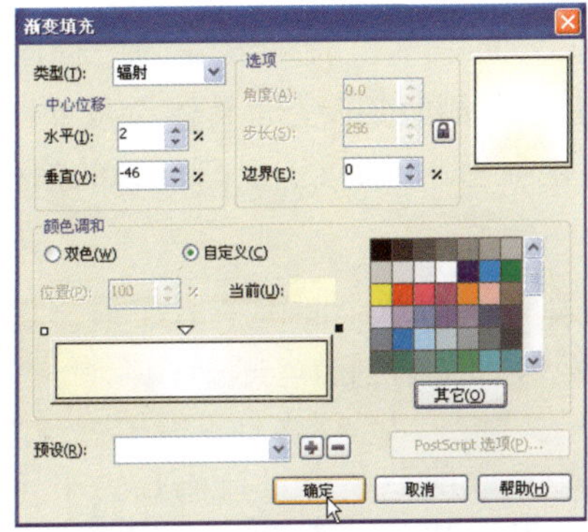

图3-46　【渐变填充】对话框

图3-47　填充渐变颜色后的效果

说 明

左边色标的颜色为淡黄，中间色标的颜色为白，右边色标的颜色为淡黄。

25 使用钢笔工具在画面中绘制头发的结构线，如图3-48所示，再选择它们，按“F11”键弹出【渐变填充】对话框，并在其中设置所需的渐变，具体参数如图3-49所示，设置完成后单击【确定】按钮，再清除其轮廓色，得到如图3-50所示的效果。

说 明

左边色标的颜色为橘红，中间色标的颜色为深黄，右边色标的颜色为红。

26 使用钢笔工具在画面中绘制出卷发的结构图，如图3-51所示。

图3-48　绘制头发

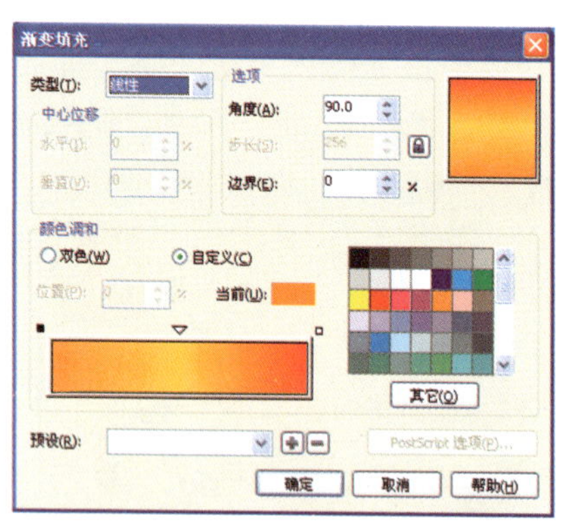

图3-49　【渐变填充】对话框

图3-50　填充渐变颜色后的效果

图3-51　绘制头发

27 在工具箱中选择选择工具，按“Shift”键在画面中单击表示卷发的结构图，再按“F11”键弹出【渐变填充】对话框，在其中设置所需的渐变，具体参数如图3-52所示，设置完成后单击【确定】按钮，再清除其轮廓色，得到如图3-53所示的效果。

说 明

左边色标的颜色为橘红，中间色标的颜色为深黄，右边色标的颜色为红。

28 在菜单中执行【排列】→【顺序】→【置于此对象前】命令，再用指针单击下层头发，如图3-54所示，将其排放到所单击头发的上层，得到如图3-55所示的效果。

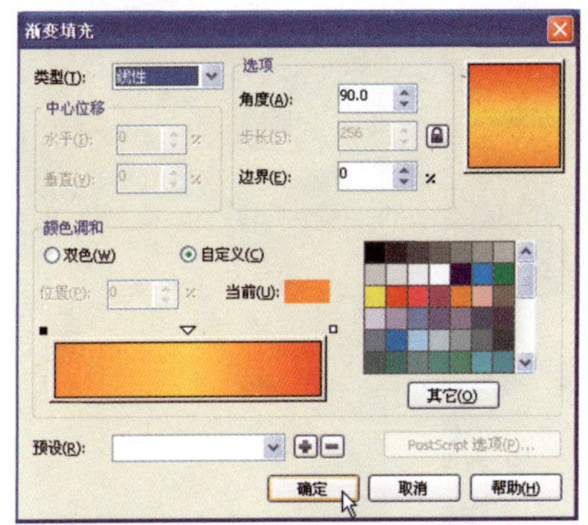

图3-52 【渐变填充】对话框

图3-53 填充渐变颜色后的效果

图3-54 改变排放位置

图3-55 改变位置后的效果

29 使用钢笔工具在画面中绘制出裙子，接着在默认CMYK调色板中按住“朦胧绿”，并在弹出的调色盒中选择所需的颜色，如图3-56所示，即可得到如图3-57所示的效果。

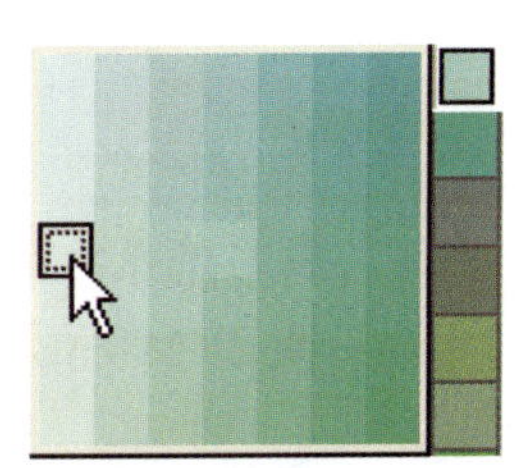

图3-56 选择颜色

图3-57 填充颜色后的效果

30 使用钢笔工具在画面中绘制出表示飘纱的图形，再在菜单中执行【窗口】→【泊坞窗】→【彩色】命令，显示颜色泊坞窗，在其中设定【C】为“4”，【M】为“0”，【Y】为“3”，【K】为“0”，如图3-58所示，单击【填充】按钮，给刚绘制的图形进行颜色填充，并清除轮廓色，填充后的效果如图3-59所示。

31 在菜单中执行【排列】→【顺序】→【置于此对象前】命令，再使用指针单击天蓝色矩形，将其排放矩形的上层，得到如图3-60所示的效果。

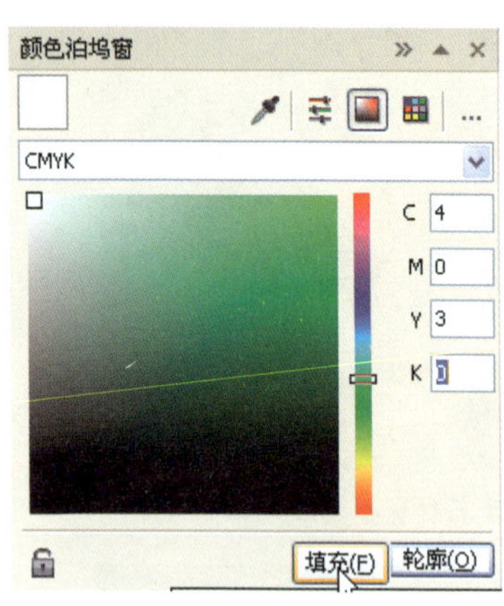

图3-58 颜色泊坞窗

图3-59 填充颜色后的效果

图3-60 改变排放位置后的效果

32 使用钢笔工具在裙子与飘纱上绘制出表示折皱的结构图，如图3-61所示，再选择它们，在【颜色】泊坞窗中设置【C】为“5”，【M】为“0”，【Y】为“5”，【K】为“0”，如图3-62所示，在默认CMYK调色板中右击“无”，清除轮廓色，得到如图3-63所示的效果。

图3-61 绘制折皱

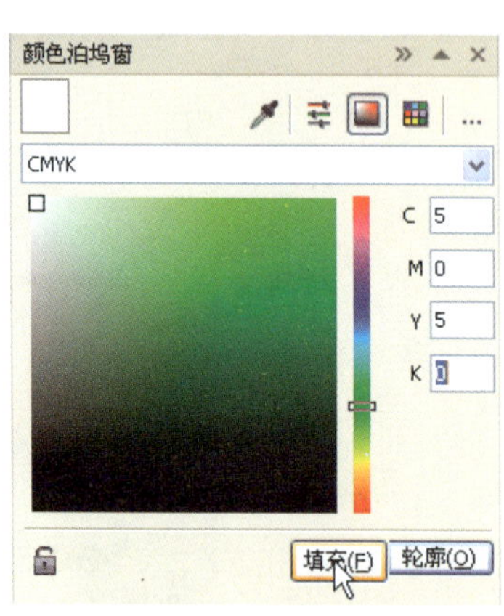

图3-62 颜色泊坞窗

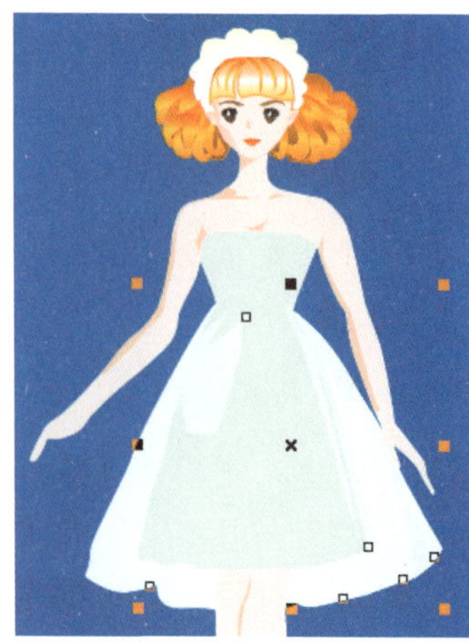

图3-63 填充颜色后的效果

33 使用钢笔工具在画面中绘制出表示亮部的图形，如图3-64所示，再使用选择工具并按“Shift”键选择它们，然后在默认CMYK调色板中单击“白”，右击“无”，得到如图3-65所示的效果。

34 使用钢笔工具在脖子处绘制出一条围巾，按“F11”键弹出【渐变填充】对话

图3-64 绘制表示亮部的图形

图3-65 填充颜色后的效果

框，在其中设置所需的渐变，具体参数如图3-66所示，设置好后单击【确定】按钮，再清除其轮廓色，得到如图3-67所示的效果。

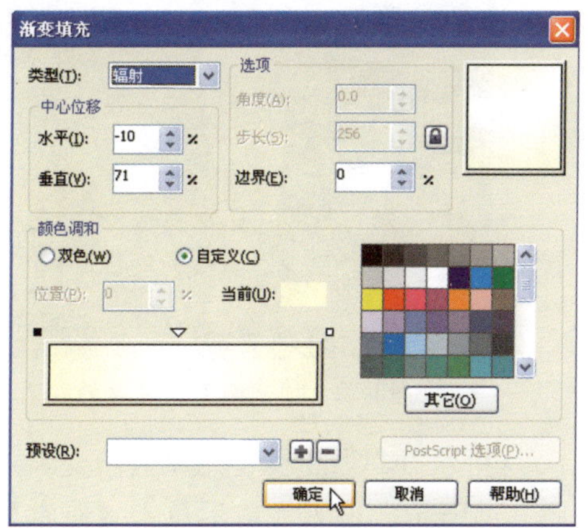

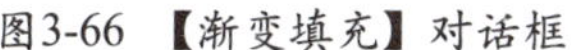
图3-66 【渐变填充】对话框

图3-67 填充渐变颜色后的效果

说 明

左边色标的颜色为淡黄，中间色标的颜色为白，右边色标的颜色为淡黄。

35 使用钢笔工具在手上绘制出表示手套的图形，如图3-68所示，再用选择工具选择表示手套的图形，然后在默认CMYK调色板中单击“白”，右击“无”，得到如图3-69所示的效果。

36 使用钢笔工具在画面中绘制出表示鞋子的图形，如图3-70所示。

图3-68 绘制手套

图3-69 填充颜色

图3-70 绘制鞋子

37 使用选择工具在画面中选择表示鞋子的图形，再按“F11”键弹出【渐变填充】对话框，并在其中设置所需的渐变，具体参数如图3-71所示，设置完成后单击【确定】按钮，再清除其轮廓色，得到如图3-72所示的效果。

说 明

左边色标的颜色为10% 黑，中间色标的颜色为C0 M0 Y0 K4，右边色标的颜色为白。

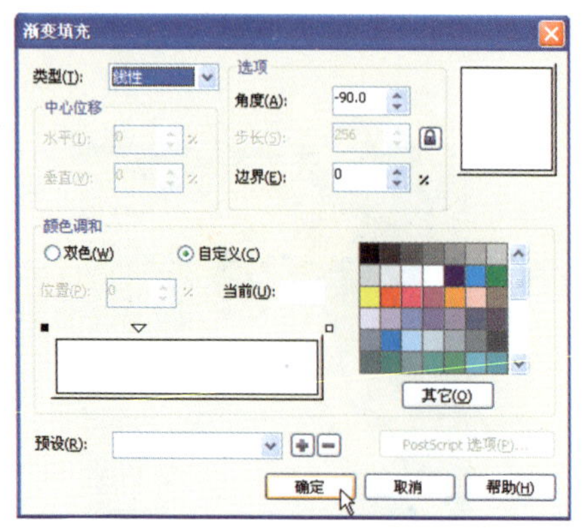

图3-71 【渐变填充】对话框

图3-72 填充渐变颜色后的效果

38 使用选择工具在画面中选择另一只鞋子，再按“F11”键弹出【渐变填充】对话框，并在其中设置所需的渐变，具体参数如图3-73所示，设置完成后单击【确定】按钮，再清除其轮廓色，得到如图3-74所示的效果。

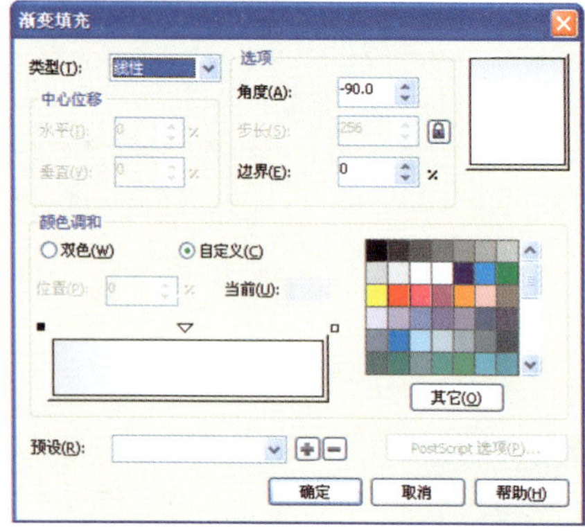

图3-73 【渐变填充】对话框

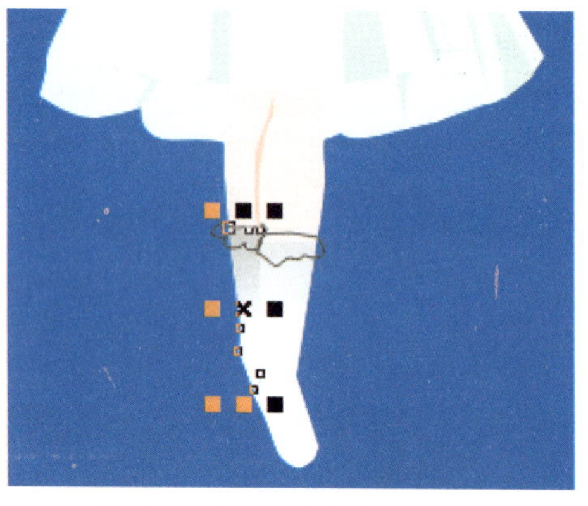

图3-74 填充渐变颜色后的效果

说 明

左边色标的颜色为20% 黑，中间色标的颜色为C0 M0 Y0 K4，右边色标的颜色为白。

39 使用选择工具在画面中选择表示花边的图形，并使它们填充为白色，填充好颜色后的效果如图3-75所示。这样，卡通少女就绘制完成了。

图3-75 最终效果图

3.2 卡通角色

实例说明

“卡通角色”主要用在杂志封面、漫画中作为插图。如图3-76所示为实例效果图，如图3-77所示为卡通角色实际应用效果图。

图3-76 “卡通角色”最终效果图

图3-77 精彩效果欣赏

设计思路

本例将利用CorelDRAW来画卡通角色，先新建一个文档，再用钢笔工具绘制出人物的脸部结构，并填充渐变颜色，然后用折线工具、形状工具、渐变填充、选择工具、水平镜像、置于此对象前、轮廓笔等功能绘制出头发、衣服、耳朵、扎巾、鞋子、棒子等；最后打开一个背景文件，并将其复制到画面中再排放到底层，这样就完成卡通角色的绘制了。如图3-78所示为制作流程图。

图3-78 卡通角色绘制流程图

操作步骤

01 按“Ctrl”+“N”键新建一个图形文件，在工具箱中选择钢笔工具，再在绘图页中绘制出卡通人物的脸部轮廓图，如图3-79所示。

02 按“F11”键弹出【渐变填充】对话框，在其中设定【类型】为“辐射”，【从】为“渐粉”，【到】为“白”，【水平】为“－14%”，【垂直】为“18%”，其他不变，如图3-80所示，单击【确定】按钮，得到如图3-81所示的效果。

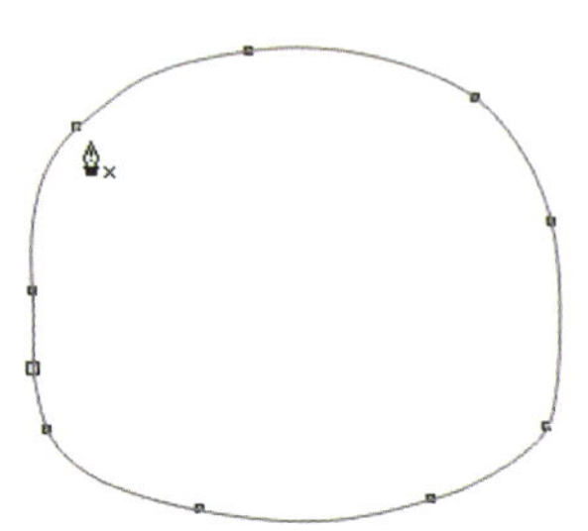

图3-79 用钢笔工具绘制卡通人物的脸部轮廓图

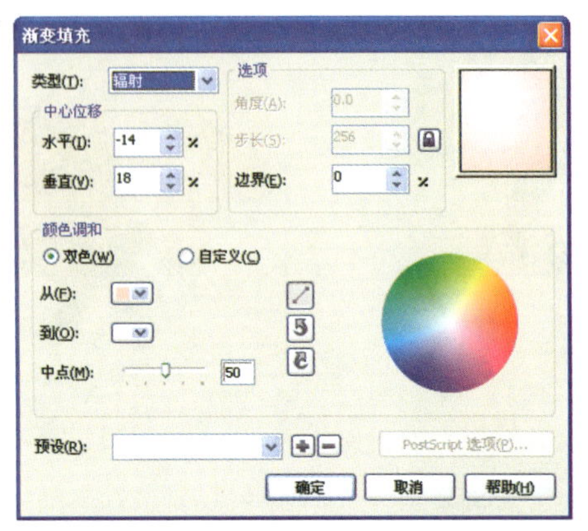

图3-80 【渐变填充】对话框

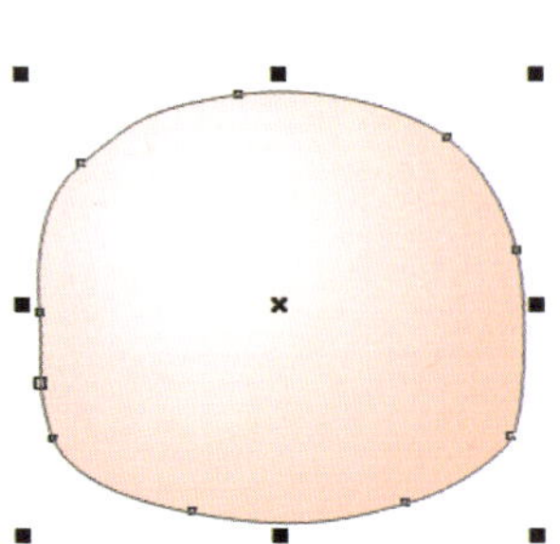

图3-81 填充渐变颜色后的效果

03 使用钢笔工具在画面中脸部的上方绘制头发的轮廓图，如图3-82所示，再在默认的CMYK调色板中单击“黑”，得到如图3-83所示的效果。

04 在工具箱中选择折线工具，在脸部绘制眼睛的轮廓图，如图3-84所示。

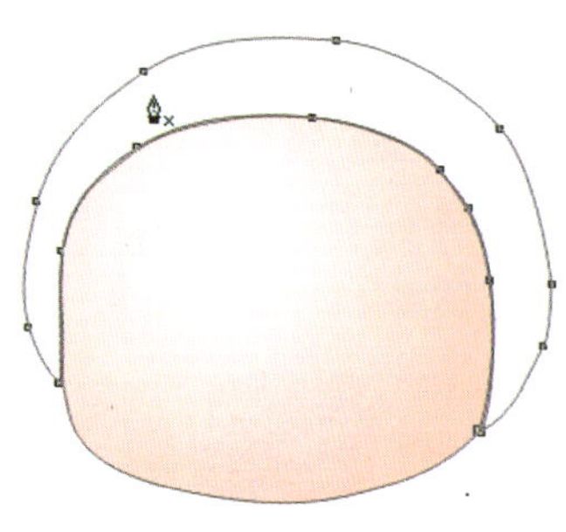

图3-82 绘制头发

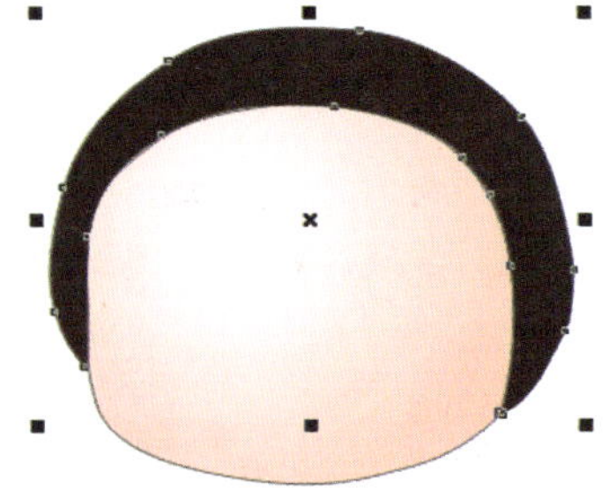

图3-83 填充颜色后的效果

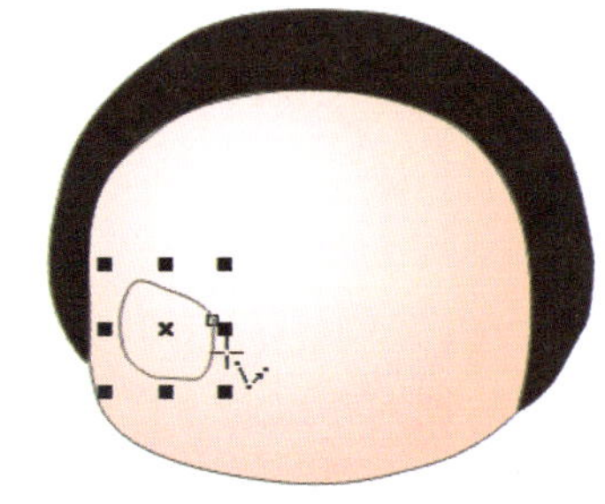

图3-84 绘制眼睛

05 按“F11”键弹出【渐变填充】对话框，在其中设定【类型】为“辐射”，【水平】为“－5%”，【垂直】为“－32%”，再在渐变条上编辑所需的渐变，如图3-85所示，设置好后单击【确定】按钮，得到如图3-86所示的效果。

说 明

左边色标的颜色为海绿，中间色标的颜色为冰蓝，右边色标的颜色为白色。

06 使用折线工具在画面中绘制眼睛的结构图，如图3-87～图3-89所示。

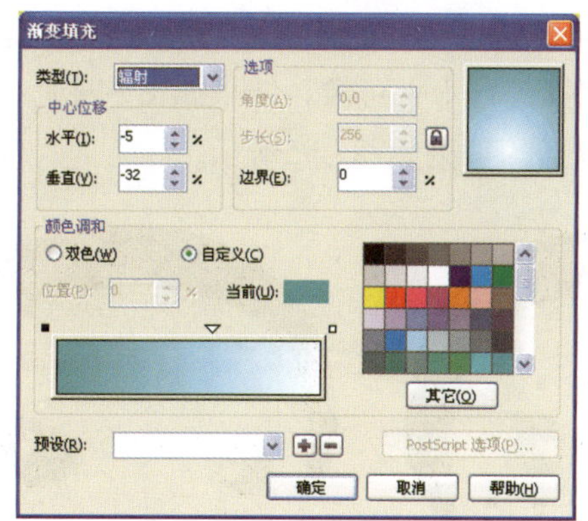
图3-85 【渐变填充】对话框

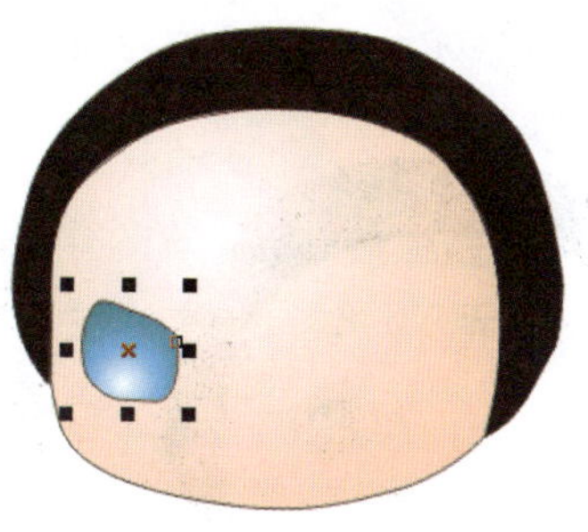
图3-86 填充渐变颜色后的效果

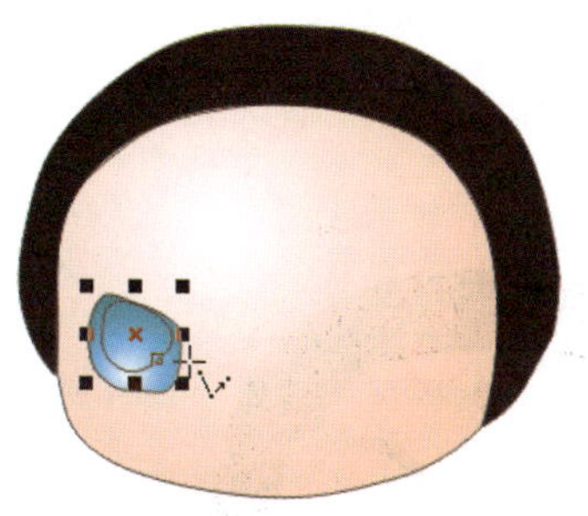
图3-87 绘制眼睛

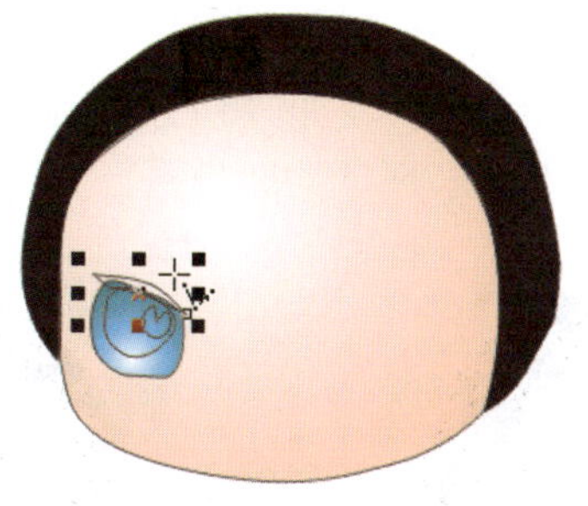
图3-88 绘制眼睛

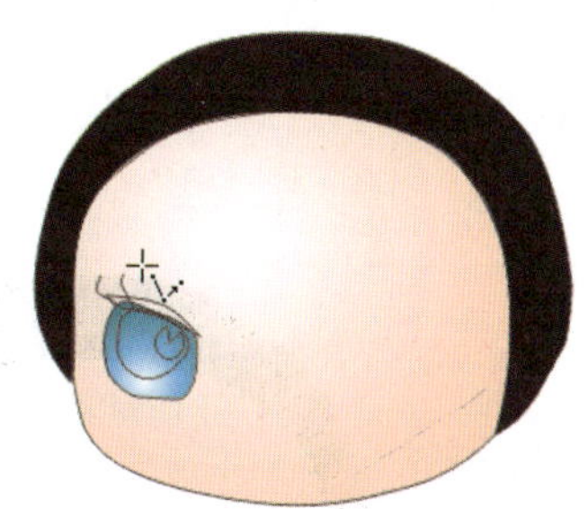
图3-89 绘制眼睛

07 使用选择工具在画面中依次单击眼睛内的结构图，再在默认的CMYK调色板中依次单击“黑”、“白”与“砖红”，得到如图3-90所示的效果。

08 使用折线工具绘制表示高光的结构，按“F11”键弹出【渐变填充】对话框，并在其中设定【类型】为“辐射”，【水平】为“8%”，【垂直】为“23%”，再在渐变条上编辑所需的渐变，如图3-91所示，编辑好后单击【确定】按钮，得到如图3-92所示的效果。

图3-90 填充颜色后的效果

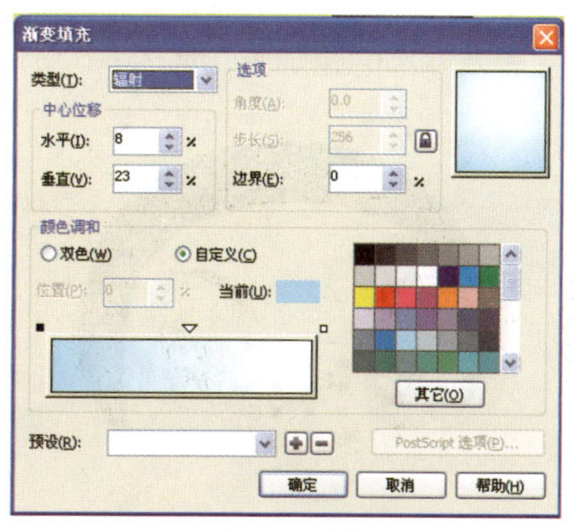
图3-91 【渐变填充】对话框

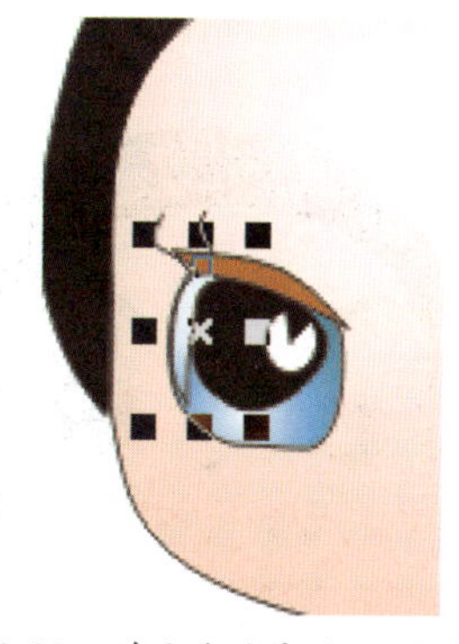
图3-92 填充渐变颜色后的效果

说 明

左边色标的颜色为冰蓝，中间色标的颜色为C9 M0 Y0 K0，右边色标的颜色为白色。

09 使用选择工具框选整只眼睛，再将其拖动到右边适当位置右击，以复制一个副本，如图3-93所示，在属性栏中单击按钮，将副本进行水平镜像，结果如图3-94所示。

10 使用形状工具对右眼进行形状调整，调整后的结果如图3-95所示。

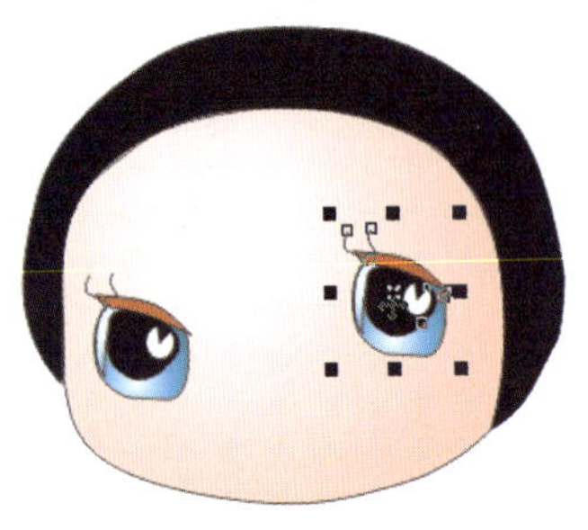

图3-93 复制一个副本

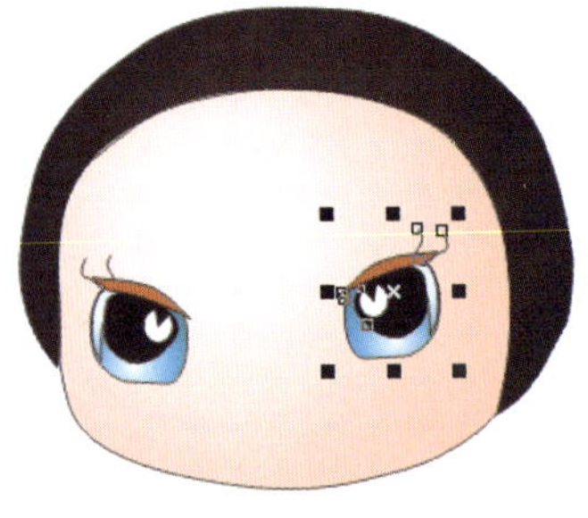

图3-94 水平镜像后的效果

图3-95 用形状工具调整右眼形状

11 使用折线工具在额头上绘制出卡通人物的眉毛，如图3-96所示，再在默认的CMYK调色板中单击“黑”，得到如图3-97所示的效果。

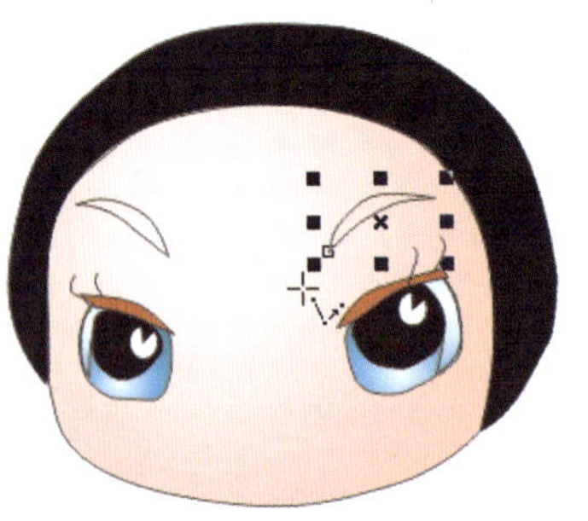

图3-96 绘制眉毛

图3-97 填充颜色后的效果

12 使用折线工具在画面中两只眼睛的下方绘制嘴巴的结构图，并在默认CMYK调色板中单击“红”，将它填充为红色，如图3-98所示，然后在两只眼睛之间绘制鼻子的结构线，如图3-99所示。

13 使用折线工具在脸部绘制表示亮部的轮廓图，如图3-100所示。

图3-98 绘制嘴巴并填充红色

图3-99 绘制鼻子

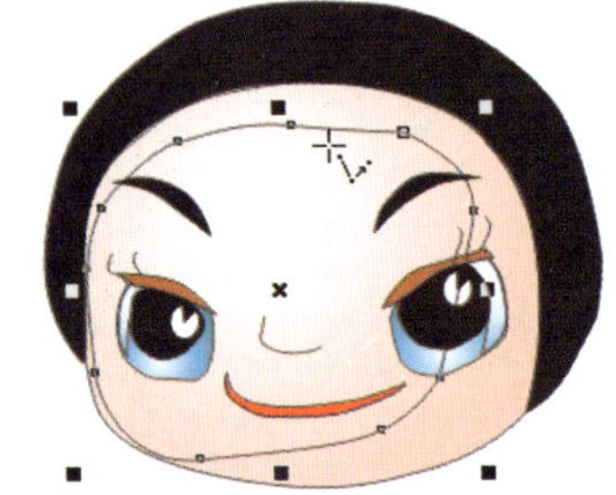

图3-100 绘制表示亮部的轮廓图

14 按“F11”键弹出【渐变填充】对话框，在其中设定【类型】为“辐射”，【从】为“C3 M13 Y18 K0”，【到】为“白”，【水平】为“－16%”，【垂直】为“29%”，其他不变，如图3-101所示，单击【确定】按钮，得到如图3-102所示的效果。

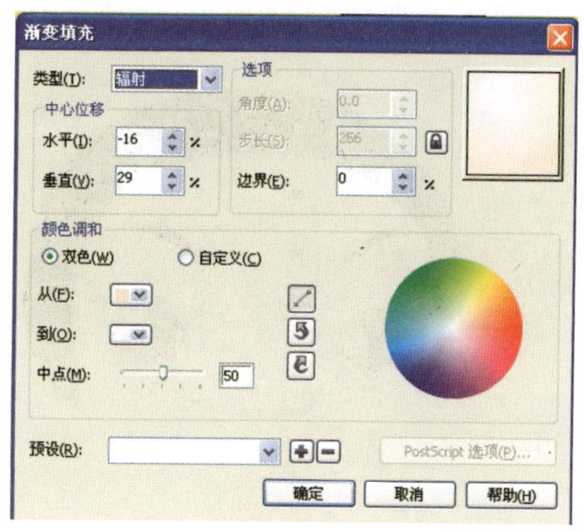
图3-101 【渐变填充】对话框

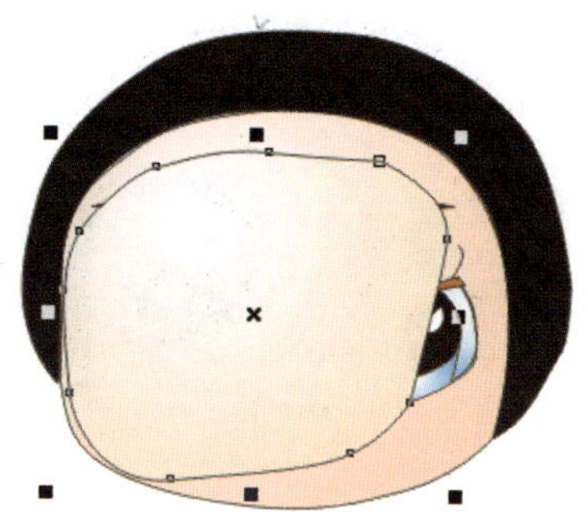
图3-102 填充渐变颜色后的效果

15 在菜单中执行【排列】→【顺序】→【置于此对象前】命令，再使用指针单击脸部，如图3-103所示，将其排放到脸部的上层，然后在默认的CMYK调色板中右击“无”，清除轮廓色，得到如图3-104所示的效果。

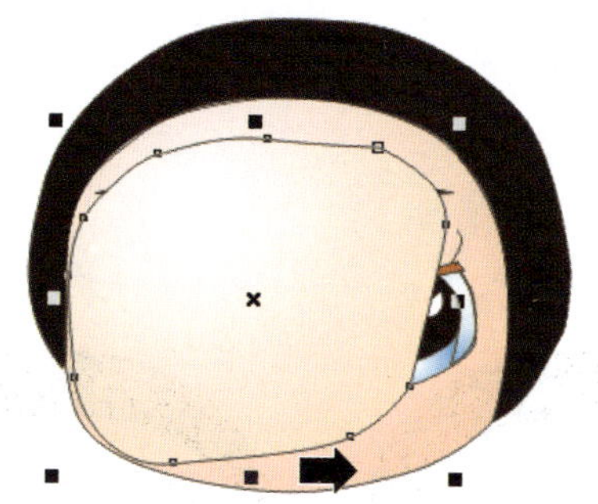
图3-103 改变排放位置

图3-104 改变位置后的效果

16 使用折线工具在脸部绘制表示高光区域的轮廓图，按“F11”键弹出【渐变填充】对话框，在其中设定【类型】为“辐射”，【从】为“C2 M4 Y8 K0”，【到】为“白”，其他不变，如图3-105所示，单击【确定】按钮，得到如图3-106所示的效果。

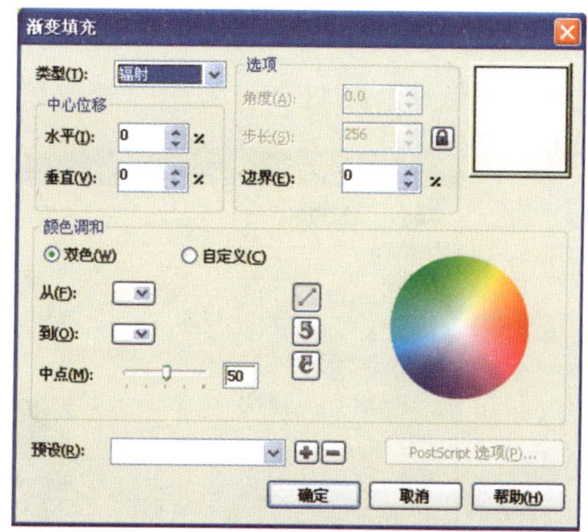
图3-105 【渐变填充】对话框

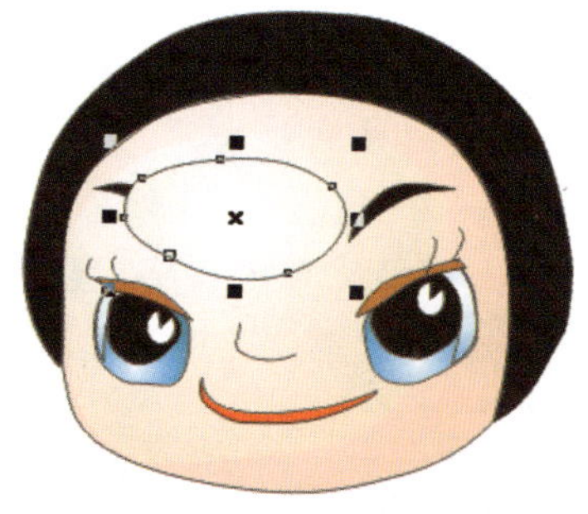
图3-106 填充渐变颜色后的效果

17 在菜单中执行【排列】→【顺序】→【置于此对象后】命令，再使用指针单击眉毛，如图3-107所示，将其排放到眉毛的下层，然后在默认的CMYK调色板中右击“无”，清除轮廓色，得到如图3-108所示的效果。

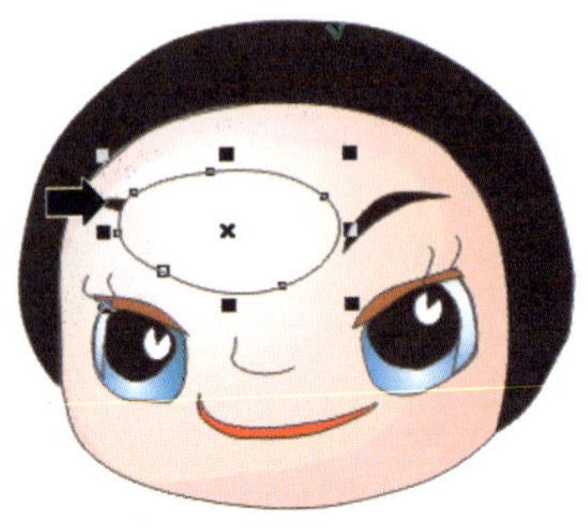

图3-107　改变排放位置

图3-108　改变位置后的效果

18 使用钢笔工具在画面中绘制出表示鼻子与眉毛之间的阴影，再按“Shift”＋“F11”键弹出【均匀填充】对话框，在其中设定颜色为“C2 M4 Y8 K0”，如图3-109所示，单击【确定】按钮，得到如图3-110所示的效果。

19 在菜单中执行【排列】→【顺序】→【置于此对象后】命令，再使用指针单击眉毛，将其排放到眉毛的下层，然后在默认的CMYK调色板中右击“无”，清除轮廓色，得到如图3-111所示的效果。

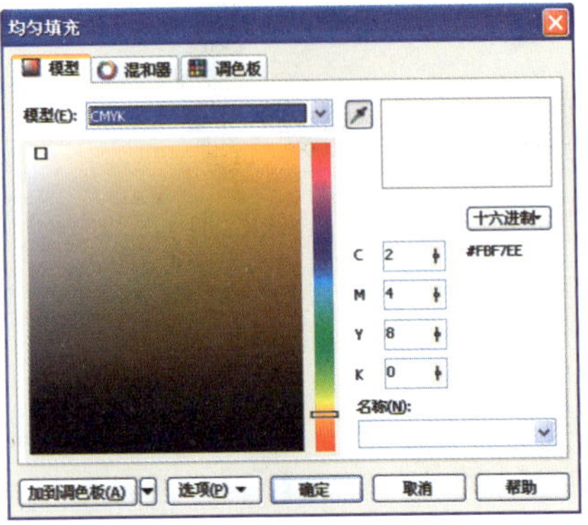

图3-109　【均匀填充】对话框

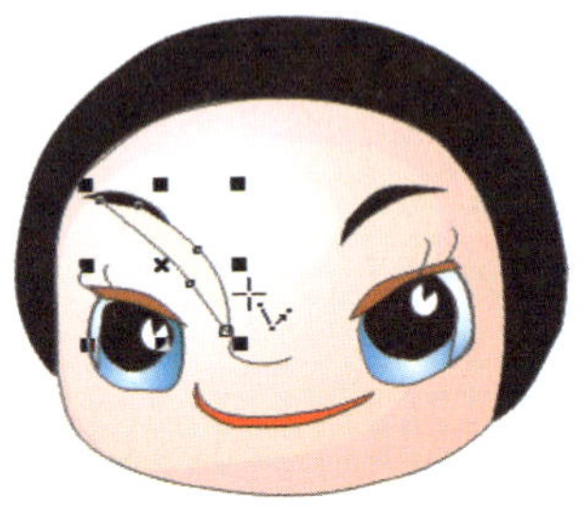

图3-110　绘制表示鼻子与眉毛之间的阴影

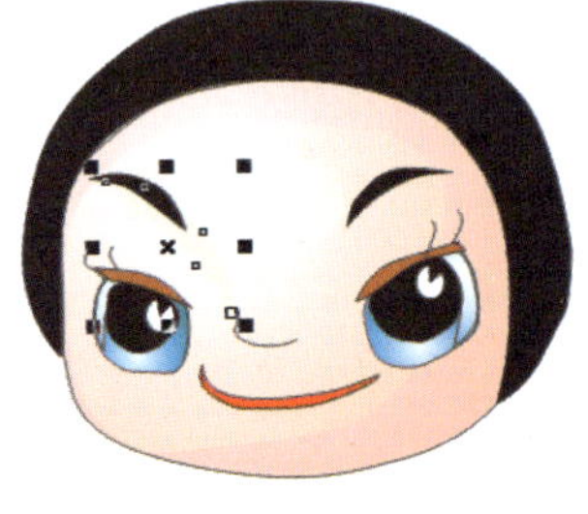

图3-111　改变排放顺序后的效果

20 使用钢笔工具在脸部右侧适当位置绘制耳朵的轮廓，按“F11”键弹出【渐变填充】对话框，在其中设定【类型】为“辐射”，【从】为“渐粉”，【到】为“白”，【水平】为“18%”，【垂直】为“33%”，如图3-112所示，其他不变，单击【确定】按钮，得到如图3-113所示的效果。

21 使用钢笔工具在耳朵的内部绘制它的结构图，并分别给它们用渐粉颜色进行填充，填充后的效果如图3-114所示。

22 使用钢笔工具在画面中绘制绑起来的头发与扎巾结构图，如图3-115所示。

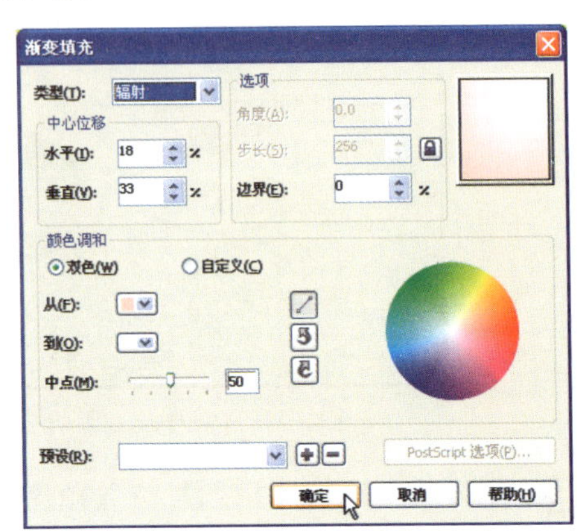

图3-112　【渐变填充】对话框

图3-113 绘制耳朵

图3-114 绘制耳朵

图3-115 绘制头发与扎巾结构图

23 使用选择工具在画面中选择绑起的头发，再按“F11”键弹出【渐变填充】对话框，在其中设定【类型】为“辐射”，【从】为“黑”，【到】为“80%黑”，【水平】为“0%”，【垂直】为“－1%”，其他不变，如图3-116所示，单击【确定】按钮，得到如图3-117所示的效果。

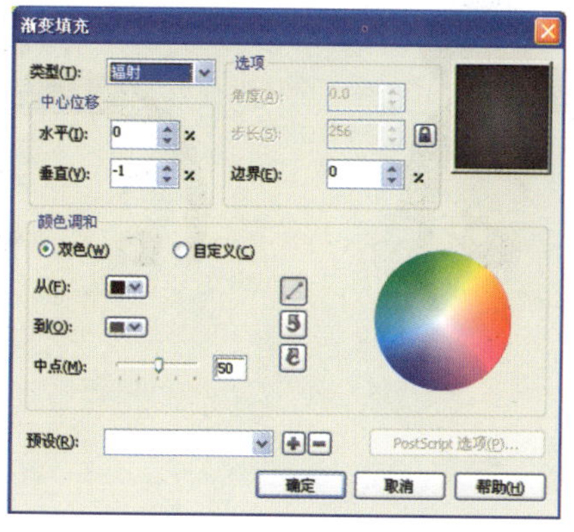

图3-116 【渐变填充】对话框

图3-117 填充渐变颜色后的效果

24 在画面中选择扎巾的图形，再按“F11”键弹出【渐变填充】对话框，在其中设定【从】为“红”，【到】为“宝石红”，【角度】为“－104.7%”，【边界】为“10%”，其他不变，如图3-118所示，单击【确定】按钮，得到如图3-119所示的效果。

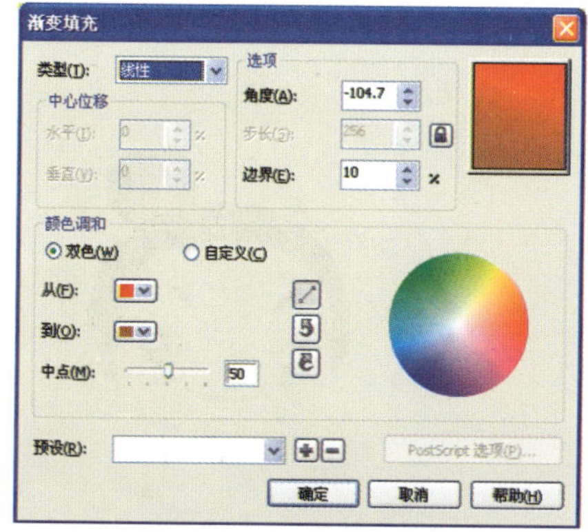

图3-118 【渐变填充】对话框

图3-119 填充渐变颜色后的效果

25 在画面中选择表示扎巾亮光的图形，再在默认的CMYK调色板中单击红，右击无，将它填充为红色，得到如图3-120所示的效果。

26 使用钢笔工具在画面中绘制出脖子与上身的衣服结构，如图3-121～图3-123所示。

27 使用钢笔工具在画面中绘制裤子、脚与鞋子等，如图3-124、图3-125所示。

图3-120　选择并填充颜色

图3-121　绘制脖子

图3-122　绘制上身

图3-123　绘制上身

图3-124　绘制裤子

图3-125　绘制脚与鞋子

28 使用选择工具在画面中单击表示脖子的对象，再按“F11”键弹出【渐变填充】对话框，在其中设定【类型】为“辐射”，【从】为“渐粉”，【到】为“C2 M11 Y10 K0”，【水平】为“4%”，【垂直】为“－18%”，其他不变，如图3-126所示，单击【确定】按钮，得到如图3-127所示的效果。

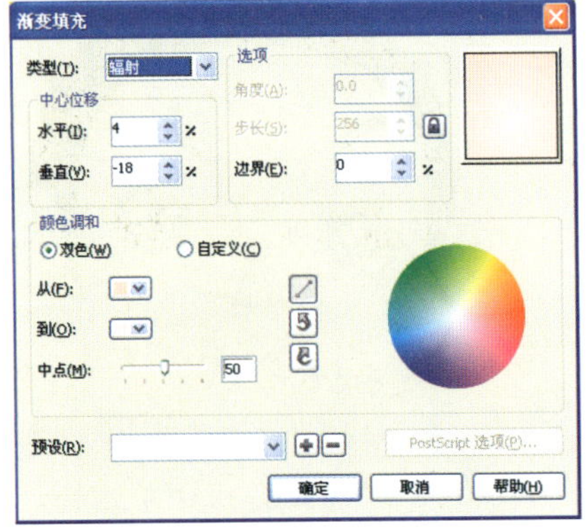

图3-126　【渐变填充】对话框

图3-127　填充渐变颜色后的效果

29 在画面中单击背心，以选择它，按“F11”键弹出【渐变填充】对话框，在其中设定【类型】为“辐射”，【从】为“秋橘红”，【到】为“深黄”，【水平】为“9%”，【垂直】为“－39%”，其他不变，如图3-128所示，单击【确定】按钮，得到如图3-129所示的效果。

30 从状态栏的渐变图标中按下左键向画面中的裤子拖移，当指针呈▶■状时松开左键，即可将该渐变应用到指定的对象，如图3-130所示。

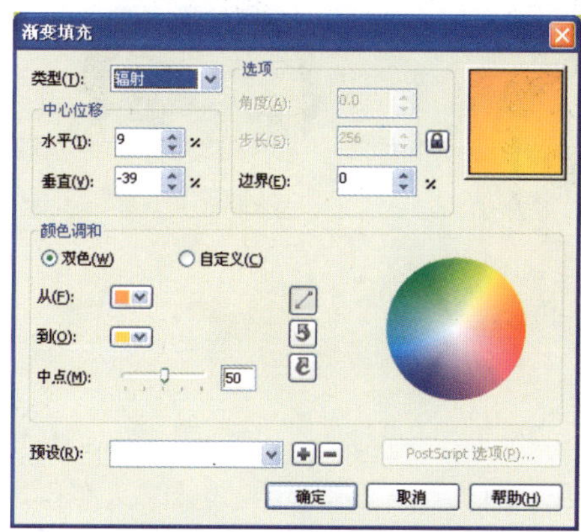

图3-128 【渐变填充】对话框

图3-129 填充渐变颜色后的效果

图3-130 应用原有渐变颜色

31 在画面中先选择裤子，再在状态栏的渐变图标上双击，弹出【渐变填充】对话框，在其中的预览框中单击，更改渐变方向，如图3-131所示，设置好后单击【确定】按钮，得到如图3-132所示的效果。

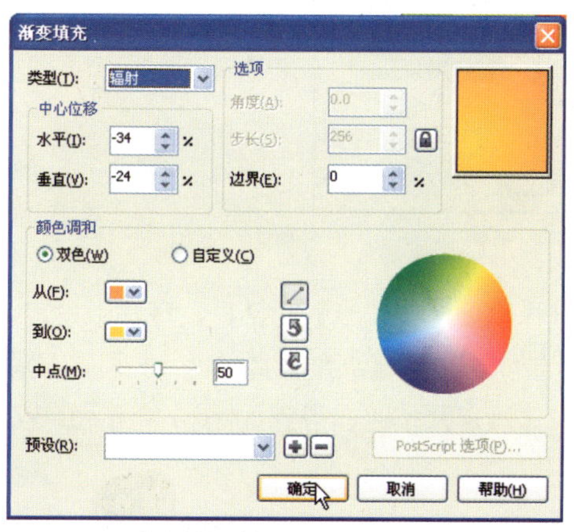

图3-131 【渐变填充】对话框

图3-132 改变渐变方向后的效果

32 在画面中选择一只衣袖，按“F11”键弹出【渐变填充】对话框，在其中设定左边色标与中间色标的颜色均为“浅蓝光紫”，右边色标的颜色为“白色”，【角度】为“116.6”，【边界】为“9%”，其他不变，如图3-133所示，单击【确定】按钮，得到如图3-134所示的效果。

33 从状态栏的渐变图标中按下左键向画面中的另一只袖子与另一只裤子拖移，当指针呈▶■状时松开左键，即可将该渐变应用到指定的对象，如图3-135所示。接着在画面中分别选择裤子与袖子，再在状态栏中双击渐变图标，然后在弹出的【渐变填充】对话框中更改渐变方向，改变渐变方向后的效果如图3-136所示。

34 在画面中单击一只手，再按“Shift”键单击另一只手，以同时选择他们，然后按“F11”键弹出【渐变填充】对话框，并在其中设定【类型】为“辐射”，左边颜色为“渐粉”，右边颜色为“白”，【水平】为“－12%”，【垂直】为“17%”，其他不变，如图3-137所示，单击【确定】按钮，得到如图3-138所示的效果。

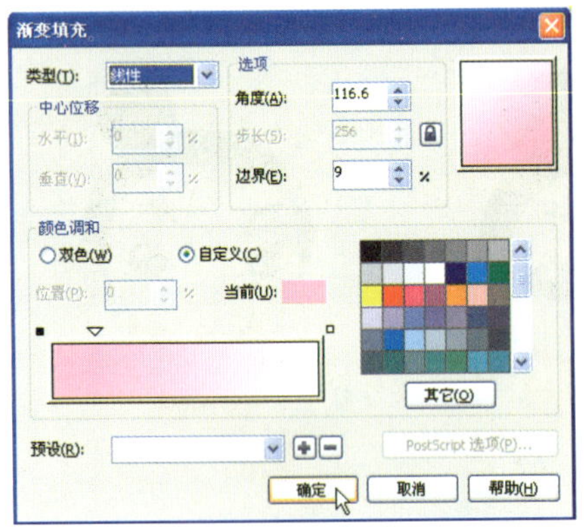

图3-133 【渐变填充】对话框

图3-134 填充渐变颜色后的效果

图3-135 应用原有颜色

图3-136 改变渐变方向后的效果

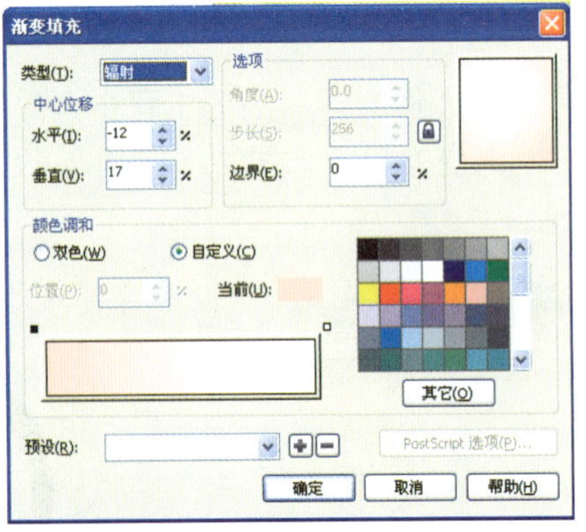

图3-137 【渐变填充】对话框

图3-138 填充渐变颜色后的效果

35 在画面中选择两只圈起的裤子，按“F11”键弹出【渐变填充】对话框，在其中设定【类型】为“辐射”，【从】为“深黄”，【到】为“白”，【水平】为“－5%”，【垂直】为“23%”，其他不变，如图3-139所示，单击【确定】按钮，得到如图3-140所示的效果。

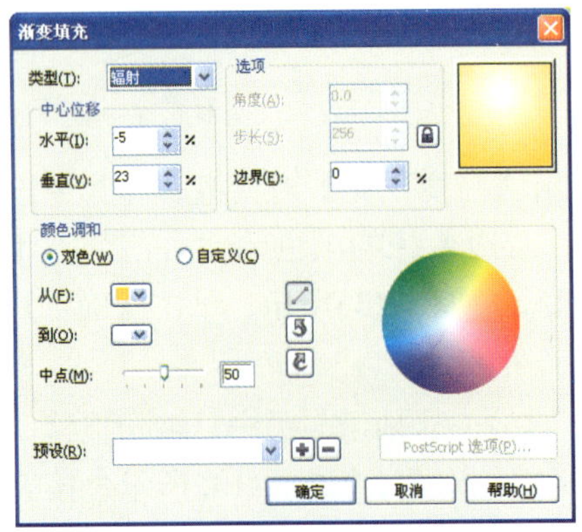

图3-139 【渐变填充】对话框

图3-140 填充渐变颜色后的效果

36 使用选择工具在画面中单击表示内裤的图形，以选择它，按“F11”键弹出【渐变填充】对话框，在其中设定左边色标的颜色为“白”，右边色标的颜色为“深黄”，【角度】为“163.6”，【边界】为“10%”，其他不变，如图3-141所示，单击【确定】按钮，得到如图3-142所示的效果。

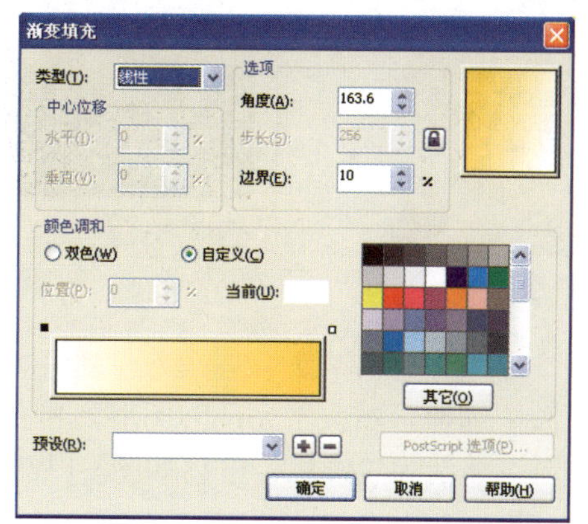

图3-141 【渐变填充】对话框　　图3-142 填充渐变颜色后的效果

37 在画面中选择表示鞋子的图形，按“F11”键弹出【渐变填充】对话框，并在其中设定【从】为“黑”，【到】为“紫红”，【角度】为“23.7”，【边界】为“2%”，其他不变，如图3-143所示，单击【确定】按钮，得到如图3-144所示的效果。

38 在画面中选择表示鞋的毛边，再在默认的CMYKY调色板中单击“深黄”，使它填充为深黄色，从而得到如图3-145所示的效果。这样，大体结构就基本完成了。

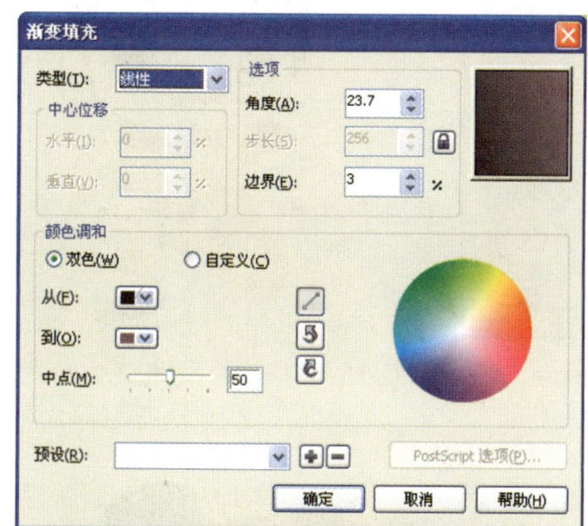

图3-143 【渐变填充】对话框

图3-144 填充渐变颜色后的效果

图3-145 选择并填充颜色后的效果

接下来要绘制细部结构以加强立体效果。

39 下面使用钢笔工具在画面中依次绘制出表示扎巾、围巾与腮红等的图形，如图3-146所示。

40 使用选择工具在画面中单击一边腮红，按“Shift”键单击另一边腮红，以同时选择他们，再按“Shift”+“F11”键弹出【均匀填充】对话框，在弹出的对话框中设定【C】为“5”，【M】为“27”，【Y】为“6”，【K】为“0”，如图3-147所示，单击【确定】按钮，然后在默认的CMYK调色板右击“无”，清除轮廓色，得到如图3-148所示的效果。

图3-146　绘制表示扎巾、围巾与腮红的图形

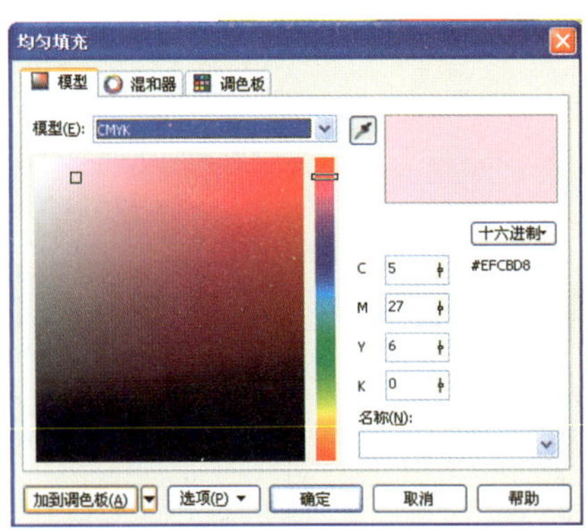

图3-147　【均匀填充】对话框

图3-148　填充颜色后的效果

41 在画面中选择表示头发亮部的图形，再在默认的CMYK调色板中单击“80%黑”，右击“无”，清除轮廓色，得到如图3-149所示的效果。

42 在画面中选择表示围巾的图形，按“F11”键弹出【渐变填充】对话框，在其中设定左边色标的颜色为“C21 M99 Y96 K0”，中间色标的颜色为“红”，右边色标的颜色为“霓虹粉”，其他不变，如图3-150所示，单击【确定】按钮，得到如图3-151所示的效果。

图3-149　对头发亮部进行颜色填充

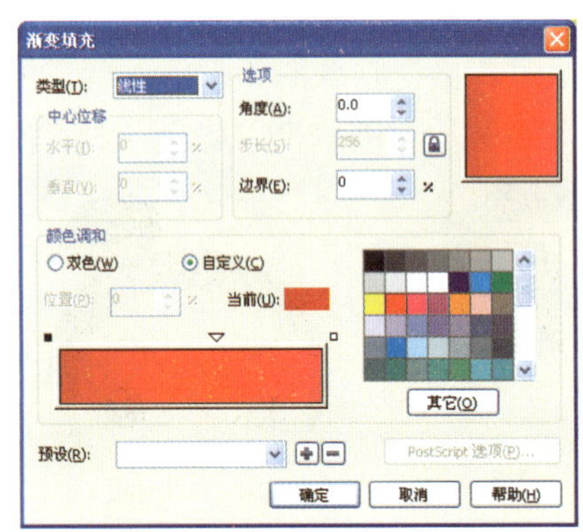

图3-150　【渐变填充】对话框

图3-151　给围巾填充渐变颜色

43 在画面中单击表示扎巾的对象，再在默认的CMYK调色板中单击“红”，得到如图3-152所示的效果。

44 在画面中选择表示暗面的对象，在默认CMYK调色板中按住“红”弹出一个调色盒，并在其中选择所需的颜色，如图3-153所示，再在默认调色板中右击“无”，得到如图3-154所示的效果。

45 使用选择工具框选扎巾飘带，再按“Shift”+“PgDn”键将其排放到最底层，结果如图3-155所示。

图3-152　给扎巾填充颜色

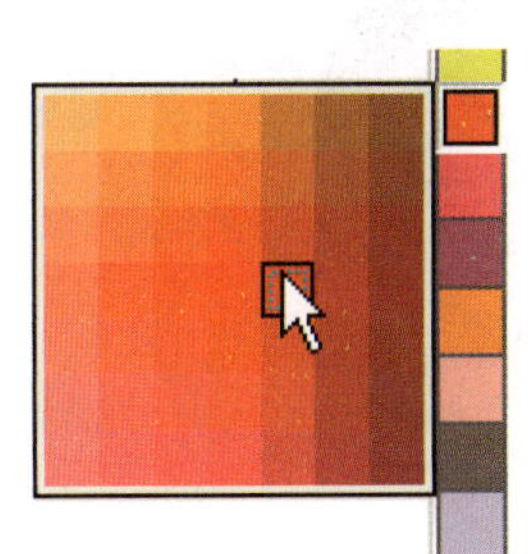

图3-153 选择颜色

图3-154 给扎巾填充颜色

图3-155 改变扎巾飘带排放顺序

46 使用钢笔工具在画面中绘制表示折皱线、皱纹与阴影区域等的图形，如图3-156所示。

47 使用选择工具在画面中单击围巾，再从状态栏的渐变图标上按下左键向裤腰带拖移，当指针呈状![]时松开左键，使用用围巾的渐变颜色给腰带进行渐变填充，如图3-157所示。

图3-156 绘制表示折皱线、皱纹与阴影区域等的图形

图3-157 应用原有渐变颜色

48 在空白处单击取消选择，再按“Shift”键在画面中单击表示阴影图形，以选择它们，然后在默认的CMYK调色板中单击“砖红”，右击“无”，清除轮廓色，得到如图3-158所示的效果。

49 在画面中选择表示阴影的对象，再在默认CMYK调色板中单击“深红”，右击“无”，清除轮廓色，得到如图3-159所示的效果。

50 在画面的空白处单击取消选择，再在画面中单击脸的轮廓、眼睛与鼻子等图形，以同时选择它们，然后按“F12”键弹出【轮廓笔】对话框，在其中设定【颜色】为“宝石红”，【宽度】为“1.5 mm”，【展开】为“50%”，【角度】为“45”度，其他不变，如图3-160所示，单击【确定】按钮，得到如图3-161所示的效果。

51 在画面中选择要清除轮廓色的图形，再在默认的CMYK调色板中右击“无”，得到如

图3-162所示的效果。

图3-158 选择并填充颜色

图3-159 选择并填充颜色

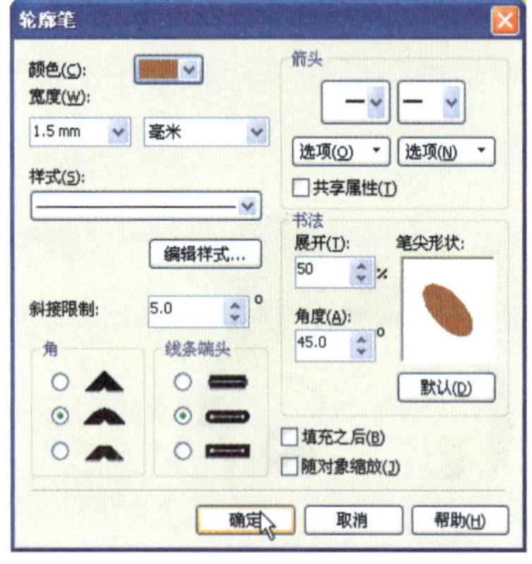

图3-160 【轮廓笔】对话框

图3-161 改变轮廓宽度后的效果

图3-162 清除轮廓色后的效果

52 在画面中选择要设置轮廓线的图形，按“F12”键弹出【轮廓笔】对话框，在其中设定【颜色】为“宝石红”，【宽度】为“1.5 mm”，【展开】为“50%”，【角度】为“45”度，其他不变，如图3-163所示，单击【确定】按钮，得到如图3-164所示的效果。

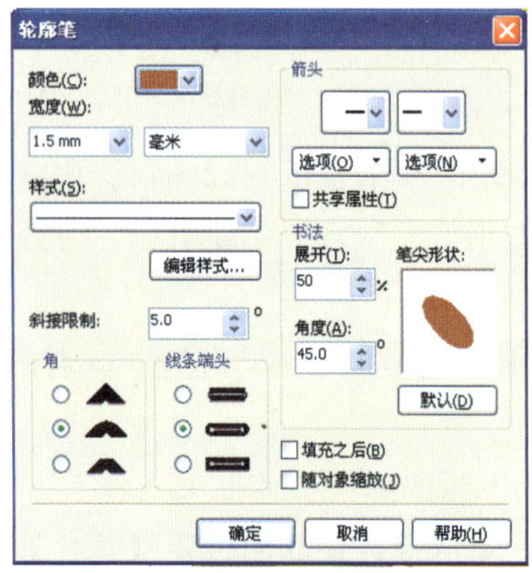

图3-163 【轮廓笔】对话框

图3-164 设置轮廓色与宽度后的效果

53 在画面中选择要设置轮廓线的图形，按“F12”键弹出【轮廓笔】对话框，在其中设定【颜色】为“霓虹紫”，【宽度】为“1.5 mm”，【展开】为“50%”，【角度】为

“45”度，其他不变，如图3-165所示，单击【确定】按钮，得到如图3-166所示的效果。

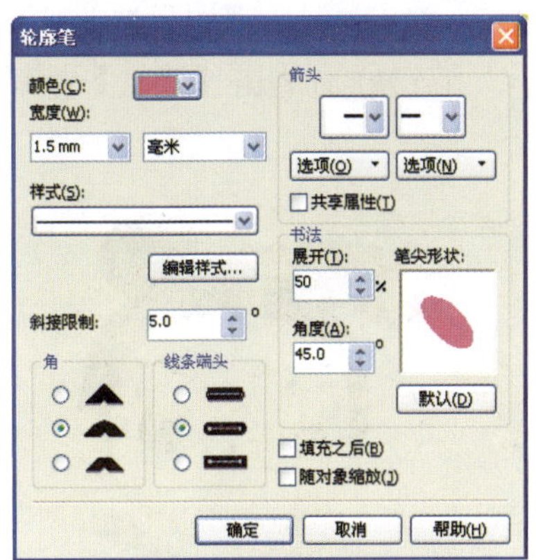

图3-165 【轮廓笔】对话框

图3-166 设置轮廓色与宽度后的效果

54 在画面中选择要设置轮廓线的图形，按“F12”键弹出【轮廓笔】对话框，在其中设定【颜色】为“砖红”，【宽度】为“1.5 mm”，【展开】为“50%”，【角度】为“45”度，其他不变，如图3-167所示，单击【确定】按钮，得到如图3-168所示的效果。

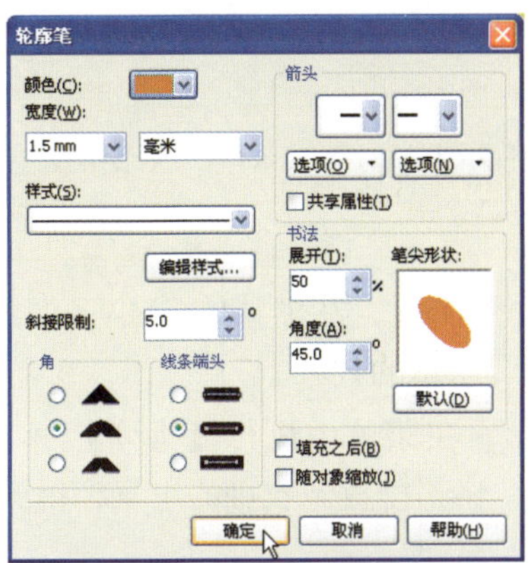

图3-167 【轮廓笔】对话框

图3-168 设置轮廓色与宽度后的效果

55 在画面中选择要设置轮廓线的图形，按“F12”键弹出【轮廓笔】对话框，在其中设定【颜色】为“栗”，【宽度】为“1.5mm”，【展开】为“50%”，【角度】为“45”度，其他不变，如图3-169所示，单击【确定】按钮，得到如图3-170所示的效果。

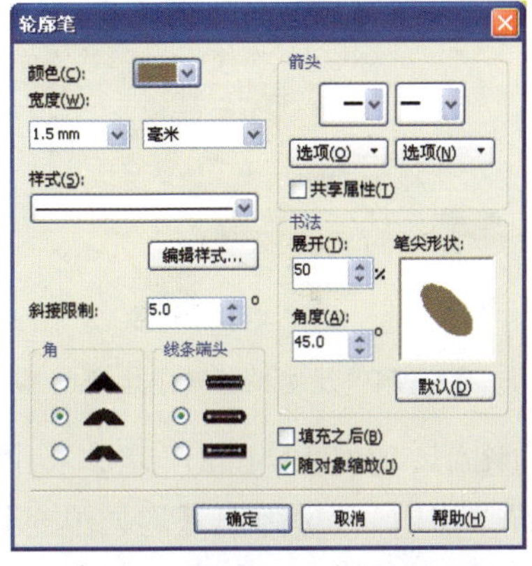

图3-169 【轮廓笔】对话框

图3-170 设置轮廓色与宽度后的效果

56 使用钢笔工具在画面中两只手之上绘制一个表示粗棒的图形，按“F11”键弹出【渐变填充】对话框，并在其中设定【角度】为“107.4”，【边界】为“13%”，再在渐变条上编辑所需的渐变，如图3-171所示，编辑好后单击【确定】按钮，得到如图3-172所示的效果。

图3-171 【渐变填充】对话框

图3-172 填充渐变颜色后的效果

说 明

色标1与色标2的颜色均为宝石红，色标3的颜色为C0 M21 Y21 K14，色标4的颜色为砖红，色标5的颜色为桃黄。

57 使用椭圆形工具在画面中粗棒的下端绘制一个椭圆，在默认的CMYK调色板中单击“红褐”，将它填充为红褐色，得到如图3-173所示的效果。

58 使用选择工具在画面中单击表示粗棒的图形，在菜单中执行【排列】→【顺序】→【置于此对象前】命令，再用指针单击衣袖，将其排放到衣袖的上层，得到如图3-174所示的效果。

图3-173 绘制椭圆并填充颜色

图3-174 改变排放顺序后的效果

59 使用钢笔工具在画面中绘制出表示阴影的图形，如图3-175所示，按“Shift”+“PgDn”键将其排放到底层，再按“Shift”+“F11”键弹出【均匀填充】对话框，在弹出的对话框中设置【C】为“17”，【M】为“0”，【Y】为“56”，【K】为

“40”，设置完成后单击【确定】按钮，然后在默认CMYK调色板右击无，清除轮廓色，得到如图3-176所示的效果。

图3-175 绘制表示阴影的图形

图3-176 排放到底层后填充颜色

60 按“Ctrl”+“O”键打开已经制作好的背景，使用选择工具将其框选，如图3-177所示，再按“Ctrl”+“C”键进行复制，然后在【窗口】菜单中选择绘制卡通人物的文件，按“Ctrl”+“V”键进行粘贴，接着按“Shift”+“PgDn”键将其排放到底层，调整后的效果如图3-178所示。这样，这幅作品就制作完成了。

图3-177 打开的背景

图3-178 最终效果图

3.3 苹果

实例说明

应用制作“苹果”的方法可以制作出各种三维立体效果，如各种水果、手机、对讲机、BB机、汽车、鞋子、人物等。如图3-179所示为实例效果图，如图3-180所示为实物效果。

图3-179 “苹果”最终效果图

图3-180 精彩效果欣赏

设计思路

本例的目的在于使用CorelDRAW X6中的网状填充工具和自定调色板绘制立体实物（如：苹果），先创建一个空白文件，接着用手绘工具绘制出苹果的轮廓，然后用网状填充工具一步一步地对它进行颜色填充，直到得到所需的效果为止。如果第一次填充的颜色并不满意，还可以再次对其进行颜色修改。如图3-181所示为制作流程图。

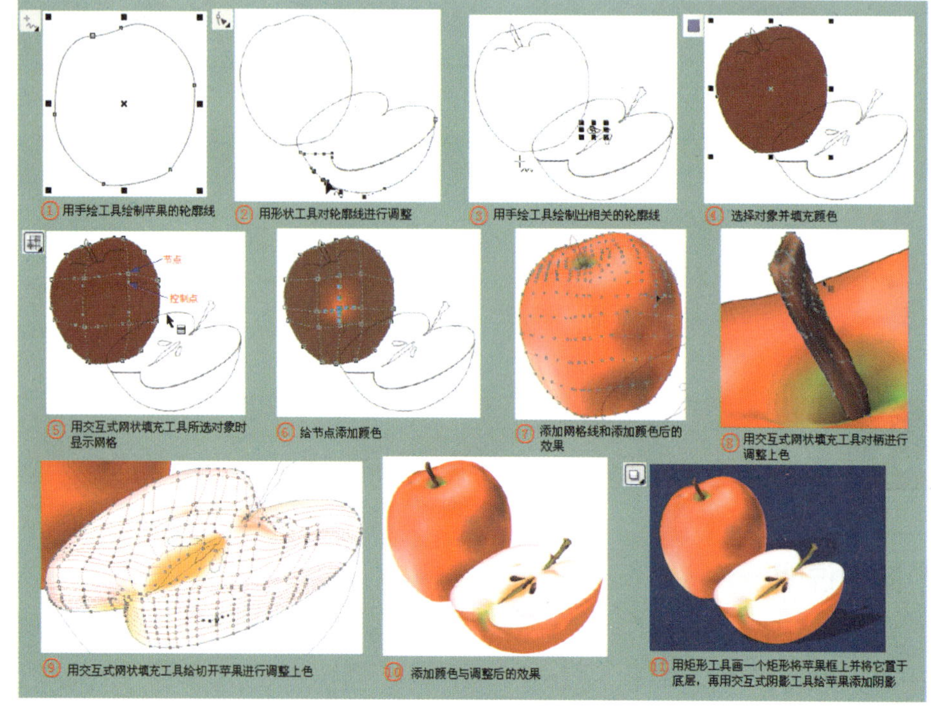

图3-181 “苹果”绘制分析图

操作步骤

（1）绘制苹果的轮廓

01 按“Ctrl”+“N”键新建一个图形文件，在属性栏中单击【横向】按钮将页面设为横向。

02 在工具箱中选择手绘工具，在页面中适当位置绘制一个苹果的外轮廓线，如图3-182所示，接着在其右下方绘制一个切开苹果的切面轮廓线，结果如图3-183所示。

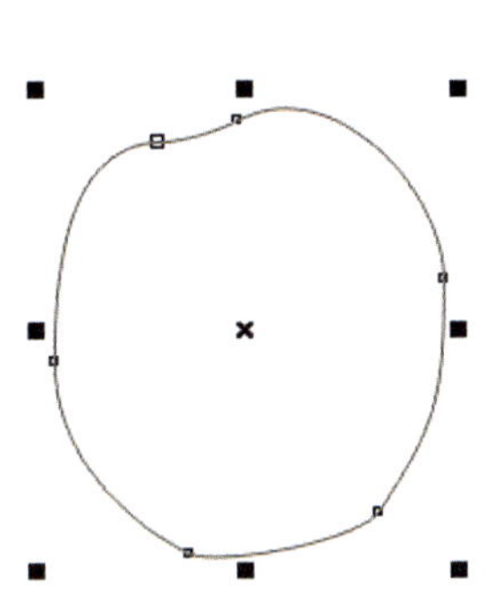

图3-182　用手绘工具绘制的苹果形状

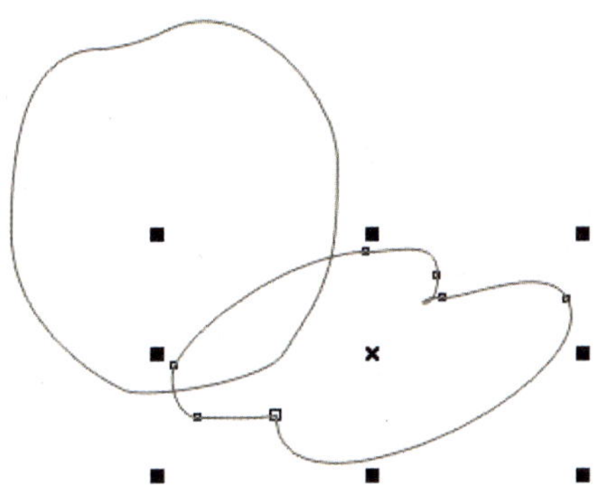

图3-183　绘制苹果切面形状

03 使用手绘工具绘制切开苹果的另一个部分，如图3-184所示。

04 在工具箱中选择形状工具，移动指针到要调整的对象上单击，选择该对象，再在要调整的节点上单击以选择它，然后将其拖动到适当位置，如图3-185所示。再选择另一个节点，并拖动该节点上的控制点到适当位置，调整它的弯曲程度，如图3-186所示。

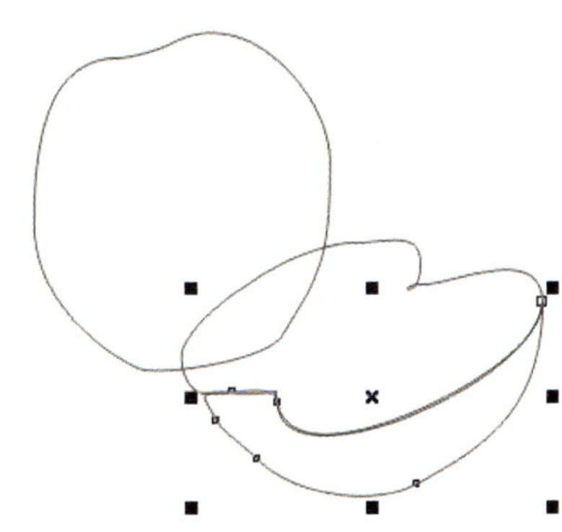

图3-184　用手绘工具绘制的图形

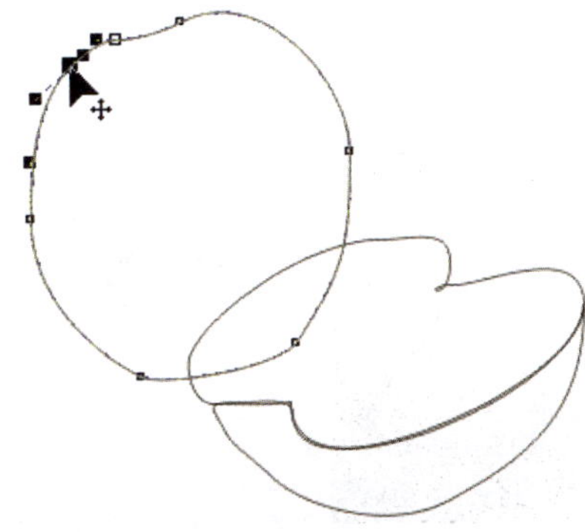

图3-185　用形状工具调整图形

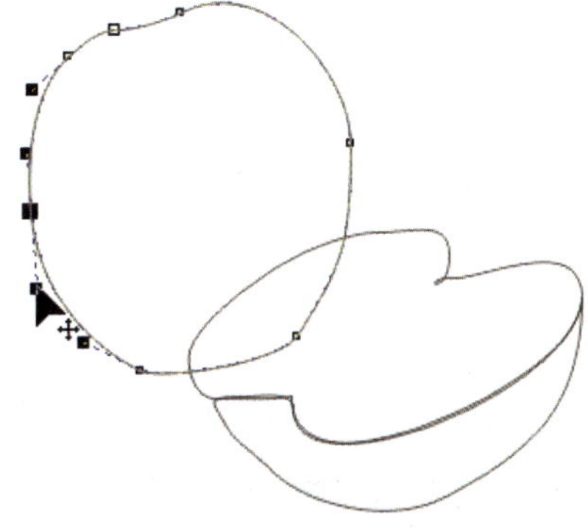

图3-186　用形状工具调整图形

05 使用形状工具对其他要调整的对象进行调整，调整后的结果如图3-187所示。

06 选择手绘工具，在画面中绘制如图3-188所示的轮廓线。

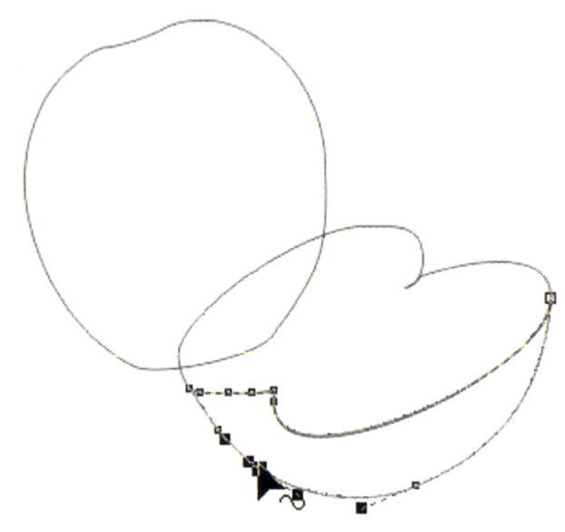

图3-187 用形状工具调整图形

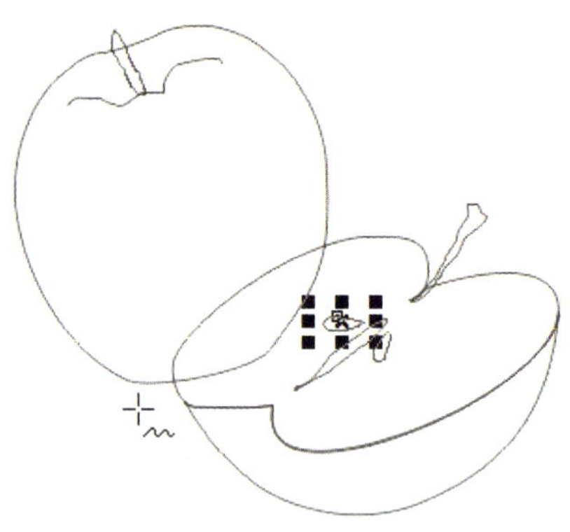

图3-188 用手绘工具绘制的图形

（2）自定调色板

07 在菜单中执行【窗口】→【调色板】→【调色板编辑器】命令，弹出【调色板编辑器】对话框，在其中单击（新建调色板）按钮，弹出【新建调色板】对话框，在【保存在】下拉列表中选择要保存的位置（如My Documents），在【文件名】文本框中输入所需的名称，如图3-189所示，单击【保存】按钮，返回到调色板编辑器中，如图3-190所示。

图3-189 【新建调色板】对话框

图3-190 【调色板编辑器】对话框

08 在【调色板编辑器】对话框中单击【添加颜色】按钮，即会弹出【选择颜色】对话框，在其中选择所需的颜色，如图3-191所示，也可以在【组件】栏的文本框中输入相关的数值设置所需的颜色，设置好颜色后单击【确定】按钮，将其颜色添加到调色板编辑器中，如图3-192所示。

09 在【选择颜色】对话框中选择所需的颜色，如图3-193所示，选择好后同样单击【确定】按钮将其添加到调色板编辑器中。

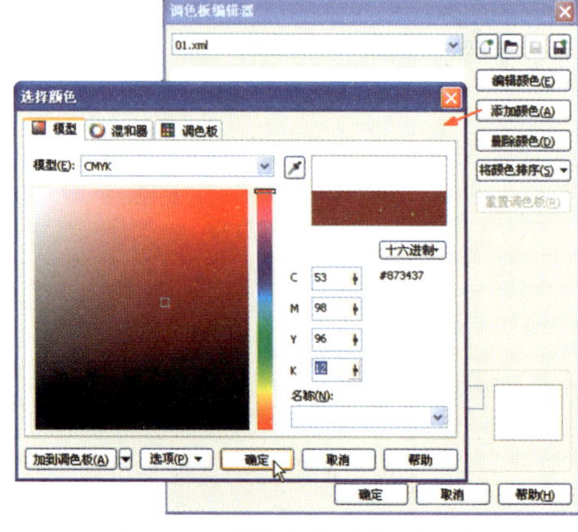

图3-191 【选择颜色】对话框

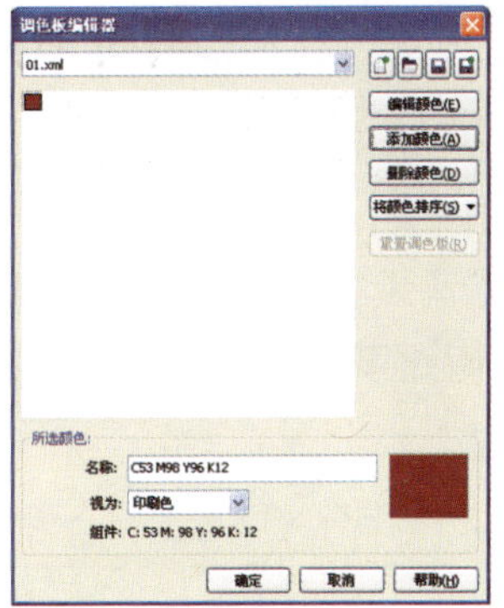
图3-192 【调色板编辑器】对话框

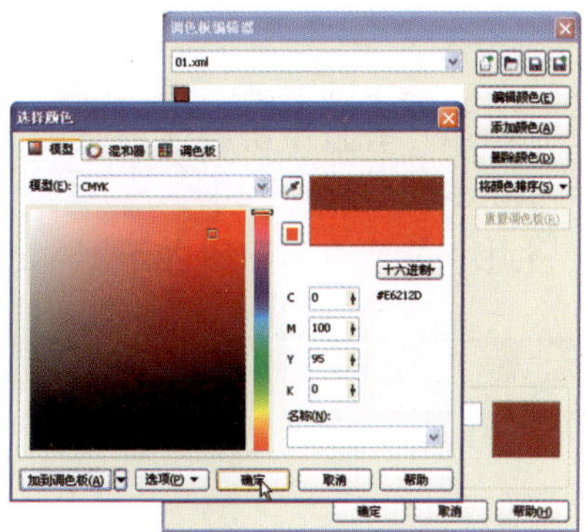
图3-193 【选择颜色】对话框

10 使用同样的方法添加多种颜色，如图3-194所示，返回到【调色板编辑器】对话框中单击【确定】按钮，将01.xml调色板保存起来。

（3）打开自定调色板

11 在菜单中执行【窗口】→【调色板】→【打开调色板】命令，弹出【打开调色板】对话框，在其中的【查找范围】下拉列表中选择“我的调色板”，再在其中单击01.xml以选择该文件，如图3-195所示，然后单击【打开】按钮，即可将其排放到程序窗口的右边，与默认的CMYK调色板排放在一起，如图3-196所示。

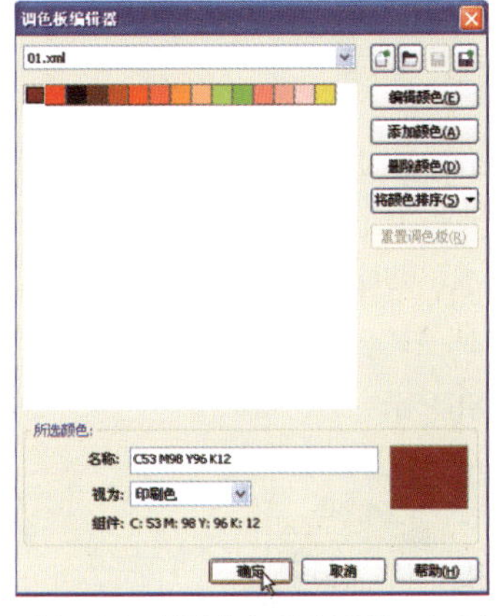
图3-194 【调色板编辑器】对话框

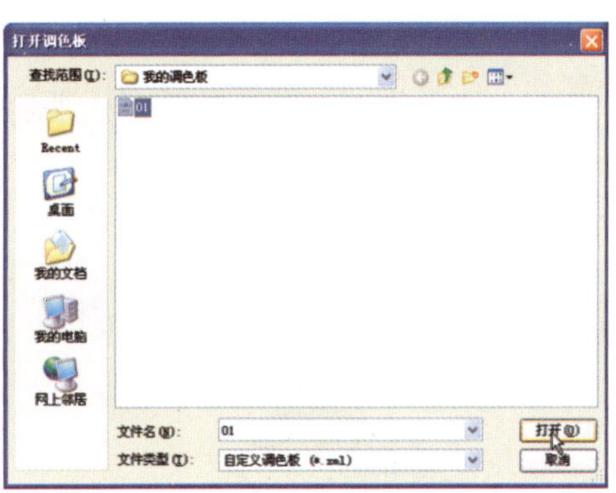
图3-195 【打开调色板】对话框

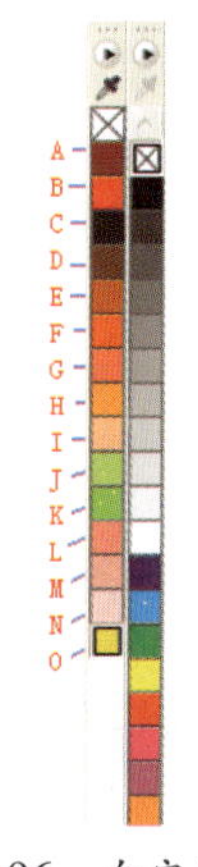

图3-196 自定调色板

说 明

色标A的颜色为C：53，M：98，Y：96，K：12；色标B的颜色为C：0，M：100，Y：95，K：0；色标C的颜色为C：78，M：82，Y：80，K：65；色标D的颜色为C：57，M：87，Y：96，K：16；色标E的颜色为C：20，M：91，Y：95，K：0；色标F的颜色为C：5，M：99，Y：95，K：0；色标G的颜色为C：0，M：89，Y：62，K：0；色标H的颜色为C：1，M：52，Y：95，K：0；色标I的颜色为C：1，M：30，Y：49，K：0；色标J的颜色为C：16，M：1，Y：84，K：0；色标K的颜色为C：27，M：1，Y：91，K：0；色标L的颜色为C：1，M：64，Y：34，K：0；色标M的颜色为C：1，M：39，Y：25，K：0；色标N的颜色为C：3，M：18，Y：8，K：0；色标O的颜色为C：3，M：10，Y：96，K：0。

为了讲解方便，在后面的填色过程中都将自定的颜色简称为色标A/色标B/色标P等。

（4）给苹果上基色

12 在工具箱中选择选择工具，并在画面中单击左上方的苹果轮廓线，以选择它，再在自定01调色板中单击色标A（即C：53，M：98，Y：96，K：12），即可得到如图3-197所示的效果。

说 明

这里从深到浅给苹果上色，以便于控制整个色调，也可以由浅入深。

（5）编辑网格

13 在工具箱中选择网状填充工具，所选对象上显示网格，如图3-198所示。

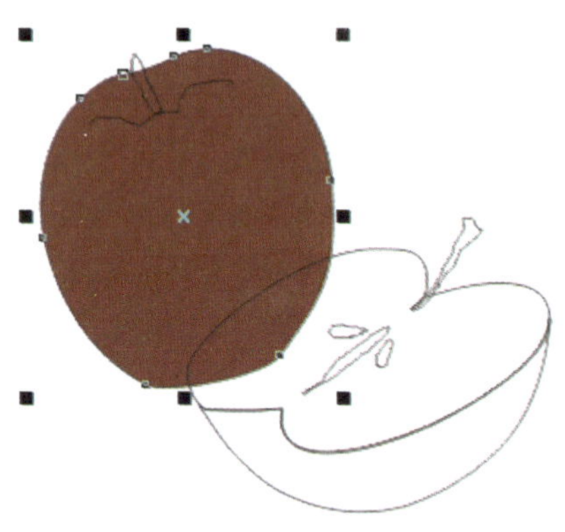

图3-197 填充颜色的效果

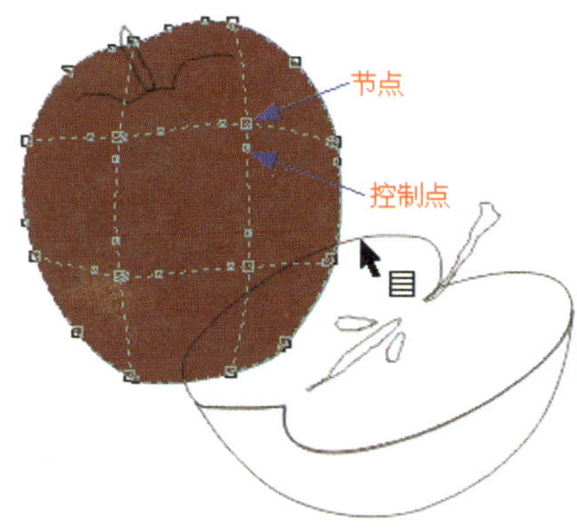

图3-198 选择网状填充工具时的状态

14 移动指针到一个不要的控制点上双击，如图3-199（左）所示，即可将该控制点删除，如图3-199（右）所示。

15 在网格中将其他不要的控制点删除，删除后的结果如图3-200所示。

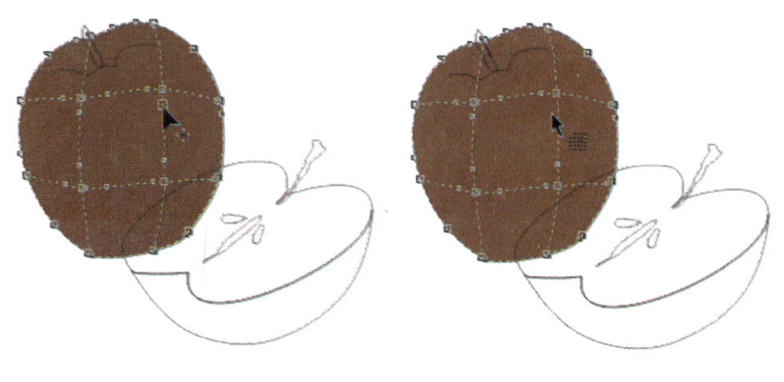

图3-199 删除控制点

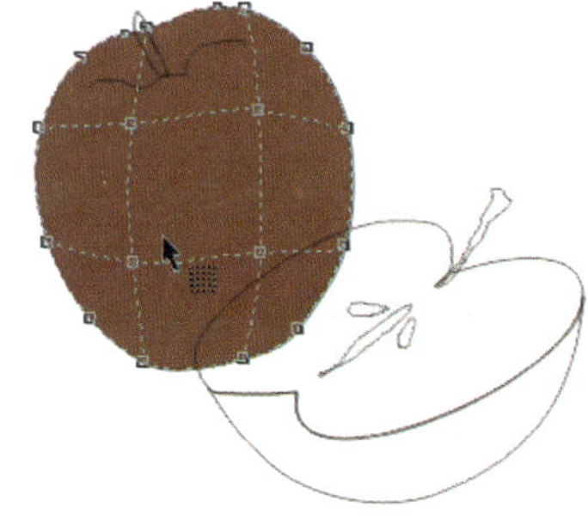

图3-200 删除控制点的结果

（6）添加过渡色

16 在网格中适当的位置双击添加两条网格线，再单击该节点以选择它，如图3-201所示，然后在自定01调色板中单击色标B，效果如图3-202所示。

17 在画面中单击另一个要填充颜色的节点，接着按“Shift”键单击其他与该颜色相同的节点，然后在自定01调色板中单击色标B，给苹果添加过渡色，效果如图3-203所示。

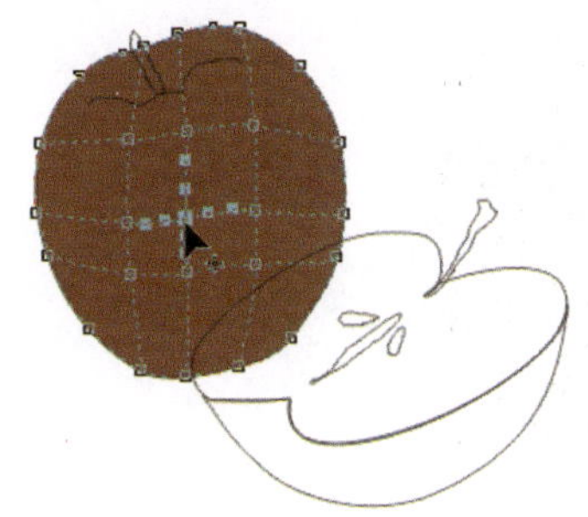

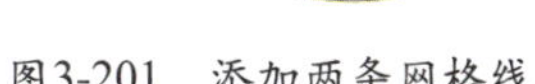
图3-201　添加两条网格线

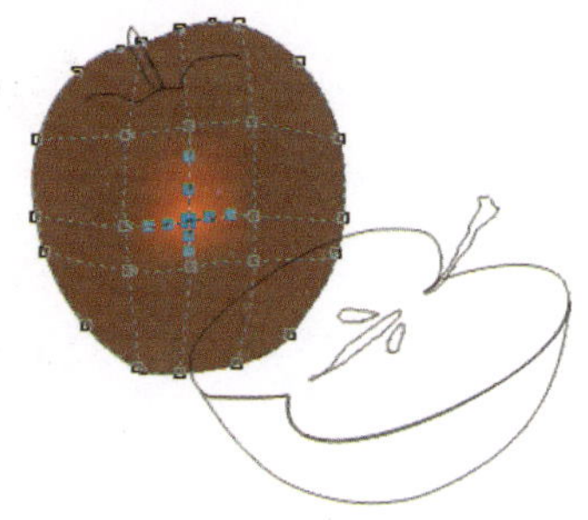
图3-202　填充节点颜色

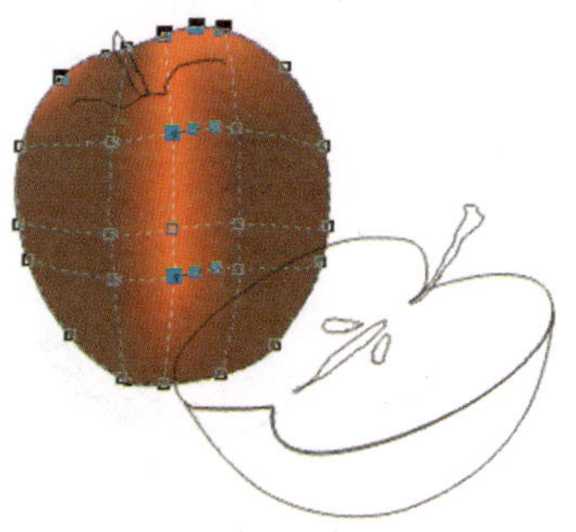
图3-203　选择节点并填充颜色

（7）给苹果的受光面上色

18 在苹果适当的位置双击添加两条网格线，并选择该节点，接着在自定调色板中单击色标L（C：1，M：64，Y：34，K：0），即可得到如图3-204所示的效果；然后单击另一个与该节点颜色相同的节点以选择它，再按“Shift”键单击其他要填充相同颜色的节点，选择好后在自定调色板中单击色标L，即可得到如图3-205所示的效果。

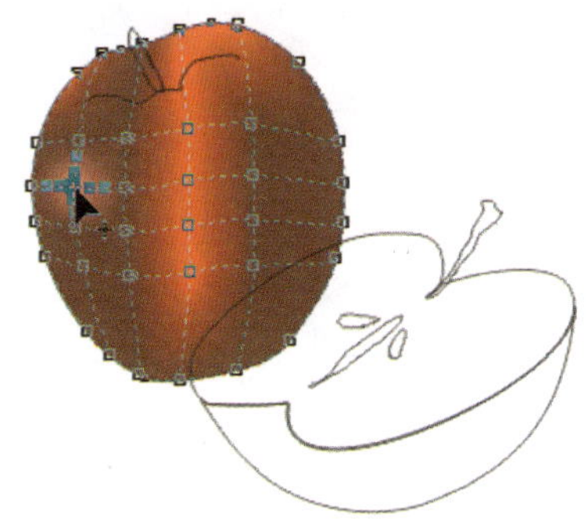
图3-204　添加节点并填充颜色

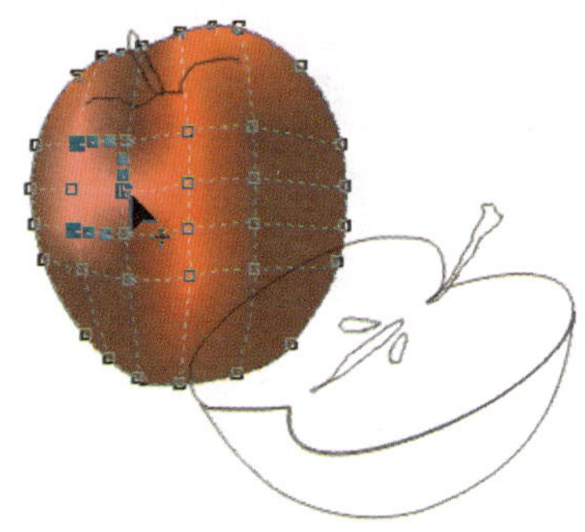
图3-205　选择节点并填充颜色

19 选择如图3-206所示的节点，并在自定调色板中单击色标N（C：3，M：18，Y：8，K：0），再单击如图3-207所示的节点，并在自定调色板中单击色标M（C：1，M：39，Y：25，K：0）。

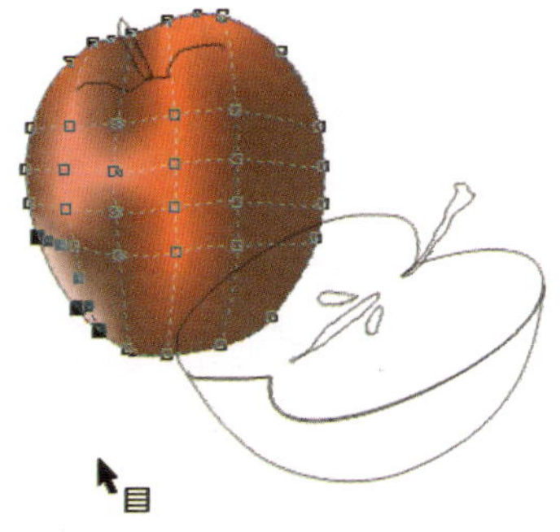
图3-206　选择节点

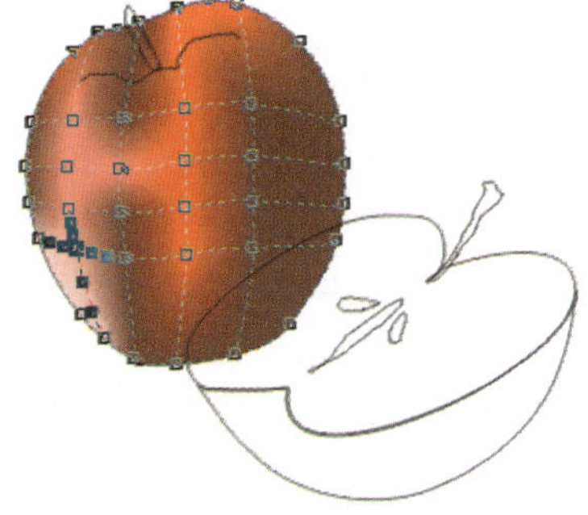
图3-207　填充颜色

20 框选苹果左边的三个节点，再按“Shift”键单击与这三个节点相同颜色的节点，然后在自定01调色板中单击色标G（C：0，M：89，Y：62，K：0），给苹果添加亮光，效果如图3-208所示。接着在苹果右边的网格线上双击添加一条网格线，如图3-209所示。

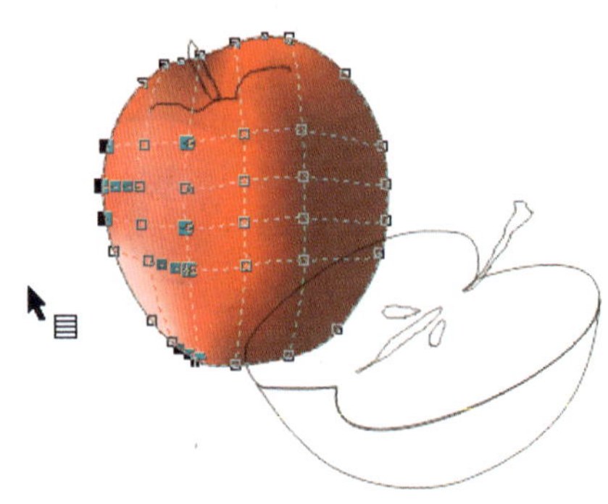

图3-208 选择节点并填充颜色

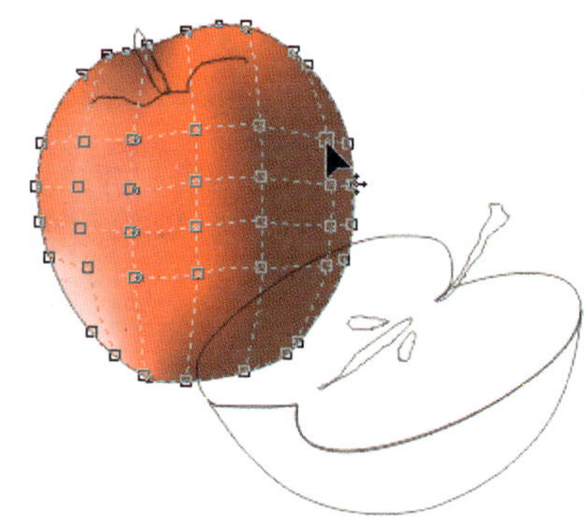

图3-209 添加一条网格线

（8）添加反光

21 在苹果的右边框选要填充颜色的节点，如图3-210所示，并在自定01调色板中单击色标E（C：20，M：91，Y：95，K：0），给苹果加上反光，效果如图3-211所示。

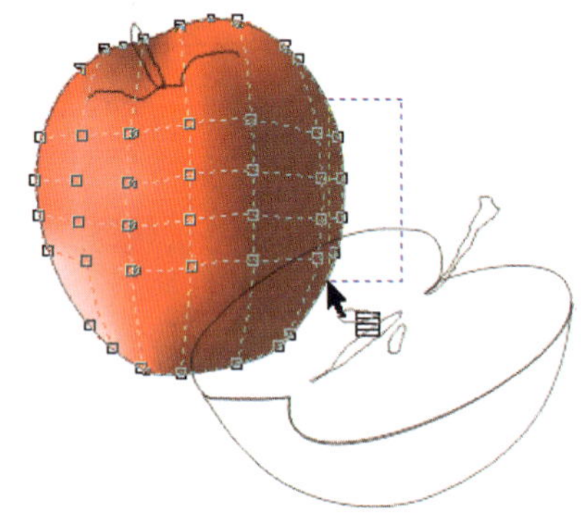

图3-210 框选节点

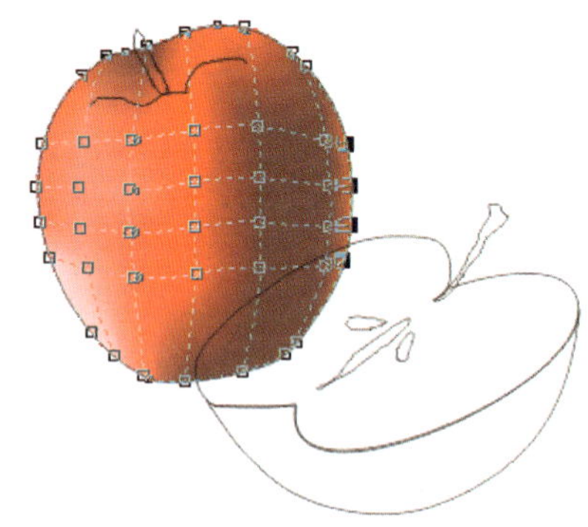

图3-211 填充颜色

22 在苹果的右下方的一条网格线上双击添加一条网格线，如图3-212所示，再框选如图3-213所示的两个节点，并在自定01调色板中单击色标E（C：20，M：91，Y：95，K：0），即可得到如图3-213所示的效果。

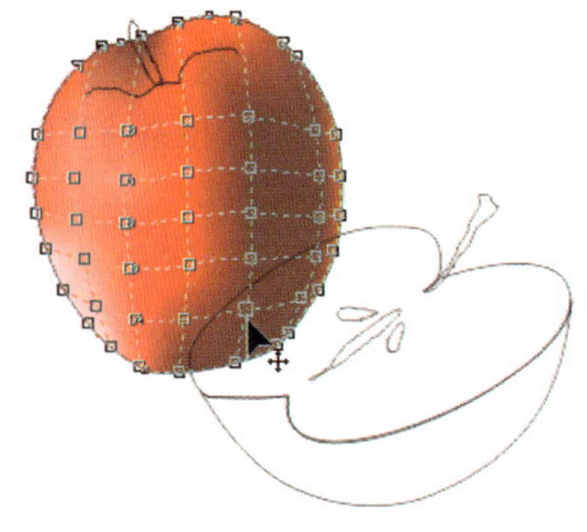

图3-212 添加一条网格线

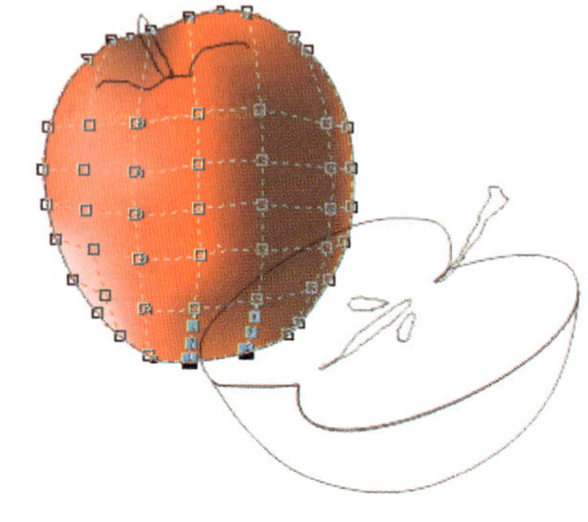

图3-213 填充颜色

（9）对明暗交界线进行颜色调整

23 添加一条网格线，在其中选择两个要填充颜色的节点，然后在自定01调色板中点按住色标F以弹出一个色板，并在其中选择所需的颜色，即可给所选节点填充颜色，如

图3-214所示。

24 单击如图3-215所示的节点，并在自定01调色板中单击色标E，即可得到如图3-215所示的效果。

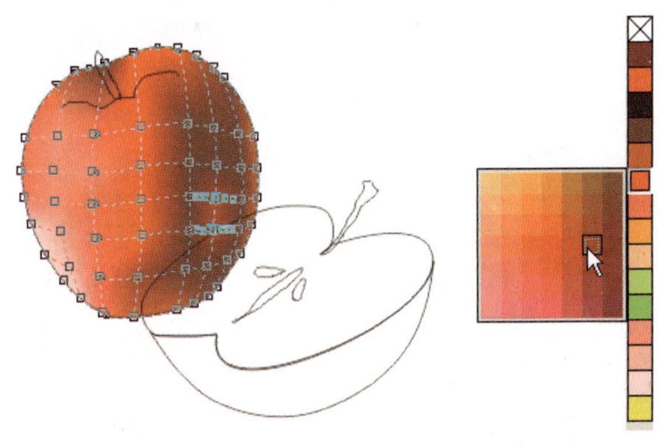

图3-214　在自定调色板中选择颜色

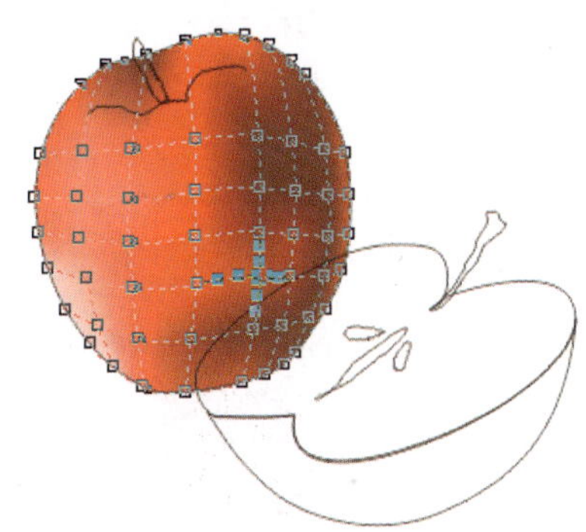

图3-215　选择并填充节点颜色

（10）给苹果柄的凸凹处上色

25 使用缩放工具将苹果在程序窗口中以最大化显示，如图3-216所示；再选择网状填充工具，并在适当的地方双击添加多条网格线，如图3-217所示。

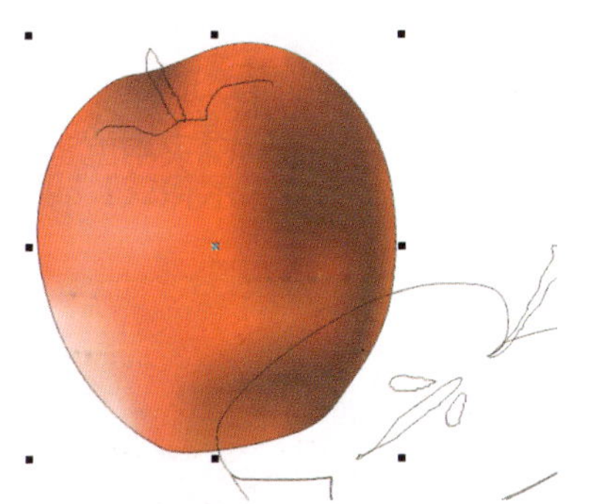

图3-216　用缩放工具查看效果

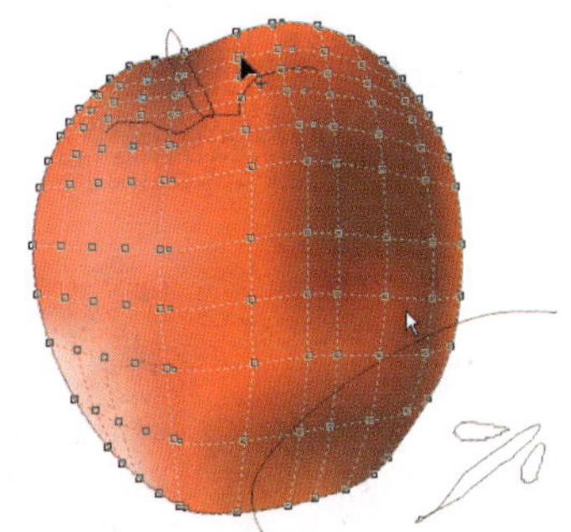

图3-217　添加网格线

26 按“Shift”键单击要填充为相同颜色的节点，并在自定01调色板中单击色标M（C：1，M：39，Y：25，K：0），效果如图3-218所示。

27 在苹果的顶部选择两个要填充颜色的节点，在自定01调色板中点按住色标E以弹出色板，并在其中选择所需的颜色，如图3-219所示。

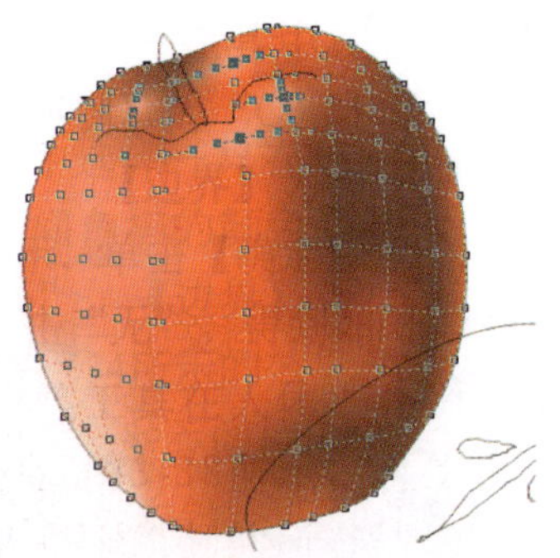

图3-218　选择并填充节点颜色

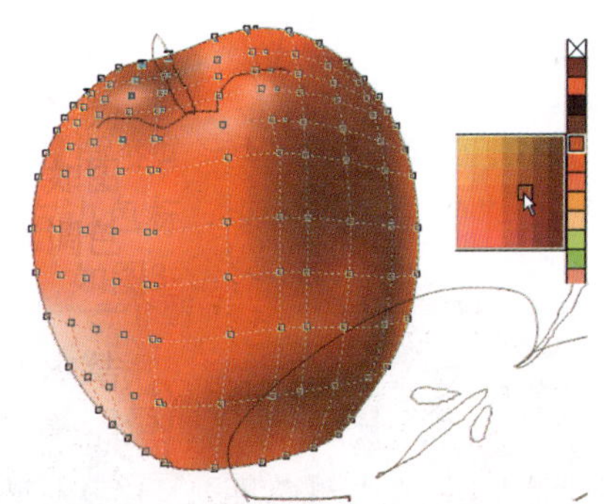

图3-219　选择并填充节点颜色

28 在苹果顶部适当的位置双击添加两条网格线，并选择该位置的节点，再在自定01调色板中单击色标F（C：5，M：99，Y：95，K：0），即可得到如图3-220所示的效果。

29 单击稍上方的节点，以选择它，然后在自定01调色板中单击色标J（C：16，M：1，Y：84，K：0），给把柄处添加颜色，效果如图3-221所示。

30 拖动节点来调整颜色扩散的范围，如图3-222所示。

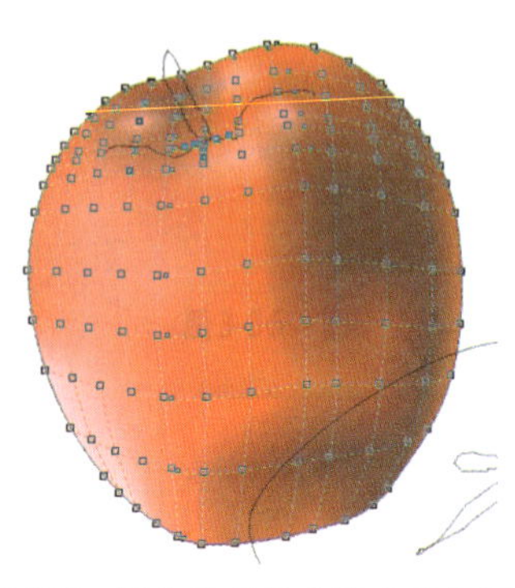
图3-220 添加网格线并填充节点颜色

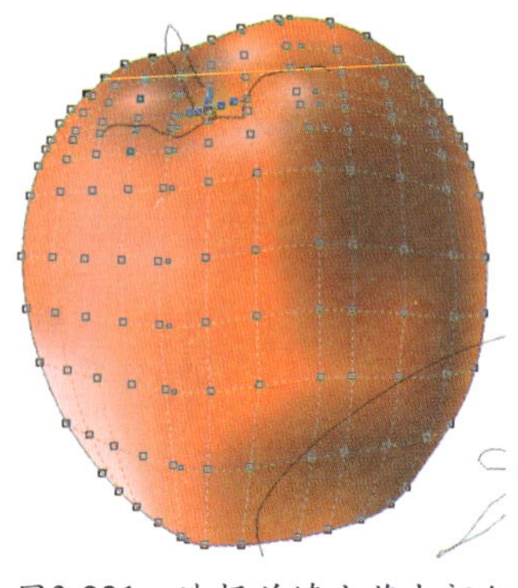
图3-221 选择并填充节点颜色

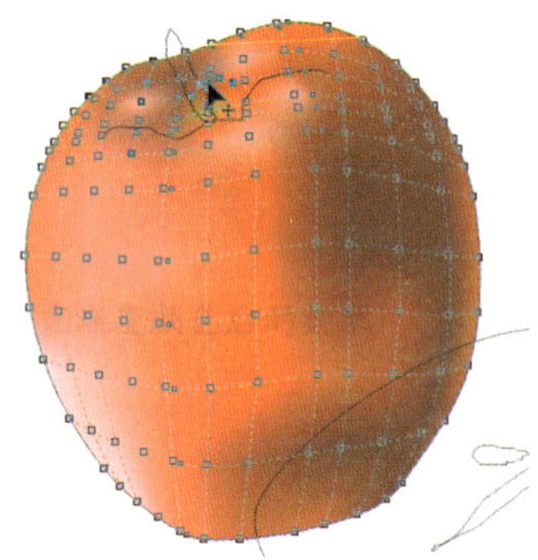
图3-222 拖动节点

31 将一些不需要的控制点双击以将其删除，对一些需要移动的节点进行适当拖动，拖动调整后的效果如图3-223所示。

32 按“Shift”键选择如图3-224所示的节点，并在自定01调色板中单击色标G（C：0，M：89，Y：62，K：0）。

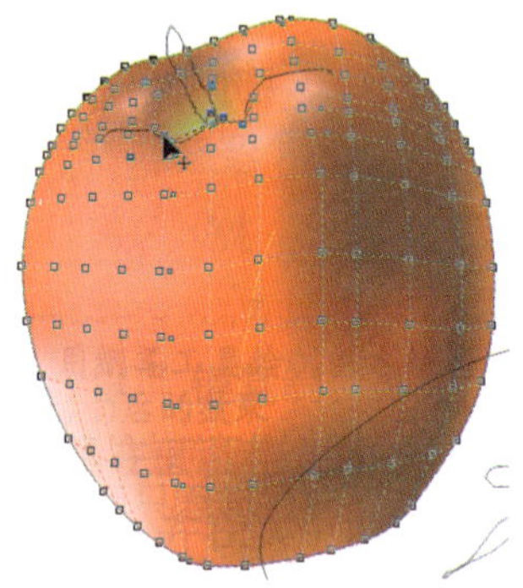
图3-223 编辑节点

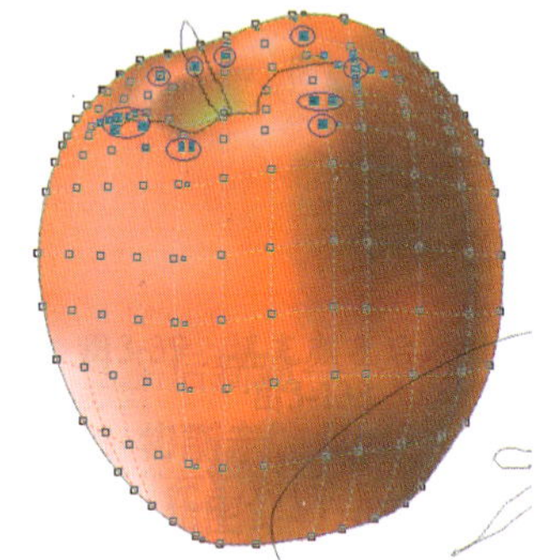
图3-224 选择并填充节点颜色

33 使用同样的方法添加几条网格线，如图3-225所示，并按“Shift”键选择要填充颜色的节点，再在自定01调色板中单击色标F（C：5，M：99，Y：95，K：0）。

34 对需要调整的节点进行适当调整，并选择要填充颜色的节点，然后在自定01调色板中单击色标K（C：27，M：1，Y：91，K：0），效果如图3-226所示。

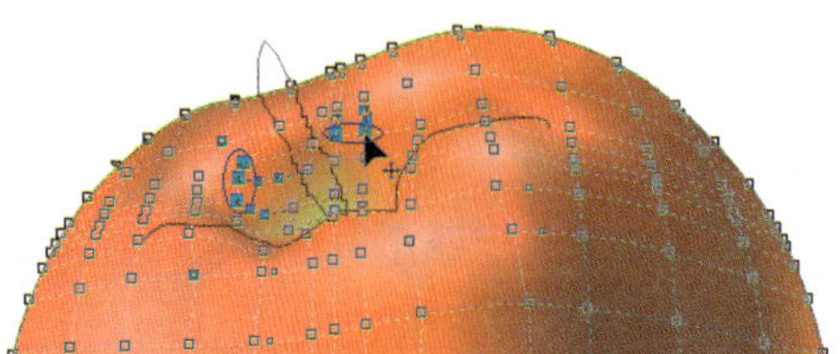
图3-225 添加网格线并填充节点颜色

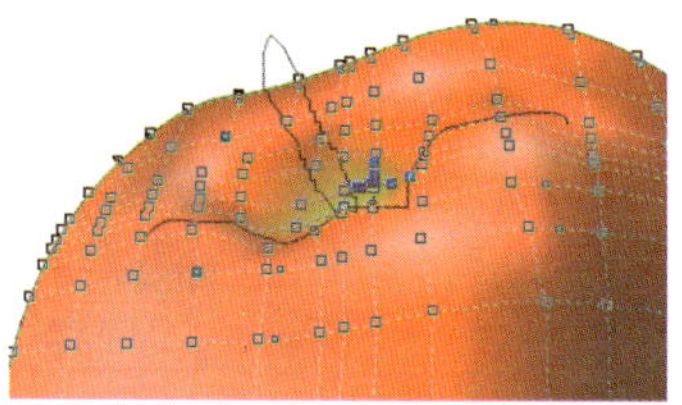
图3-226 调整并填充节点颜色

（11）调整明暗交界处的颜色

35 在明暗交界处的地方单击要调整颜色的网格，然后在自定01调色板中按住色标E，并在弹出的色板中选择所需的颜色，如图3-227所示。接着选择如图3-228所示的节点，并在自定01调色板中单击色标F（C：5，M：99，Y：95，K：0），即可得到如图3-228所示的效果。

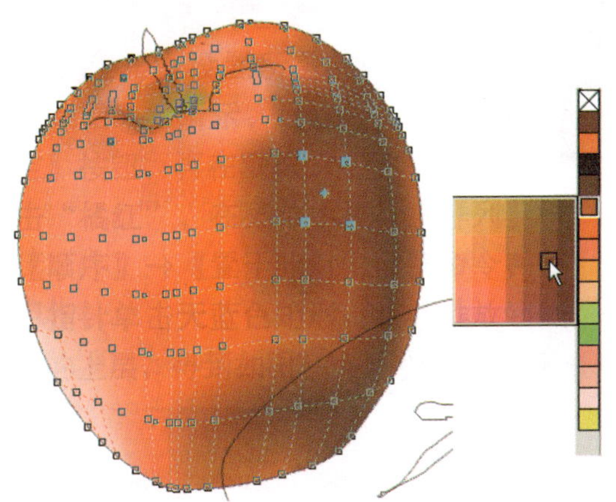
图3-227 选择并填充网格颜色

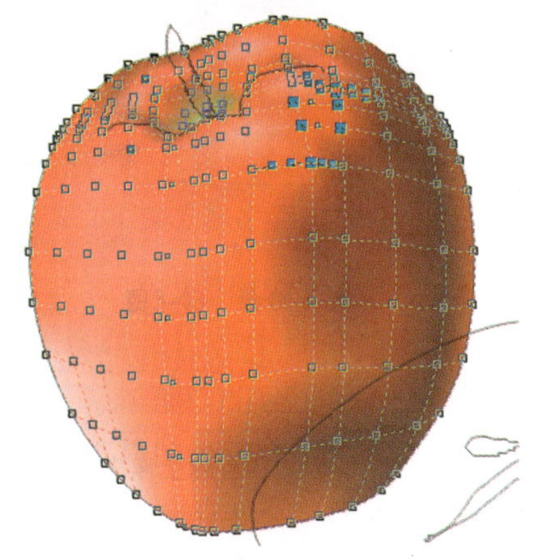
图3-228 选择并填充节点颜色

36 按“Shift”键选择如图3-229（左）所示的节点，然后在自定01调色板中选择所需的颜色，如图3-229（右）所示。接着先单击需要填充另一种颜色的节点，再按“Shift”键选择其他需填充相同颜色的节点，如图3-230（左）所示，然后在自定01调色板中单击所需的颜色，如图3-230（右）所示。

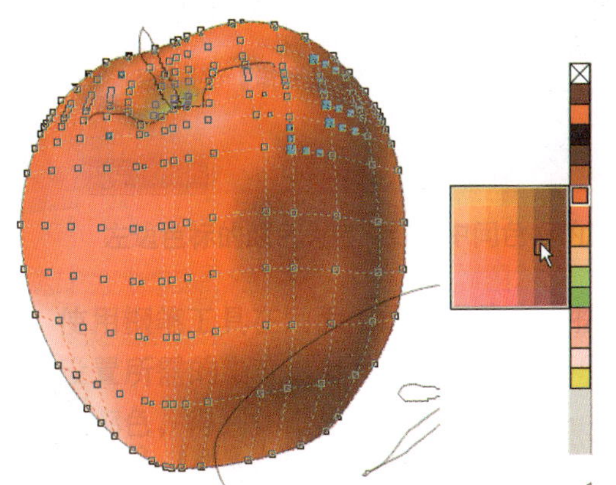
图3-229 选择并填充节点颜色

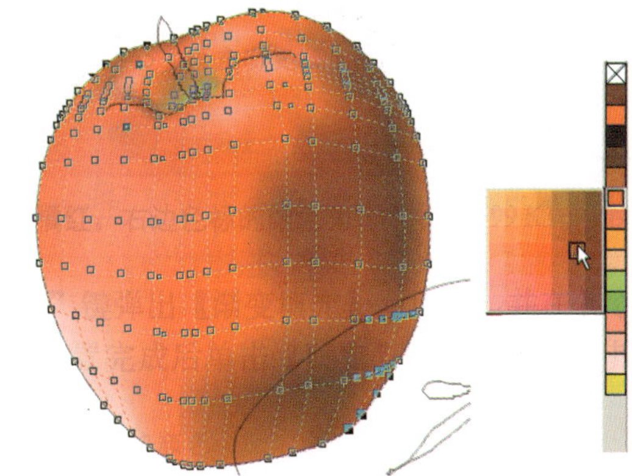
图3-230 选择并填充节点颜色

37 选择选择工具查看效果，如图3-231所示，还需进行颜色调整，单击不要的曲线，以选择它，并在键盘上按“Delete”键将其删除。

（12）对整体效果进行调整

38 将画面再放大一些，对整体颜色进行调整，一些颜色深的地方需选择该区域的节点，然后在自定01调色板中选择比它淡一些的颜色，否则相反；再将一些控制点和节点进行适当移动，一些不需要的控制点删除，调整后的效果如图3-232所示，在工具箱中单击选择工具，效果如图3-233所示。

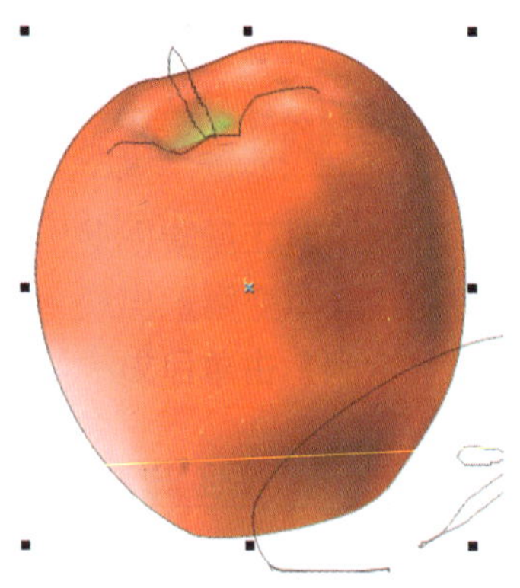
图3-231　选择选择工具查看效果

图3-232　调整节点颜色

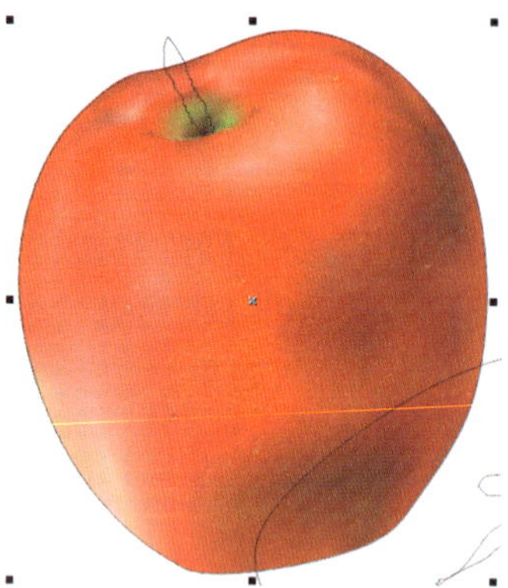
图3-233　填充好的效果

（13）给苹果的柄把上色

39 单击柄以选择它，并在自定调色板中单击色标C（C：78，M：82，Y：80，K：650），效果如图3-234所示，再在工具箱中选择网状填充工具，并将不需要的控制点删除，再对一些需要调整的节点进行调整，调整后的结果如图3-235所示。

40 使用前面给苹果上色的方法给柄上色，先添加一些网格线，再选择相应的节点进行填充颜色并适当移动相关的节点和控制点，经过调整和填充颜色的效果如图3-236所示。

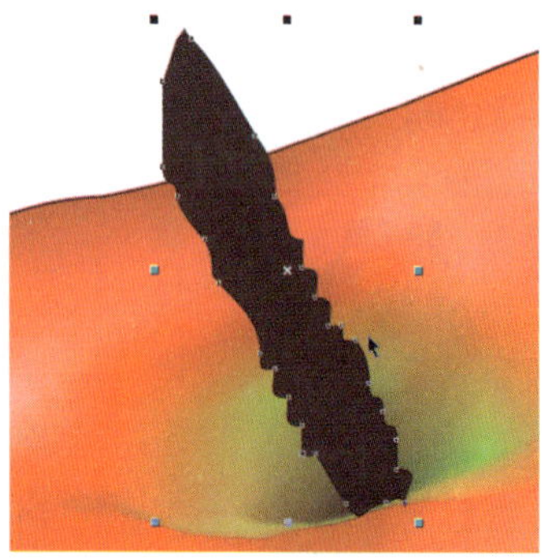
图3-234　选择并填充颜色

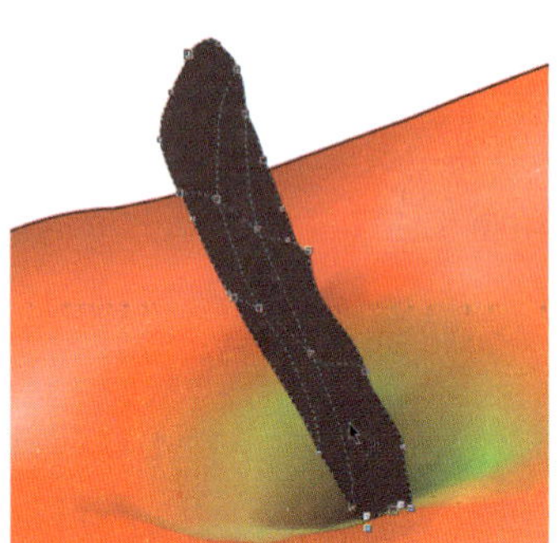
图3-235　网状编辑

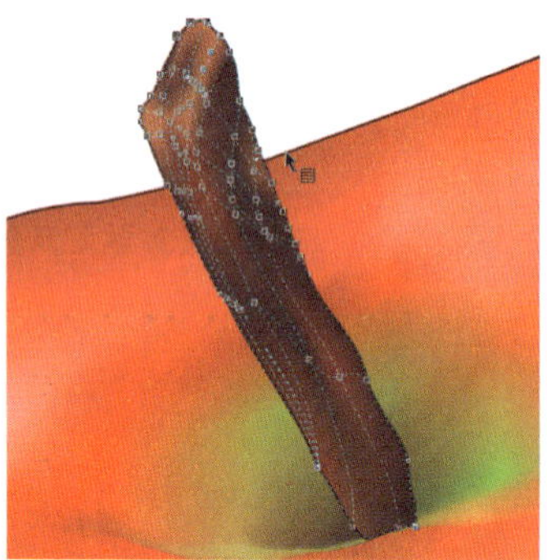
图3-236　用网状填充工具填充颜色后的效果

（14）给切开苹果上色

41 使用选择工具单击切开苹果的切面，然后在默认的CMYK调色板中选择淡黄色，并在弹出的色板中选择所需的颜色，效果如图3-237（左）所示。

42 在工具箱中选择网状填充工具，所选图形上就显示了网格，如图3-238所示，再将不需要的控制点删除，结果如图3-239所示。

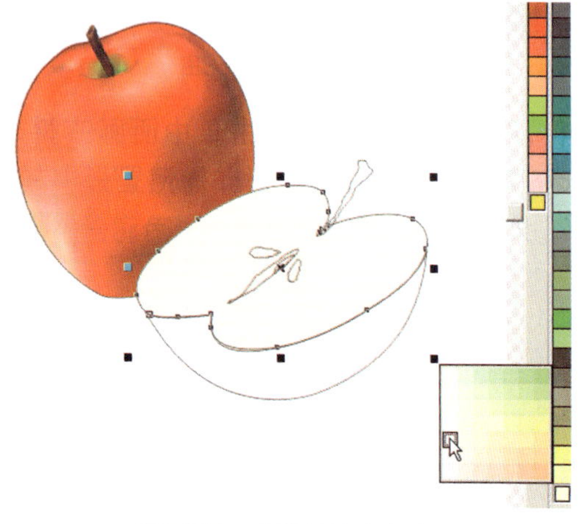
图3-237　选择并填充颜色

图3-238 选择网状填充工具时的状态

图3-239 删除控制点

43 使用缩放工具框选住切面，将其放大，然后在适当的位置双击添加网格线，并选择要填充颜色的节点，在自定01调色板中单击所需的颜色，给节点填充颜色，可以一边添加网格线一边填充颜色，也可以添加多条网格线后再选择相应的节点以填充颜色，也可以移动网格线、节点和控制点以调整所填充的颜色，直到得到所需的效果为止，如图3-240所示。

44 缩小画面，再使用选择工具单击切开苹果的另一部分，并在自定调色板中单击色标E，效果如图3-241所示。

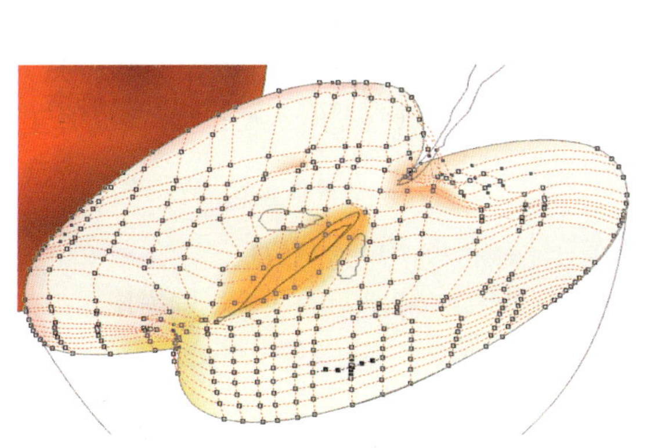

图3-240 网状填充后的效果

图3-241 选择并填充颜色后的效果

45 再次将画面放大，使用前面的方法对所选对象进行颜色填充，调整和填充颜色后的效果如图3-242所示。

46 使用手绘工具绘制如图3-243所示的对象，再使用形状工具对其他几个没有上色的对象进行调整（即将一些不需要的节点删除，对一些需要调整的节点和控制点进行适当移动），调整后的结果如图3-244所示；再将切开苹果的柄适当缩小，缩小后的结果如图3-245所示。

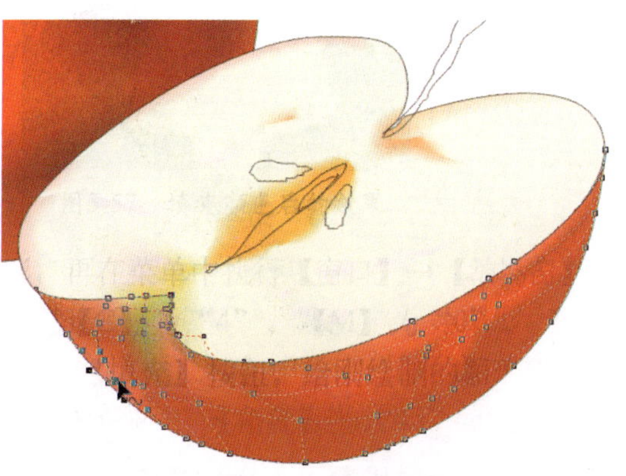

图3-242 网状填充后的效果

47 在自定01调色板中单击色标C（C：78，M：82，Y：80，K：65），给柄添加基色，再在工具箱中选择网状填充工具，在其上多次双击添加一些网格线，并选择相应的节点进行颜色填充，对一些需要移动的节点和控制点进行适当拖动，调整和填充颜色后的结果如图3-246所示。

图3-243　用手绘工具绘制的对象

图3-244　用形状工具调整柄

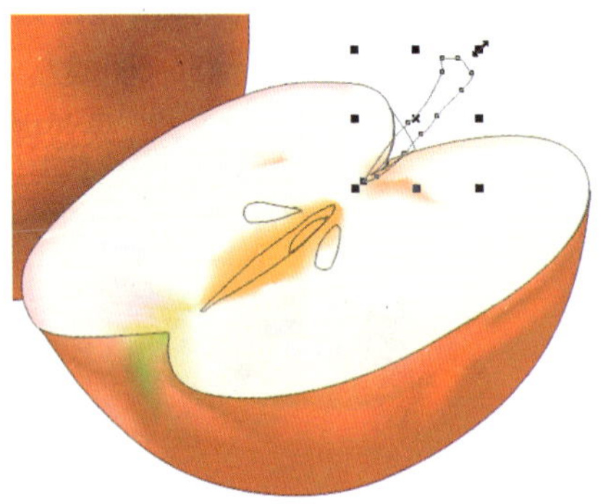
图3-245　缩小后的结果

图3-246　网状填充后的效果

48 使用选择工具选择柄下的一个对象，并在自定调色板中单击色标C，再在菜单中执行【排列】→【顺序】→【到后部】命令，得到如图3-247所示的效果，同样使用前面的方法对它进行网状填充，填充后的效果如图3-248所示。

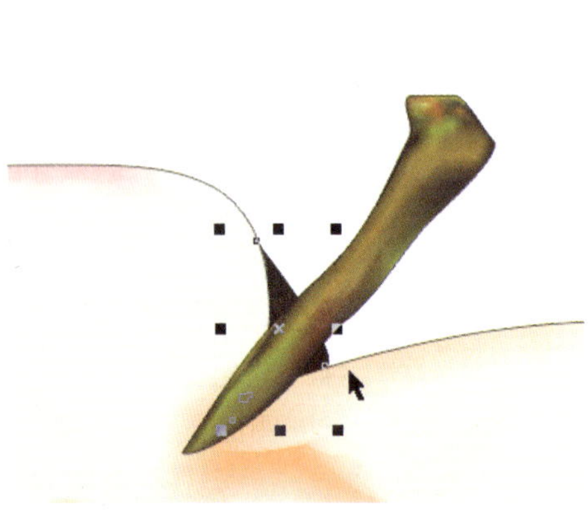
图3-247　选择并填充颜色后的效果

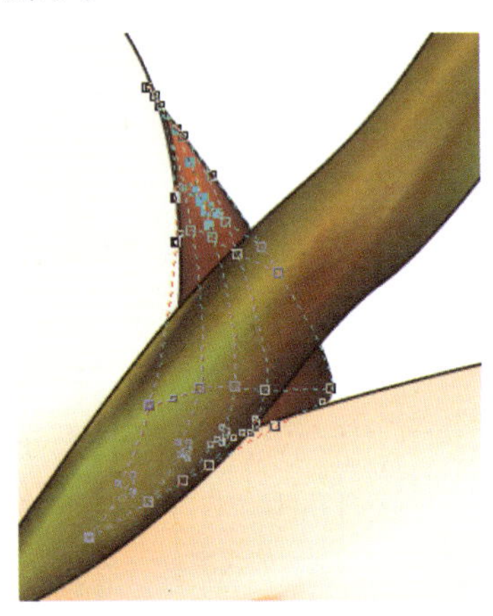
图3-248　网状填充后的效果

49 使用前面同样的方法对以下几个对象进行网状填充，填充后的效果如图3-249所示，按“F4”键将画面缩放到适合大小，效果如图3-250所示。

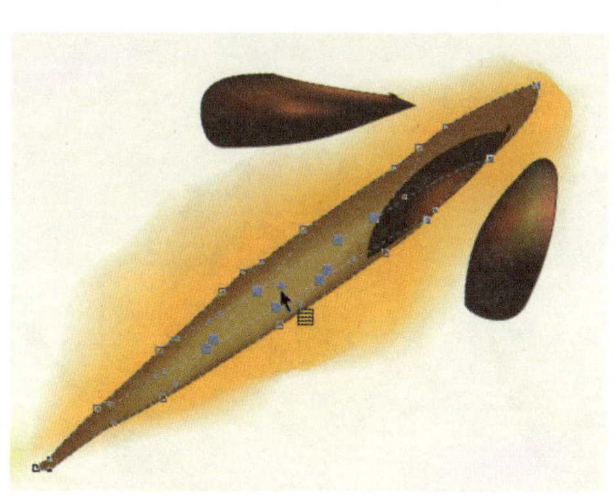

图3-249 网状填充后的效果

图3-250 适合显示效果

50 在工具箱中双击选择工具，选择所有对象，并在默认的CMYK调色板中右击“无”，清除轮廓色，效果如图3-251所示。

51 使用选择工具选择要添加阴影的对象，如图3-252所示，再在工具箱中选择阴影工具，并在属性栏的【预设列表】中选择“大型辉光”，如图3-253所示，得到如图3-254所示的效果。

图3-251 选择所有对象时的状态

图3-252 选择对象

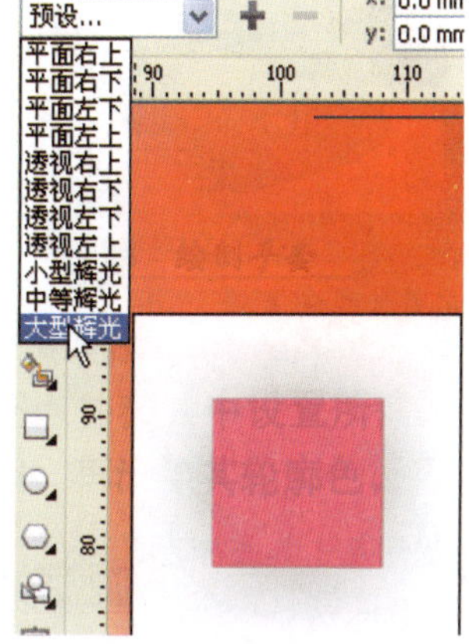

图3-253 阴影预设列表

图3-254 阴影效果

52 在【阴影颜色】下拉调色板中选择所需的颜色（如：热带粉），如图3-255所示，即可得到如图3-256所示的效果。

53 使用同样的方法对其他两个对象添加阴影，效果如图3-257所示。

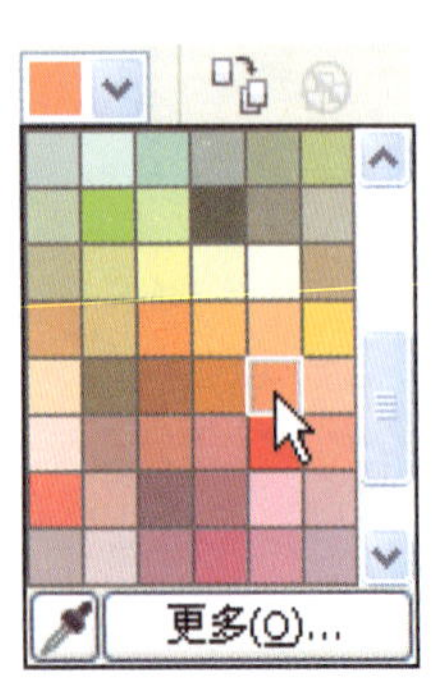

图3-255 【阴影颜色】下拉调色板

图3-256 调整阴影颜色

图3-257 添加阴影后的效果

54 使用缩放工具将中间的核放大，再使用手绘工具绘制出如图3-258所示的对象，并在默认CMYK调色板中单击“白”，右击“无”，清除轮廓色，效果如图3-259所示。

图3-258 用手绘工具绘制的对象

图3-259 填充白色

55 在工具箱中选择透明度工具，并在对象上拖动鼠标，给对象进行透明调整，效果如图3-260所示，再对另一个对象进行透明调整，效果如图3-261所示。

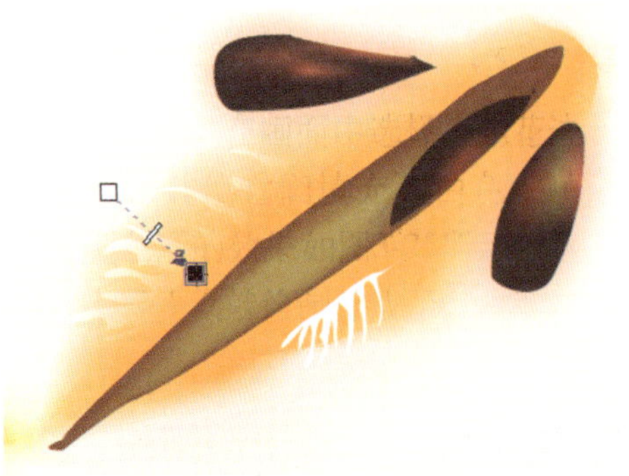
图3-260 用透明度工具进行透明调整

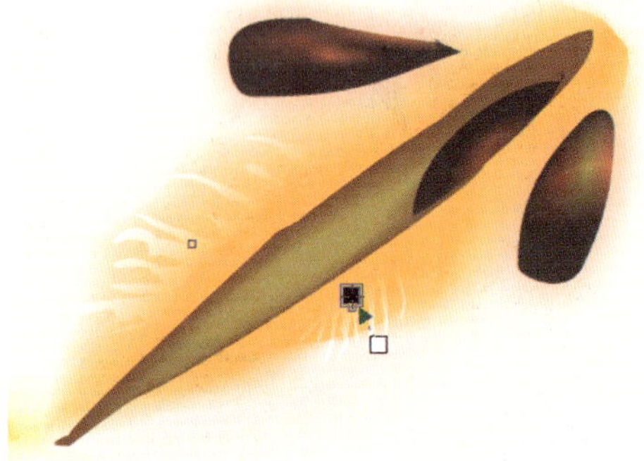
图3-261 用透明度工具进行透明调整

56 按“F4”键以适合大小显示，效果如图3-262所示。

（15）添加背景和阴影

57 使用矩形工具在画面上画一个矩形，将画的图形框住，并填充颜色为C：96，M：69，Y：29，K：2，然后按“Shift”+“PaDn”键，将它排放到最后面，如图3-263所示。

图3-262　适合显示效果

图3-263　用矩形工具绘制并填充颜色的矩形

58 使用选择工具选择半边苹果，在工具箱中选择□阴影工具，在属性栏的【预设列表】中选择所需的阴影，如图3-264所示，得到如图3-265所示的效果。

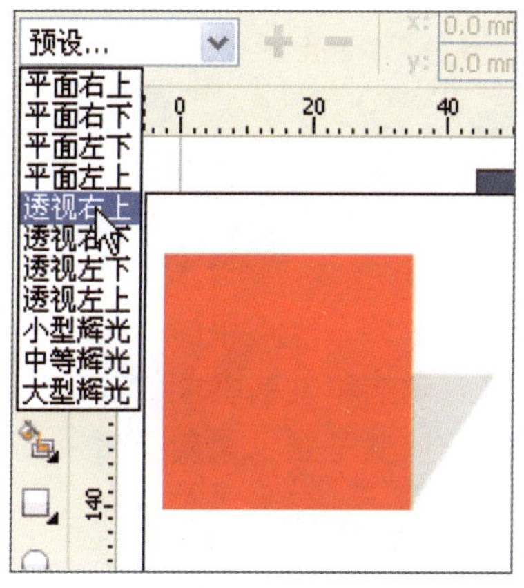

图3-264　阴影预设列表

图3-265　添加阴影效果

59 在对象上拖动，给对象进行阴影调整，效果如图3-266所示，再对另一个苹果添加阴影，并进行阴影不透明调整，效果如图3-267所示。

图3-266　调整阴影

图3-267　透明调整时的状态

60 取消选择后得到如图3-268所示的效果，这样，这幅作品就制作完成了。

图3-268 最后的效果

3.4 装饰画——鱼

实例说明

装饰画主要用在墙面装饰、漫画中作为插图以及动漫卡通中。如图3-269所示为实例效果图，如图3-270所示为装饰画的实际应用效果。

图3-269 “装饰画——鱼”最终效果图

图3-270 精彩效果欣赏

设计思路

本例利用CorelDRAW设计一幅装饰画——鱼，先创建一个空白文件，接着用折线工具绘制出鱼的轮廓，在绘制轮廓时对它进行颜色填充，以便掌握结构和位置，然后再绘制出背景以对鱼进行装饰。如图3-271所示为制作流程图。

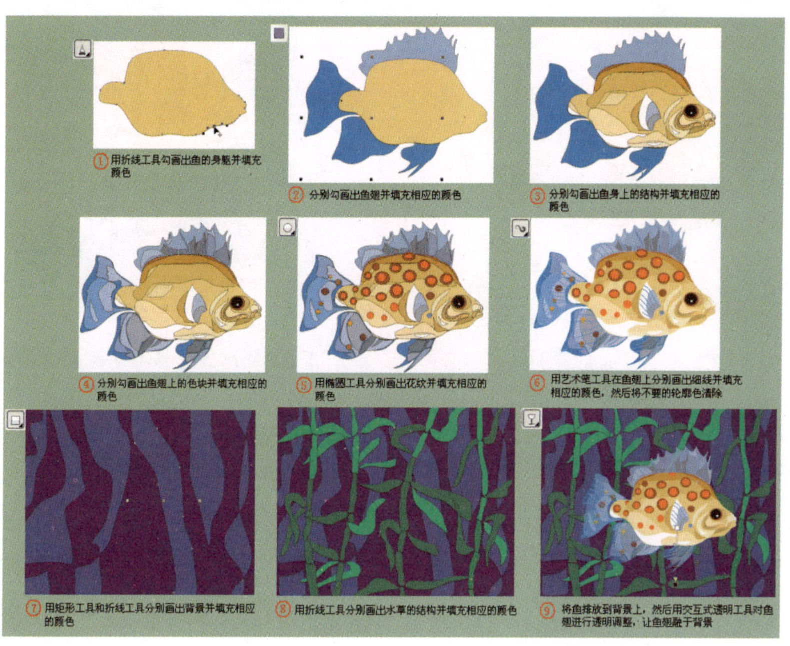

图3-271 “装饰画——鱼”制作分析图

操作步骤

（1）绘制鱼身

01 按“Ctrl”+“N”键新建一个图形文件，在工具箱中选择折线工具，在画面上勾画出鱼的身躯，如图3-272所示，并填充颜色为R:223，G：192，B：122，如果感觉不像，可以使用形状工具进行适当调整。

（2）绘制鳍翼

02 使用折线工具在画面上勾画出如图3-273所示的部分，并填充颜色为R:153，G：177，B：225。

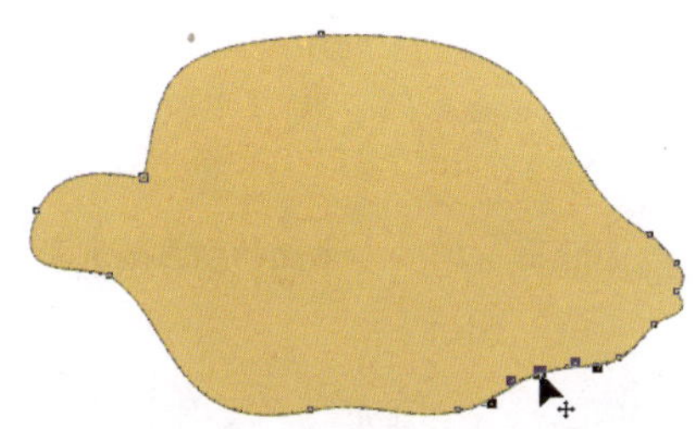

图3-272 用折线工具绘制并填充颜色的鱼身

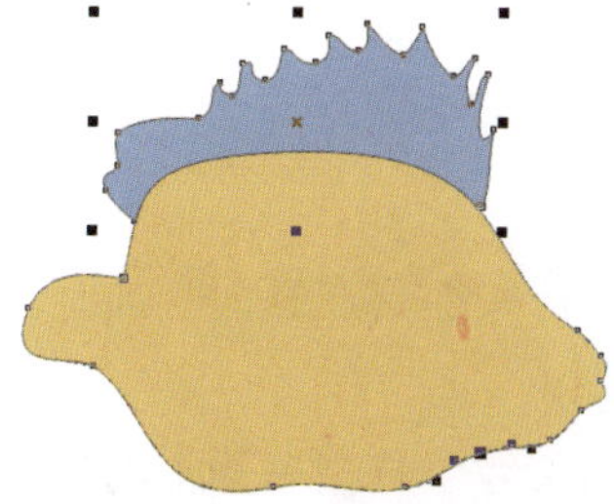

图3-273 用折线工具绘制并填充颜色的鱼鳍

03 使用折线工具在画面上分别勾画出如图3-274所示的部分。

04 按“Shift”键分别单击画好的图形，并填充颜色为R:62，G：138，B：215，再按“Shift”+“PaDn”键将它排放到最下面一层，如图3-275所示。

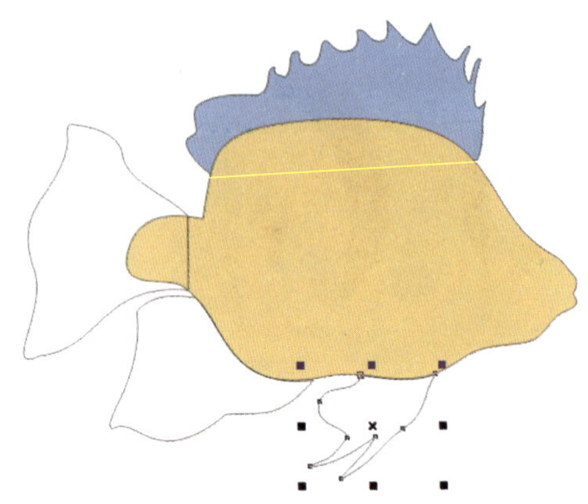

图3-274　用折线工具绘制的鱼鳍和鱼尾

图3-275　选择并填充颜色后的效果

（3）绘制鱼鳃和眼睛

05 使用折线工具在画面上勾画出如图3-276所示的部分，并填充颜色为白色。

06 使用椭圆工具在画面上勾画出如图3-277所示的部分，并填充颜色为R:136，G：68，B：0。

图3-276　用折线工具绘制并填充颜色的鱼鳃

图3-277　用椭圆工具绘制并填充颜色的圆

07 使用椭圆工具在画面上分别勾画出如图3-278所示的部分，并填充颜色为黑色和白色。

（4）绘制鱼纹

08 使用折线工具在画面上勾画出如图3-279所示的部分，并填充颜色为R:154，G：93，B：33。

09 使用折线工具在画面上勾画出如图3-280所示的部分，并填充颜色为R:182，G：133，B：40。

10 使用折线工具在画面上勾画出如图3-281所示的部分，并填充颜色为R:210，G：174，B：96。

图3-278 用椭圆工具绘制并填充颜色的眼睛

图3-279 用折线工具绘制并填充颜色的图形

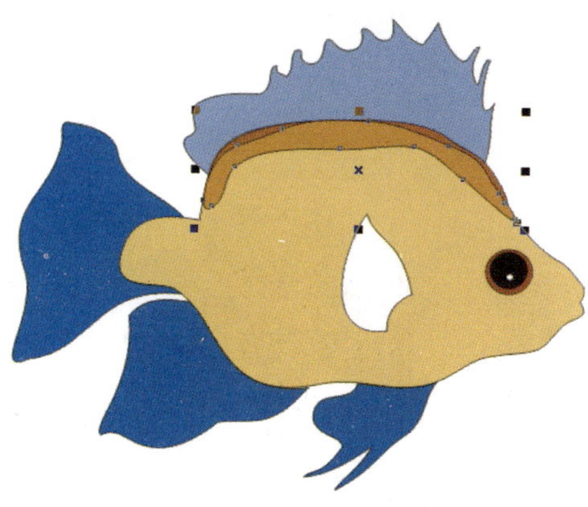

图3-280 用折线工具绘制并填充颜色的图形

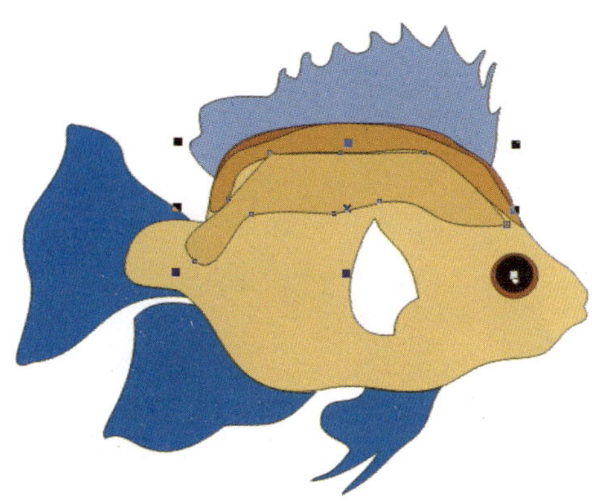

图3-281 用折线工具绘制并填充颜色的图形

11 使用折线工具在画面上勾画出如图3-282所示的部分，并填充颜色为R:246，G：218，B：166。

12 使用折线工具在画面上分别勾画出如图3-283所示的部分，并填充相应的颜色。

图3-282 用折线工具绘制并填充颜色的图形

图3-283 用折线工具绘制并填充颜色的多个图形

13 使用折线工具在画面上勾画出如图3-284所示的部分，并填充颜色为R:145，G：177，B：248。

14 使用折线工具在画面上分别勾画出如图3-285所示的部分，并填充相应的颜色。

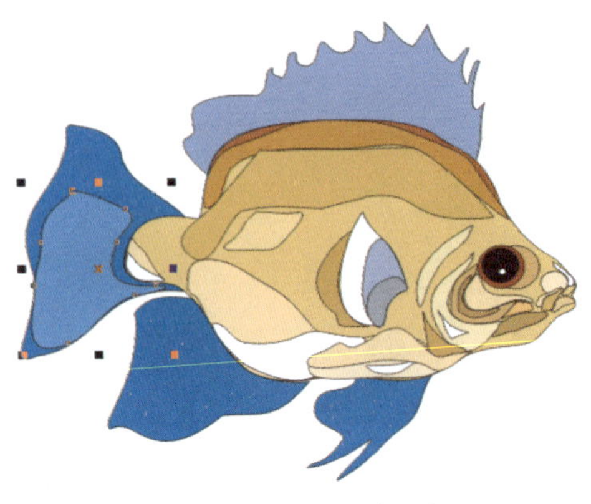

图3-284　用折线工具绘制并填充颜色的图形

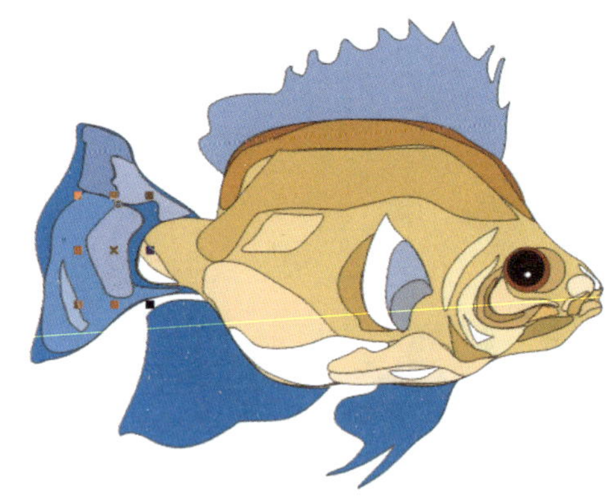

图3-285　用折线工具绘制并填充颜色的多个图形

15 使用折线工具在画面上分别勾画出如图3-286所示的部分，并填充相应的颜色。

16 使用椭圆工具在画面上分别勾画出如图3-287所示的椭圆，并填充颜色为红色和R:142，G：60，B：6。

图3-286　用折线工具绘制并填充颜色的多个图形

图3-287　用椭圆工具绘制并填充颜色的多个椭圆

17 在工具箱中选择艺术笔工具，在画面上分别勾画出如图3-288所示的线条，并填充颜色为R:145，G：177，B：248。

18 使用选择工具框选所有图形，在默认的CMYK调色板中右击“无”，得到如图3-289所示的效果。

图3-288　用艺术笔工具绘制并填充颜色的多条线条

图3-289　清除轮廓色后的效果

（5）群组对象

19 使用选择工具框选尾巴，如图3-290所示，按“Ctrl”+“G”键将它们群组；使用同样的方法将其他鳍进行群组，这主要是为方便以后进行交互式透明效果。

（6）绘制背景

20 使用矩形工具在画面的空白处画一个如图3-291所示的矩形，并填充为蓝色。

图3-290　将尾巴与鳍分别进行群组

图3-291　用矩形工具绘制并填充颜色的矩形

21 使用折线工具在画面上分别勾画出如图3-292所示的部分，并填充颜色为R:72，G：72，B：153。

22 使用折线工具在画面上分别勾画出如图3-293所示的部分。

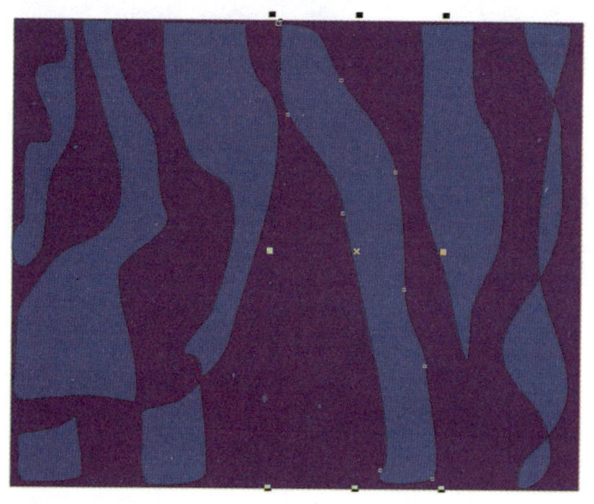

图3-292　用折线工具绘制并填充颜色的多个图形

图3-293　用折线工具绘制的多个图形

23 使用选择工具分别勾画出如图3-294所示图形，并填充颜色为R:68，G：120，B：92和R:71，G：185，B：128，这样，背景就制作完成了。

（7）组合图形

24 使用选择工具将鱼拖到背景中来，按“Shift”+“PaUp”键排放到最上面，效果如图3-295所示。

25 在工具箱中选择透明度工具，在尾巴上拖动得到如图3-296所示的透明效果；使用同样的方法对其他几个鳍翼进行交互式透明调整，调整后的效果如图3-297所示。

图3-294　依次填充不同颜色后的效果

图3-295　框选鱼并将其排放到顶层的效果

图3-296　对尾巴进行透明调整时的状态

图3-297　透明调整后的效果

第4章 图案系列

图案设计主要用在服装设计、陶瓷图案设计等方面，如条形图案旗袍、花边腰带、衣领花边、毛毯、手巾、碗、花瓶等。

4.1 条形图案

实例说明

本例“衣服图案”在许多领域中都会用到，如腰带、花边、陶器中的花纹、衣领花边、头巾、瓷砖等。如图4-1所示为实例效果图，如图4-2所示为实际应用效果图。

图4-1 “条形图案”最终效果图

图4-2 精彩效果欣赏

设计思路

本例将利用CorelDRAW进行条形图案设计，先创建一个空白文件，再使用多边形工具和变形工具绘制出花的形状，接着将花进行复制与缩小，使用椭圆形工具绘制花蕊，将轮廓线加粗后完成一个图案单元；然后使用折线工具、椭圆工具、轮廓笔绘制另一个图案单元，接着使用矩形工具绘制出图案的背景，最后使用选择工具、调和工具等功能将每个单元进行复制与移动以组成条形图案。如图4-3所示为制作流程图。

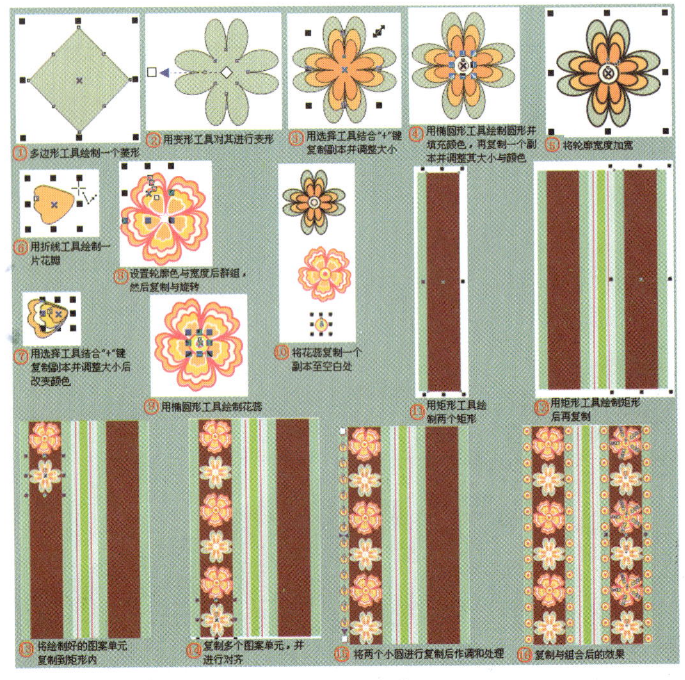

图4-3 条形图案绘制流程图

操作步骤

01 按“Ctrl”+“N”键新建一个图形文件，在工具箱中选择多边形工具，在属性栏的 4 中输入“4”，接着在绘图页的适当位置绘制一个菱形，然后在属性栏的 32.0 mm 32.0 mm 中输入所需的宽度与高度，在默认的CMYK调色板中单击“灰绿”，将它填充为灰绿色，结果如图4-4所示。

02 在工具箱中选择变形工具，并在属性栏中设置参数为 -58，得到如图4-5所示的效果。

03 在工具箱中选择选择工具，并在键盘上按“+”键复制一个副本，再按“Shift”键拖动右上角的控制柄向内至适当位置，以缩小副本，然后在默认的CMYK调色板中单击“浅橘红”，得到如图4-6所示的效果。

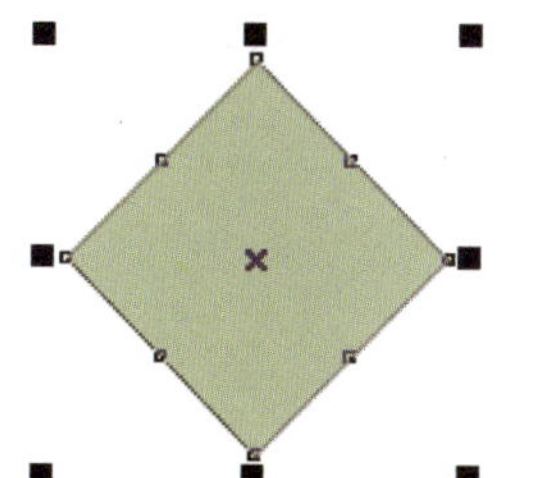
图4-4 用多边形工具工具绘制菱形

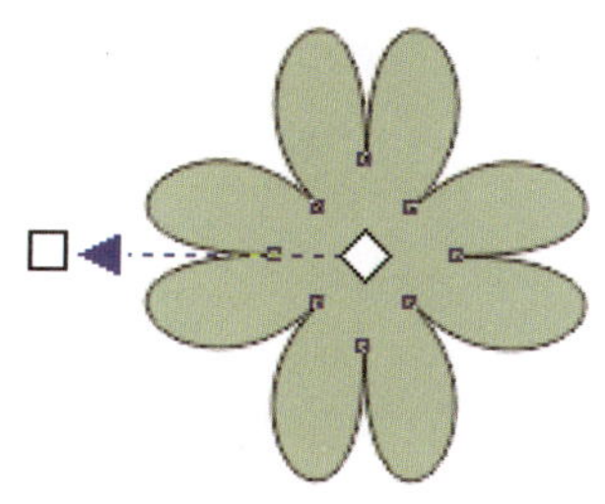
图4-5 用变形工具变形

图4-6 将副本缩小并改变颜色

04 在键盘上按“+”键复制一个副本，再按“Shift”键拖动右上角的控制柄向内至适当位置，以缩小副本，然后在默认的CMYK调色板中单击“秋橘红”，得到如图4-7所示的效果。

05 在工具箱中选择椭圆形工具，按“Ctrl”键在画面中花朵的中央位置绘制一个圆形，再在默认的CMYK调色板中单击“淡黄”，得到如图4-8所示的效果。接着在键盘上按“+”键再复制一个副本，再拖动右上角的控制柄向内至适当位置，以缩小副本，然后在默认的CMYK调色板中单击“渐粉”，得到如图4-9所示的效果。

图4-7 将副本缩小并改变颜色

图4-8 用椭圆形工具绘制椭圆

图4-9 将副本缩小并改变颜色

06 使用选择工具框选所有图形，在工具箱中选择轮廓工具下的 0.5 mm，将轮廓线加粗，如图4-10所示。

07 使用折线工具在画面的空白处绘制一片花瓣，再在默认的CMYK调色板中单击“浅橘红”，得到如图4-11所示的效果。

08 在工具箱中选择选择工具，在键盘上按“+”键复制一个副本，依次拖动左边的三个控制柄，将副本左边缩小，然后在默认的CMYK调色板中单击“淡黄”，得到如图4-12所示的效果。同样按“+”键复制一个副本，将其缩小并改变其填充颜色为深黄色，画面效果如图4-13所示。

图4-10　将轮廓线加粗

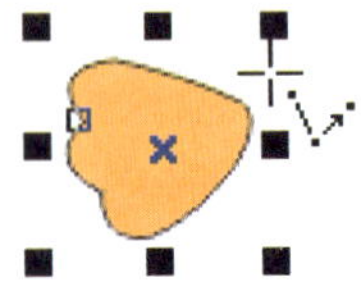

图4-11　用折线工具绘制花瓣

图4-12　将副本缩小并改变颜色

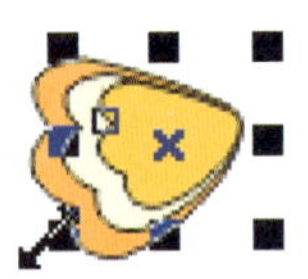

图4-13　将副本缩小并改变颜色

09 按“+”键复制一个副本，将其缩小并改变其填充颜色为“浅橘红”，画面效果如图4-14所示。

10 使用选择工具框选绘制与复制的图形，在工具箱中选择轮廓工具下的0.5 mm，将轮廓线加粗，然后在默认的CMYK的调色板中右击“洋红”，得到如图4-15所示的效果。

11 在空白处单击取消选择，再在最小的副本上单击，以选择它，在调色板中右击“白”，得到如图4-16所示的效果。

图4-14　将副本缩小并改变颜色

图4-15　将轮廓线加粗

图4-16　改变轮廓色

12 使用选择工具选择绘制的花瓣，按“Ctrl”+“G”键将它们群组。由于要复制5个对象，并使它们围成一圈，因此第一个副本应该是72（360/5=72）。在键盘上按“+”键复制一个副本，在属性栏的 72.0 °中输入“72”后按回车键，即可将副本进行72°旋转，然后将其拖动到适当位置，结果如图4-17所示。

13 按“+”键复制一个副本，再在属性栏的 144.0 °中输入“144”后按回车键（第2次旋转为72×2=144），然后将其拖动到适当位置，结果如图4-18所示。以此类推，依次复制、旋转（旋转角度分别为216°与288°），然后拖动，直至得到所需的效果为止，如图4-19所示。

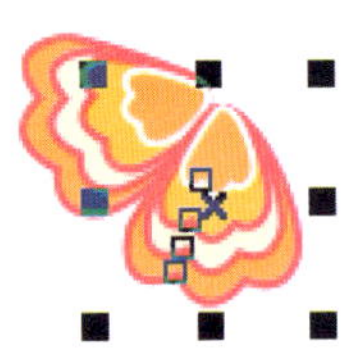

图4-17　复制一个副本并旋转

图4-18　复制一个副本并旋转

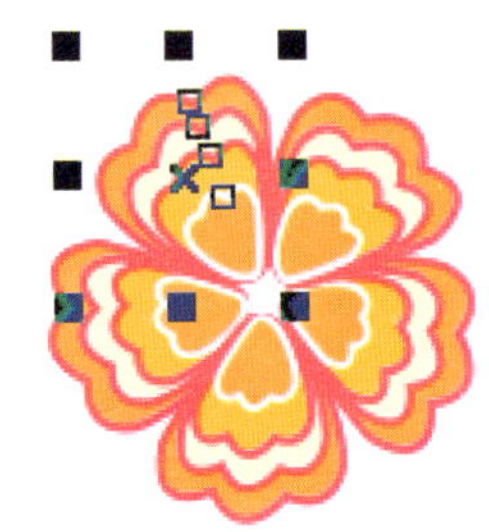

图4-19　复制副本并旋转

14 使用椭圆形工具在画面中花朵的中央位置绘制一个圆形，并在默认的CMYK调色板中单击“黄”，右击“洋红”，得到如图4-20所示的效果。

15 按“+”键复制一个副本，将其缩小，在默认的CMYK调色板中单击“洋红”，右击“白”，得到如图4-21所示的效果。

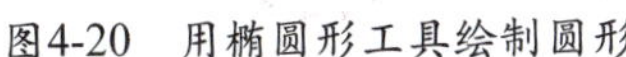

图4-20 用椭圆形工具绘制圆形

图4-21 将副本缩小并改变颜色

16 在工具箱中选择选择工具，将花朵中的两个圆框选，如图4-22所示，然后将其向外拖动到适当位置右击，以复制一个副本，再按“Ctrl”+“G”键将其群组，结果如图4-23所示。

17 在工具箱中选择矩形工具，在绘图页的适当位置绘制一个矩形，在属性栏的中输入所需的数值，再在默认的CMYK调色板中单击“薄荷绿”，右击“无”，得到如图4-24所示的效果。

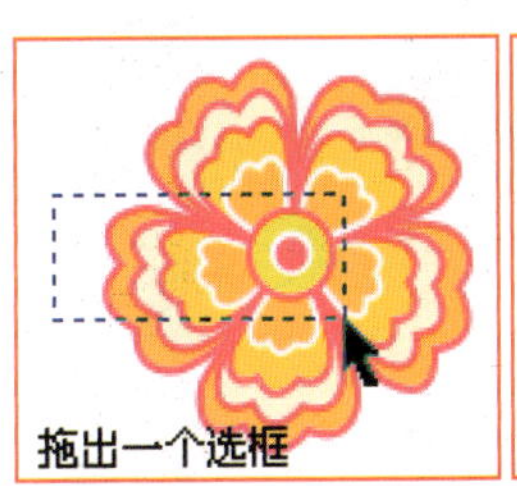

松开左键后选择的对象

图4-22 选择对象

图4-23 复制并群组 图4-24 用矩形工具绘制矩形

18 使用矩形工具在刚绘制矩形的右边绘制一个28 mm×180 mm大小的矩形，再在菜单中执行【窗口】→【泊坞窗】→【彩色】命令，显示颜色泊坞窗，在其中设置颜色为“C49 M95 Y100 K27”，如图4-25所示，设置好后单击【填充】按钮，在默认的CMYK调色板中右击“无”，结果如图4-26所示。

19 在画面中单击薄荷绿色的矩形，以选择它，移动指针到中心控制柄上，按下左键与“Ctrl”键将其向右拖动到适当位置右击，复制一个副本，结果如图4-27所示。

20 使用矩形工具在薄荷绿色矩形的右边绘制一个矩形，在属性栏的中输入所需的数值，然后在颜色泊坞窗中设置颜色为“C20 M0 Y20 K0”，设置好后单击【填充】按钮，在默认的CMYK调色板中右击“无”，结果如图4-28所示。

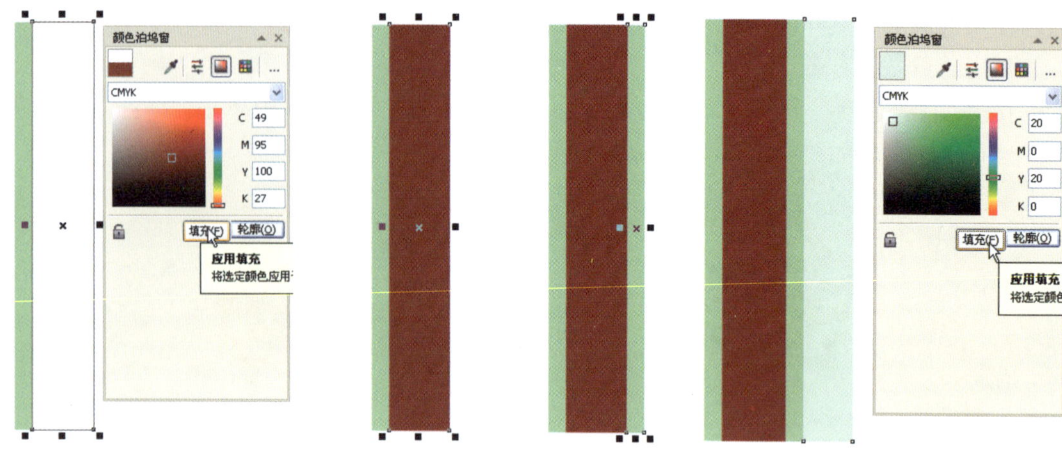

图4-25　绘制矩形　　图4-26　填充颜色　　图4-27　复制矩形　　图4-28　绘制矩形并填充颜色

21 使用矩形工具在绘制的矩形上再绘制一个矩形，接着在颜色泊坞窗中设置颜色为“C40 M0 Y100 K0”，设置好后单击【填充】按钮，在默认的CMYK调色板中右击“无”，结果如图4-29所示。

22 使用同样的方法再绘制两个直线矩形，然后使用选择工具在画面中框选出左边的三个矩形，按“Ctrl”键将其向右拖动至右边上右击，复制一个副本，结果如图4-30所示。

23 使用选择工具框选五瓣花瓣的花，然后将其拖动到底纹的适当位置右击，复制一个副本，如图4-31所示，按“Ctrl”+“G”键群组。

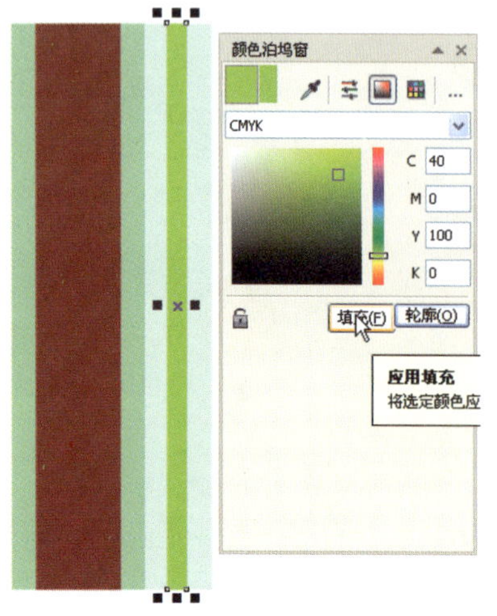

图4-29　绘制矩形并填充颜色

图4-30　复制一个副本

图4-31　复制一个副本

24 使用选择工具框选四瓣花瓣的花，然后将其拖动到底纹的适当位置右击，复制一个副本，然后拖动右上角的控制柄向内至适当位置，以将其缩小，再将其排放到适当位置，结果如图4-32所示。在调色板中右击“白”，得到如图4-33所示的效果，

25 使用选择工具框选两朵花，按“Ctrl”键将其向下拖动至适当位置右击，复制一组副本，结果如图4-34所示，使用同样的方法再复制一组副本，结果如图4-35所示。

26 使用选择工具依次选择要移动的花，再结合键盘上的“↓”向下键与“↑”向上键进行移动，移动后的画面效果如图4-36所示。

27 使用选择工具将前面绘制好的两个圆群组拖动到图案中右击，复制一个副本，然后将其排放到适当位置，如图4-37所示，接着按“Ctrl”键将其向下拖至适当位置右击，复制一个副本，结果如图4-38所示。

图4-32　复制一个副本

图4-33　改变轮廓色

图4-34　复制一组副本

图4-35　复制一组副本

图4-36　调整间距

图4-37　复制一个副本

图4-38　复制一个副本

28 在工具箱中选择调和工具，在画面中两个群组对象上进行拖动，将它们调和，然后在属性栏的中输入“12”，将调和步长值改为12，调整后的效果如图4-39所示。

29 在工具箱中选择选择工具，按“Ctrl”键将调和对象向右拖至适当位置右击，复制一组副本，结果如图4-40所示。然后使用同样的方法再复制两组副本，复制并调整后的效果如图4-41所示。

图4-39　用调和工具调和对象

图4-40　复制调和对象

30 在一朵花上单击选择它，再按“Shift”键单击其他的花，选择所有的花，如图4-42所示，然后按“Ctrl”键将其向右拖动适当位置右击，复制一组副本，如图4-43所示。这样图案就制作完成了。

图4-41　复制调和对象　　图4-42　选择对象

图4-43　复制花

4.2 对称图案

实例说明

对称图案可以应用在许多领域中，如桌布、服装、头巾、手巾、瓷砖、剪纸等。如图4-44所示为实例效果图，如图4-45所示为实际应用效果图。

图4-44　“对称图案”最终效果图

图4-45　精彩效果欣赏

设计思路

本例将利用CorelDRAW绘制对称图案，先新建一个文档，再用钢笔工具、渐变填充、复制、选择工具等依次绘制出三个图案单元，然后用矩形工具、旋转与复制、调和工具、图框精确裁剪等功能组合成对称图案。如图4-46所示为制作流程图。

图4-46 对称图案绘制流程图

操作步骤

（1）绘制第一个单元

01 按“Ctrl”+“N”键新建一个页面尺寸大小为A3的图形文件，在工具箱中选择 钢笔(P) 钢笔工具，再在绘图页中绘制一片花瓣的形状，然后在默认的CMYK调色板中右击“红”，得到如图4-47所示的效果。

02 按“F11”键弹出【渐变填充】对话框，在其中设定【类型】为“辐射”，【从】为“洋红”，【到】为“白”，【水平】为“33%”，【垂直】为“42%”，其他不变，如图4-48所示，单击【确定】按钮，得到如图4-49所示的效果。

03 使用钢笔工具在花瓣的右下边绘制另一片花瓣的形状，然后在默认的CMYK调色板中右击“红”，得到如图4-50所示的效果。

04 按“F11”键弹出【渐变填充】对话框，在其中设定【类型】为“辐射”，【从】为“洋红”，【到】为“白”，【水平】为“17%”，【垂直】为“36%”，也可以直接在右上角的预览框中单击，确定中心位移位置，其他不变，如图4-51所示，单击

【确定】按钮，得到如图4-52所示的效果。

图4-47 用钢笔工具绘制一片花瓣的形状

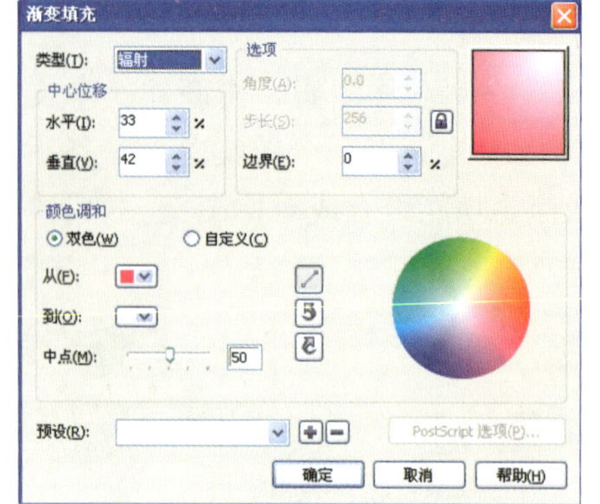

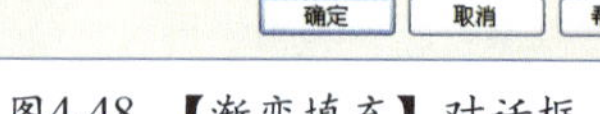

图4-48 【渐变填充】对话框

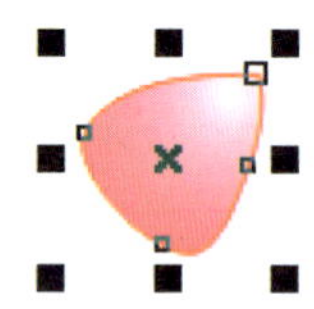

图4-49 渐变填充后的效果

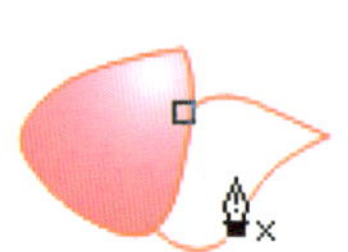

图4-50 绘制花瓣

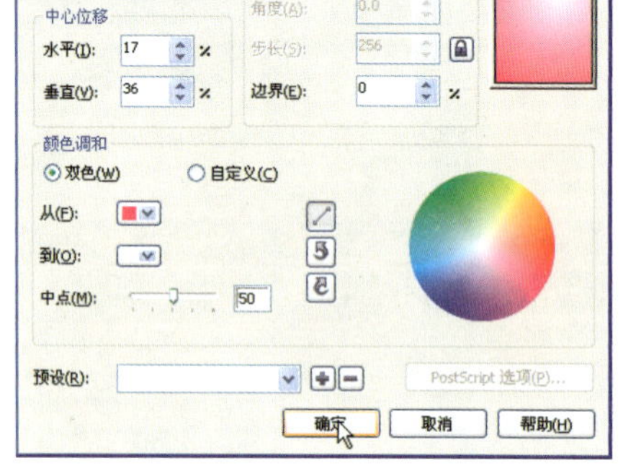

图4-51 【渐变填充】对话框

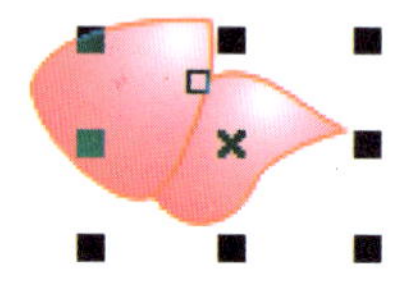

图4-52 渐变填充后的效果

05 使用前面同样的方法再绘制多片花瓣，并依次进行渐变填充，其渐变颜色相同，只是中心位移位置不同而已，绘制完成后的效果如图4-53所示。

06 使用钢笔工具在花的右下方绘制一片叶子的形状，然后在默认的CMYK调色板中右击“绿”，使轮廓色为绿色，得到如图4-54所示的效果。

图4-53 绘制好的花

图4-54 绘制一片叶子

07 按“F11”键弹出【渐变填充】对话框，在其中设定【从】为“绿”，【到】为“酒绿”，【角度】为“176.5”，【边界】为“6%”，其他不变，如图4-55所示，单击【确定】按钮，得到如图4-56所示的效果。

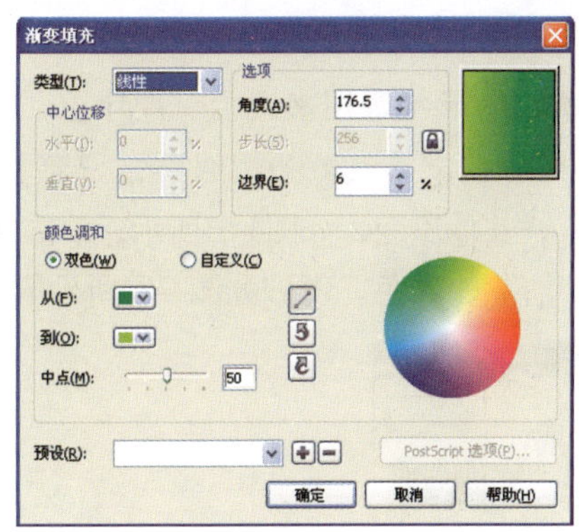

图4-55 【渐变填充】对话框

图4-56 渐变填充后的效果

08 使用钢笔工具再绘制一片叶子，使它的轮廓色为绿色，接着按“F11”键弹出【渐变填充】对话框，在其中设定【从】为“绿”，【到】为“酒绿”，【角度】为“261”，【边界】为“5%”，其他不变，如图4-57所示，单击【确定】按钮，得到如图4-58所示的效果。

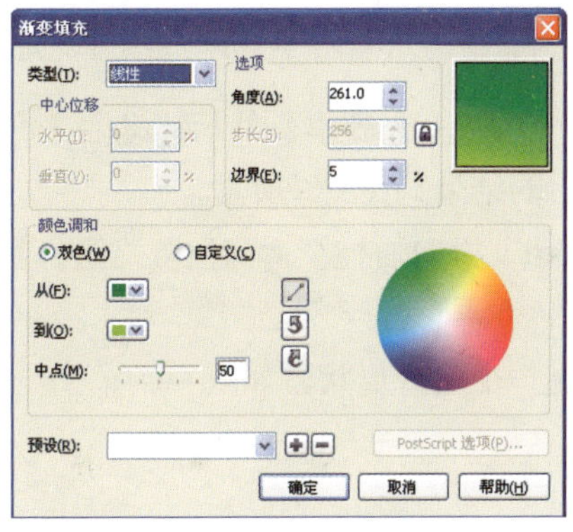

图4-57 【渐变填充】对话框

图4-58 渐变填充后的效果

09 使用前面同样的方法再绘制一片叶子，并填充渐变颜色，其渐变颜色相同，只需改为其角度即可，绘制好的效果如图4-59所示。

10 使用选择工具框选它们，按“Shift”＋“PgDn”键将其排放到最底层，得到如图4-60所示的效果。

11 使用前面同样的方法再依次绘制多片叶子，并进行渐变填充，然后将它们排放到最底层，绘制完成后的效果如图4-61所示。

图4-59 绘制叶子

图4-60 改变排放顺序

图4-61 绘制叶子

（2）第二个单元

⑫ 使用钢笔工具在画面的空白处绘制如图4-62所示的形状，用来表示一片叶子。

⑬ 按“F11”键弹出【渐变填充】对话框，在其中设定【从】为“绿”，【到】为“白色，【角度】为“100.2”，【边界】为“4%”，其他不变，如图4-63所示，单击【确定】按钮，在默认的CMYK调色板中右击“无”，清除轮廓色，得到如图4-64所示的效果。

图4-62　绘制叶子

图4-63　【渐变填充】对话框

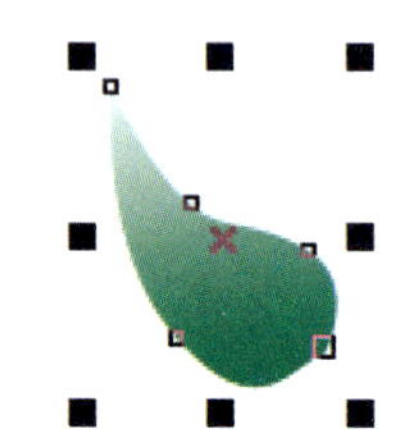

图4-64　渐变填充后的效果

⑭ 使用选择工具拖动叶子向上至适当位置右击，复制一个副本，然后拖动右上角的控制柄向左下方到适当位置，以缩小副本，缩小后的结果如图4-65所示。

⑮ 使用选择工具框选绘制的两片叶子，再按“Ctrl”键向右拖至适当位置右击，复制一个副本，然后在属性栏中单击按钮，得到如图4-66所示的效果。

⑯ 使用钢笔工具在四片叶子的上方中间位置绘制一个花蕾形状，如图4-67所示。

图4-65　缩小副本

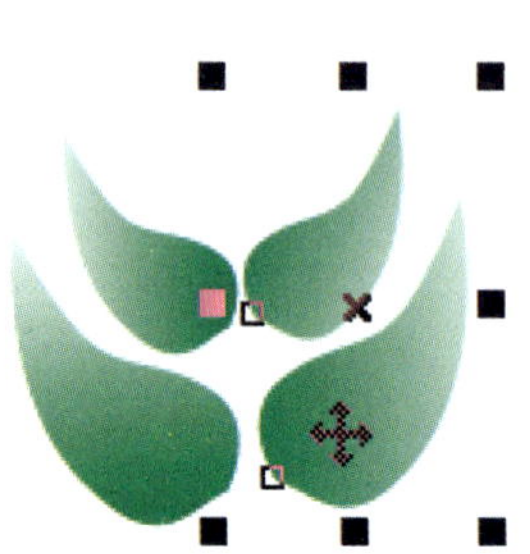

图4-66　复制并镜像副本

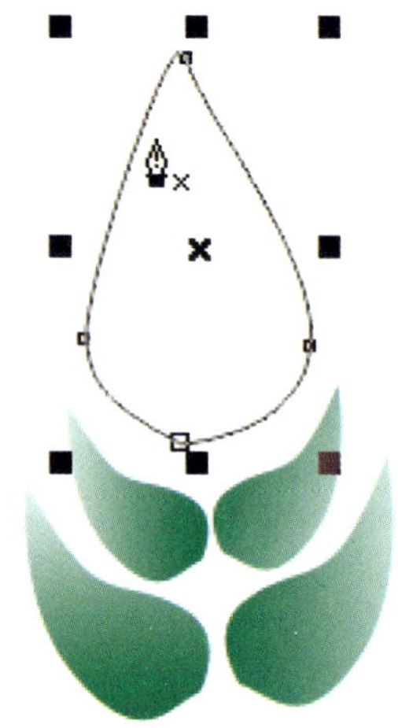

图4-67　绘制花蕾

⑰ 按“F11”键弹出【渐变填充】对话框，在其中设定【从】为“红色”，【到】为“白色”，【角度】为“48.8”，【边界】为“11%”，其他不变，如图4-68所示，单击【确定】按钮，得到如图4-69所示的效果。

⑱ 按“+”键复制一个副本，按“F11”键弹出【渐变填充】对话框，在其中设定【从】为“黄色”，【到】为“渐粉色”，【角度】为“64.2”，【边界】为“6%”，其他不

变，如图4-70所示，单击【确定】按钮，然后拖动对角控制柄将其缩小，得到如图4-71所示的效果。

19 用钢笔工具在这束花的下方绘制一个图形，如图4-72所示。

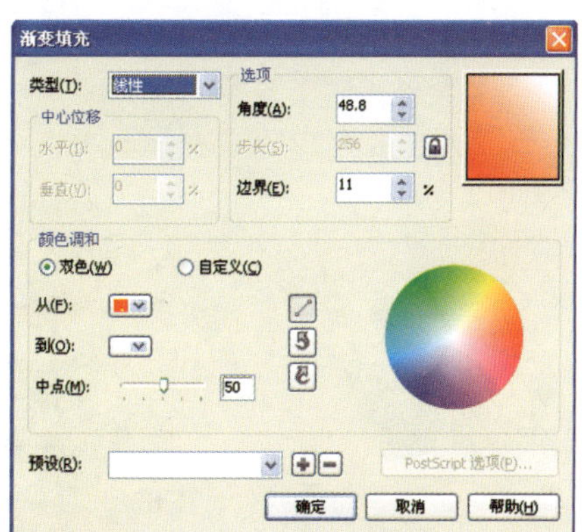
图4-68 【渐变填充】对话框

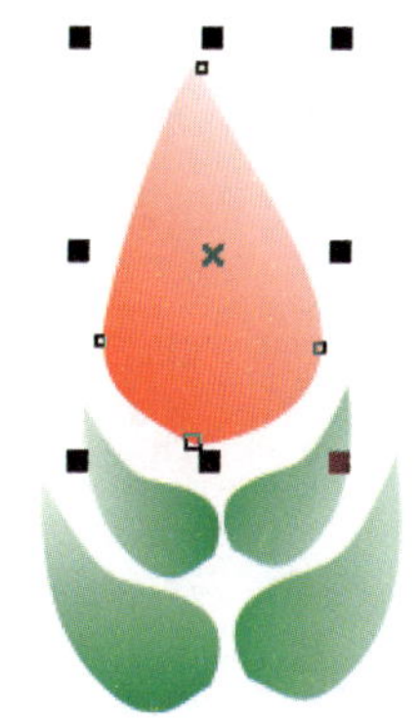
图4-69 渐变填充后的效果

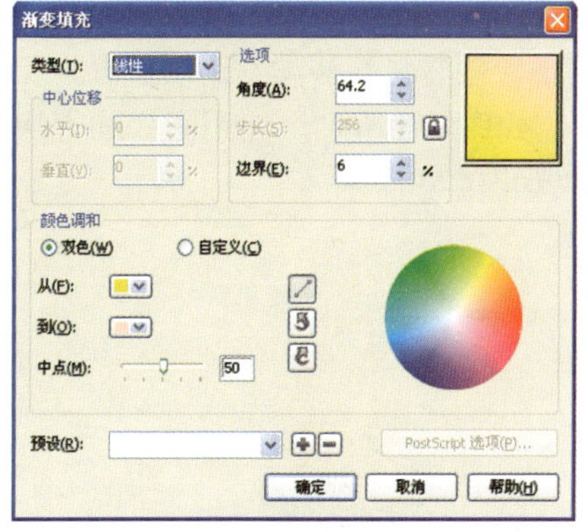
图4-70 【渐变填充】对话框

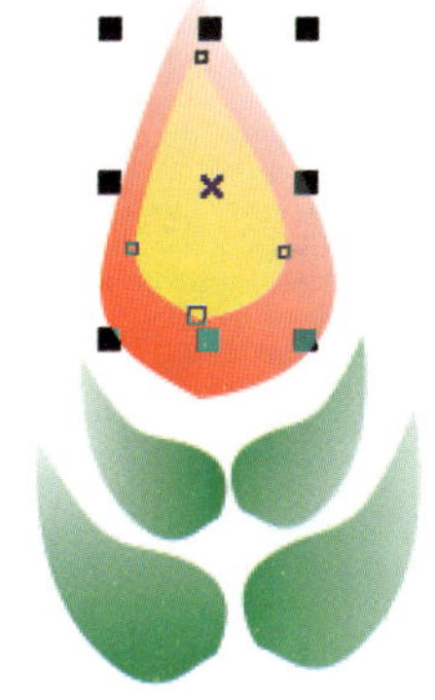
图4-71 渐变填充后的效果

图4-72 绘制图形

20 按"F11"键弹出【渐变填充】对话框，在其中设定【从】为"红色"，【到】为"白色"，【角度】为"39.3"，【边界】为"12%"，其他不变，如图4-73所示，单击【确定】按钮，得到如图4-74所示的效果。

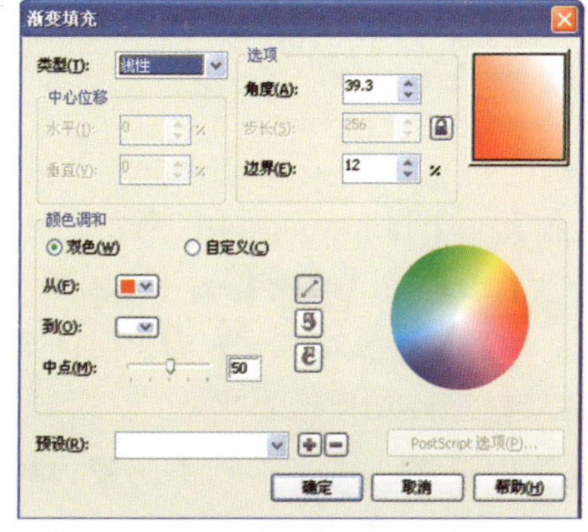
图4-73 【渐变填充】对话框

图4-74 渐变填充后的效果

21 按"+"键复制一个副本，按"F11"键弹出【渐变填充】对话框，在其中设定【从】

为“黄色”，【到】为“白色”，其他不变，如图4-75所示，单击【确定】按钮，然后拖动对角控制柄将其缩小，再在默认的CMYK调色板中右击“无”，清除轮廓色，得到如图4-76所示的效果。

22 使用选择工具框选绘制的整朵花，按“Ctrl”+“G”键将其群组，如图4-77所示。

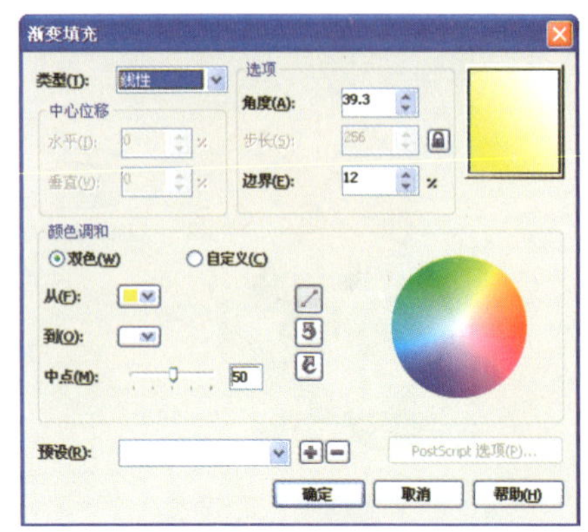

图4-75 【渐变填充】对话框

图4-76 渐变填充后的效果

图4-77 群组对象

23 在键盘上按“+”键复制一个副本，将副本适当缩小，接着将其移动到适当位置，在其上单击进入旋转状态，然后将其旋转一定的角度，如图4-78所示。使用同样的方法再复制一个副本，并进行移动与旋转，旋转后的结果如图4-79所示。

图4-78 将副本缩小并旋转

图4-79 将副本缩小并旋转

（3）绘制第三个单元

24 从标尺栏中拖出两条辅助线相交与空白处，在工具箱中选择椭圆形工具，并按“Ctrl”+“Shift”键从辅助线的交叉点处拖动一个圆形，如图4-80所示。

25 按“F11”键弹出【渐变填充】对话框，在其中设定【类型】为“辐射”，【从】为“青”，【到】为“白色”，【水平】为“－23%”，【垂直】为“－1%”，其他不变，如图4-81所示，单击【确定】按钮，得到如图4-82所示的效果。

26 按“+”键复制一个副本，接着在工具箱中选择填充工具下的 底纹填充，弹出【底纹填充】对话框，在其中的【底纹库】列表中选择“样品”，在【底纹列表】中选择“重雾”，其他不变，如图4-83所示，单击【确定】按钮，得到如图4-84所示的效果。

27 在工具箱中选择透明度工具，在属性栏的【透明度类型】下拉列表中选择“辐射”，然后拖动白色与黑色控制柄到适当位置调整透明度，调整后的效果如图4-85所示。

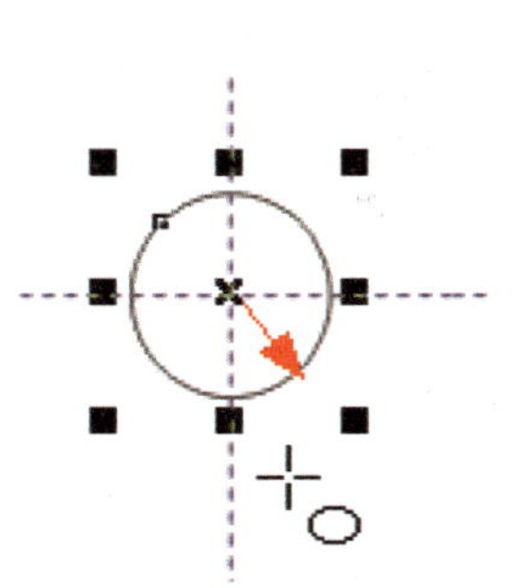

图4-80　用椭圆形工具绘制圆形

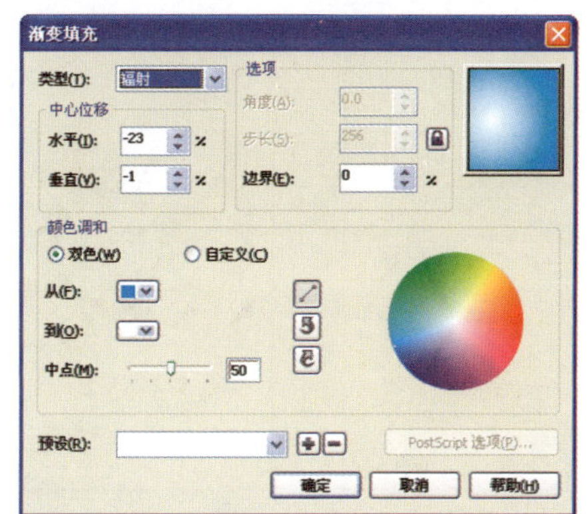

图4-81　【渐变填充】对话框

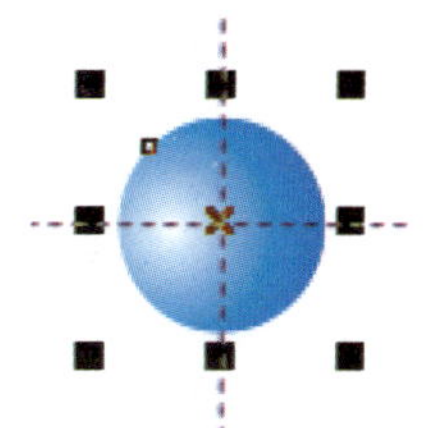

图4-82　渐变填充后的效果

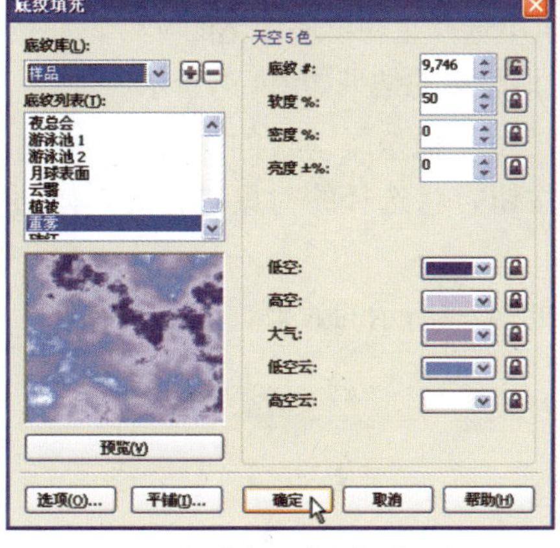

图4-83　【底纹填充】对话框

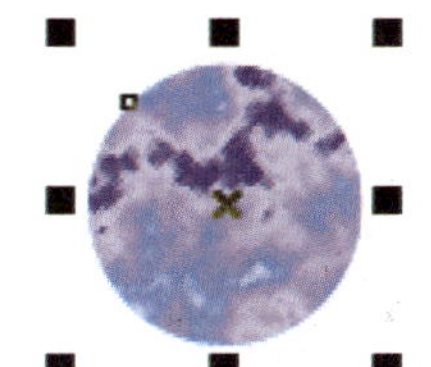

图4-84　填充底纹后的效果

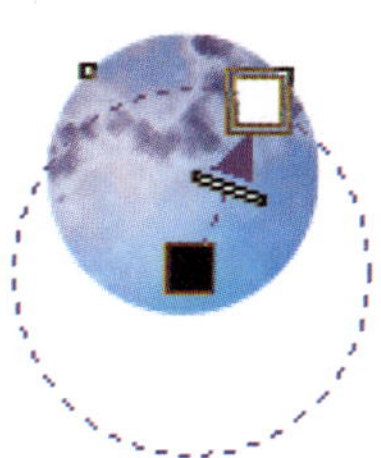

图4-85　用透明度工具调整不透明度

28 使用选择工具框选第2个单元的花，将其拖动到圆形的左上角适当位置右击，复制一个副本，如图4-86所示；然后在选择的对象上单击使之处于旋转状态，再将旋转中心拖至辅助线的交叉点上，如图4-87所示。

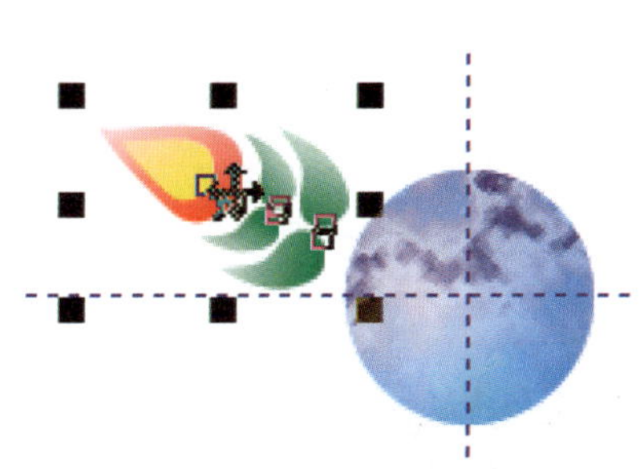

图4-86　复制一个图案

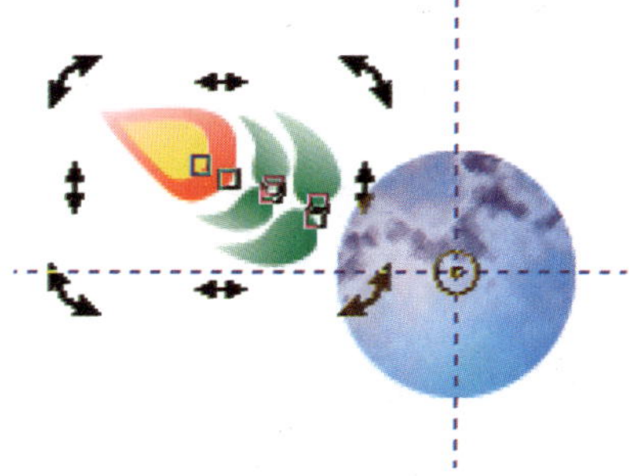

图4-87　进入旋转状态并移动中心点

29 在菜单中执行【排列】→【变换】→【旋转】命令，弹出【变换】泊坞窗，在其中设定【角度】为“－45”°，单击【应用】按钮，将选择的对象进行旋转与再制，如图4-88所示。

30 在【变换】泊坞窗中单击【应用】按钮6次，得到如图4-89所示的效果。

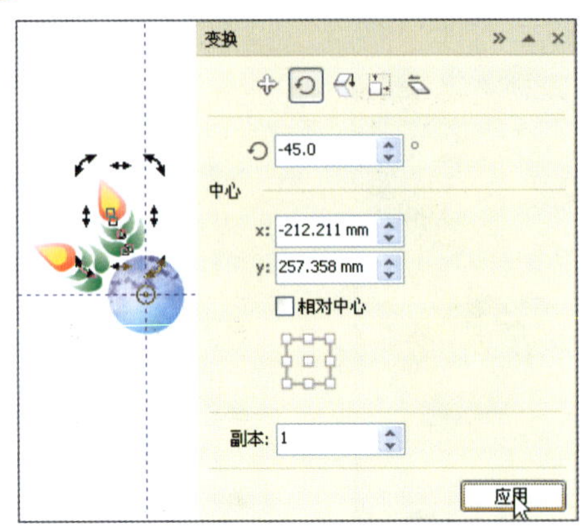

图4-88 以-45度的角度进行旋转复制

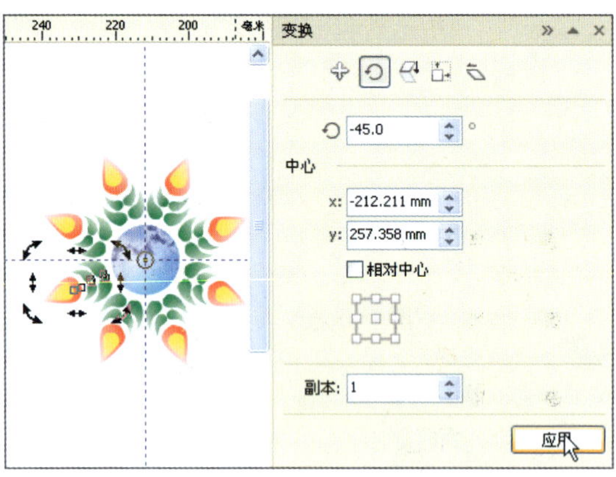

图4-89 以-45度的角度进行旋转复制

31 按“Ctrl”+“O”键打开已经制作好的图形，使用选择工具框选它，如图4-90所示，再按“Ctrl”+“C”键进行复制，然后在【窗口】菜单中选择正在绘制图案的文件，并按“Ctrl”+“V”键进行粘贴，根据需要调整其大小，调整后的结果如图4-91所示。

32 在选择的对象上单击使它处于旋转状态，再将旋转中心拖至辅助线的交叉点上，如图4-92所示；在【变换】泊坞窗中单击【应用】按钮，将选择的对象进行旋转与再制，如图4-93所示。

33 在【变换】泊坞窗中单击【应用】按钮6次，得到如图4-94所示的效果。

图4-90 打开的图形　图4-91 复制并调整大小与位置　图4-92 进入旋转状态并移动中心点

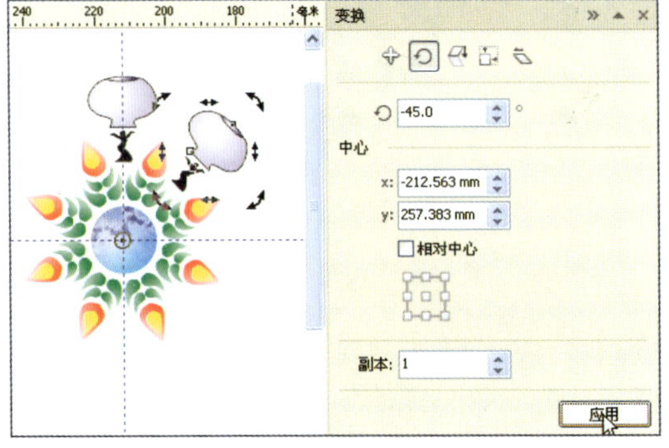

图4-93 以－45°的角度进行旋转复制

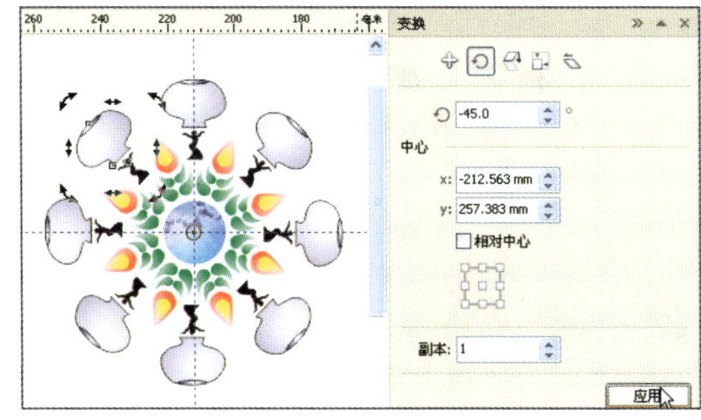

图4-94 以－45°的角度进行旋转复制

（4）图案组合

34 从标尺栏中拖出两条辅助线相交于绘图页中，使用矩形工具并按“Shift”+“Ctrl”键在辅助线的交叉点处拖出一个正方形，然后在属性栏中将它的大小设为120 mm×120 mm，在【轮廓宽度】列表中选择“1.5 mm”，将轮廓线加粗，在默认的CMYK调色板中单击“渐粉”，右击“蓝”，得到如图4-95所示的效果。

35 使用选择工具将第三个单元框选，按“Ctrl”+“G”键将其群组，按“+”键复制一个副本，然后将其拖动到刚绘制矩形中，使它的中心控制点与辅助线的交叉点重合，再按“Shift”+“PgUp”键将其排放到最上层，得到如图4-96所示的效果。

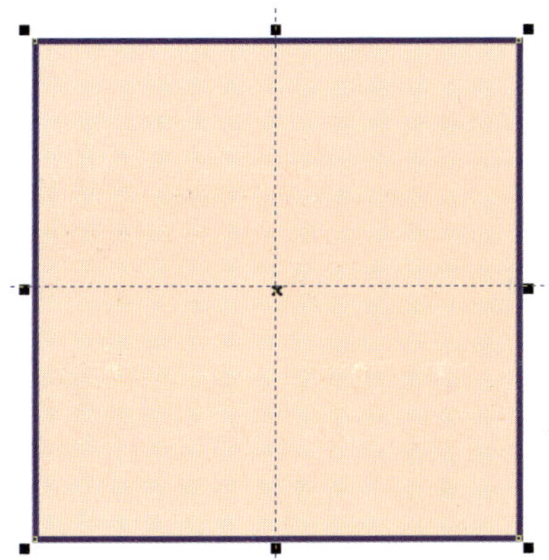

图4-95　绘制正方形

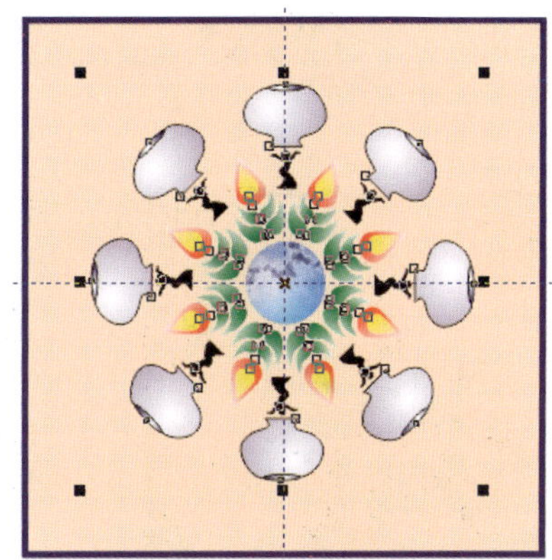

图4-96　将图案单元群组复制并与辅助线交叉点对齐

36 使用选择工具框选第1个单元，然后将其拖动到正方形的左下角右击，复制一个副本，再按“Ctrl”+“G”键群组，得到如图4-97所示的效果。

37 在选择的对象上单击使它处于旋转状态，再将旋转中心拖至辅助线的交叉点上，如图4-98所示；在【变换】泊坞窗的【角度】文本框中输入“90”°，再单击【应用】按钮3次，将选择的对象复制3个副本，结果如图4-99所示。

38 使用选择工具在画面中框选第2个单元，将其排放到矩形下边的中间，缩小到所需的大小后在其上单击使它处于旋转状态，再将旋转中心拖至辅助线的交叉点上，如图4-100所示；在【变换】泊坞窗单击【应用】按钮3次，将选择的对象复制3个副本，结果如图4-101所示。

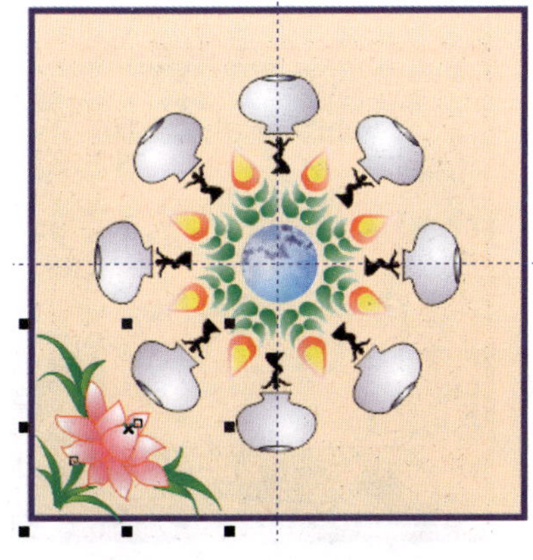

图4-97　将图案单元复制并群组

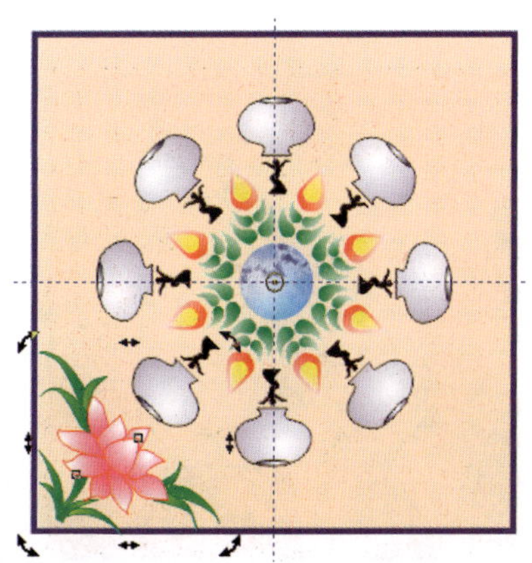

图4-98　双击进入旋转状态

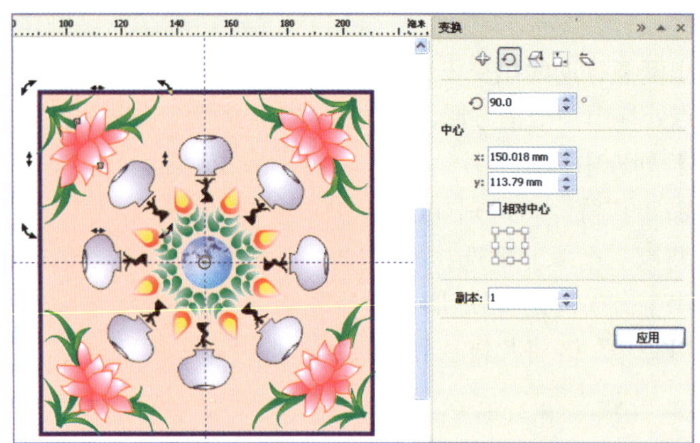

图4-99　以90°的角度进行旋转复制

图4-100　双击进入旋转状态并移动中心点

图4-101　以90°的角度进行旋转复制

39 在工具箱中选择矩形工具，按“Ctrl”+“Shift”键从辅助线的交叉点上绘制一个较大的正方形，在属性栏中设定它的大小为195 mm×195 mm，【轮廓宽度】为1.5 mm，然后按“Shift”+“PgDn”键将其排放到底层，在默认的CMYK调色板中单击“红”，将它填充为红色，得到如图4-102所示的效果。

40 按“+”键复制一个副本，按“Shift”键拖动对角控制柄向内到适当位置，以缩小副本，然后在默认的CMYK调色板中单击“蓝”，右击“白”，将它填充为蓝色，得到如图4-103所示的效果。

图4-102　绘制正方形

图4-103　复制一个副本并改变颜色

41 在工具箱中选择3点矩形工具，按“Alt”+“Shift”+“Ctrl”键在蓝色矩形的左下角适当位置绘制一个菱形，并在默认的CMYK调色板中单击“黄”，右击“无”，使菱形填充为黄色，画面效果如图4-104所示。按“Shift”键将黄色菱形向右拖动到适当位置右击，复制一个副本，再在默认的CMYK调色板中单击“红”，使黄色菱形改为红色菱形，画面效果如图4-105所示。

图4-104 用3点矩形工具绘制菱形

图4-105 复制并改变颜色

42 在工具箱中选择调和工具，在画面中黄色与红色菱形上拖动，将它们进行调和，再在属性栏的中输入“3”，将步长值改为3，从而得到如图4-106所示的效果。

43 按“Ctrl”+“G”键将调和对象群组，然后使用前面同样的方法将其旋转与再制3个副本，结果如图4-107所示。

图4-106 对两个菱形进行调和

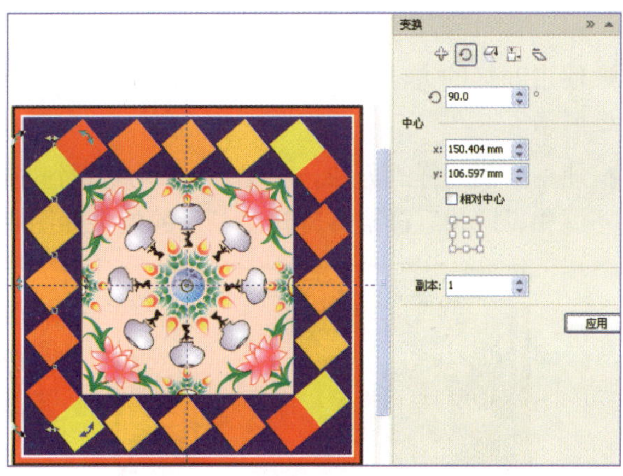

图4-107 旋转与再制

44 使用选择工具选择第三个单元，按“+”键复制一个副本，再将其拖动到右边下方的黄色菱形上，然后按“Shift”键拖动对角控制柄将其缩小，调整后的效果如图4-108所示，接着按“Ctrl”键将其向上拖动到红色菱形上右击，复制一个副本，结果如图4-109所示。

45 使用步骤44同样的方法再复制6个副本，结果如图4-110所示，接着在工具箱中选择调和工具，在画面中右边两个单元之间进行拖动，将它们进行调和，在属性栏的中输入“3”，将步长值改为3，得到如图4-111所示的效果。

图4-108　复制并调整对象

图4-109　复制并移动对象

图4-110　复制并移动对象

图4-111　调和对象

46 使用同样的方法对其他的单元进行调和，并设置步长值为3，调和后的效果如图4-112所示。

47 使用前面同样的方法，将第2个单元复制到图案中，然后使用调和工具依次对它们进行调和，调和后群组再旋转复制后的效果如图4-113所示。

图4-112　调和对象

图4-113　调和后群组再旋转复制后的效果

48 使用选择工具在画面中框选整个图案，按“Ctrl”+“G”键群组，再在属性栏的 45.0 ° 中输入“45”，将选择的群组对象进行45°旋转，旋转后的结果如图4-114所示。

49 在工具箱中选择矩形工具，按“Ctrl”+“Shift”键从辅助线的交叉点上拖出一个正方形，并在属性栏 中设定它的大小为171 mm×171 mm，再稍微旋转以适合图案，如图4-115所示。

图4-114 旋转后的结果　　图4-115 绘制正方形

50 在画面中单击旋转后的群组对象，在菜单中执行【效果】→【图框精确剪裁】→【置于图文框内部】命令，再使用指针单击刚绘制的正方形，将群组对象置于正方形容器中，置入容器中的效果如图4-116所示；然后在默认CMYK调色板中单击黄，得到如图4-117所示的效果。

51 在选择的对象上单击，进入旋转状态，再将其旋转正，如图4-118所示。

图4-116 图框精确剪裁

图4-117 图框精确剪裁

图4-118 将其旋转正

52 使用选择工具在画面中选择第三个单元，按“+”键复制一个副本，再将其拖动到右下角的黄色三角形上，然后按“Shift”键拖动对角控制柄将其缩小，调整后的效果如图4-119所示。

53 使用选择工具选择第2个单元中的花朵，按“+”键复制一个副本，再将其拖动到右下角的黄色三角形上，按“Shift”键拖动对角控制柄将其缩小，并在其上单击进入旋转状态，将其旋转到所需的位置，如图4-120所示；将其拖动到右上角的适当位置右

图4-119 复制并调整对象

击，复制一个副本，同样对它进行旋转，旋转后的结果如图4-121所示。

54 使用选择工具框选黄色三角形内的单元，按“Ctrl”+“G”键群组，接着在其上单击使它处于旋转状态，将旋转中心拖至辅助线的交叉点上，再在【变换】泊坞窗单击【应用】按钮3次，将选择的对象复制3个副本，得到如图4-122所示的效果。这样作品就制作完成了。

图4-120　复制并调整对象

图4-121　复制并移动对象

图4-122　绘制好的最终效果图

4.3 衣服图案

实例说明

“衣服图案”在许多领域中都会用到，如腰带、花边、陶器中的花纹、衣领花边、头巾、瓷砖等。如图4-123所示为实例效果图，如图4-124所示为衣服图案的实际应用效果图。

图4-123　衣服图案最终效果图

图4-124　精彩效果欣赏

设计思路

本例将利用CorelDRAW进行衣服图案设计，先创建一个空白文件，使用折线工具和椭圆工具绘制出一朵大花，接着将花进行复制并旋转与缩小，再在两朵花的两旁绘制出茎叶和花蕾，绘制完一个单元进行复制并水平移动；然后使用折线工具、椭圆工具绘制另一个单元，接着使用钢笔工具、形状工具绘制出衣服的形状，使用选择工具、置于图文框内部等工具与命令将每个单元进行复制与移动以适合衣服。如图4-125所示为制作流程图。

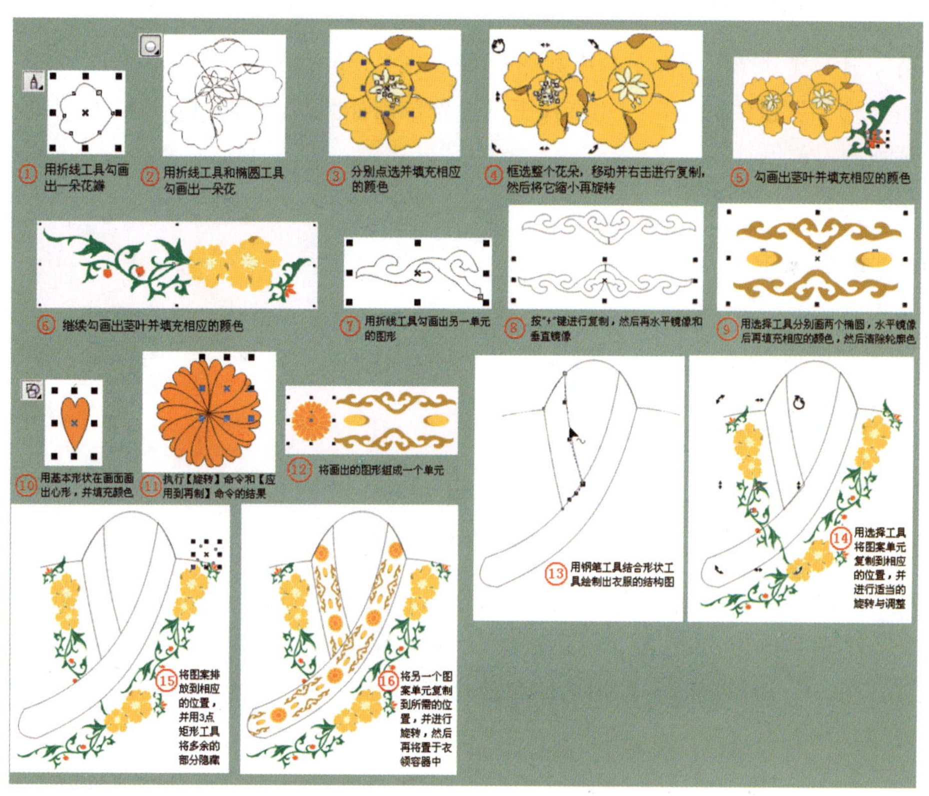

图4-125 衣服图案绘制流程图

操作步骤

（1）绘制图案的一个单元

01 按“Ctrl”+“N”键新建一个图形文件，在工具箱中选择折线工具，在画面上勾画出如图4-126所示的图形，表示一朵花瓣。

02 使用折线工具分别在画面上勾画出如图4-127所示的花瓣。

03 使用折线工具分别在画面上勾画出如图4-128所示的花瓣折叠面。

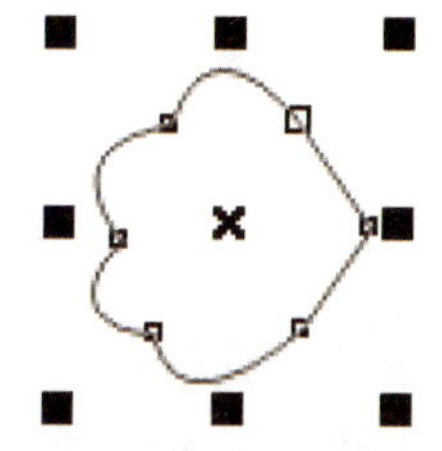

图4-126 用折线工具绘制的花瓣

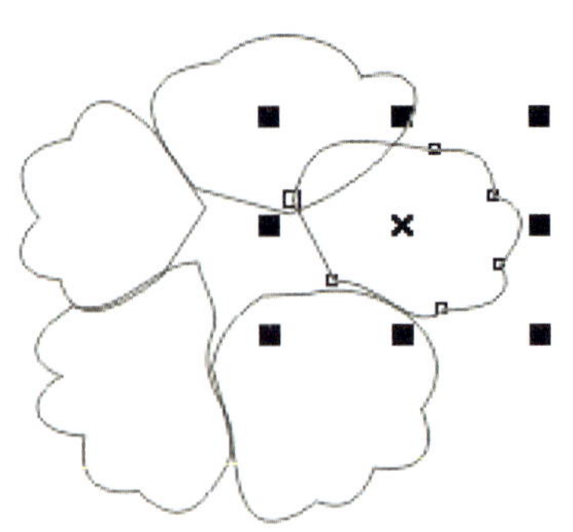
图4-127 用折线工具绘制的花瓣

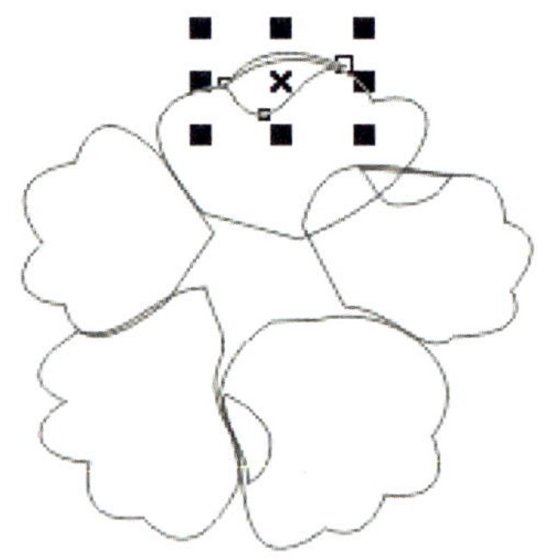
图4-128 绘制折叠面

04 使用椭圆工具分别在画面上画出如图4-129、图4-130所示图形，表示花心。

05 按住“Shift”键的同时，使用选择工具分别单击如图4-131所示的花瓣以选择它们，并填充颜色为黄色。

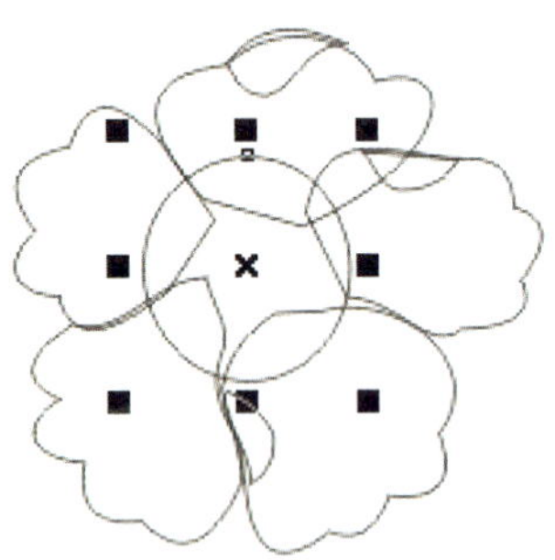
图4-129 用椭圆工具绘制的圆

图4-130 用椭圆工具绘制的花心

图4-131 选择并填充颜色后的效果

06 按住“Shift”键的同时，使用选择工具分别单击如图4-132所示的花瓣折叠面以选择它们，并填充颜色为“C：17，M：42，Y：98，K：0”。

07 按住“Shift”键的同时，使用选择工具分别单击如图4-133所示的花心以选择它们，并填充颜色为淡黄。

图4-132 选择并填充颜色后的效果

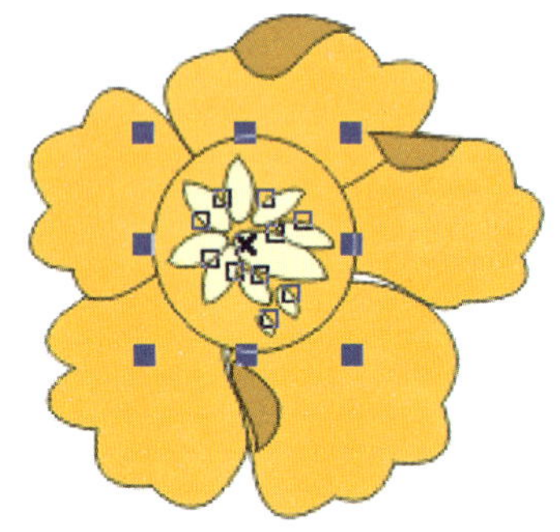
图4-133 选择并填充颜色后的效果

08 使用选择工具框选整个花朵，将它移到右边适当位置右击进行复制，然后将它缩小到适当大小，再旋转到适当位置，如图4-134所示。

09 使用折线工具在画面上勾画出如图4-135所示的茎叶，并填充颜色为绿。

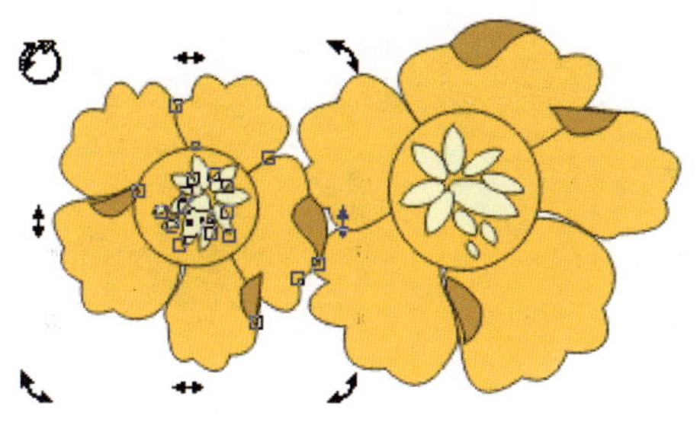

图4-134 框选、复制并旋转后的效果

图4-135 用折线工具绘制并填充颜色的茎叶

10 使用椭圆工具分别在画面图4-136所示的位置画出果子，并填充颜色为红色。

11 使用折线工具在画面上勾画出如图4-137所示的茎叶，并填充颜色为绿。

图4-136 用椭圆工具绘制并填充红色的果子

图4-137 用折线工具绘制并填充颜色的茎叶

12 使用折线工具分别在画面上如图4-138所示的位置画出果子，并填充颜色为红色。

图4-138 用折线工具绘制并填充红色的果子

13 使用选择工具框选所有图形，按“Ctrl”+“G”键将它群组，如图4-139所示，这样就制作完成了图案的一个单元。

14 使用折线工具在画面上勾画出如图4-140所示的图形，制作图案的另一个单元。

图4-139 框选所有对象并群组时的状态

图4-140 用折线工具绘制的图形

15 在工具箱中选择选择工具，在键盘上按“+”键进行复制，在属性栏中单击 （水平镜像）按钮，然后将它向右移到如图4-141所示的位置；再框选整个图形，在键盘上按“+”键进行复制，在属性栏中单击 （垂直镜像）按钮，然后将它向下移到如图4-142所示的位置。

图4-141　水平镜像的结果

图4-142　框选复制后再垂直镜像的结果

16 使用椭圆工具在画面上如图4-143所示的位置画一个椭圆。

17 在工具箱中选择选择工具，在键盘上按“+”键进行复制，然后将右边中间的控制点向左拖到适当位置，如图4-144所示；再框选这两个椭圆，在键盘上按“+”键进行复制，在属性栏中单击【水平镜像】按钮，然后将它向右移到如图4-145所示的位置。

18 使用选择工具框选整个图形，填充颜色为“C：17，M：42，Y：98，K：0”，效果如图4-146所示。

图4-143　用椭圆工具绘制的椭圆

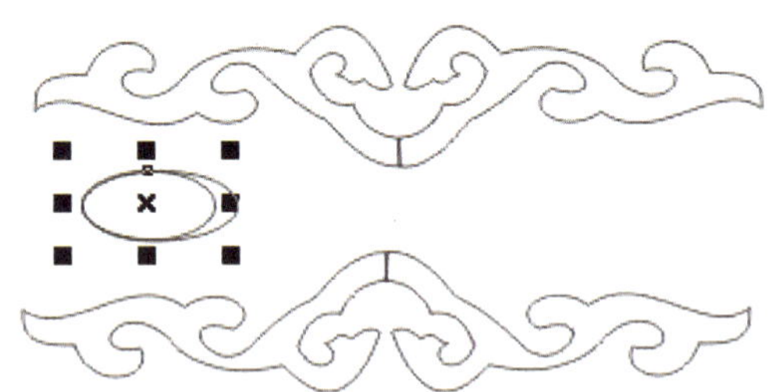
图4-144　复制并缩小后的椭圆

图4-145　框选两个椭圆拖动并复制的结果

图4-146　框选并填充颜色后的效果

19 在空白处单击以取消图形的选择，再按“Shift”键选择如图4-147所示的两个椭圆，并填充颜色为黄色；再框选整个图形，在默认的CMYK调色板中右击无，清除轮廓色，得到如图4-148所示的结果。

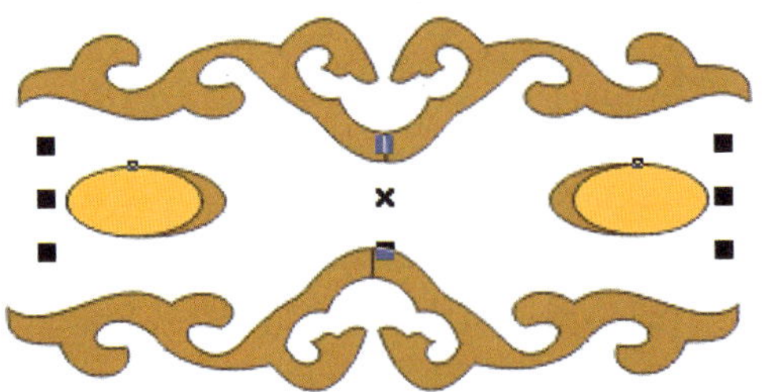
图4-147　选择上面两个椭圆并填充颜色的效果

图4-148　清除轮廓色的效果

（2）应用旋转与再制功能制作一朵花

20 在工具箱中选择基本形状工具，在属性栏中单击如图4-149所示的心形，在画面上拖出如图4-150所示的心形，并填充颜色为橘红。

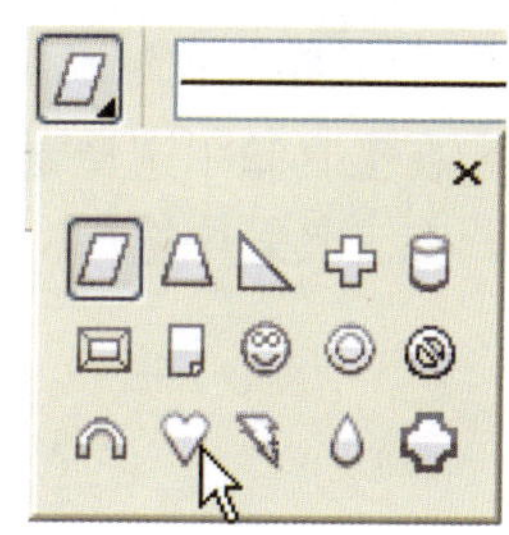

图4-149　完美形状面板

21 在菜单中执行【排列】→【变换】→【旋转】命令，弹出如图4-151所示的【变换】泊坞窗，在其中设定【角度】为25度，再勾选【相对中心】复选框，【副本】为“1”，单击【应用】按钮，得到如图4-152所示的结果。

图4-150　用基本形状工具绘制的心形

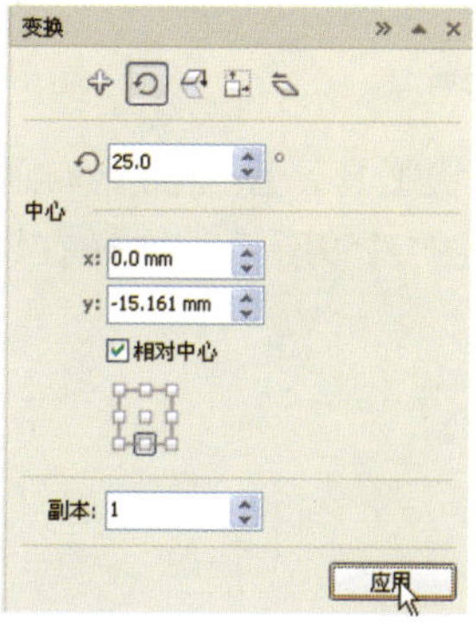

图4-151　【变换】泊坞窗

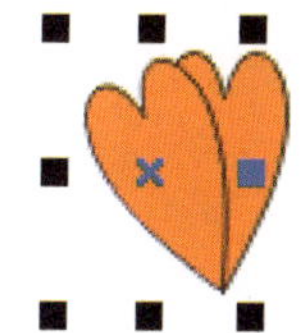

图4-152　旋转并再制后的结果

22 连续单击【应用】按钮，直到得到如图4-153所示的结果为止。

23 使用椭圆工具在画面中花朵的中心位置一个椭圆表示花心如图4-154所示。

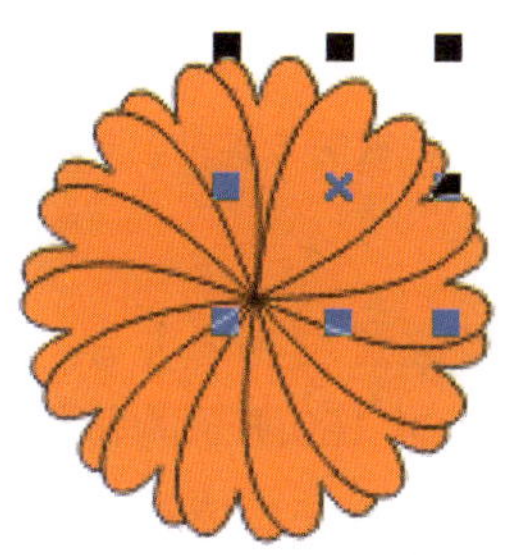

图4-153　多次旋转并再制的效果

图4-154　用椭圆工具绘制的椭圆

24 使用选择工具框选整个花朵，在默认的CMYK调色板中右击淡黄，再将它拖到如图4-155所示的位置进行组合，这样图案的另一个单元就制作完成了。

图4-155　框选花朵并清除轮廓色再组合后的效果

(3) 绘制古装衣领

25 在工具箱中选择钢笔工具，然后在画面上画出如图4-156所示的衣领大概结构线，再在工具箱中选择形状工具，将它调为如图4-157所示的形状。

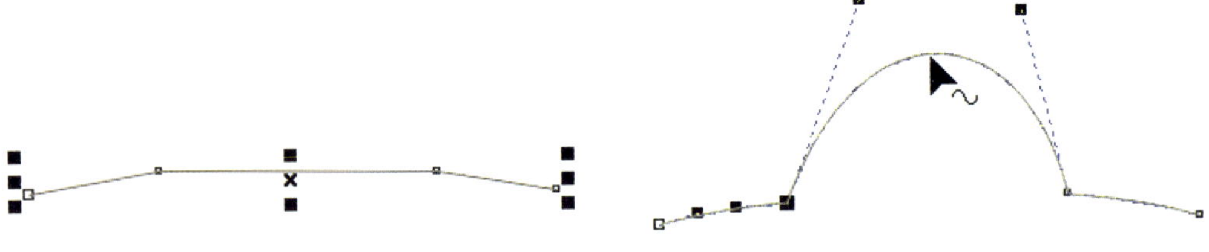

图4-156 用钢笔工具绘制的折线

图4-157 用形状工具调整后的结果

26 使用钢笔工具并结合使用形状工具，在画面上勾画出外衣领形状，如图4-158所示；接着勾画出内衣领的形状，如图4-159所示，这样衣领就制作完成了。

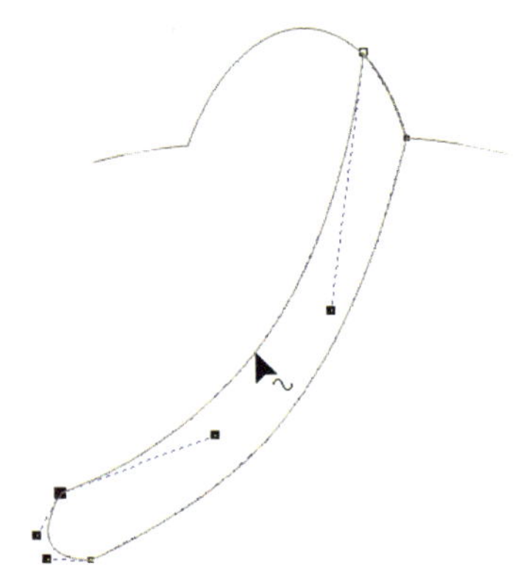

图4-158 用钢笔工具结合形状工具绘制的图形

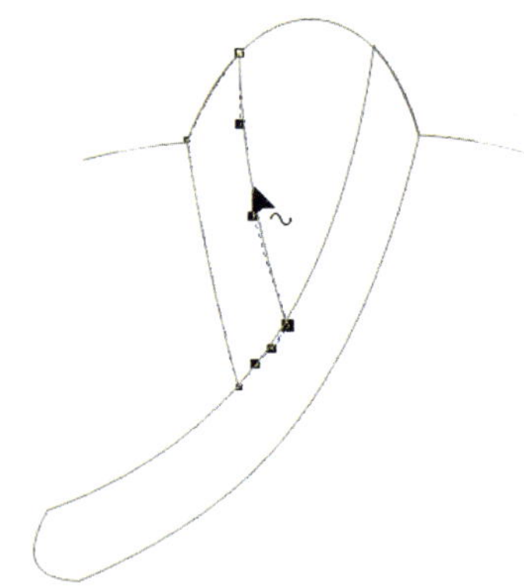

图4-159 用钢笔工具结合形状工具绘制的图形

(4) 将图案中的单元复制到古装衣领中

27 使用选择工具将前面绘制好的图案单元拖动到适当位置右击，复制一个副本，再在图案单元上单击进入到旋转状态，然后将它旋转到如图4-160所示的位置。

28 在图案单元上再次单击进入到选择状态，然后将图案单元拖动到适当位置时右击进行复制，接着再在其上单击进入到旋转状态，并将它旋转到如图4-161所示的位置。

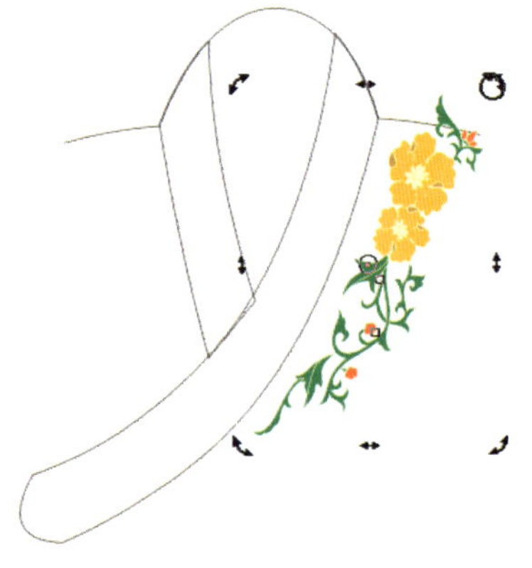

图4-160 旋转时的状态

图4-161 复制后旋转时的状态

29 使用前面同样的方法将图案单元复制并移动到适当位置，再进行适当旋转，结果如图4-162所示。

30 使用选择工具选择如图4-163所示的图形，按“Shift”+“PgUp”键将它排放到最上面，并填充颜色为白色。

图4-162 复制后旋转时的状态

图4-163 选择衣领并填充白色的效果

31 使用 3点矩形工具将超出衣领外的部分框住，并填充颜色为白色，再清除轮廓色，如图4-164所示；使用同样的方法将其他超出外面的部分盖住，如图4-165所示。

图4-164 用3点矩形工具绘制的白色矩形

图4-165 覆盖后的效果

32 使用同样的方法将另一个图案单元也复制到衣领中，再在其上单击进入到旋转状态，然后将它旋转到如图4-166所示的位置。

33 在图案上再次单击进入到选择状态，将图案复制并拖动适当位置，再在其上单击进入到旋转状态，并将它旋转到如图4-167所示的位置。使用同样的方法复制出如图4-168所示的花边；按“Shift”键将花边上的图案全部选择，再按“Ctrl”+“G”键进行群组。

（5）对图案进行精确剪裁

34 在菜单中执行【效果】→【图框精确剪裁】→【置于图文框内部】命令，这时指针变为粗箭头，使用箭头单击如图4-169所示的曲线，即可得到如图4-170所示的效果。

图4-166　复制后旋转时的状态

图4-167　复制后旋转时的状态

图4-168　复制后旋转时的状态

图4-169　指向目标对象时的状态

图4-170　置于容器内的效果

35 这时发现图案位置并不是我们需要的，还应对它进行再编辑；按“Ctrl”键单击图案，进入编辑状态，如图4-171所示，将图案拖到适当位置；按“Ctrl”键在图案外单击完成编辑，效果如图4-172所示。

36 使用同样的方法制作出另一花边中的图案，这样衣服图案制作完成了，效果如图4-173所示。

图4-171　容器内容处于编辑状态　图4-172　完成编辑后的效果

图4-173　制作完成后的效果

第5章

工业产品造型

工业产品造型主要应用在工业上，如果要开发新产品，必须先设计它的形状，再对其进行开模与造型。

5.1 对讲机

实例说明

“对讲机”属于通信设备的绘制，可以用于绘制一些立体物体，如播放器、电视机、冰箱、空调、手表等。如图5-1所示为实例效果图，如图5-2所示为实际应用效果图。

图5-1 “对讲机”最终效果图

图5-2 精彩效果欣赏

设计思路

本例将利用CorelDRAW绘制一部对讲机，先新建一个文档，使用钢笔工具绘制出一个对讲机的结构图，再使用钢笔工具、渐变填充、形状工具、调和工具、透明度工具、选择工具、相交、复制与粘贴等功能为对讲机进行颜色填充与添加一些主要部件。如图5-3所示为制作流程图。

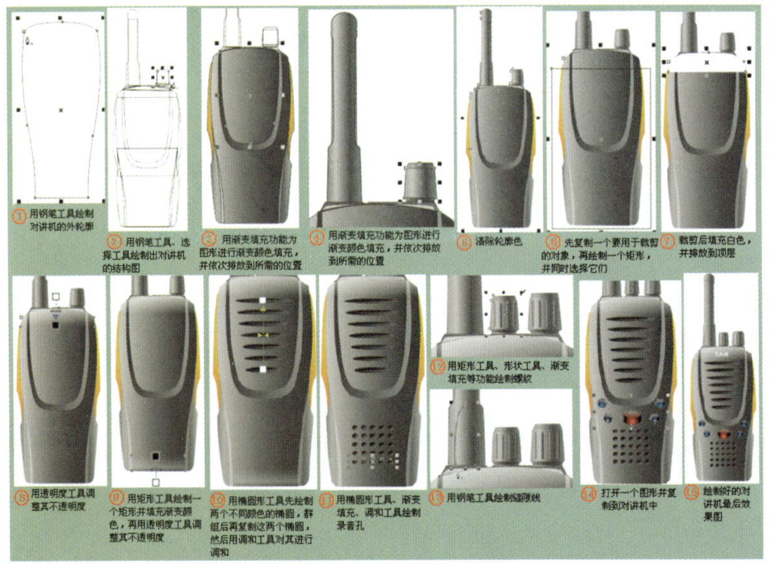

图5-3 “对讲机”绘制流程图

操作步骤

01 按“Ctrl”+“N”键新建一个文件，在工具箱中选择钢笔工具，在选项栏 细线 中选择细线，如图5-4所示，弹出如图5-5所示的【更改文档默认值】对话框，这里采用默认值，单击【确定】按钮，即可将要绘制图形的轮廓宽度都改为细线。

02 使用钢笔工具在画面中勾画对讲机的主题外轮廓图，如图5-6所示。

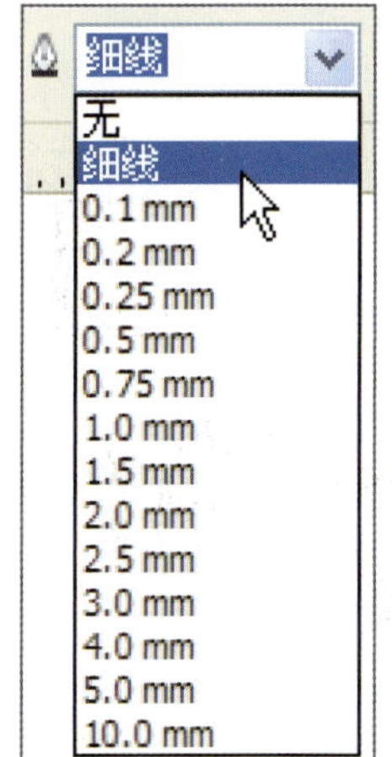

图5-4 轮廓宽度列表

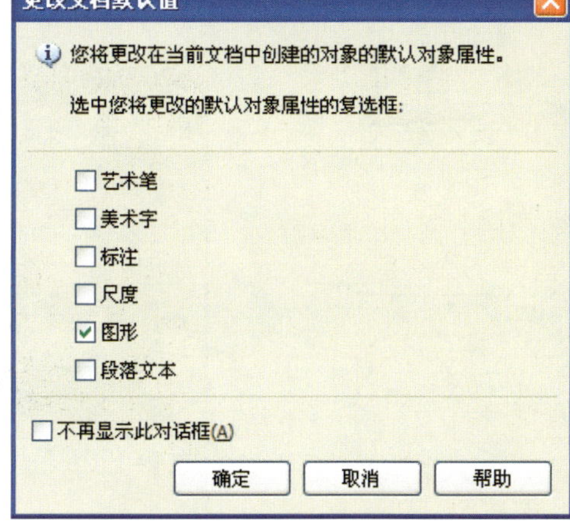

图5-5 【更改文档默认值】对话框

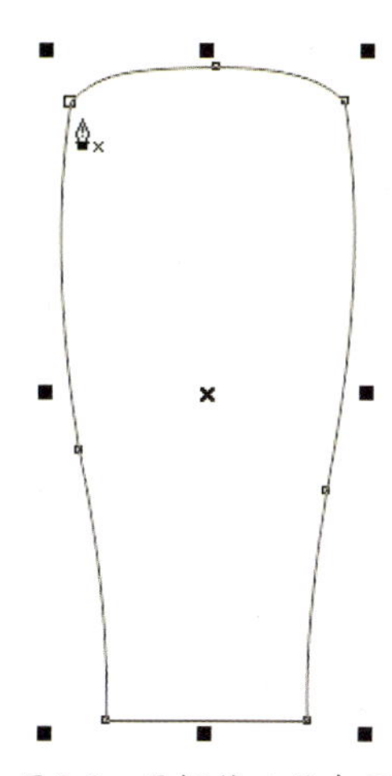

图5-6 用钢笔工具勾画对讲机的主题外轮廓图

03 使用钢笔工具在画面中勾画对讲机扩音器所在的区域，如图5-7所示。

04 在工具箱中选择选择工具，按“+”键复制一个副本，再将副本缩小，结果如图5-8所示。

05 使用钢笔工具绘制对讲机的外轮廓图，如图5-9、图5-10所示。

图5-7 勾画对讲机扩音器所在的区域

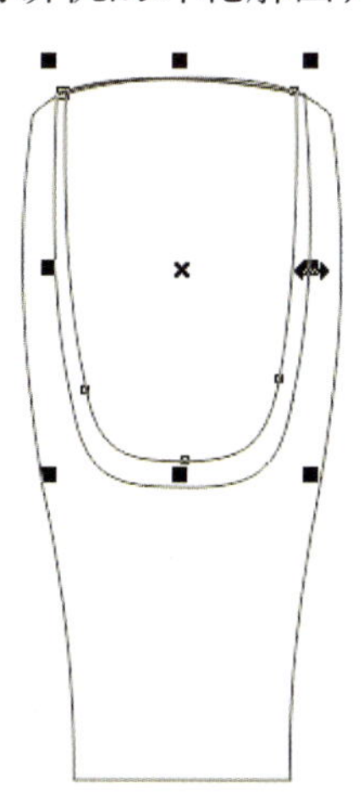

图5-8 将副本缩小

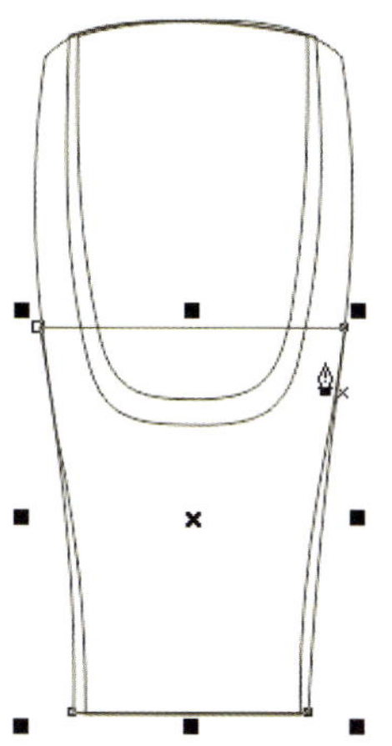

图5-9 绘制对讲机的外轮廓图

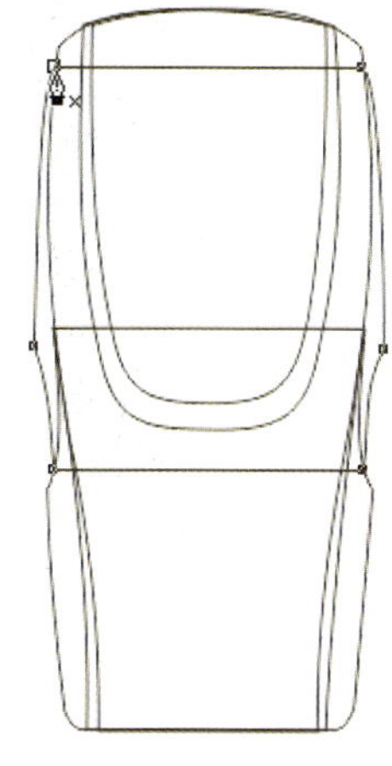

图5-10 绘制对讲机的外轮廓图

06 使用钢笔工具绘制对讲机的天线与调整按钮的轮廓图，如图5-11、图5-12所示。

07 使用选择工具在画面中选择对讲机的主题轮廓图，再按“F11”键弹出【渐变填充】对话框，在其中设置所需的渐变颜色，如图5-13所示，设置完成后单击【确定】按钮，得到如图5-14所示的效果。

08 使用选择工具在画面中选择要填充颜色的轮廓图，按“F11”键弹出【渐变填充】对话框，在其中设置所需的渐变颜色，如图5-15所示，设置完成后单击【确定】按钮，再按“Shift”+“PgDn”键将选择的图形排放到图层后面，画面效果如图5-16所示。

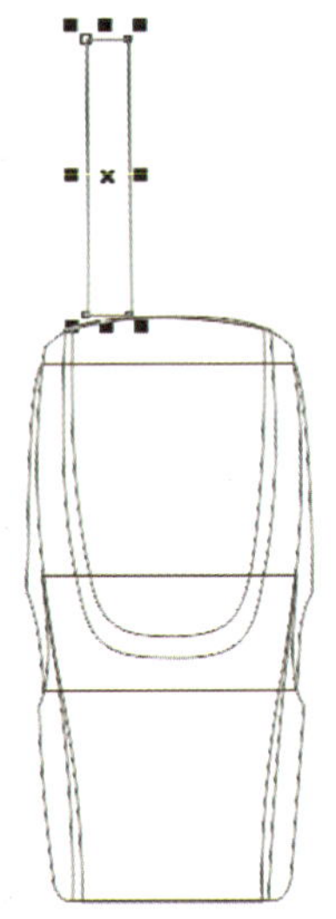

图5-11 绘制对讲机的天线轮廓图

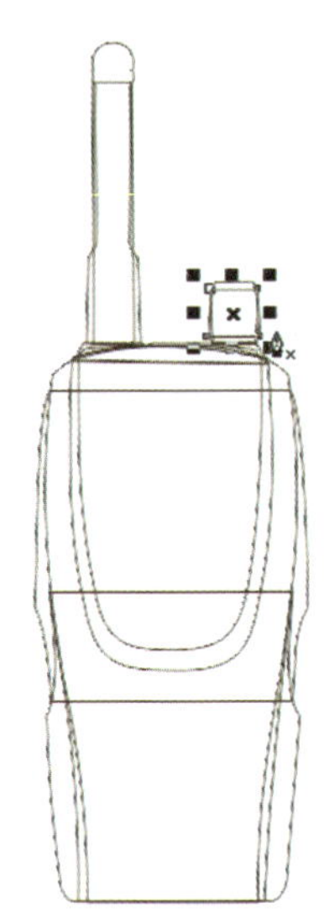

图5-12 绘制对讲机的调整按钮轮廓图

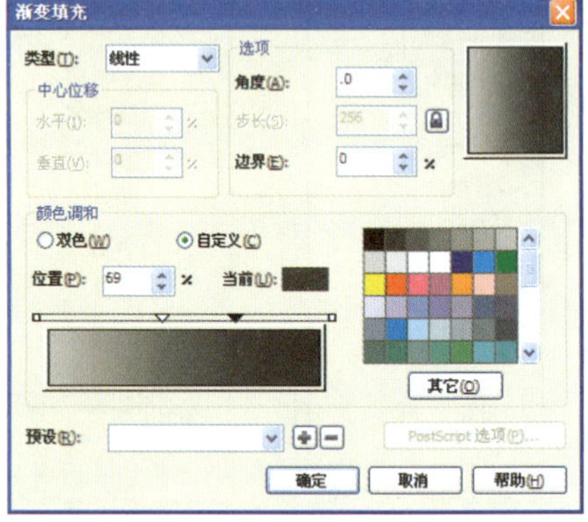

图5-13 【渐变填充】对话框

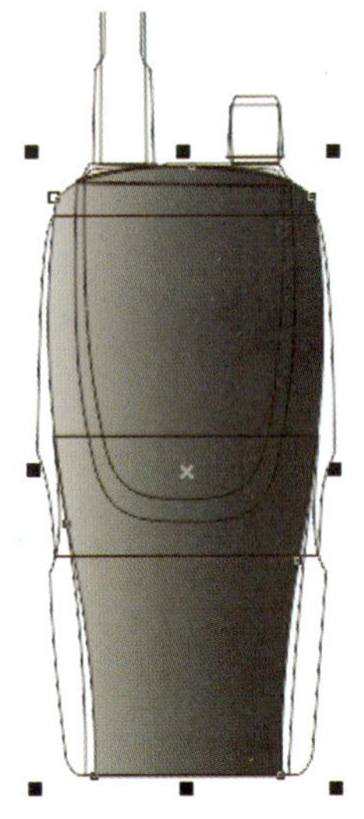

图5-14 渐变填充后的效果

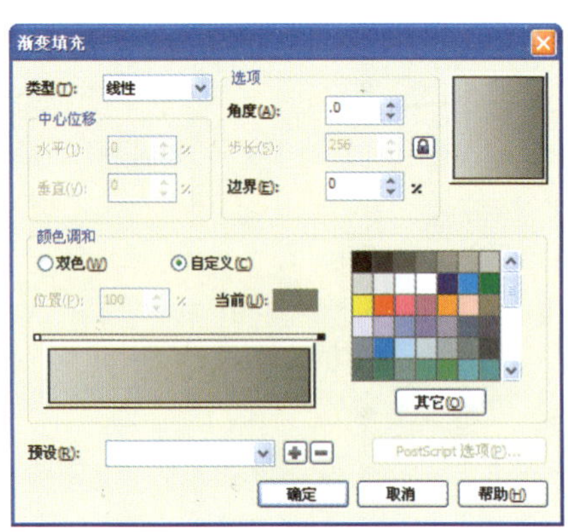

图5-15 【渐变填充】对话框

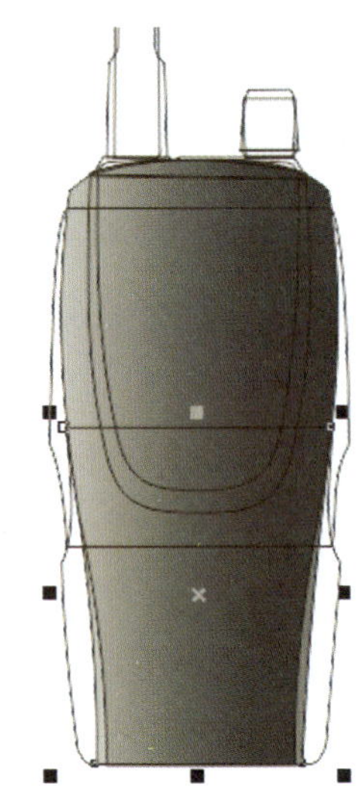

图5-16 渐变填充后的效果

09 使用选择工具在画面中选择要填充颜色的轮廓图，按“F11”键弹出【渐变填充】对话框，在其中设置所需的渐变颜色，如图5-17所示，设置好后单击【确定】按钮，再按“Shift”+“PgDn”键将选择的图形排放到图层后面，画面效果如图5-18所示。

10 使用选择工具在画面中选择要填充颜色的轮廓图，按“F11”键弹出【渐变填充】对话框，在其中设置所需的渐变颜色，如图5-19所示，设置好后单击【确定】按钮，再按“Shift”+“PgDn”键将选择的图形排放到图层后面，画面效果如图5-20所示。

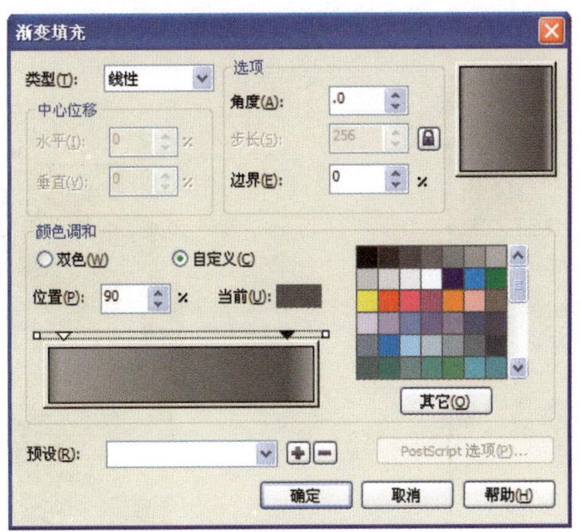

图5-17 【渐变填充】对话框

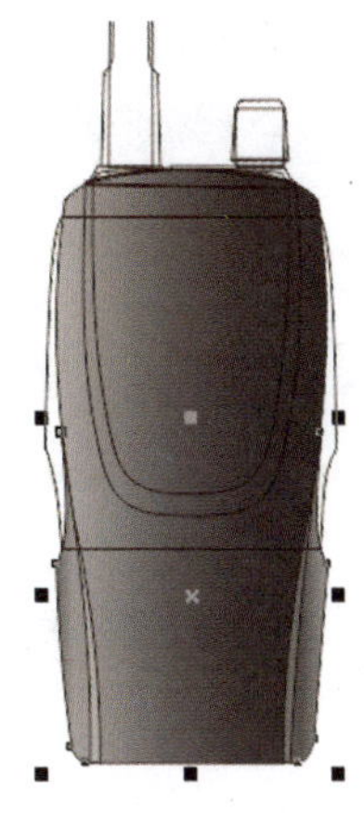

图5-18 渐变填充后的效果

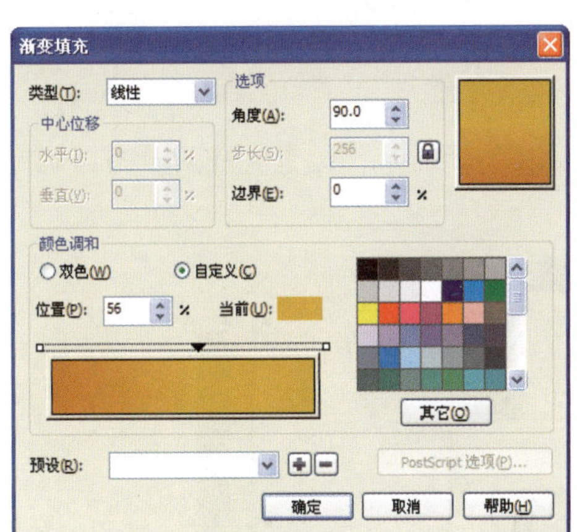

图5-19 【渐变填充】对话框

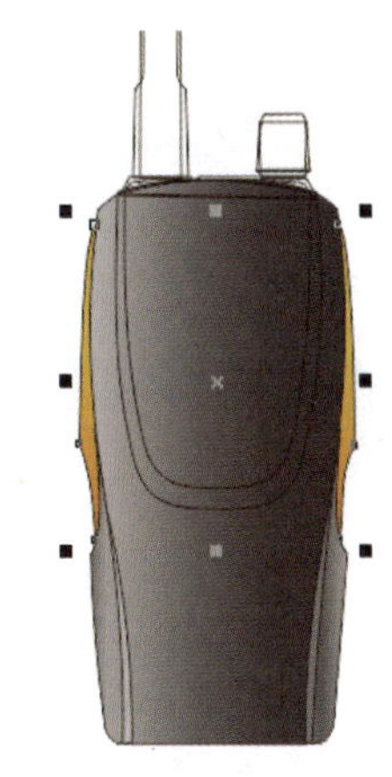

图5-20 渐变填充后的效果

11 使用选择工具在画面中选择要填充颜色的轮廓图，按“F11”键弹出【渐变填充】对话框，在其中设置所需的渐变颜色，如图5-21所示，设置完成后单击【确定】按钮，得到如图5-22所示的效果。

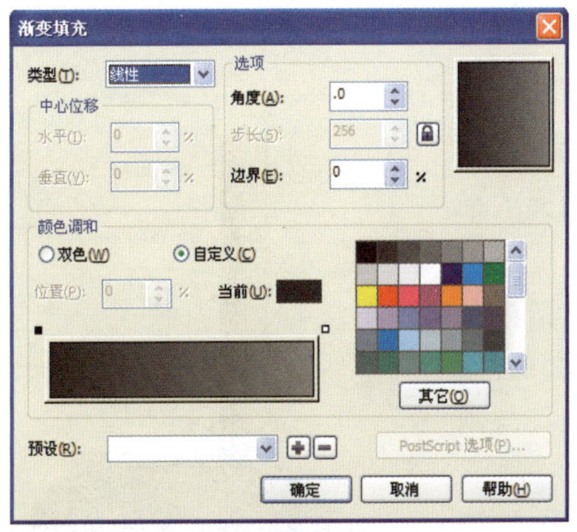

图5-21 【渐变填充】对话框

图5-22 渐变填充后的效果

12 使用选择工具在画面中选择要填充颜色的轮廓图，按“F11”键弹出【渐变填充】对话框，在其中设置所需的渐变颜色，如图5-23所示，设置完成后单击【确定】按钮，得到如图5-24所示的效果。

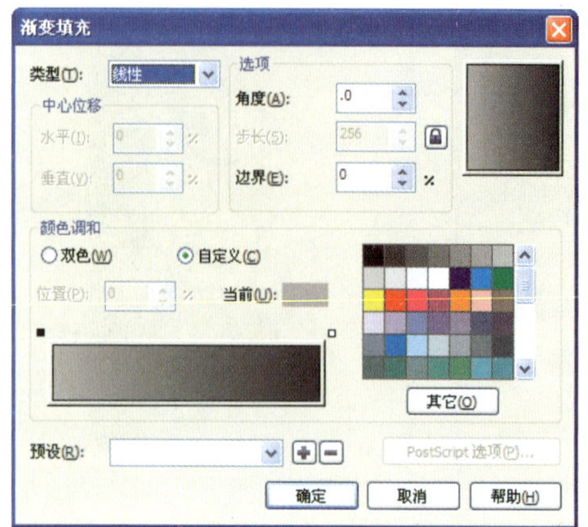

图5-23 【渐变填充】对话框

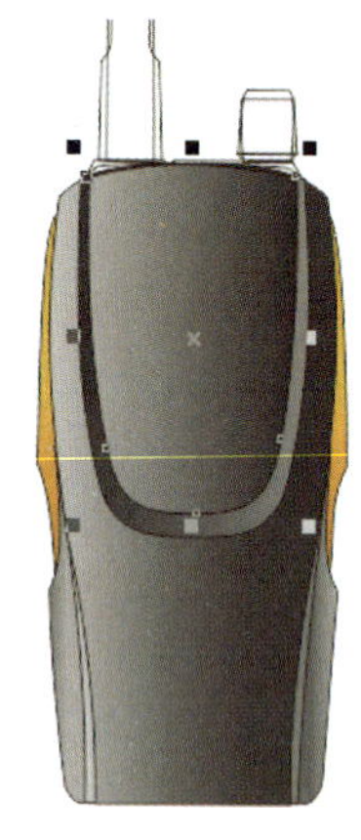
图5-24 渐变填充后的效果

13 使用选择工具在画面中选择要填充颜色的轮廓图，按“F11”键弹出【渐变填充】对话框，在其中设置所需的渐变颜色，如图5-25所示，设置完成后单击【确定】按钮，得到如图5-26所示的效果。

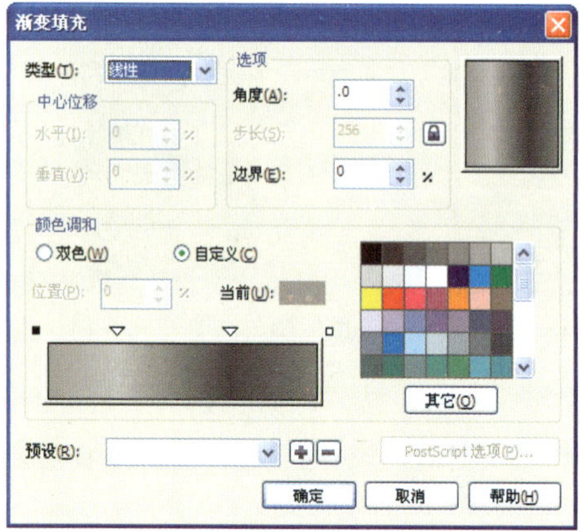

图5-25 【渐变填充】对话框

图5-26 渐变填充后的效果

14 在状态栏中拖动渐变图标至要填充为相同颜色的对象上，应用相同的渐变颜色，如图5-27所示，应用渐变颜色后的画面效果如图5-28所示。

15 按“F11”键弹出【渐变填充】对话框，在其中改变左边色标的颜色，如图5-29所示，设置完成后单击【确定】按钮，得到如图5-30所示的效果。

图5-27 应用已有渐变颜色

图5-28　填充渐变颜色后的效果

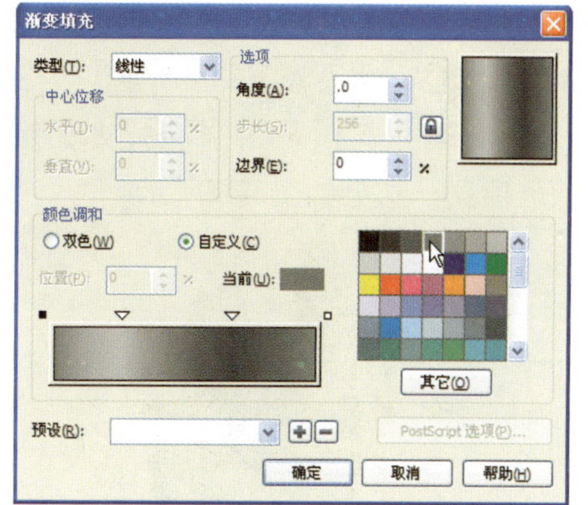

图5-29　【渐变填充】对话框

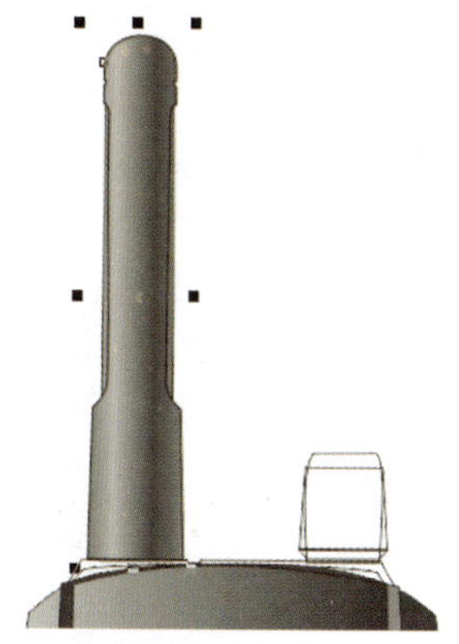

图5-30　改变渐变颜色后的效果

16 使用同样的方法对右边的调整按钮进行渐变填充，填充渐变颜色后的效果如图5-31所示。

17 使用选择工具框选所有对象，在调色板中右击“无”，清除轮廓色，得到如图5-32所示的效果。

18 取消选择，在画面中选择要复制的对象，如图5-33所示，然后按“+”键复制一个副本。

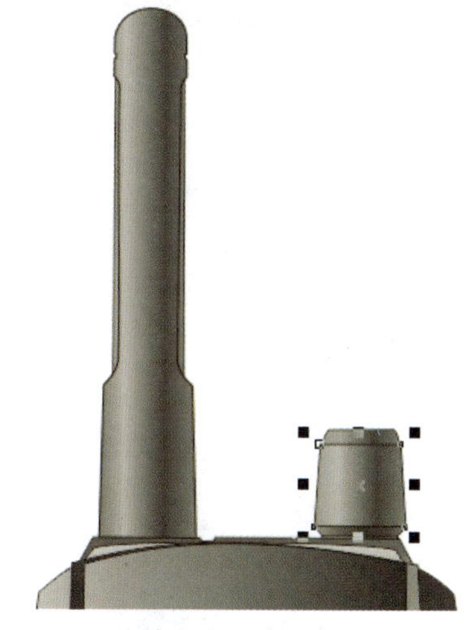

图5-31　填充渐变颜色后的效果

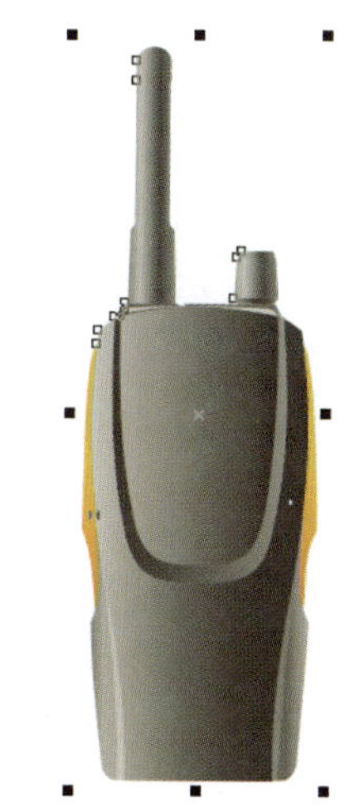

图5-32　清除轮廓色

图5-33　复制对象

19 使用矩形工具在画面中绘制一个矩形，如图5-34所示，按“Shift”键在画面中选择刚复制的副本，同时选择这两个对象，如图5-35所示。

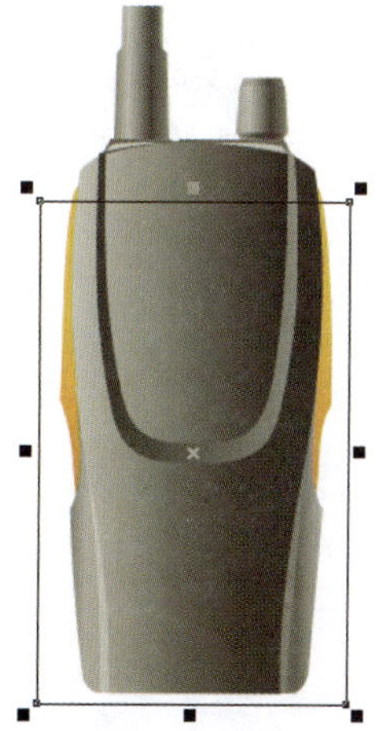

图5-34　绘制矩形

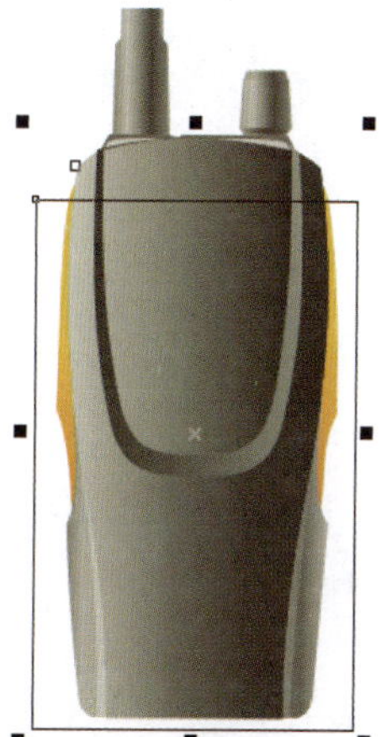

图5-35　选择对象

20 在属性栏中单击（移除前面对象）按钮，即可用绘制的矩形减掉刚复制对象中与其相交的部分，得到不相交的部分，结果如图5-36所示。

21 在调色板中单击白色，将其填充为白色，画面效果如图5-37所示，按“Shift”+“PgUp”键将其排放到最顶层，结果如图5-38所示。

图5-36 裁剪后的效果

图5-37 填充白色

图5-38 排放到顶层后的效果

22 在工具箱中选择透明度工具，在属性栏 线性 中选择线性，给选择的对象进行透明度调整，结果如图5-39所示，再在画面中拖动黑色与白色控制柄调整渐变颜色，调整后的效果如图5-40所示。

23 使用矩形工具在画面中绘制一个矩形，如图5-41所示。

图5-39 透明度调整

图5-40 透明度调整

图5-41 绘制矩形

24 按“F11”键弹出【渐变填充】对话框，在其中设置所需的渐变颜色，如图5-42所示，设置好后单击【确定】按钮，再在调色板中右击“无”，清除轮廓色，得到如图5-43所示的效果。

25 在工具箱中选择透明度工具，在属性栏中设置参数为 线性，然后在画面中拖动黑色与白色控制柄调整渐变颜色，调整后的效果如图5-44所示。

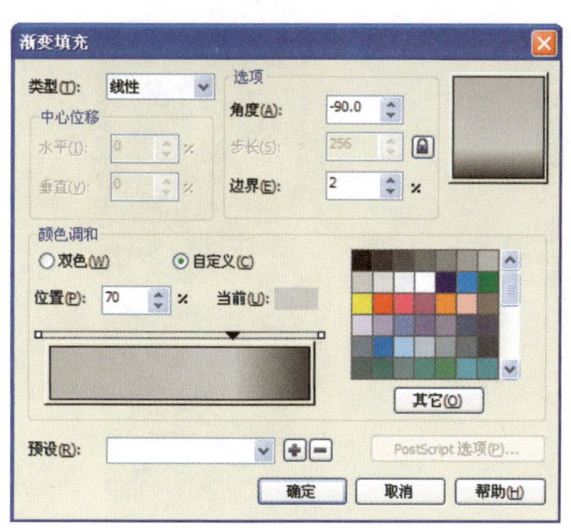

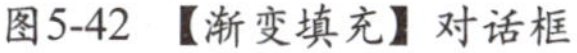
图5-42 【渐变填充】对话框

图5-43 渐变填充后的效果

图5-44 透明度调整

26 在工具箱中选择椭圆形工具，在画面中绘制一个椭圆，如图5-45所示。

27 按“F11”键弹出【渐变填充】对话框，在其中设置所需的渐变颜色，如图5-46所示，设置好后单击【确定】按钮，得到如图5-47所示的效果。

图5-45 用椭圆形工具绘制椭圆

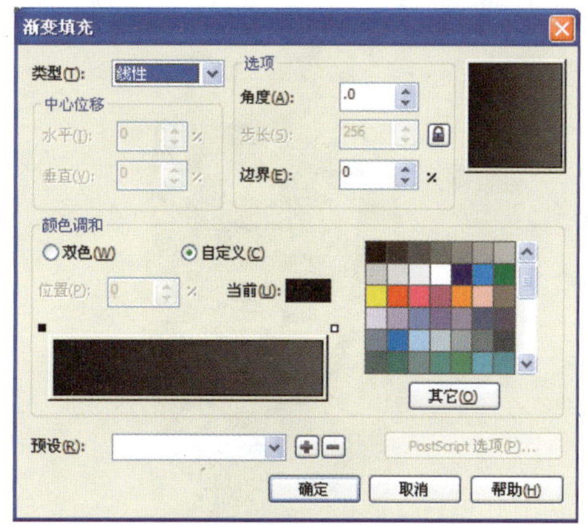

图5-46 【渐变填充】对话框

图5-47 渐变填充后的效果

28 使用椭圆形工具绘制一个小椭圆，在调色板中单击黑色，将它填充为黑色，结果如图5-48所示。

29 按“Shift”键单击其下的稍大一点的椭圆，选择这两个椭圆，再在调色板中右击“无”，清除轮廓色，画面效果如图5-49所示，按“Ctrl”+“G”键群组。

30 在工具箱中选择选择工具，按“+”键复制一个副本，再按“Shift”键将选择的对象向下拖动到适当的位置，如图5-50所示；然后按“Shift”键将其缩小到所需的大小，如图5-51所示。

图5-48 用椭圆形工具绘制椭圆

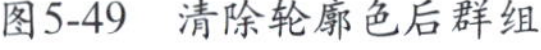
图5-49 清除轮廓色后群组

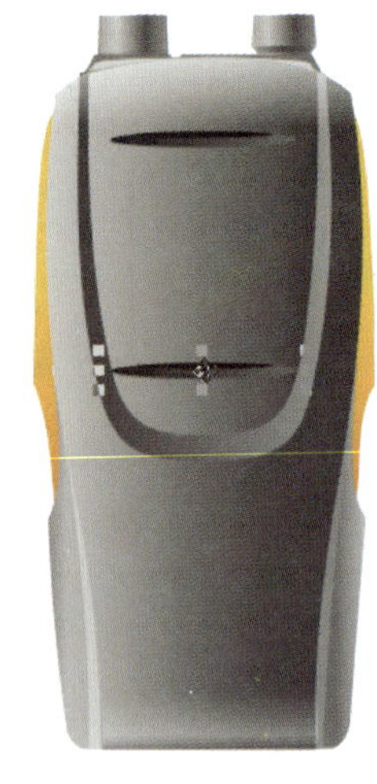
图5-50 复制并移动对象

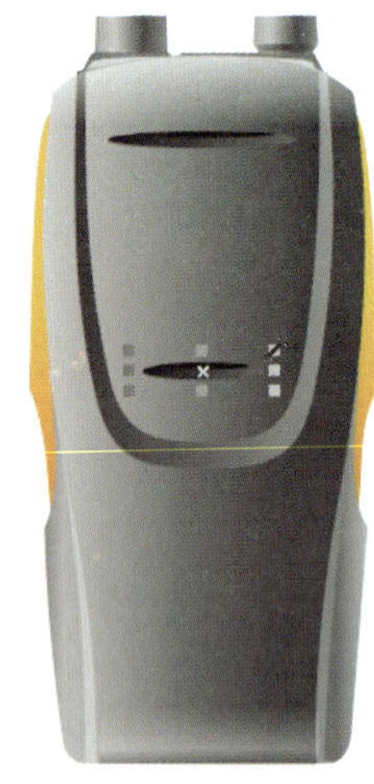
图5-51 将其缩小

31 在工具箱中选择调和工具，移动指针到两个群组对象上拖动，将它们进行调和，调和后的效果如图5-52所示，再在属性栏 5 中设置调和对象的步长值为5，得到如图5-53所示的效果。

32 使用椭圆形工具在画面中扩音器的下方绘制一个椭圆，如图5-54所示。

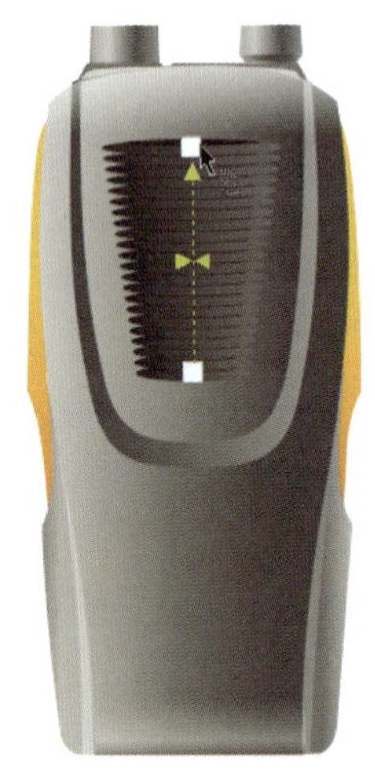
图5-52 用调和工具调和对象

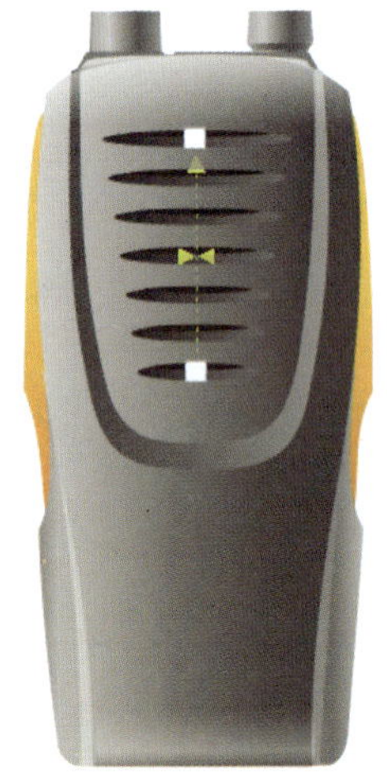
图5-53 调整步长值

图5-54 绘制椭圆

33 按“F11”键弹出【渐变填充】对话框，在其中设置所需的渐变颜色，如图5-55所示，设置好后单击【确定】按钮，再在调色板中右击“无”，并清除轮廓色，得到如图5-56所示的效果。

34 按“Shift”键拖动渐变小椭圆向右至适当位置右击，复制一个副本，如图5-57所示。

35 在工具箱中选择调和工具，移动指针到两个群组对象上拖动，将它们进行调和，在属性栏 3 中设置调和对象的步长

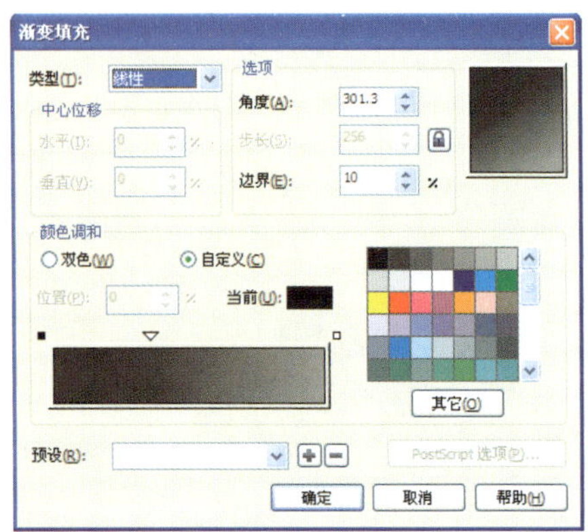

图5-55 【渐变填充】对话框

值为3，得到如图5-58所示的效果。

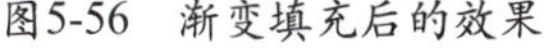
图5-56 渐变填充后的效果

图5-57 复制并移动椭圆

图5-58 用调和工具调和椭圆

36 在工具箱中选择选择工具，再按“+”键以复制一个副本，然后按“Shift”键将其向下移动到所需的位置，如图5-59所示，准备作录音器的录音孔；按“Ctrl”+“D”键3次再制3个副本，得到如图5-60所示的效果。

图5-59 复制并移动对象

图5-60 再制

37 使用矩形工具在调整器按钮上绘制一个小矩形，如图5-61所示，再在工具箱中选择形状工具，然后对矩形进行调整，调整后的结果如图5-62所示。

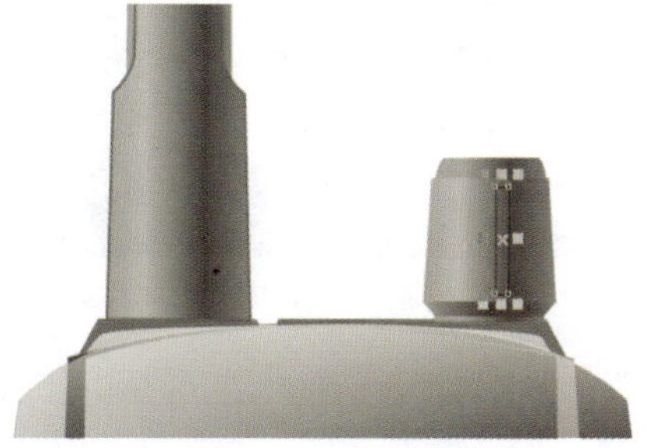
图5-61 绘制小矩形

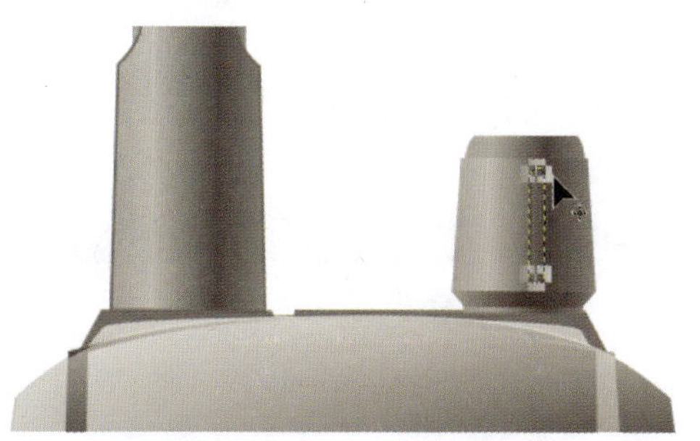
图5-62 用形状工具调整形状

38 按“F11”键弹出【渐变填充】对话框，在其中设置所需的渐变颜色，如图5-63所示，设置完成后单击【确定】按钮，再在调色板中右击无，并清除轮廓色，得到如图5-64所示的效果。

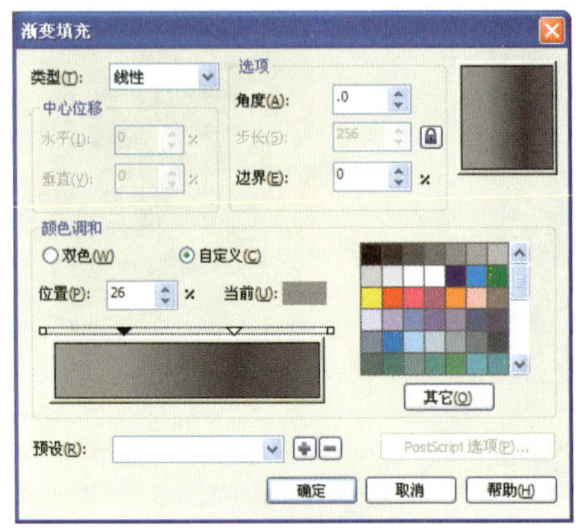

图5-63 【渐变填充】对话框

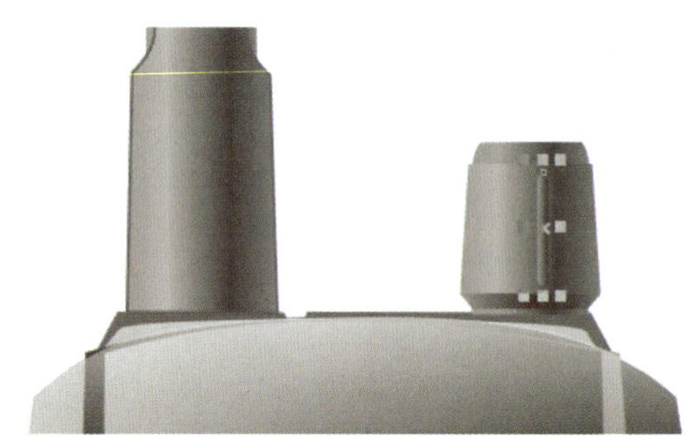

图5-64 渐变填充后的效果

39 使用同样的方法再绘制几个图形，并进行渐变填充，作为调整按钮的螺纹，绘制完成后的效果如图5-65所示。

40 使用选择工具框选整个调整按钮，将其向左拖动到适当位置时右击，复制一个副本，结果如图5-66所示，然后对其大小进行调整，调整后的结果如图5-67所示。

41 使用钢笔工具在画面中绘制一个图形，并在调色板中右击“80%黑”，使轮廓色为深灰色，画面效果如图5-68所示。

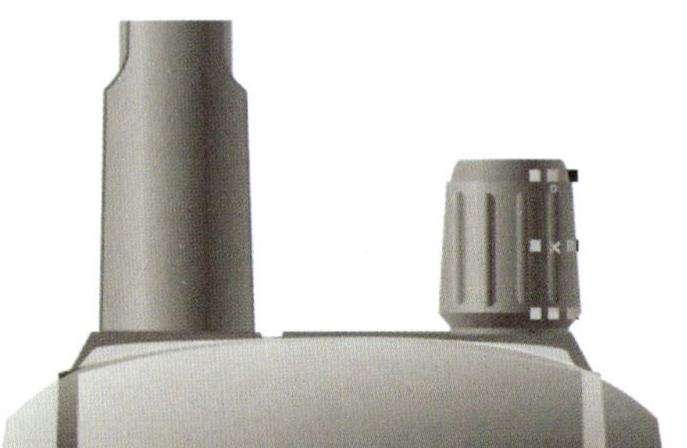

图5-65 绘制螺纹

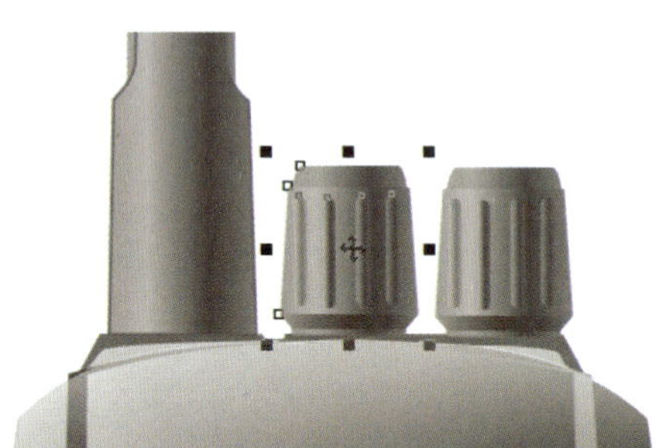

图5-66 复制并移动对象

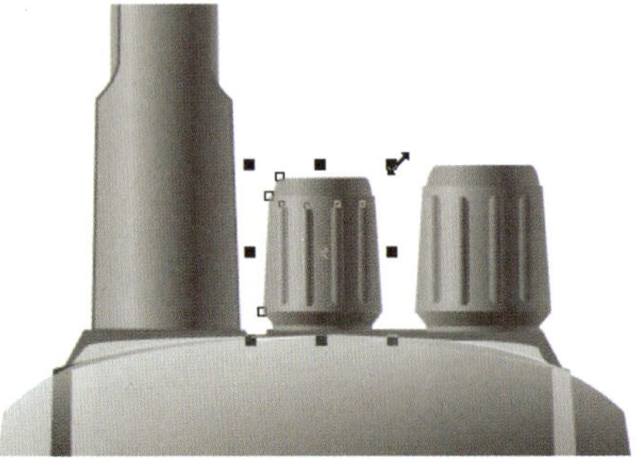

图5-67 调整大小

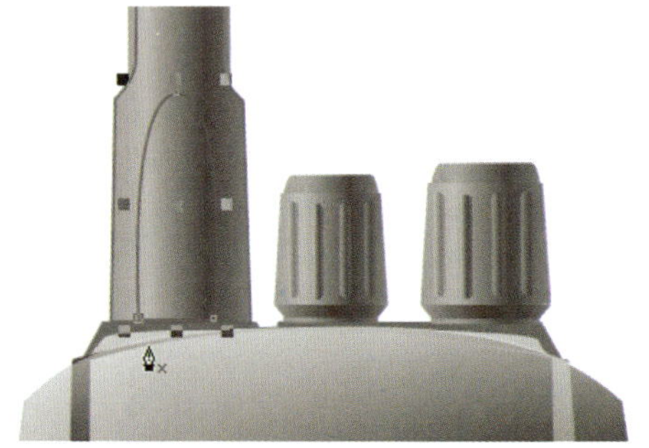

图5-68 用钢笔工具绘制图形

42 使用矩形工具绘制一个矩形，按“F11”键弹出【渐变填充】对话框，在其中设置所需的渐变颜色，如图5-69所示，设置完成后单击【确定】按钮，得到如图5-70所示的效果。

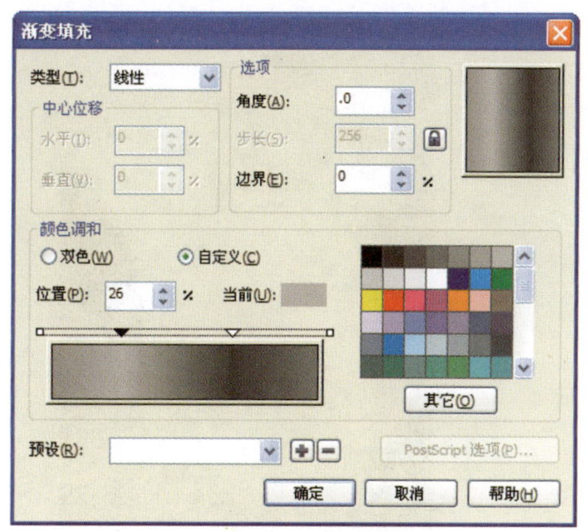

图5-69 【渐变填充】对话框

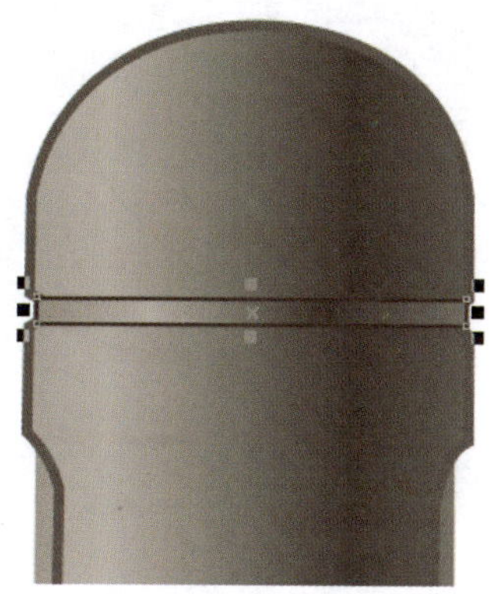

图5-70 渐变填充后的效果

43 按“Ctrl”+“O”键打开一组按钮，如图5-71所示，然后将其复制到画面中，并排放到所需的位置，如图5-72所示。

44 在标准工具栏的【缩放级别】列表中选择“到合适大小”，显示整个对讲机，画面效果如图5-73所示。这样对讲机就绘制完成了。

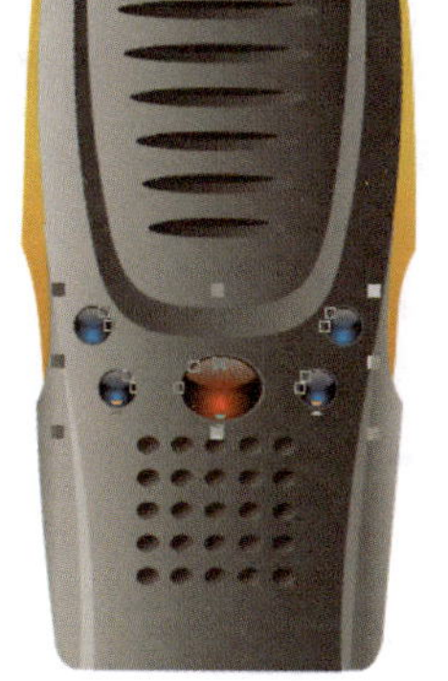

图5-71 打开的按钮

图5-72 复制并粘贴到指定位置

图5-73 最终效果图

5.2 化妆瓶

实例说明

“化妆瓶”属于写实性物品的绘制，使用这种绘制方法可以用于绘制一些立体物体，如瓜果、花卉、实物写生、玻璃杯等。如图5-74所示为实例效果图，如图5-75所示为实际应用效果图。

图5-74 “化妆瓶”最终效果图

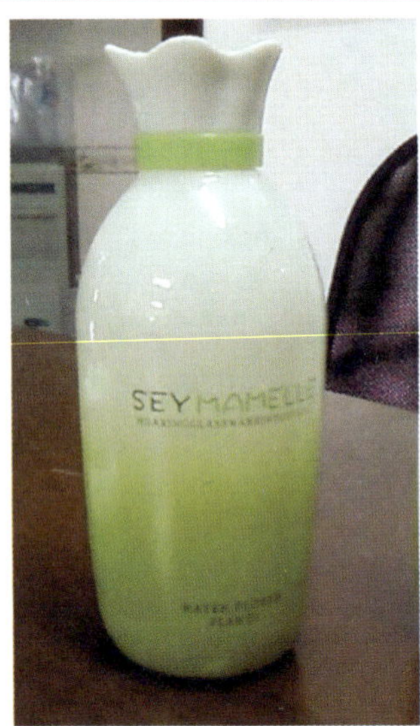

图5-75 精彩效果欣赏

设计思路

本例将利用CorelDRAW绘制一个化妆瓶，先新建一个文档，使用矩形工具、形状工具、钢笔工具绘制出一个化妆瓶的结构图，再使用渐变填充、调和工具、均匀填充、透明度工具、文本工具、矩形工具、选择工具、钢笔工具、填充、复制与粘贴等功能为化妆瓶进行颜色填充与添加装饰对象。如图5-76所示为制作流程图。

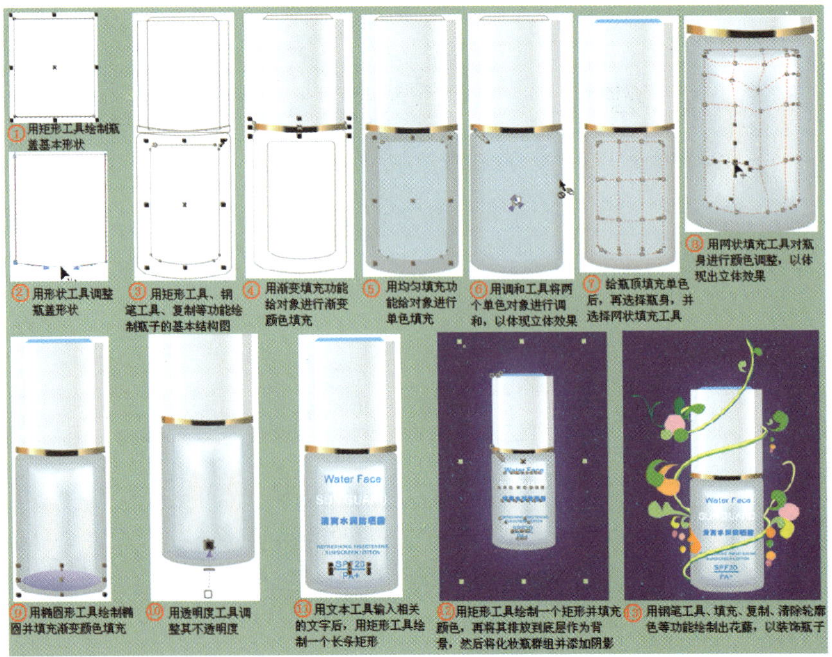

图5-76 “化妆瓶”绘制流程图

操作步骤

01 按“Ctrl”+“N”键新建一个图形文件，在工具箱中选择矩形工具，并在绘图页的适当位置绘制一个矩形，然后在属性栏的 中输入所需的宽度与高度，设置了宽度与高度后的矩形如图5-77所示。

02 在属性栏中单击按钮，将矩形转换为曲线，再在工具箱中选择形状工具，指向左下角的节点，单击选择它，如图5-78所示，然后在属性栏中单击按钮，将直线段转换为曲线段，再在曲线段上按下左键向下拖动，调整其形状，用来表示化妆瓶的盖子。调整后的结果如图5-79所示。

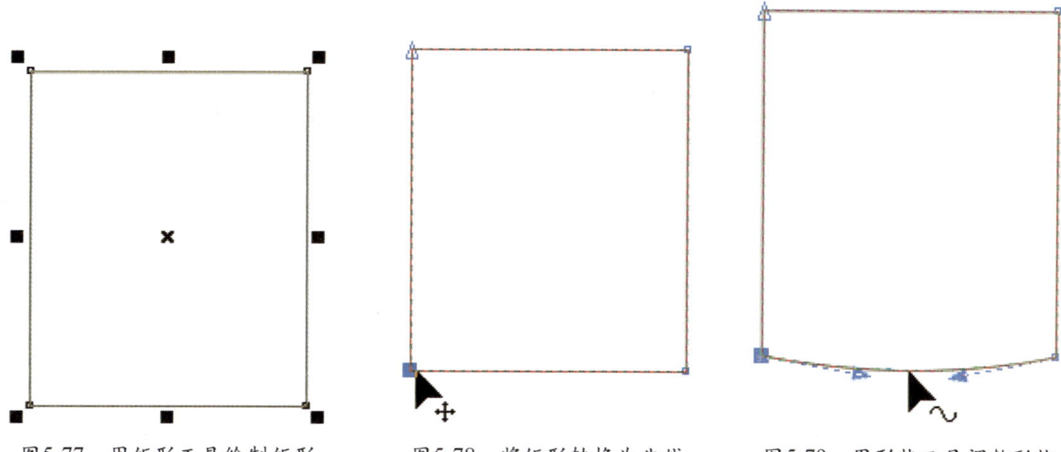

图5-77　用矩形工具绘制矩形　　图5-78　将矩形转换为曲线　　图5-79　用形状工具调整形状

03 在工具箱中选择钢笔工具，并在绘制的图形下边绘制一个图形，绘制完成后的效果如图5-80所示。

04 使用矩形工具在盖子的下方绘制一个矩形，在属性栏的 中输入“2”，将矩形转换为圆角矩形，画面效果如图5-81所示；然后单击按钮，将圆角矩形转换为曲线，再使用形状工具对其下边进行形状调整，用来表示瓶身。调整后的效果如图5-82所示。

图5-80　用钢笔工具绘制图形

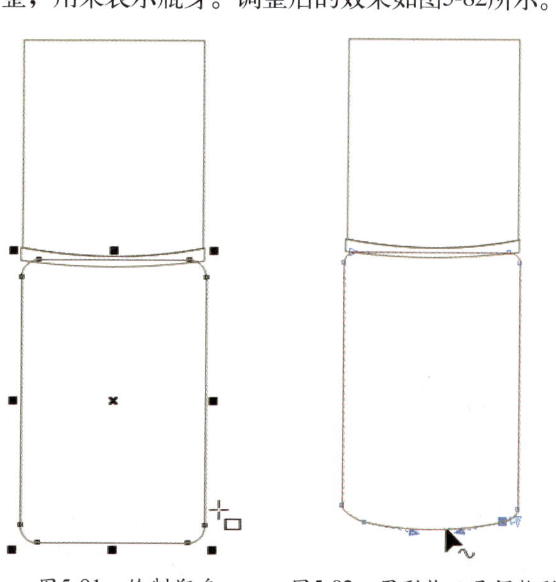

图5-81　绘制瓶身　　图5-82　用形状工具调整形状

05 使用钢笔工具在画面中盖子的顶部绘制一个梯形，用来表示盖子的凸起部分，绘制完成后的效果如图5-83所示。

06 使用选择工具在画面中单击表示盖子主体部分的图形，如图5-84所示，按“+”键复制一个副本，再按“Shift”键拖动右边的控制柄向左至适当位置缩小副本，如图5-85所示，然后拖动下方控制柄向下至适当位置拉高图形，调整后的结果如图5-86所示。

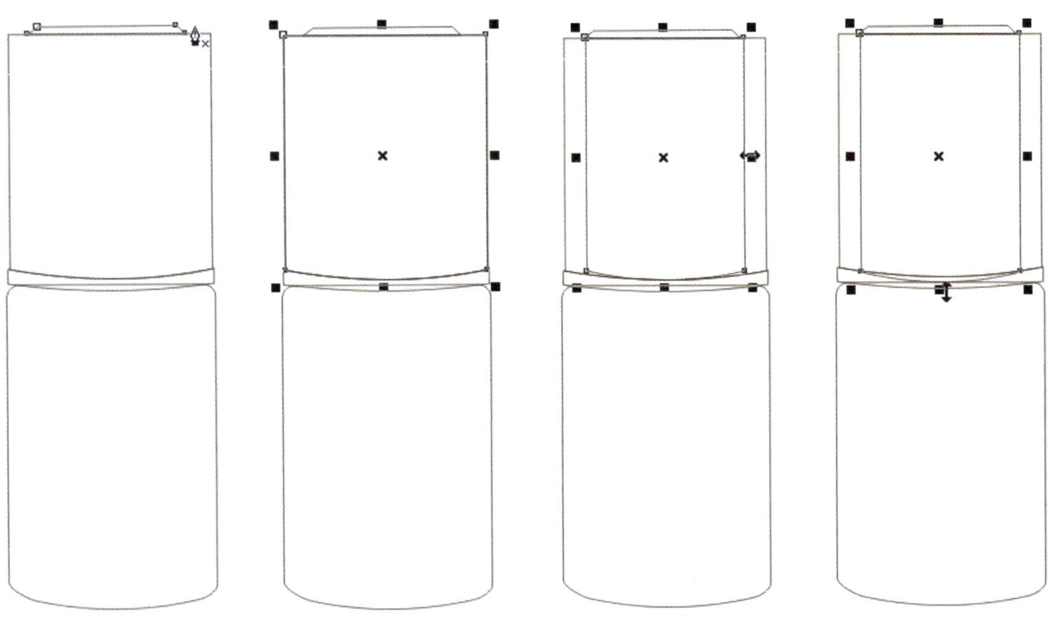

图5-83 用钢笔工具绘制盖子的凸起部分　图5-84 选择对象　图5-85 调整大小　图5-86 调整高度

07 在画面中选择表示瓶身的图形，在键盘上按“+”键复制一个副本，再拖动右上角的控制柄向内至适当位置，调整到所需的大小，如图5-87所示。

08 使用选择工具在画面中单击表示盖子主体部分的图形，按“F11”键弹出【渐变填充】对话框，在其中选择【自定义】选项，再在其中设置左边色标颜色为“R235、G240、B240”，右边色标颜色为“R197、G197、B197”，其他不变，如图5-88所示，单击【确定】按钮，然后在默认的CMYK调色板中右击“无”，清除轮廓色，得到如图5-89所示的效果。

09 使用选择工具在画面中选择表示高光的图形，按“F11”键弹出【渐变填充】对话框，在其中选择【自定义】选项，再在渐变条中编辑所需的渐变，其他不变，如图5-90所示，单击【确定】按钮，然后在默认的CMYK调色板中右击“无”，清除轮廓色，得到如图5-91所示的效果。

说 明

色标1的颜色为白，色标2的颜色为“R233、G238、B238”，色标3的颜色为“R211、G213、B213”，色标4的颜色为白。

10 在画面中选择盖子下方的表示金边的部分，在菜单中执行【排列】→【顺序】→【到图层前面】命令，将其排放到顶层，结果如图5-92所示。

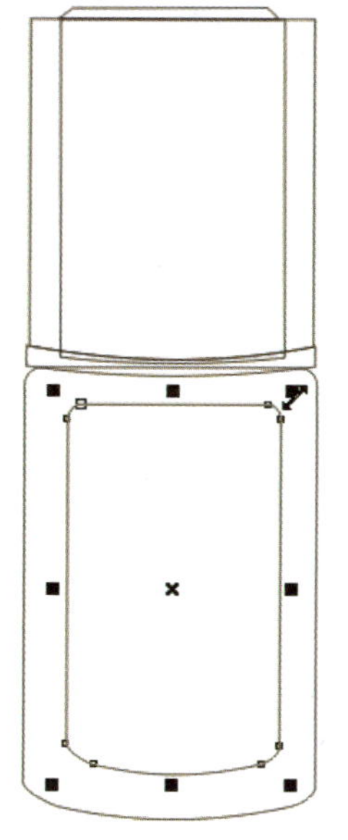

图5-87 复制并调整大小

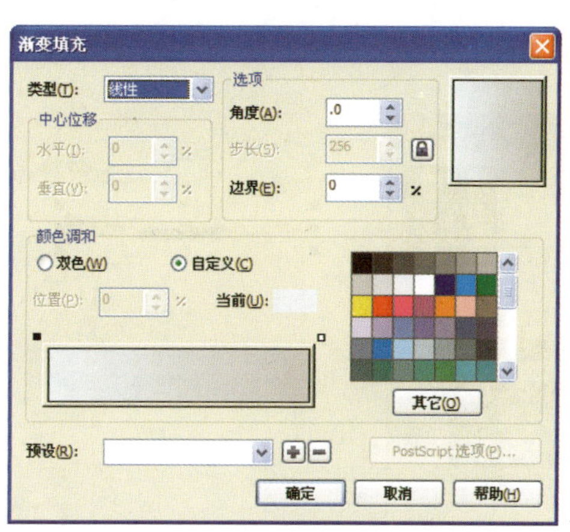

图5-88 【渐变填充】对话框

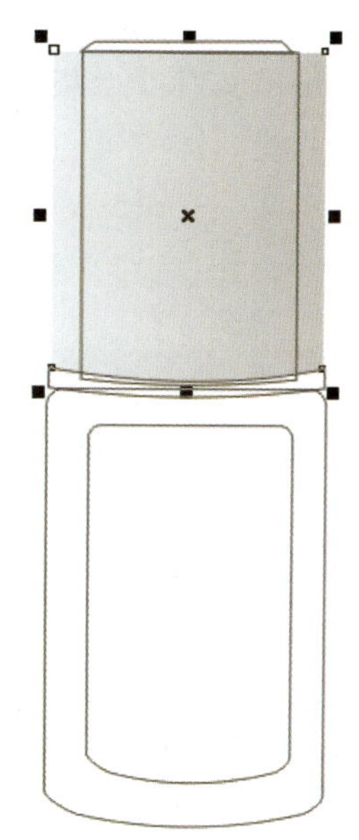

图5-89 渐变填充后的效果

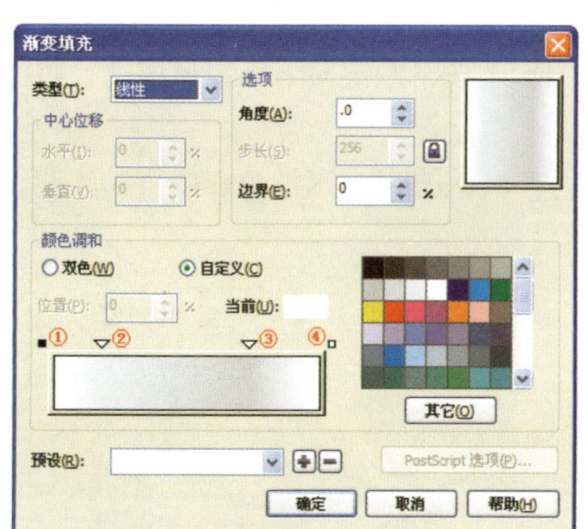

图5-90 【渐变填充】对话框

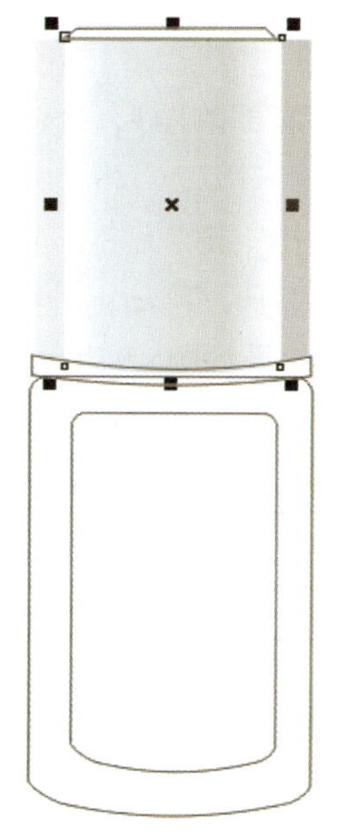

图5-91 渐变填充后的效果

图5-92 排放到顶层

11 按“F11”键弹出【渐变填充】对话框，在其中选择【自定义】选项，再在渐变条中编辑所需的渐变，其他不变，如图5-93所示，单击【确定】按钮，然后在默认的CMYK调色板中右击“无”，清除轮廓色，得到如图5-94所示的效果。

说 明

色标1、9、10的颜色为栗，色标2的颜色为砖红，色标3的颜色为红褐，色标4的颜色为淡黄，色标5的颜色为金，色标6、7的颜色为黑，色标8的颜色为沙黄。

⑫ 在画面中选择表示瓶身的图形，按“Shift”+“F11”键弹出【均匀填充】对话框，在其中设定颜色为“R162、G172、B172”，设置完成后单击【确定】按钮，然后在默认的CMYK调色板中右击“无”，清除轮廓色，得到如图5-95所示的效果。

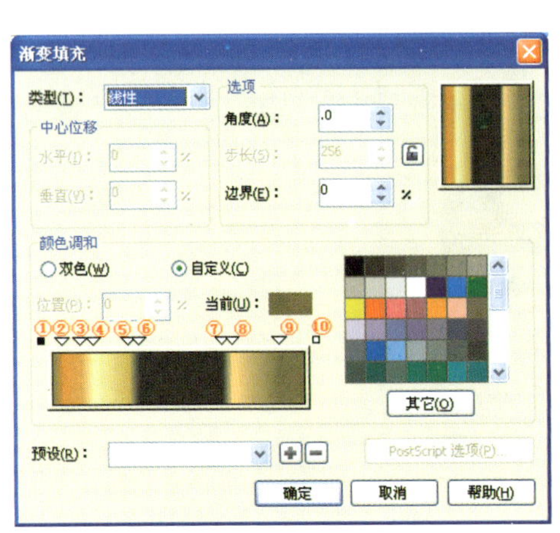

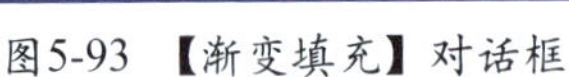
图5-93 【渐变填充】对话框

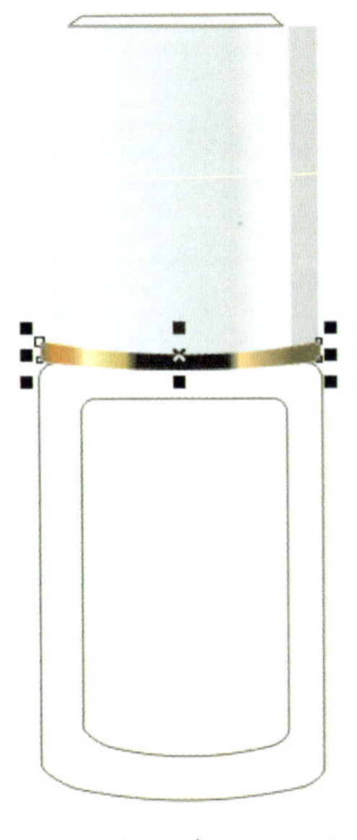
图5-94 渐变填充后的效果

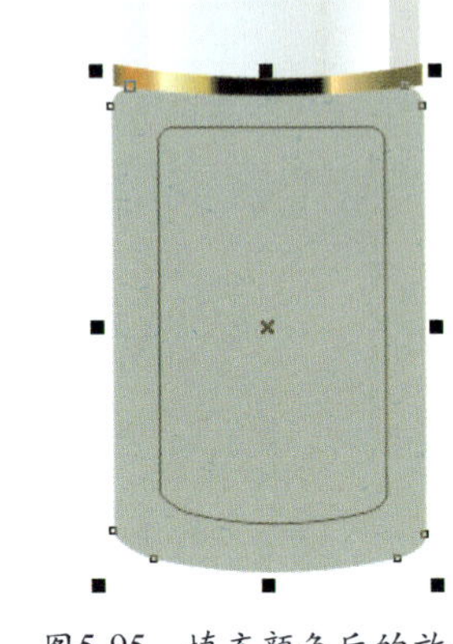
图5-95 填充颜色后的效果

⑬ 在画面中选择表示瓶身亮部的图形，按“Shift”+“F11”键弹出【均匀填充】对话框，在其中设定颜色为“R187、G202、B211”，设置完成后单击【确定】按钮，然后在默认的CMYK调色板中右击“无”，清除轮廓色，得到如图5-96所示的效果。

⑭ 在工具箱中选择调和工具，移动指针到亮部图形上按下左键向暗部图形拖动，将它们进行调和，调和后的效果如图5-97所示。

⑮ 在画面中选择表示盖子顶部凸起部分的对象，再在默认的CMYK调色板中单击冰蓝，右击“无”，得到如图5-98所示的效果。

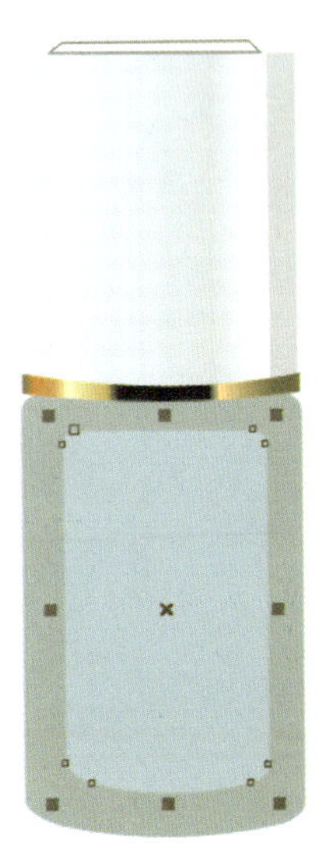
图5-96 填充颜色后的效果

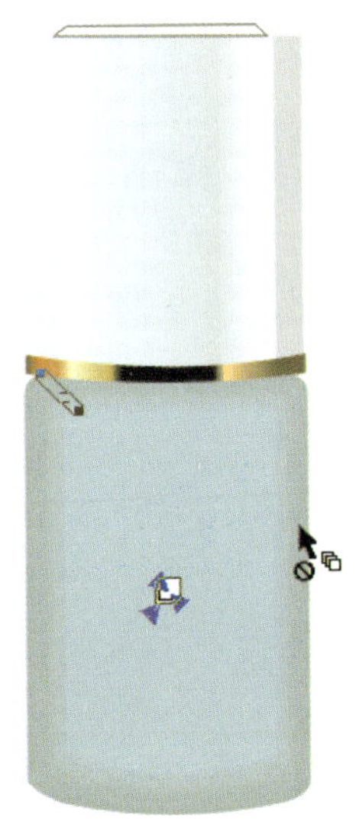
图5-97 用调和工具调和后的效果

图5-98 填充颜色后的效果

16 在画面中选择表示瓶身亮部的图形，在键盘上按“+”键复制一个副本，在工具箱中选择网状填充工具，从而在图形上显示出可以编辑的网格，如图5-99所示。

17 对网格中的节点进行移动与调整，然后根据需要选择节点并填充相应的颜色，编辑与填充好颜色后的效果如图5-100所示，选择选择工具确认网状编辑，结果如图5-101所示。

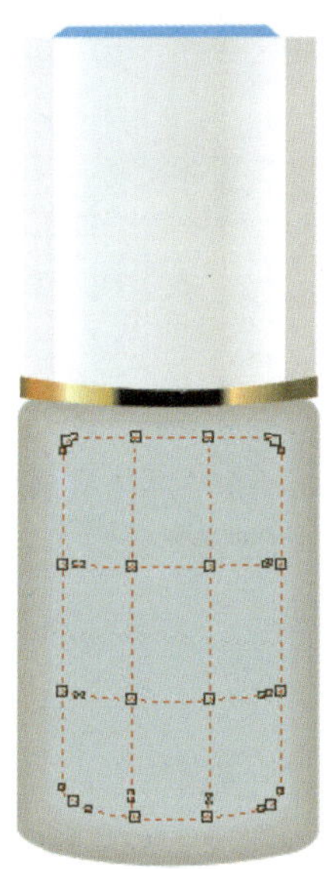

图5-99 复制一个副本后进行网格编辑

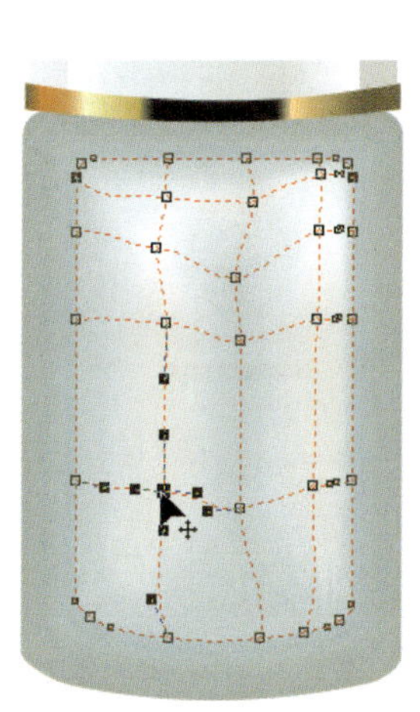

图5-100 对网格进行颜色填充

图5-101 编辑好颜色后的效果

18 使用椭圆形工具在化妆瓶的底部绘制一个椭圆，如图5-102所示。

19 按“F11”键弹出【渐变填充】对话框，在其中选择【自定义】选项，再在其中设置左边色标颜色为幼蓝，右边色标颜色为粉蓝，其他不变，如图5-103所示，单击【确定】按钮，然后在默认的CMYK调色板中右击“无”，清除轮廓色，得到如图5-104所示的效果。

图5-102 绘制椭圆

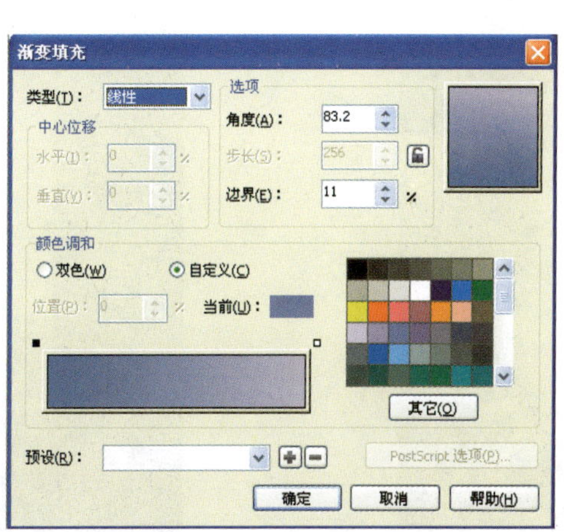

图5-103 【渐变填充】对话框

图5-104 渐变填充后的效果

20 在工具箱中选择透明度工具，接着在画面中拖动，对椭圆进行透明调整，调整后的效果如图5-105所示。

21 使用文本工具在画面中依次输入所需的文字，其字体、字体大小与颜色视需而定，输入文字后的画面效果如图5-106所示。

22 使用矩形工具在画面中下方的文字之间绘制一个像直线的长矩形，再在默认的CMYK调色板中单击“青”，右击“无”，得到如图5-107所示的效果。

图5-105　用透明度工具调整透明度

图5-106　用文本工具输入相关文字

图5-107　用矩形工具绘制长矩形

23 使用矩形工具在画面中绘制一个矩形，作为化妆瓶的背景，再在默认的CMYK调色板中单击“蓝”，使它填充为蓝色，然后按“Shift”+“PgDn”键将其排放到最底层，得到如图5-108所示的效果。

24 使用选择工具在画面中框选整个化妆瓶，再按“Ctrl”+“G”键将其群组，如图5-109所示。

图5-108　绘制矩形

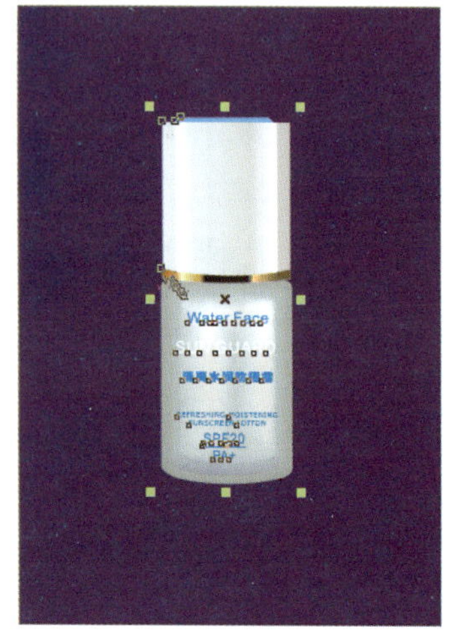

图5-109　群组化妆瓶

25 在工具箱中选择阴影工具，并在属性栏的【预设列表】中选择“中等辉光”，如图5-110所示，选择好后，再在其后设置参数为，其中的阴影颜色为“冰蓝”，从而得到如图5-111所示的效果。

26 使用钢笔工具在画面中勾画一个图形，用来表示花藤，再在默认的CMYK调色板中单击“绿”，右击“无”，得到如图5-112所示的效果。

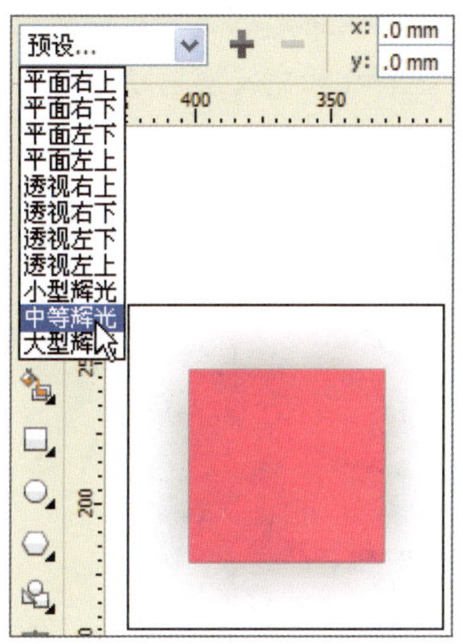

图5-110 选择“中等辉光”

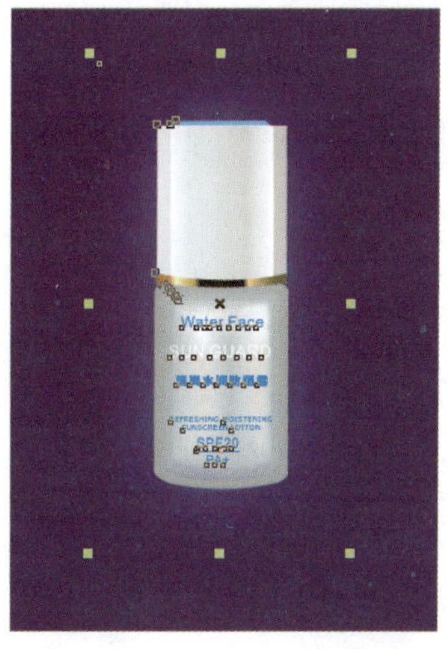

图5-111 添加阴影后的效果

图5-112 用钢笔工具绘制一条花藤

27 使用钢笔工具在画面中分别勾选两个图形，用来表示花藤，再依次在默认的CMYK调色板中单击“酒绿”与“绿”，右击“无”，效果如图5-113、图5-114所示。

28 使用选择工具分别将绘制好的花藤拖动到指定位置后右击，依次复制出所需的副本，再在默认的CMYK调色板中单击“浅黄”，使它们的填充色为黄色，然后根据需要调整其形状，用来表示花藤的亮部，复制并调整后的效果如图5-115所示。

图5-113 绘制花藤

图5-114 绘制花藤

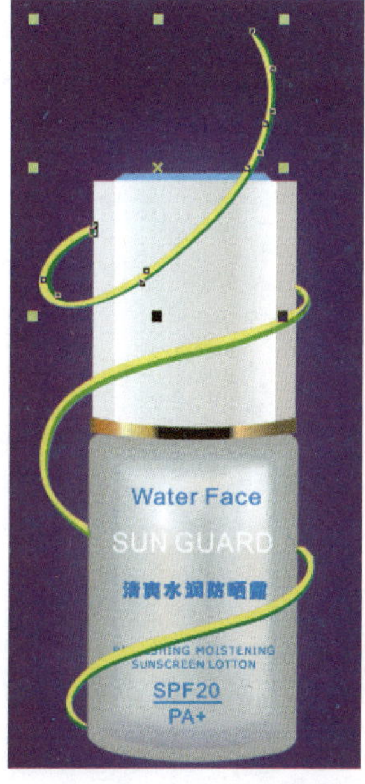

图5-115 绘制花藤

29 使用钢笔工具在画面中适当位置勾画出一条花藤，并在默认的CMYK调色板中右击“浅黄”，得到如图5-116所示的效果。

30 使用钢笔工具在花藤旁绘制一片叶子，再使用形状工具调整其形状，然后在默认的CMYK调色板中单击“月光绿”，得到如图5-117所示的效果。接着使用同样的方法再勾画另一片叶子，在默认的CMYK调色板中单击“酒绿”，得到如图5-118所示的效果。

31 使用椭圆形工具与钢笔工具分别在画面中不同的地方绘制叶子与花朵，依次填充所需的颜色并清除轮廓色，绘制完成后的效果如图5-119所示。这样化妆瓶就绘制好了。

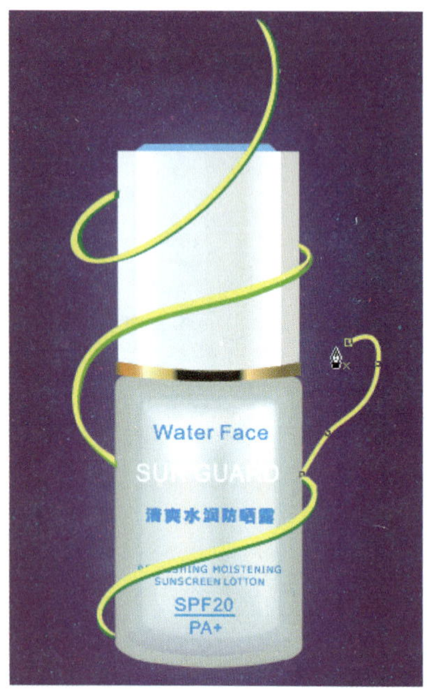

图5-116　绘制花藤

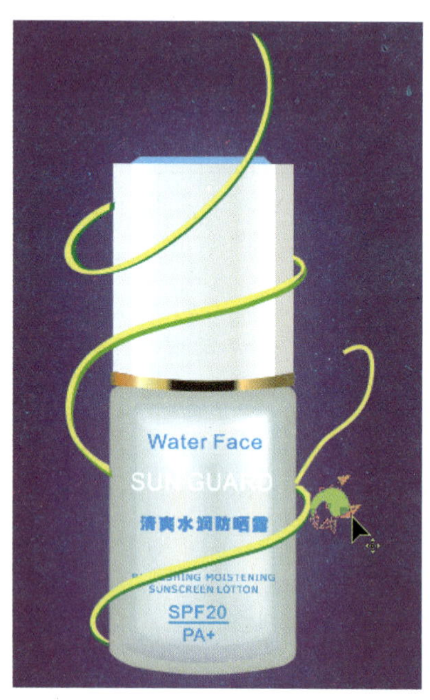

图5-117　绘制叶子

图5-118　绘制叶子

图5-119　绘制好花与叶子后的最终效果图

第6章 CI视觉设计

CI视觉设计是将企业的理念、素质、经营方针、开发、生产、商品、流通等企业经营的所有因素，从文化、形象、传播的角度来进行筛选，找出企业所具有的潜力、存在价值及美的价值加以整合，使它在信息化的社会环境中转换为有效的标识。也可以理解为企业内部对企业的自身识别与来自企业外部对企业特性的识别认同一致。

CIS的简称是CI，全称为Corporate Identity System，译称为企业识别系统，意译为“企业形象统一战略”。

CI是塑造企业形象最为快速、最为便捷的方式和手段。但它并不是一种万能的形象手段，更不是企业经营本身。CI侧重企业信息的传播，与营销、公关、广告相比，CI更具有系统性、整体性。

6.1 标志设计

实例说明

标志设计可以用来制作企业招牌、标志、广告等。如图6-1所示为实例效果图，如图6-2所示为标志的实际应用效果图。

图6-1 “标志设计”最终效果图

图6-2 精彩效果欣赏

设计思路

在CI设计中，标志的制作尤其重要，因为标志是一个企业应用最为广泛、出现最为频繁的要素，具有发动所有视觉设计要素的主导力量，是统一所有视觉设计要素的核心，更重要的是，标志在消费者心中是特定企业、品牌的同一物。标志在视觉系统中则具有识别性、领导性、同一性、时代性、造型性、延伸性和系统性，在我们这幅作品中将以“憧憬”拼音的第一个字母C 和J进行组合而成。

本实例在制作时，先用表格工具绘制出九宫格，在属性栏中确定九宫格的大小，接着在九宫格中输入所需的文字和字母，然后将其排放到适当位置，根据需要确定它们的大小，在拖动时以网格线为基准进行排放，这样便于制作出标准的标志，以便于今后的应用。如图6-3所示为制作流程图。

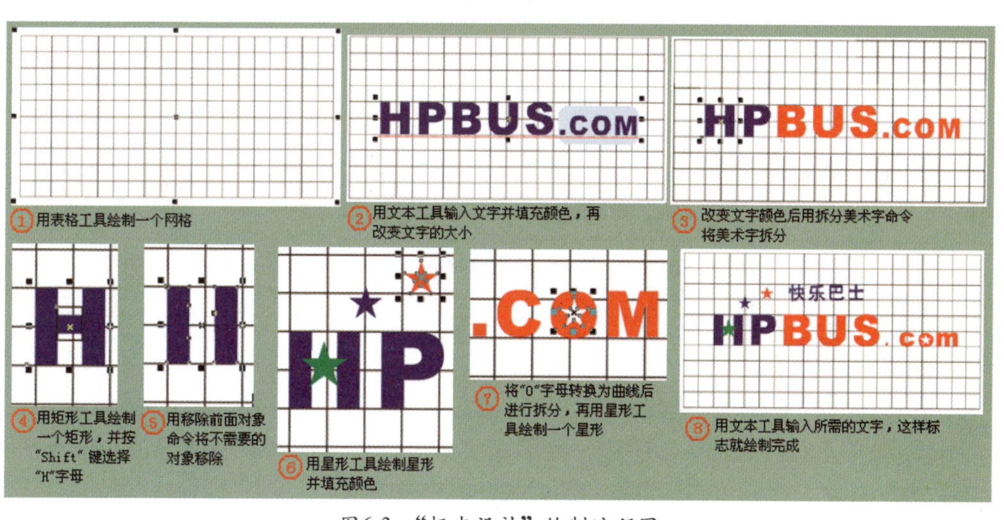

图6-3 “标志设计”绘制流程图

操作步骤

01 按“Ctrl”+“N”键新建一个图形文件，在工具箱中选择表格工具，在属性栏的中设置行为20，列为10，再在绘图页中绘制一个大小为100 mm×50 mm的网格，结果如图6-4所示。

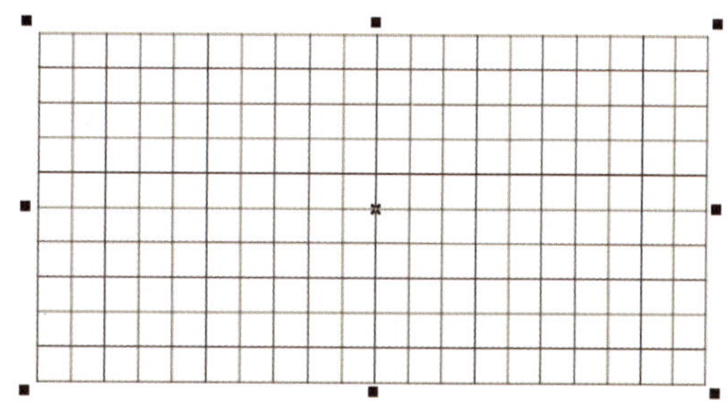

图6-4 用表格工具绘制表格

02 在工具箱中选择字文本工具，在其网格中单击显示光标，再在属性栏中设置参数为 Arial Black 39 pt，在默认的CMYK调色板中单击“蓝”，然后输入“HPBUS.com”文字，结果如图6-5所示。

03 使用文本工具在画面中选择“.com”文字，在属性栏中设置参数为 Arial Black 23.5 pt，得到如图6-6所示的效果。

图6-5 用文本工具输入文字

图6-6 设置字体大小

04 使用文本工具在画面中选择“BUS.com”文字，再在默认的CMYK调色板中单击红，得到如图6-7所示的效果。

05 在工具箱中选择选择工具，在菜单中执行【排列】→【拆分美术字】命令，将文字拆分，结果如图6-8所示。

图6-7 设置字体颜色

图6-8 拆分美术字

06 使用矩形工具在画面中绘制一个矩形，如图6-9所示，再按“Shift”键单击“H”文字同时选择它们，如图6-10所示，然后在菜单中执行【排列】→【造形】→【移除前面对象】命令，得到如图6-11所示的效果。

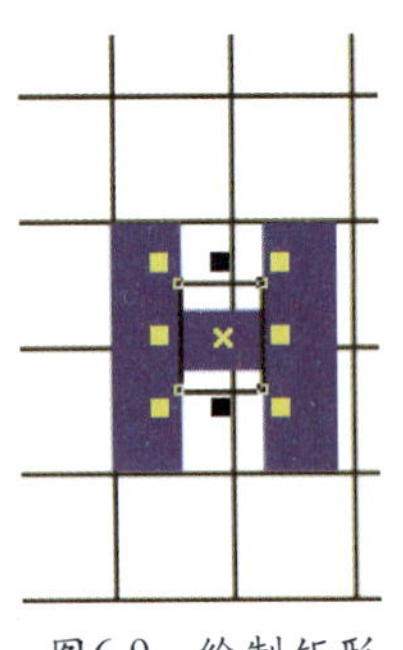
图6-9 绘制矩形

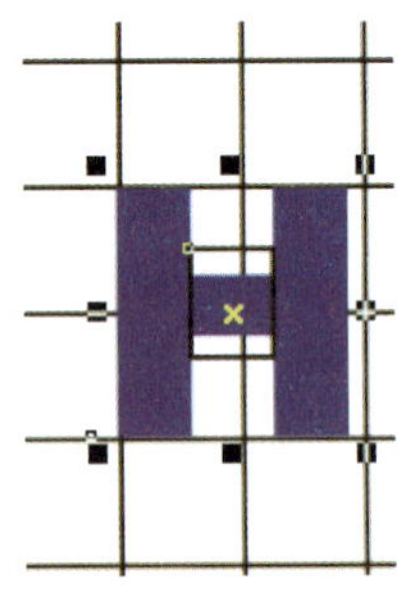
图6-10 选择对象

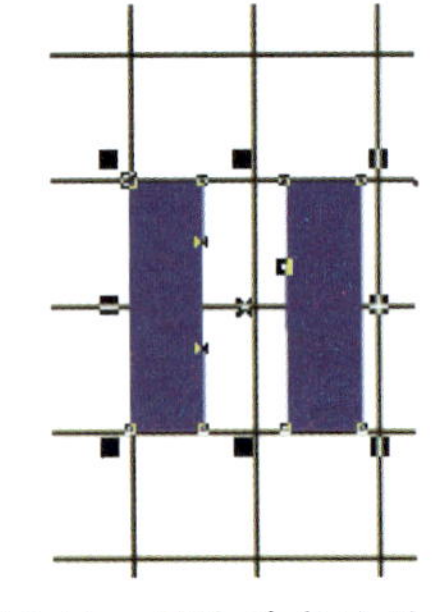
图6-11 移除对象后的效果

07 在工具箱中选择星形工具，在修剪过的对象中绘制一个星形，再在默认的CMYK调色板中单击“绿”，右击“无”，得到如图6-12所示的效果。

08 使用星形工具依次在画面中绘制两个星形，并分别填充为蓝色与红色，绘制完成后的效果如图6-13、图6-14所示。

09 使用选择工具在画面中单击“O”文字，以选择它，按“Ctrl”+“Q”键将其转换为曲线，如图6-15所示，再按“Ctrl”+“K”键将其拆分，拆分后的效果如图6-16所示。

10 使用星形工具在画面中绘制一个白色星形，绘制完成后的效果如图6-17所示。

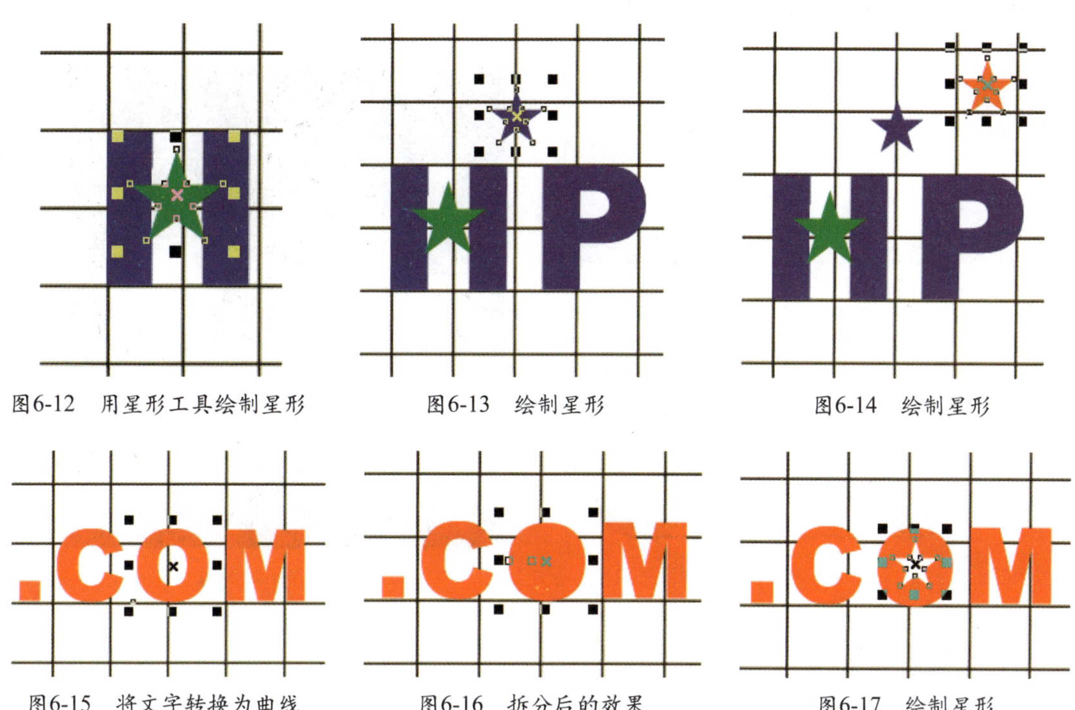

图6-12 用星形工具绘制星形　　图6-13 绘制星形　　图6-14 绘制星形

图6-15 将文字转换为曲线　　图6-16 拆分后的效果　　图6-17 绘制星形

11 在工具箱中选择文本工具，在其网格中单击显示光标，再在属性栏中设置参数为 文鼎CS大黑 17 pt ，在默认的CMYK调色板中单击“蓝”，然后输入“快乐巴士”文字，结果如图6-18所示。这样作品就制作完成了。

图6-18 绘制好的最终效果图

6.2 挂牌设计

实例说明

挂牌设计可以用来制作产品挂牌、标签、扣牌、广告和商场挂牌等。如图6-19所示为实例效果图，如图6-20所示为挂牌实际应用效果图。

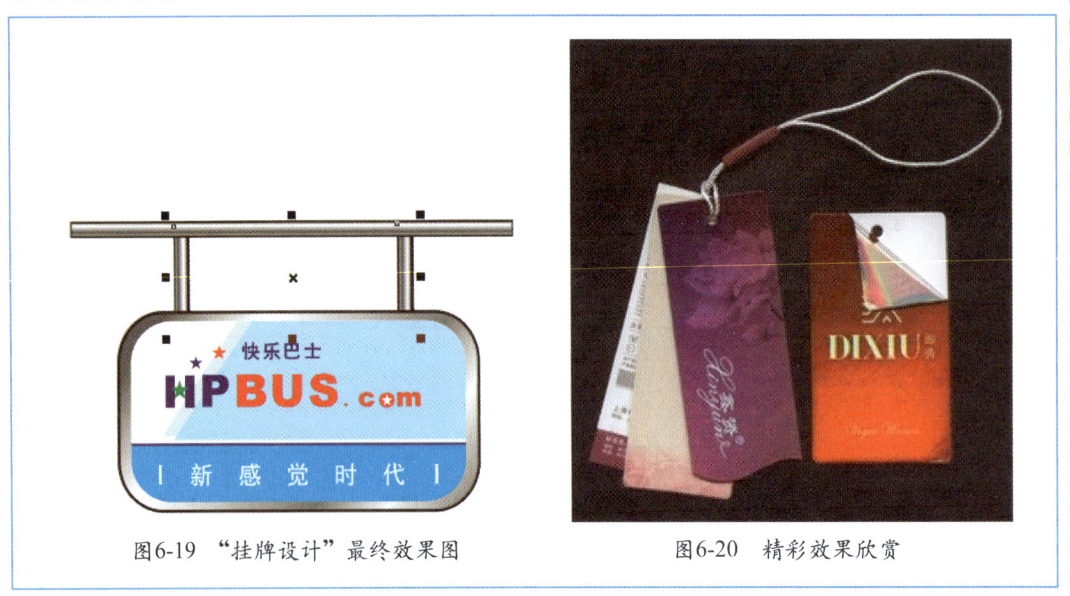

图6-19 “挂牌设计”最终效果图　　图6-20 精彩效果欣赏

设计思路

本例在制作过程中，先用矩形工具、复制、钢笔工具绘制挂牌的形状与背景，然后用打开、复制与粘贴、选择工具、文本工具、置于图文框内容、渐变填充等绘制挂牌添加内容与挂的支撑杆。如图6-21所示为制作流程图。

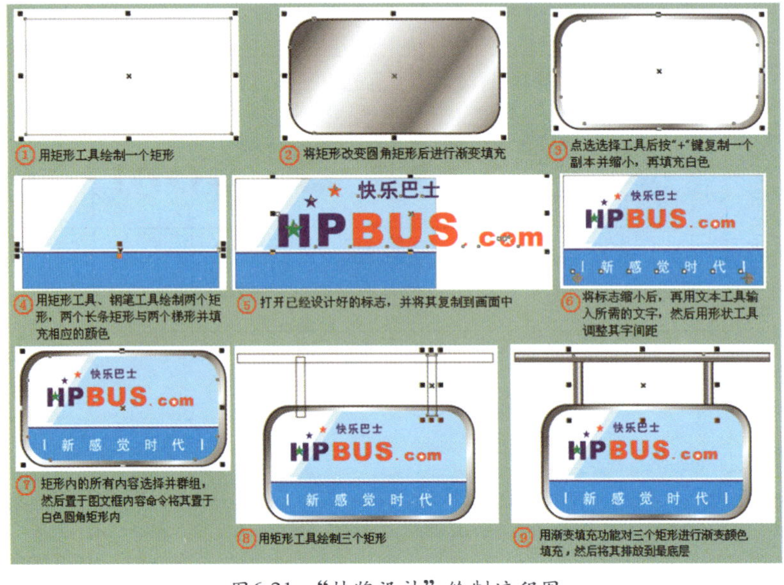

图6-21 “挂牌设计”绘制流程图

操作步骤

01 按“Ctrl”+“N”键新建一个图形文件，接着在工具箱中选择矩形工具，再在绘图页中绘制出一个大小为65 mm×35 mm的矩形，结果如图6-22所示。

02 在属性栏的中输入8.0 mm，将矩形改为圆角矩形，再在（轮廓宽度）列表中选择“0.5 mm”，将轮廓线加粗，得到如图6-23的效果。

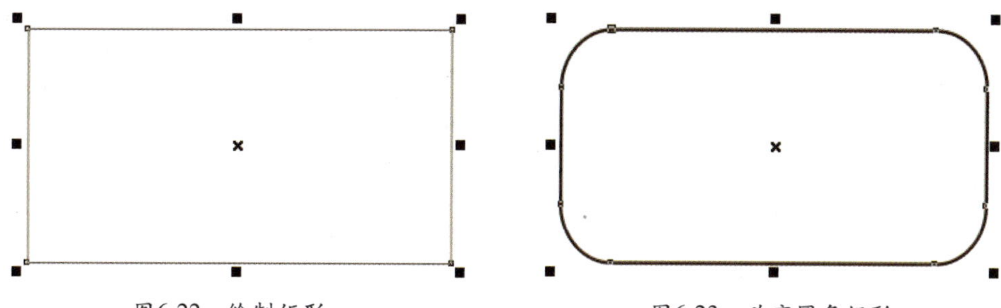

图6-22 绘制矩形　　图6-23 改变圆角矩形

03 按“F11”键弹出【渐变填充】对话框，在其中设置所需的渐变，具体参数如图6-24所示，设置完成后单击【确定】按钮，得到如图6-25所示的效果。

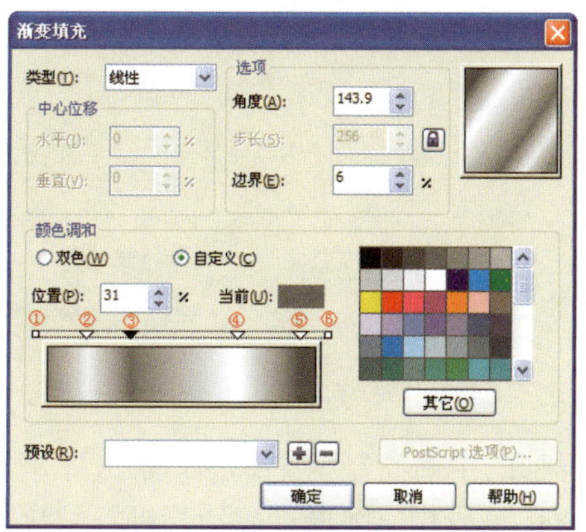

图6-24 【渐变填充】对话框

图6-25 渐变填充后的效果

说 明

色标1的颜色为60% 黑，色标2的颜色为10% 黑，色标3的颜色为70% 黑，色标4的颜色为白，色标5的颜色为80% 黑，色标6的颜色为80% 黑。

04 在键盘上按“+”键复制一个副本，再在默认的CMYK调色板中单击“白”，右击“无”，然后按“Shift”键拖动对角控制柄与两边中间控制柄缩小副本，缩小后的效果如图6-26所示。

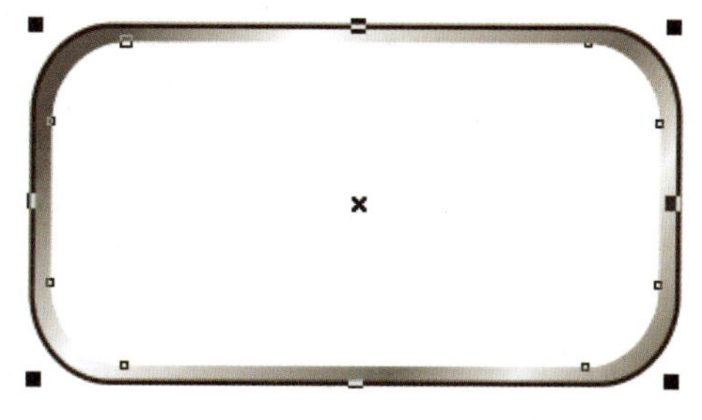

图6-26 复制并缩小对象

05 使用矩形工具在空白处绘制一个大小为62 mm×33 mm的矩形，如图6-27所示，接着在矩形的下部绘制一个矩形，并在默认的CMYK调色板中单击“青”，右击“无”，得到如图6-28所示的效果。

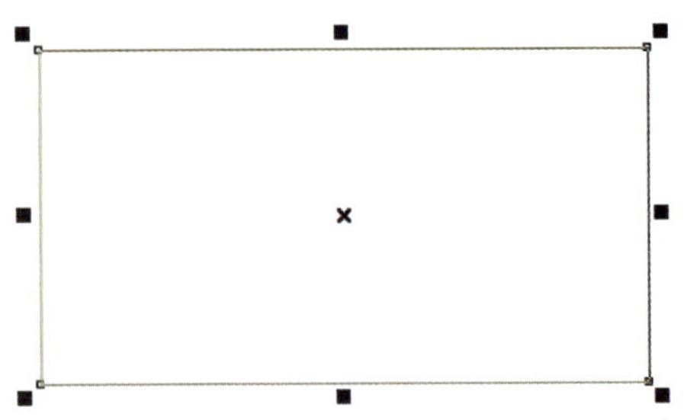

图6-27 绘制矩形

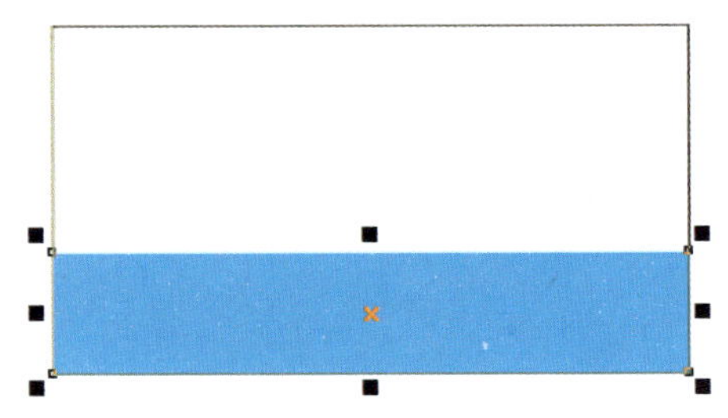

图6-28 绘制矩形并填充颜色

06 使用钢笔工具在画面中绘制一个梯形，并在【颜色】泊坞窗中设置颜色为“C23、M5、Y8、K0”，如图6-29所示，单击【填充】按钮，在默认的CMYK调色板中右击“无”，得到如图6-30所示的效果。

07 使用钢笔工具在画面中绘制一个梯形，在默认CMYK调色板中单击“冰蓝”，右击“无”，得到如图6-31所示的效果。

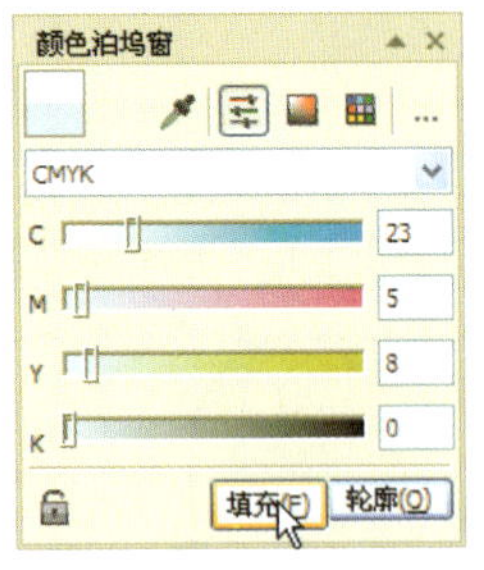

图6-29 【颜色】泊坞窗

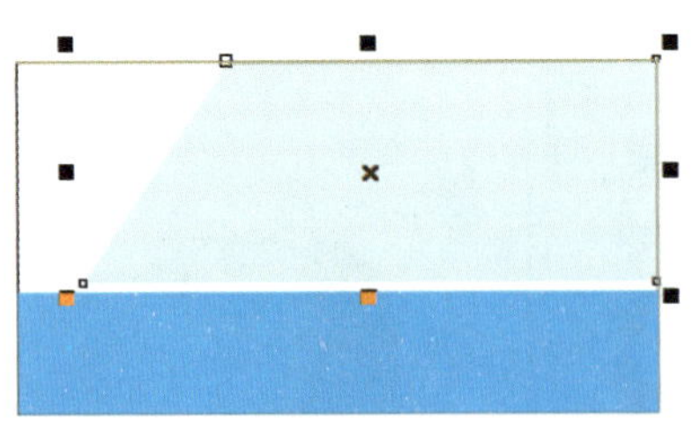

图6-30 填充颜色后的效果

图6-31 绘制梯形并填充颜色

08 使用矩形工具在画面中青色矩形与冰蓝色梯形的中间绘制一个长细矩形（即矩形工具绘制一条直线，目的是为了在缩放图形时该直线与其他图形可同比例进行缩放），再在默认的CMYK调色板中单击“蓝”，右击“无”，得到如图6-32所示的效果。接着使用同样的方法再绘制一条白色的直线，绘制完成后的效果如图6-33所示。

图6-32 用矩形工具绘制直线

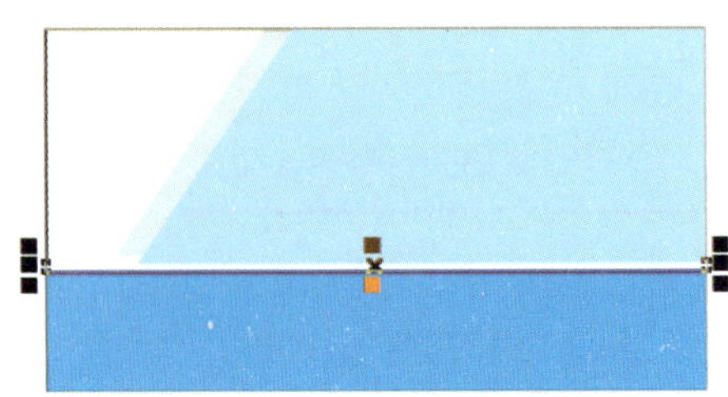

图6-33 用矩形工具绘制直线

09 按“Ctrl”＋“O”键打开已经制作好的标志，并使用选择工具在网格中框选除网格外的所有内容，如图6-34所示，接着按“Ctrl”＋“C”键进行复制，在【窗口】菜单中选择正在制作挂牌的文件，然后按“Ctrl”＋“V”键进行粘贴，将复制的内容粘贴到挂牌文件中，再将其移动到适当位置，如图6-35所示。

10 按“Shift”键将标志缩小到所需的大小，缩小后的效果如图6-36所示。

11 在工具箱中选择文本工具，在青色矩形中单击显示光标，再在属性栏中设置参数为，在默认的CMYK调色板中单击“白”，然后输入“[新感觉时代]”文字，结果如图6-37所示。

图6-34 打开的标志

图6-35 复制标志至挂牌中

图6-36 调整大小

图6-37 输入文字

12 在工具箱中选择形状工具，拖动字间距图标向右至适当位置，加宽字与字之间的间距，如图6-38所示。

13 使用选择工具框选所需的内容，如图6-39所示，按“Ctrl”+“G”键群组。

图6-38 用形状工具调整间距

图6-39 群组

14 在菜单中执行【效果】→【图框精确剪裁】→【置于图文框内容】命令，再使用指针单击前面绘制的白色圆角矩形，如图6-40所示，即可将选择的群组对象置于所单击的容器中，结果如图6-41所示。

15 使用矩形工具在圆角矩形的上方绘制一个长矩形条，用来表示钢管，如图6-42所示，接着绘制两个垂直方向的矩形条，如图6-43所示。

16 在长矩形条上单击以选择它，按“F11”键弹出【渐变填充】对话框，在其中设置所需的渐变，具体参数如图6-44所示，设置完成后单击【确定】按钮，再清除其轮廓色，得到如图6-45所示的效果。

图6-40　图框精确剪裁

图6-41　图框精确剪裁

图6-42　绘制矩形

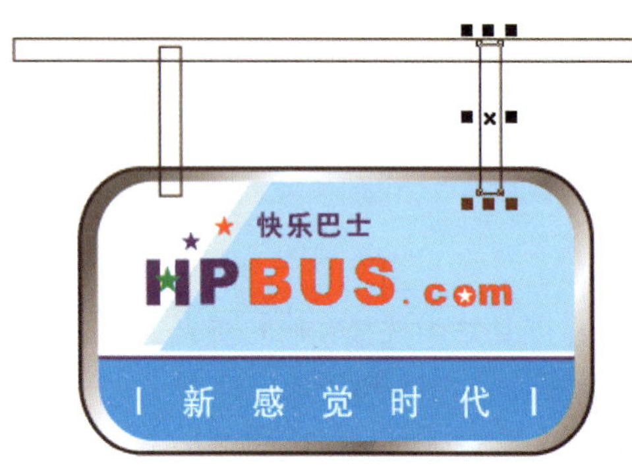

图6-43　绘制矩形

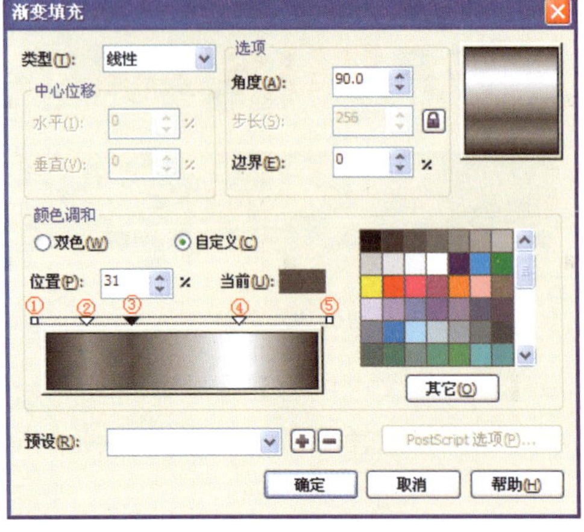

图6-44　【渐变填充】对话框

图6-45　渐变填充后的效果

说　明

色标1的颜色为黑，色标2的颜色为60%黑，色标3的颜色为84%黑，色标4的颜色为白，色标5的颜色为黑。

17 在状态栏中拖动渐变图标至垂直的矩形中，当指针呈 状时松开左键，即可用长矩形的渐变颜色对其进行填充，如图6-46所示。再使用同样的方法对左边的矩形进行渐变填充，填充后的效果如图6-47所示。

18 使用选择工具在画面中框选刚绘制的两个垂直矩形同时选择它们，再按“Shift”+“PgDn”键将其排放到最底层，得到如图6-48所示的效果。这样挂牌就制作完成了。

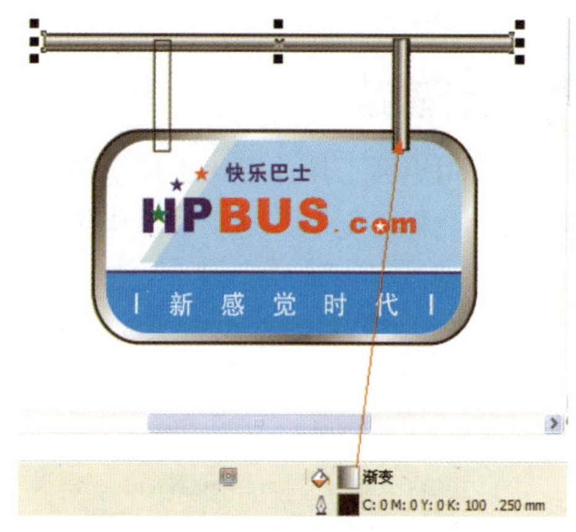

图6-46 应用已有渐变颜色

图6-47 应用已有渐变颜色

图6-48 绘制好的最终效果图

6.3 挂旗设计

实例说明

挂旗设计可以用来制作招牌、广告、企业象征用旗或彩旗等。如图6-49所示为实例效果图，如图6-50所示为挂旗的实际应用效果图。

图6-49 “挂旗设计”最终效果图

图6-50 精彩效果欣赏

设计思路

先使用矩形工具、形状工具绘制出挂旗的结构，接着对它们进行相应颜色填充，然后将企业标志复制并拖动到适当位置，再输入宣传装饰语。如图6-51所示为制作流程图。

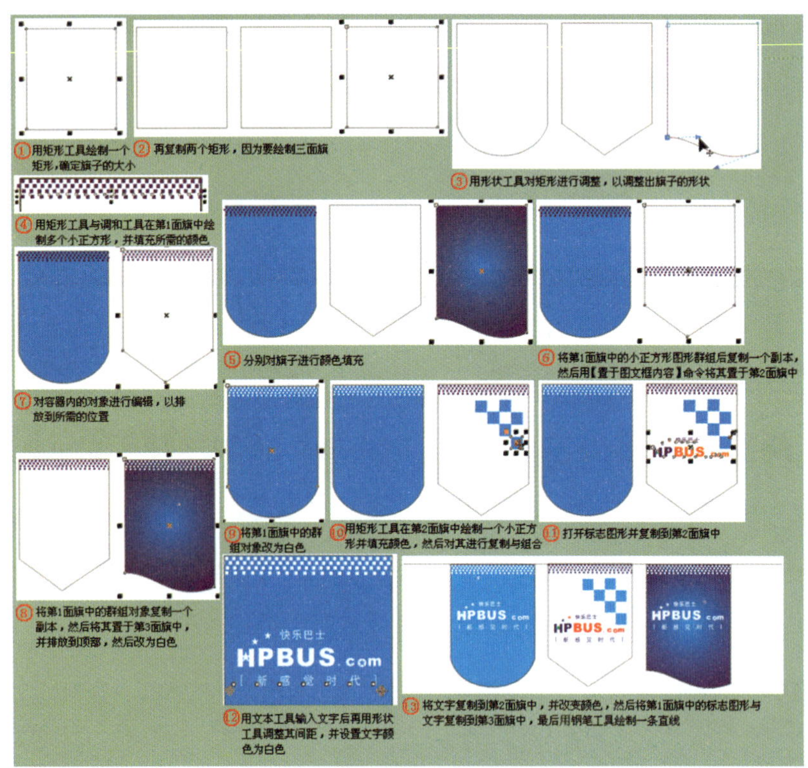

图6-51 “挂旗设计”绘制流程图

操作步骤

01 按“Ctrl”+“N”键新建一个图形文件，在工具箱中选择矩形工具，再在绘图页中绘制一个大小为28 mm×30 mm的矩形，结果如图6-52所示。

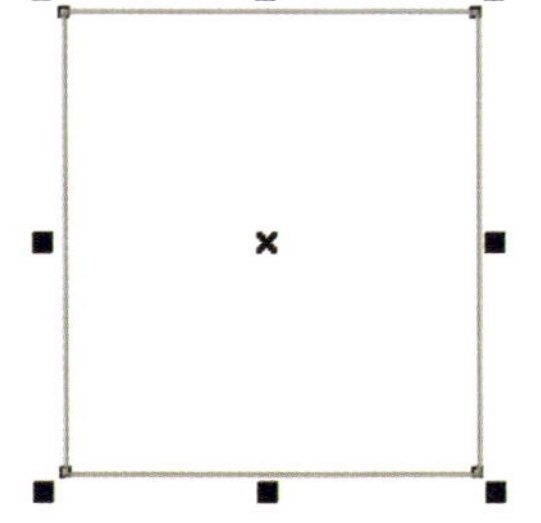

图6-52 用矩形工具绘制矩形

02 在属性栏中单击按钮，将矩形转换为曲线，按“Ctrl”键将其向右拖至适当位置右击，复制一个副本，结果如图6-53所示，再按“Ctrl”键将其向右拖至适当位置右击，复制一个副本，得到如图6-54所示的结果。

03 在工具箱中选择形状工具，移动指针到左下角的节点上单击选择它，如图6-55所示，在属性栏中单击按钮，将直线段改为可调为曲线段的线段，从而显示两个控制杆，如图6-56所示。

03 移动指针到下边中间位置，按下左键将其向下拖动到适当位置，将直线段改为曲线段，结果如图6-57所示，然后分别拖动控制杆上的控制点调整曲线段的形状，调整后的结果如图6-58所示。

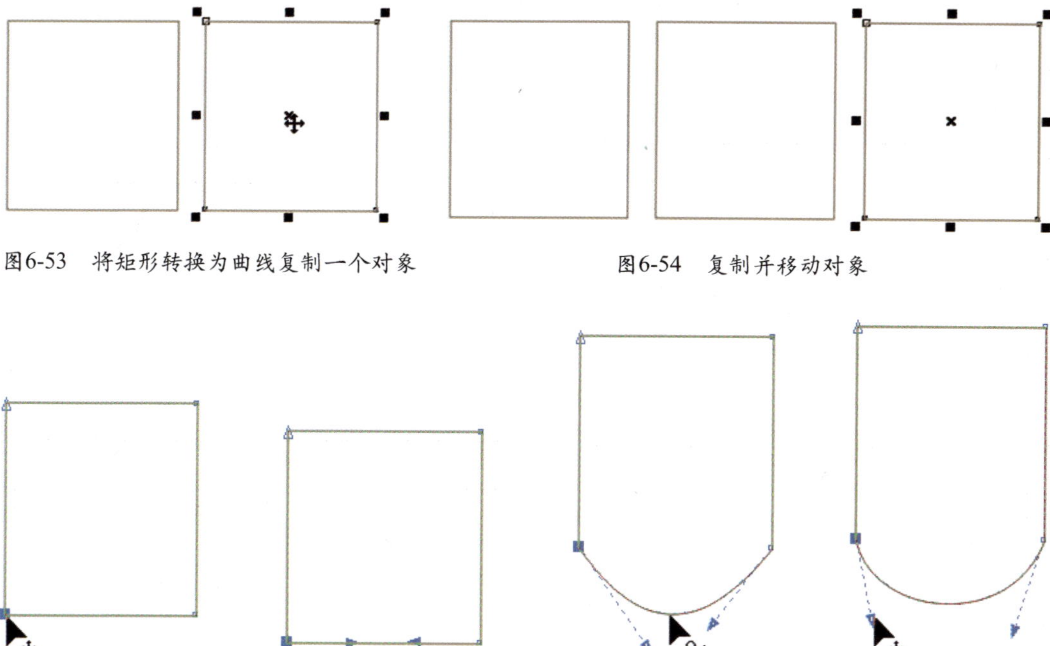

图6-53 将矩形转换为曲线复制一个对象　图6-54 复制并移动对象

图6-55 选择节点　图6-56 将直线段改为曲线段　图6-57 调整形状　图6-58 调整形状

05 在第2个矩形下边的中间位置双击，添加一个节点，如图6-59所示，然后将其向下拖至适当位置，如图6-60所示。

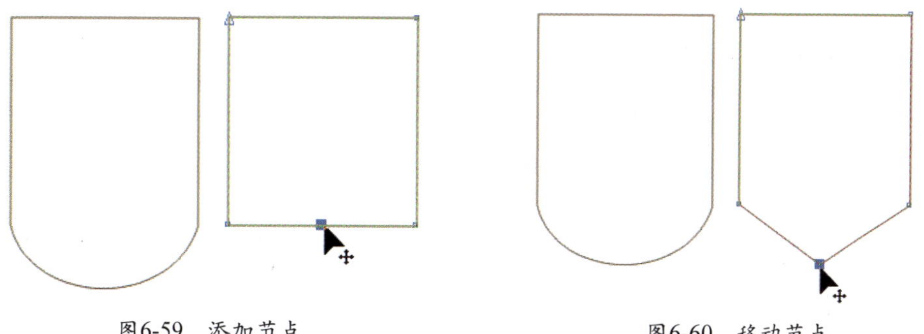

图6-59 添加节点　图6-60 移动节点

06 使用前面同样的方法对第3个矩形进行形状调整，调整后的结果如图6-61所示。

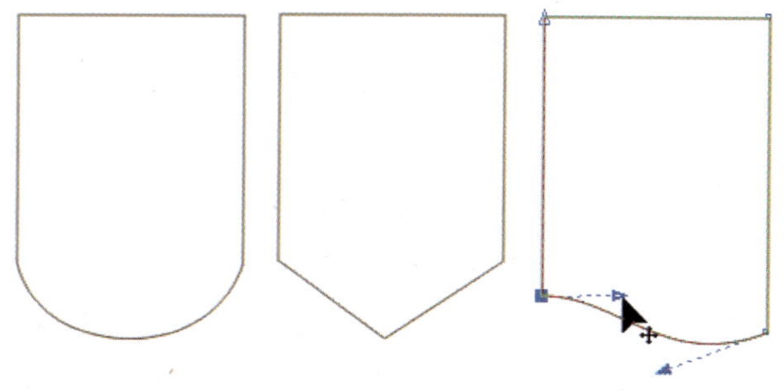

图6-61 调整形状

07 使用缩放工具在画面中框住第1个矩形将其放大，使用矩形工具在第1个图形的左上角绘制一个矩形，并在默认的CMYK调色板中单击“蓝”，将它填充为蓝色，再按“Ctrl”键将其向右拖动到右上角右击，复制一个副本，结果如图6-62所示。

08 在工具箱中选择调和工具，再在画面中两个蓝色矩形上拖动，将它们进行调和，然后在属性栏的 22 中输入“22”，将步长值改为22，得到如图6-63所示调和效果。

图6-62 绘制小矩形并复制一个副本　　图6-63 调和对象

09 使用选择工具将调和对象向左下方拖动到适当位置右击，复制一个副本，结果如图6-64所示；然后使用同样的方法再复制两个副本，复制完成后的效果如图6-65所示。

图6-64 移动并复制对象　　图6-65 移动并复制对象

10 保持最后一个副本的选择，选择调和工具，并在属性栏的 18 中输入18，将步长值改为18，得到如图6-66所示的效果。

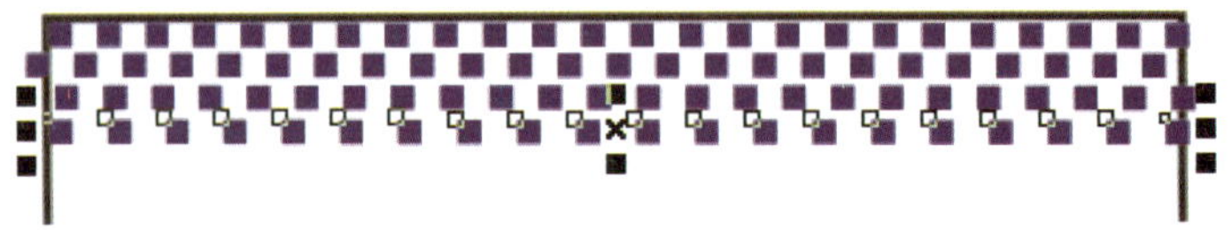

图6-66 改变步长值

11 按“F4”键到适合大小显示，接着使用选择工具框选绘制的4个调和对象，按“Ctrl”+“G”键群组，如图6-67所示。

12 在画面中单击第1个图形，在默认的CMYK调色板中单击“青”，将它填充为青色，结果如图6-68所示。

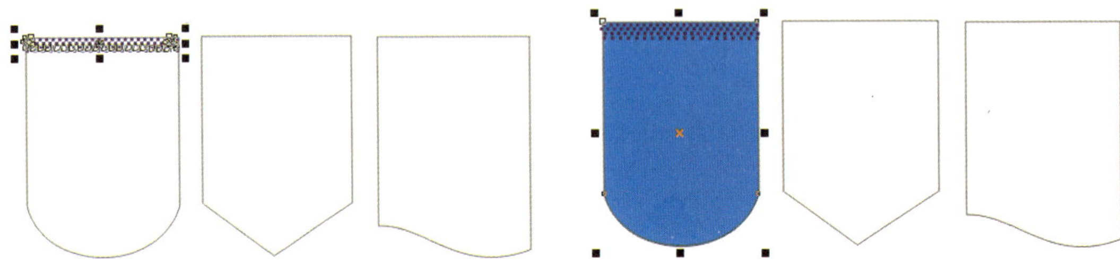

图6-67 群组对象　　图6-68 填充青色

13 在画面中单击第3个图形，按“F11”键弹出【渐变填充】对话框，在其中设定【类型】为“辐射”，【从】为“蓝”，【到】为“青”，【水平】为“0%”，【垂直】为“4%”，其他不变，如图6-69所示，单击【确定】按钮，得到如图6-70所示的效果。

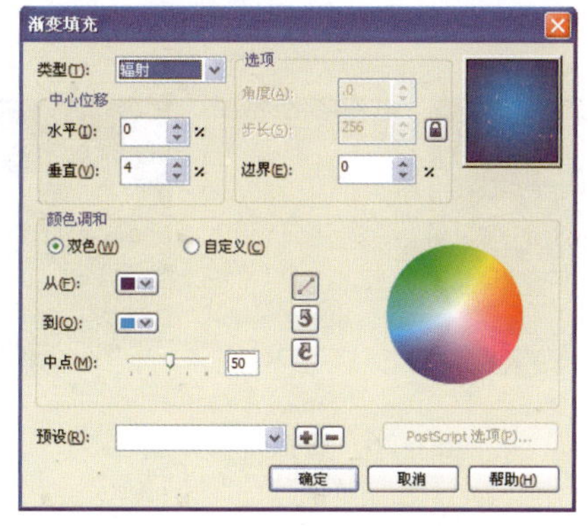

图6-69 【渐变填充】对话框

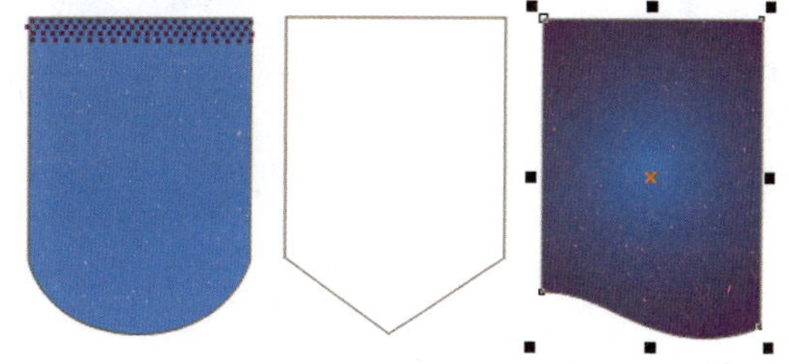

图6-70 渐变填充后的效果

14 在画面中单击群组对象选择它，按“+”键复制一个副本，在菜单中执行【效果】→【图框精确剪裁】→【置于图文框内容】命令，移动指针到第2个图形上单击，如图6-71所示，使选择的群组对象置于所单击的容器中，结果如图6-72所示。

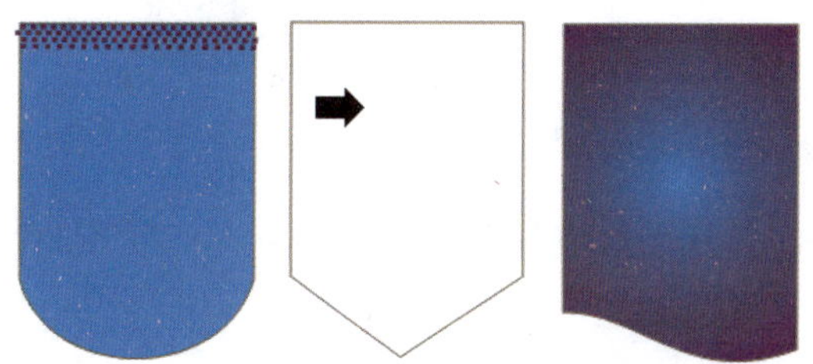

图6-71 图框精确剪裁

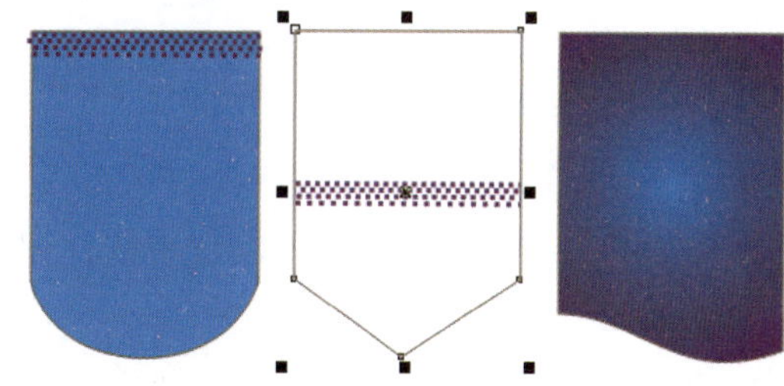

图6-72 图框精确剪裁

15 按“Ctrl”键在第2个图形上单击使它处于编辑状态，再在群组对象上单击选择它，然后将其向上移动到上边，如图6-73所示，再按“Ctrl”键在图形外的空白处单击完成编辑，得到如图6-74所示的效果。

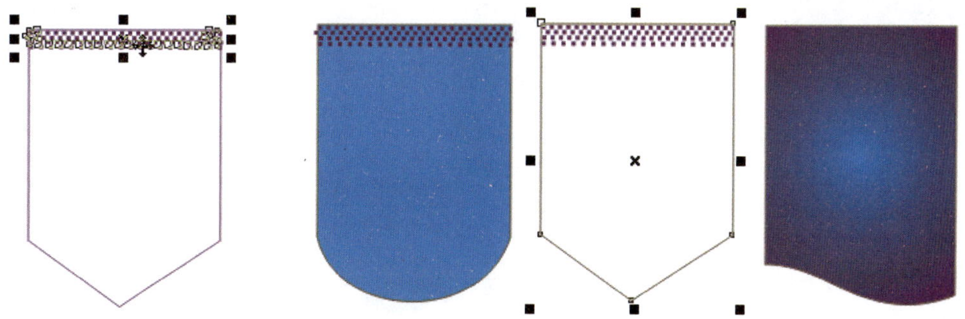

图6-73 编辑图文框中内容　　图6-74 完成编辑后的效果

16 在画面中第1个图形中单击群组对象选择它，按“+”键复制一个副本，在菜单中执行【效果】→【图框精确剪裁】→【置于图文框内容】命令，移动指针到第3个图形上单击，如图6-75所示，使选择的群组对象置于所单击的容器中，结果如图6-76所示。

17 按“Ctrl”键在第3个图形上单击使它处于编辑状态，再在群组对象上单击选择它，然后将其向上移动到上边，并在默认的CMYK调色板中单击“白”，将它填充为白色，得到如图6-77所示的效果，再按“Ctrl”键在图形外的空白处单击完成编辑，得到如图6-78所示的效果。

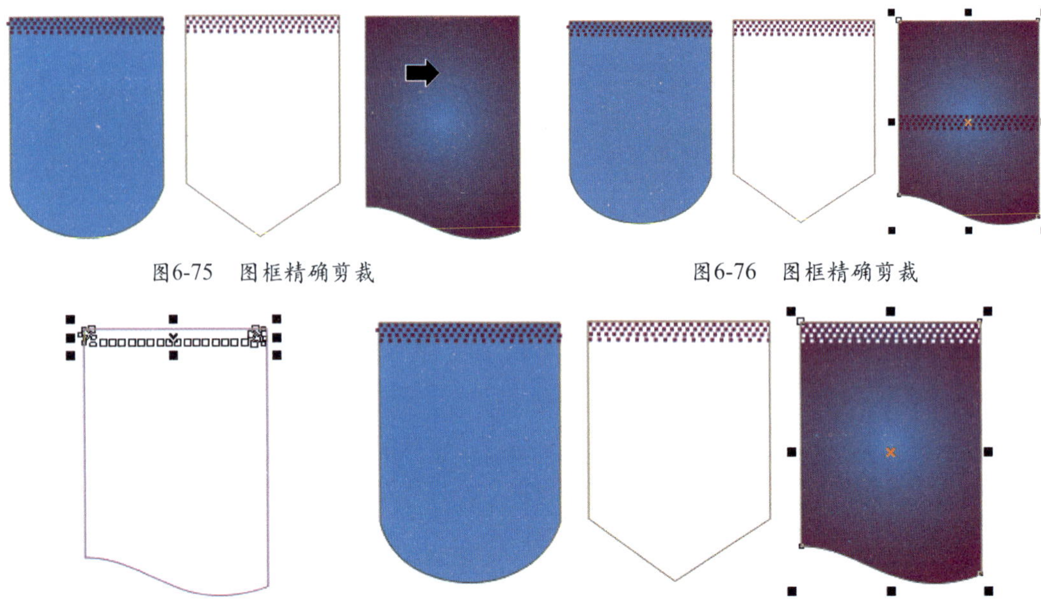

图6-75　图框精确剪裁　　图6-76　图框精确剪裁

图6-77　编辑图文框中内容　　图6-78　完成编辑后的效果

18 使用同样的方法将群组对象置于第1个图形内，并进行适当调整与更改颜色，调整后的效果如图6-79所示。

19 使用矩形工具在画面中第2个图形中绘制一个矩形，将其填充为青色并清除轮廓色，结果如图6-80所示，接着将青色矩形向右下方拖动到适当位置右击复制一个副本，如图6-81所示。

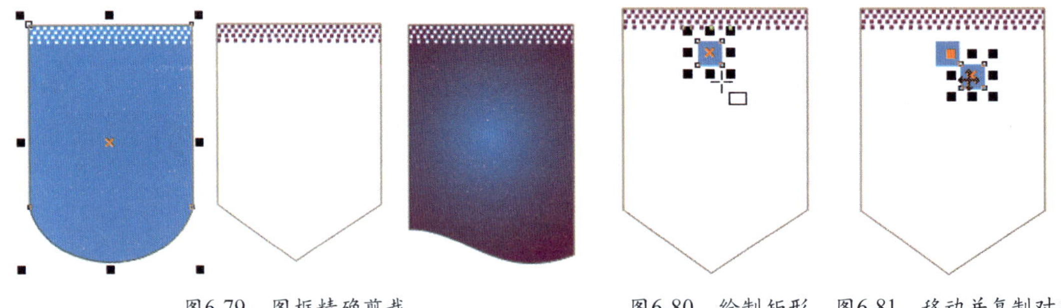

图6-79　图框精确剪裁　　图6-80　绘制矩形　图6-81　移动并复制对象

20 使用同样的方法再复制多个副本，复制完成后的效果如图6-82所示。

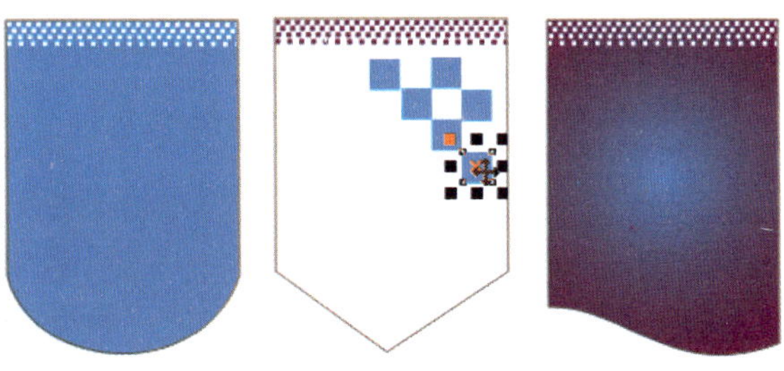

图6-82　移动并复制对象

21 按“Ctrl”+“O”键打开已经制作好的标志，使用选择工具在网格中框选除网格外的所有内容，如图6-83所示，接着按“Ctrl”+“C”键进行复制，在【窗口】菜单中选择正在设计挂旗的文件，然后按“Ctrl”+“V”键进行粘贴，将复制的内容粘贴到挂旗文件中，再将其移动到适当位置，并根据需要调整其大小，调整后的结果如图6-84所示。

图6-83　打开标志

图6-84　复制标志到挂旗中并调整其大小

22 按“+”键复制一个副本，将其向左拖动到第1面旗中，在默认的CMYK调色板中单击“白”，将它填充为白色，得到如图6-85所示的效果。

23 使用选择工具在画面中单击选择“O”字中的星形，再在默认的CMYK调色板中单击“青”，将它填充为青色，得到如图6-86所示的效果。

图6-85　复制并改变颜色

图6-86　选择并改变对象颜色

24 在工具箱中选择字文本工具，在其青色矩形中单击显示光标，在属性栏中设置参数为，在默认的CMYK调色板中单击“白”，然后输入“[新感觉时代]”文字。在工具箱中选择形状工具，拖动字间距图标向右至适当位置，加宽字与字之间的间距，如图6-87所示。

图6-87　输入文字

25 在键盘上按“+”键复制一个副本，再将其拖动到第2面旗中，然后在默认的CMYK调色板中单击“蓝”，使文字填充为蓝色，结果如图6-88所示，然后使用选择工具框选第1面旗中的标志与文字，将其拖动到第3面旗中右击复制一个副本，如图6-89所示。

说　明

可以直接从前面制作好的文件中复制该文字，这里是为了讲解方便。

26 使用钢笔工具在画面中三个图形的上方绘制一条直线，如图6-90所示。这样挂旗就制作完成了。

图6-88 移动并复制文字

图6-89 移动并复制标志与文字

图6-90 绘制好的最终效果图

6.4 桌面旗设计

实例说明

桌面旗设计可以用来制作招牌、广告、企业象征用旗或彩旗等。如图6-91所示为实例效果图，如图6-92所示为桌面旗的实际应用效果图。

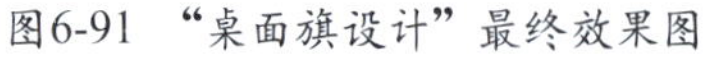

图6-91 “桌面旗设计”最终效果图

图6-92 精彩效果欣赏

设计思路

先用矩形工具、多边形工具、椭圆形工具、星形工具绘制出桌面旗的结构，接着对它们进行相应颜色填充与旋转，然后将企业标志复制并拖动到适当位置。如图6-93所示为制作流程图。

图6-93 “桌面旗设计”绘制流程图

操作步骤

（1）绘制旗底座

01 按“Ctrl”+“N”键新建一个图形文件，在工具箱中选择矩形工具，再在绘图页中绘制一个大小为50 mm×7 mm的矩形，然后在中输入“3”，将矩形改为圆角矩形，用来表示底座，结果如图6-94所示。

02 在工具箱中选择多边形工具，并在属性栏的中输入“3”，在画面中圆角矩形上绘制一个三角形，如图6-95所示。

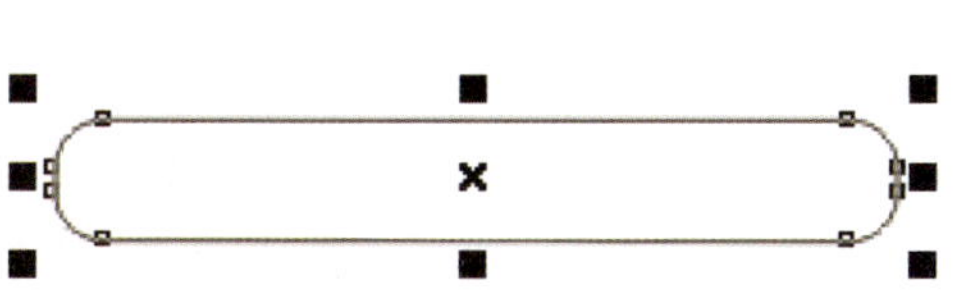

图6-94 绘制圆角矩形

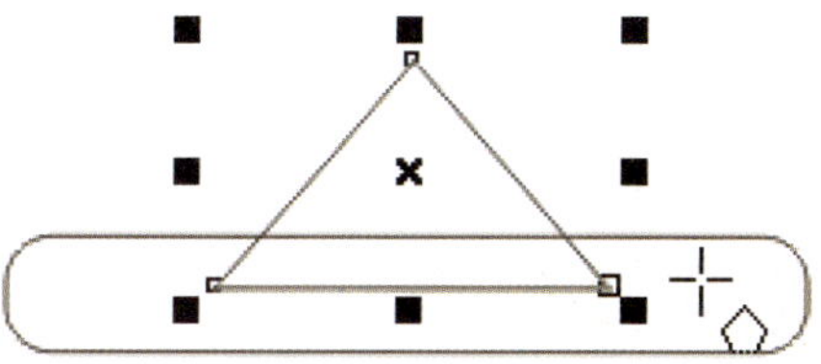

图6-95 用多边形工具绘制三角形

03 按“Shift”键在画面中单击圆角矩形，以同时选择它们，再在默认的CMYK调色板中单击“红”，右击“无”，得到如图6-96所示的效果。

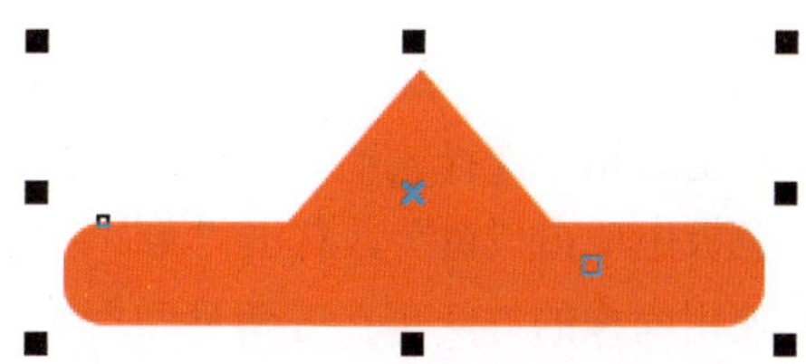

图6-96 填充颜色后的效果

（2）绘制国旗

04 使用矩形工具在三角形的顶角上绘制一个

长细矩形，用来表示旗杆，如图6-97所示。

05 按“F11”键弹出【渐变填充】对话框，在其中设定【从】为“30%黑”，【到】为“白”，其他不变，如图6-98所示，单击【确定】按钮，在默认的CMYK调色板中右击“无”，清除轮廓色，得到如图6-99所示的效果。

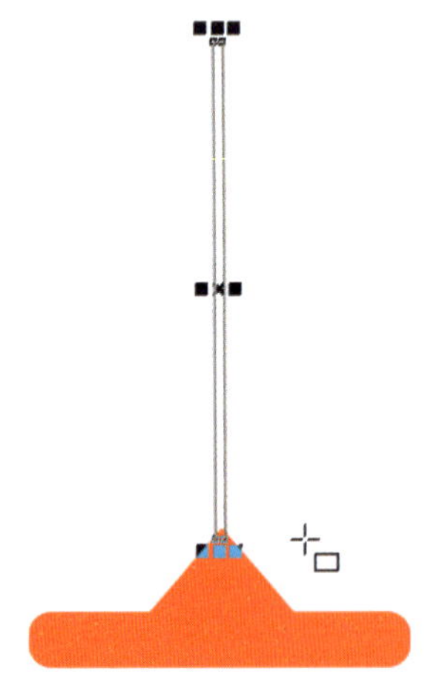

图6-97 绘制旗杆

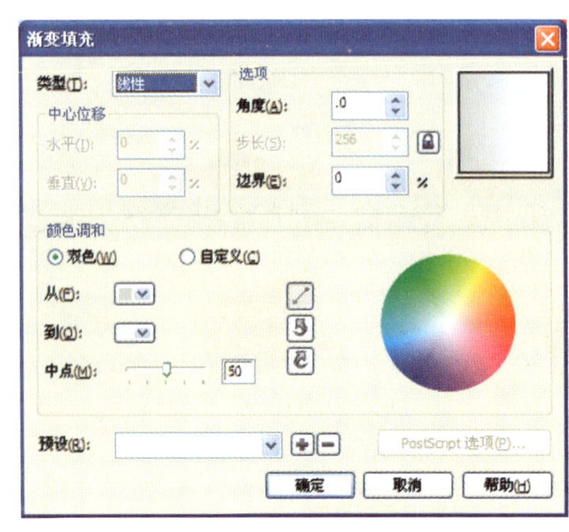

图6-98 【渐变填充】对话框

图6-99 渐变填充后的效果

06 使用椭圆形工具在旗杆的上端绘制一个圆形，如图6-100所示，按“F11”键弹出【渐变填充】对话框，在其中设定【从】为“50% 黑”，【到】为“白”，【水平】为“18%”，【垂直】为“35%”，其他不变，如图6-101所示，单击【确定】按钮，在默认的CMYK调色板中右击“无”，清除轮廓色，得到如图6-102所示的效果。

图6-100 绘制圆形

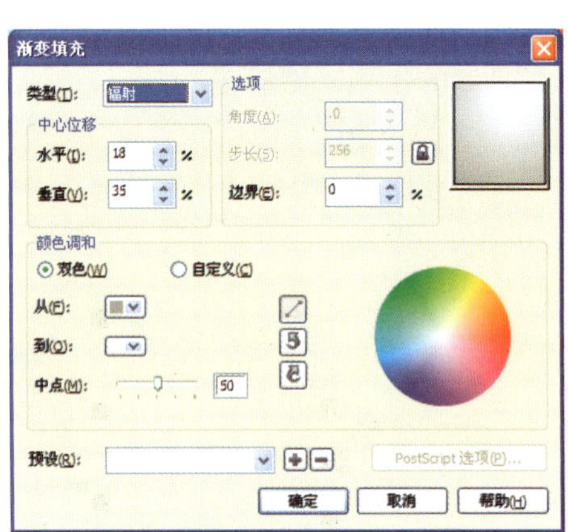

图6-101 【渐变填充】对话框

图6-102 渐变填充后的效果

07 使用矩形工具在画面中旗杆的上部绘制一个矩形，用来表示旗面，并在默认的CMYK调色板中单击“红”，右击“无”，得到如图6-103所示的效果。

08 在工具箱中选择星形工具，在旗面的左上角绘制一个五角星，并在默认的CMYK调色板中单击“黄”，右击“无”，得到如图6-104所示的效果。

09 使用同样的方法再在五角星的右上方绘制一个小一点的五角星，并填充为黄色，右击“无”，画面效果如图6-105所示，然后拖动该五角星到其他的不同位置右击复制三个副本，使这4个五角星围绕大五角星，如图6-106所示。这样国旗就绘制好了。

（3）绘制企业旗

10 使用选择工具在画面中框选国旗，按“Ctrl”+“G”键将其群组，再按“+”键复制一个副本，如图6-107所示，

图6-103 绘制矩形

图6-104 绘制五角星

图6-105 绘制五角星

图6-106 移动并复制五角星

图6-107 群组后复制一个副本

11 在属性栏中单击按钮，将选择的对象进行水平翻转，翻转后的结果如图6-108所示；然后按“Ctrl”键将其移动到适当位置，并使旗杆重叠，结果如图6-109所示。

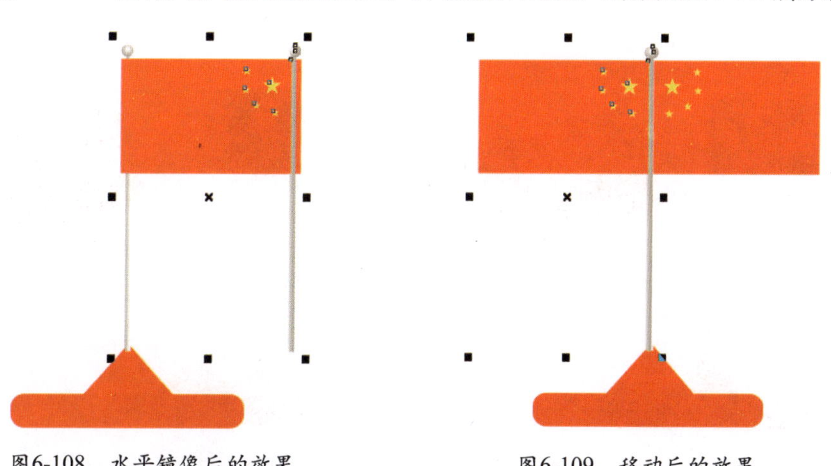

图6-108 水平镜像后的效果

图6-109 移动后的效果

⑫ 在画面中双击右边的国旗，使选择框成为旋转框，再拖动中心控制柄至旗杆的下端，如图6-110所示，然后在属性栏的 342.0 ° 中输入“342”后按回车键，将国旗进行旋转，旋转后的效果如图6-111所示。

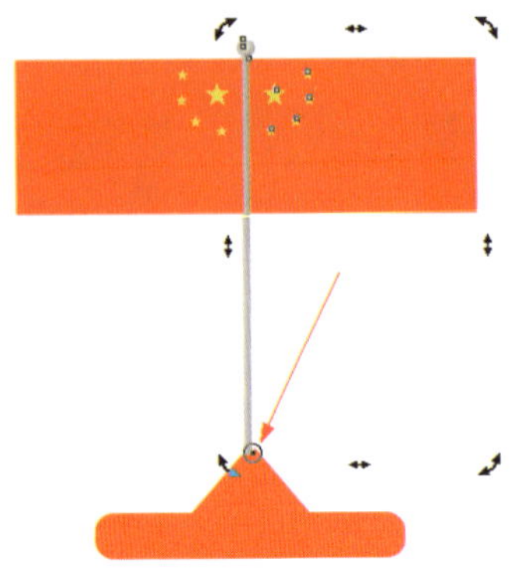

图6-110　进入旋转状态并移动中心点

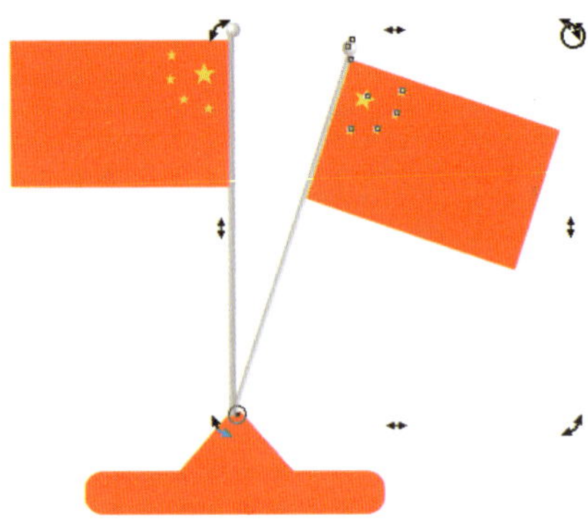

图6-111　旋转后的效果

⑬ 按“Ctrl”键在画面中单击左边的国旗面，使它处于选择状态，再在默认的CMYK调色板中单击“冰蓝”，得到如图6-112所示的效果。

⑭ 按“Ctrl”键在天蓝色矩形中单击选择五角星，如图6-113所示，再按“Del”键将其删除，删除后的结果如图6-114所示。

⑮ 使用同样的方法将冰蓝色矩形内的五角星依次选择并删除，删除后的结果如图6-115所示。

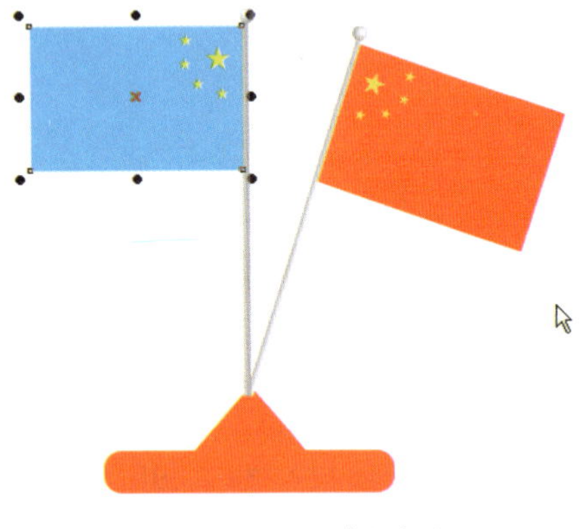

图6-112　改变填充颜色

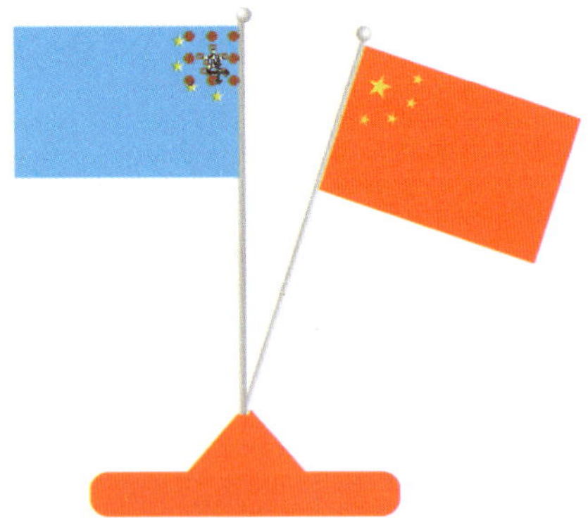

图6-113　选择对象

图6-114　删除五角星

图6-115　删除五角星后的效果

16 按“Ctrl”+“O”键打开已经制作好的挂旗，再使用选择工具框选标志与文字，如图6-116所示，然后按“Ctrl”+“C”键进行复制。

17 在【窗口】菜单中选择正在编辑的文件，再按“Ctrl”+“V”键将其粘贴到画面中，并将其拖动到冰蓝色旗面中，然后拖动对角控制柄调整其大小，调整后的结果如图6-117所示；按“+”键复制一个副本并将其拖至空白处，以作备用。

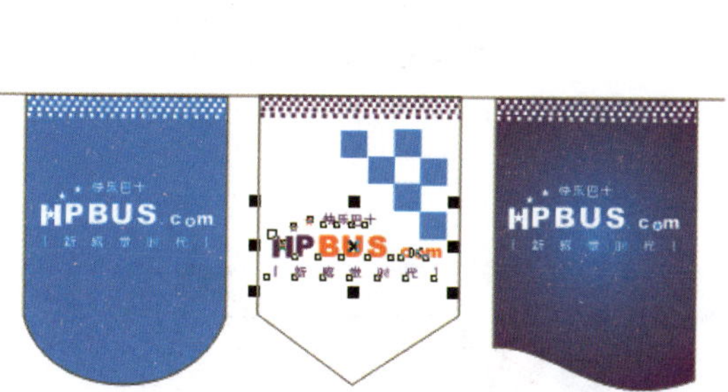

图6-116 打开的挂旗

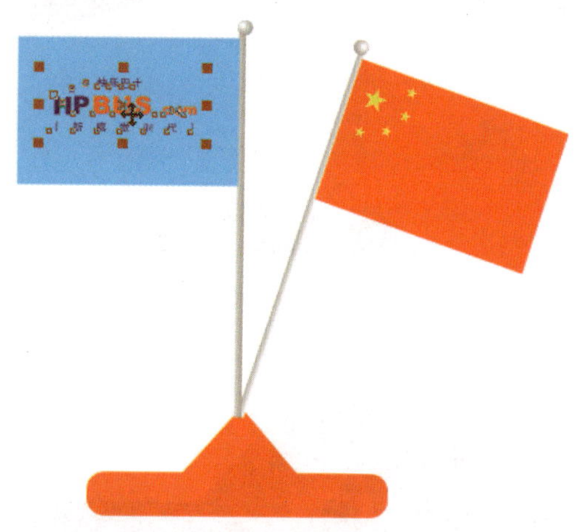

图6-117 复制标志与文字到旗面中

18 在画面中先框选左边的旗帜，按“Ctrl”+“G”键群组，在其上单击使选择框成为旋转框，拖动中心控制柄至旗杆的下端，如图6-118所示，然后在属性栏的 18.0 ° 中输入“18”后按回车键，将企业旗进行旋转，旋转后的效果如图6-119所示。

图6-118 进入旋转状态并移动中心点

图6-119 旋转后的效果

19 使用选择工具在画面中框选两个旗帜，再按“Shift”+“PgDn”键将其排放到底层，得到如图6-120所示的效果。

20 选择空白处的标志并拖动到底座的适当位置，再在默认的CMYK调色板中单击“白”，使它填充为白色，结果如图6-121所示。

21 在底座中选择“O”字中的五角星，再在默认的CMYK调色板中单击“红”，使它填充为红色，如图6-122所示；然后按“Ctrl”键在冰蓝色旗帜中选择“O”字中的五角星，在默认的CMYK调色板中单击“冰蓝”，使它填充为冰蓝色，如图6-123所示。

图6-120 改变排放顺序后的效果

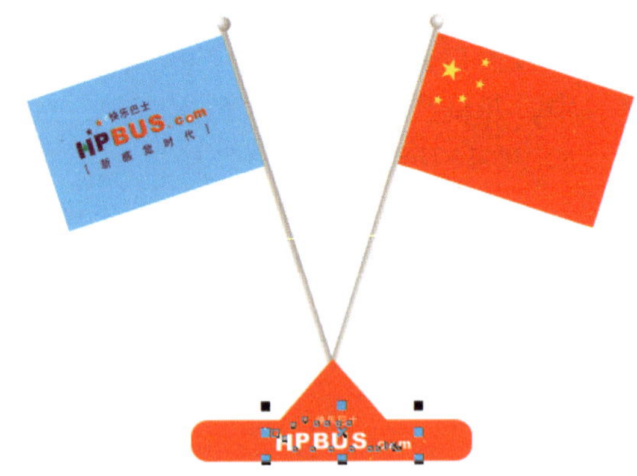

图6-121 将标志移至底座上并改变颜色

图6-122 改变五角星颜色

图6-123 改变五角星颜色

22 按“F4”键使画面以适合大小显示，即可得到如图6-124所示的效果。这样桌面旗就制作完成了。

图6-124 绘制好的最终效果图

6.5 路牌设计

实例说明

路牌设计可以用来制作室外广告宣传，以及公司、单位、集团等企业象征用广告宣传牌或站台广告。如图6-125所示为实例效果图，如图6-126所示为路牌的实际应用效果图。

图6-125 “路牌设计”最终效果图

图6-126 精彩效果欣赏

设计思路

先使用矩形工具、渐变填充、复制绘制出路牌的结构，接着对它们进行相应颜色填充，然后导入一张背景图片，将企业标志复制并拖动到适当位置。如图6-127所示为制作流程图。

图6-127 “路牌设计”绘制流程图

操作步骤

01 按“Ctrl”+“N”键新建一个图形文件，在工具箱中选择□矩形工具，再在绘图页中绘制一个大小为180 mm×2.5 mm的矩形，结果如图6-128所示。

图6-128　绘制矩形

02 按“F11”键弹出【渐变填充】对话框，在其中设置所需的渐变，具体参数如图6-129所示，设置完成后单击【确定】按钮，得到如图6-130所示的效果。

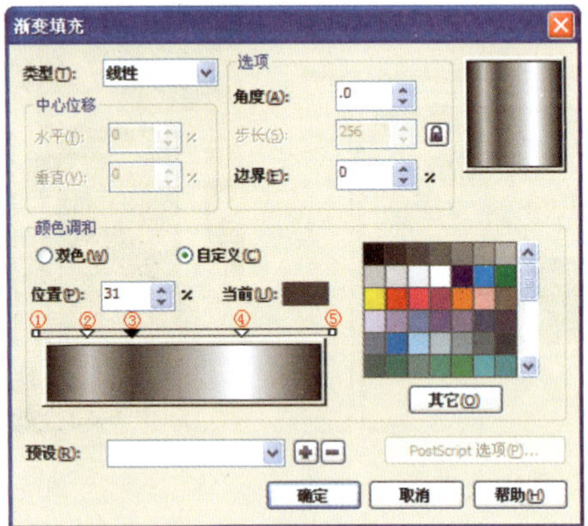

图6-129　【渐变填充】对话框

图6-130　渐变填充后的效果

说明

色标1的颜色为黑，色标2的颜色为30% 黑，色标3的颜色为84% 黑，色标4的颜色为白，色标5的颜色为黑。

03 在渐变矩形的右端下方绘制一个矩形，用来表示柱子，如图6-131所示。

04 在状态栏的渐变图标上按下左键向矩形拖移，当指针呈状时松开左键，即可用相同的渐变颜色对矩形进行渐变填充，如图6-132所示。

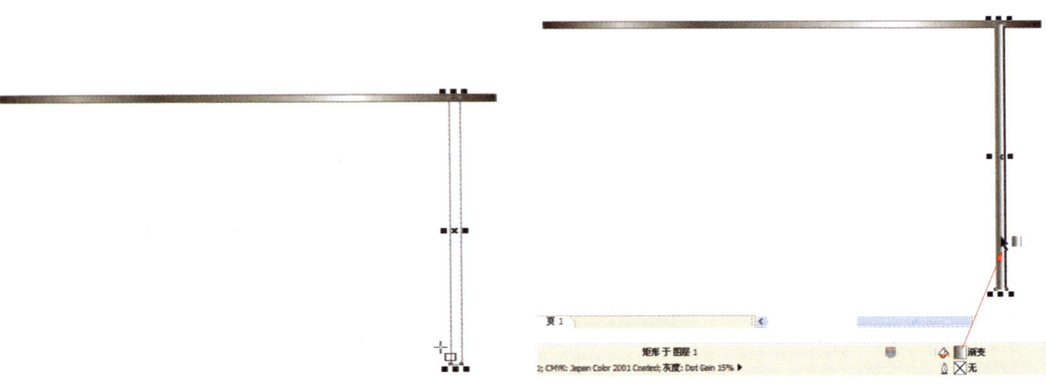

图6-131　绘制矩形　　图6-132　应用已有渐变

05 按“Ctrl”键拖动渐变矩形向左至适当位置右击复制一个副本，结果如图6-133所示。

06 按“Shift”键在画面中单击另一个垂直的矩形，以同时选择它们，再在默认的CMYK调色板中右击无，清除轮廓色，然后按“Shift”+“PaDn”键将其排放到底层，结果如图6-134所示。

图6-133 移动并复制对象　　图6-134 改变排放顺序

07 使用缩放工具在左边垂直矩形的下端拖出一个虚框，框住其下端将其放大，再使用矩形工具在其下端绘制一个矩形，如图6-135所示。

08 在画面中单击选择垂直的矩形，再在状态栏的渐变图标上按下左键向矩形拖移，当指针呈状时松开左键，即可用相同的渐变颜色对矩形进行渐变填充，如图6-136所示。

09 在画面中单击选择刚绘制的矩形，再按“+”键复制一个副本，然后将其向下拖至适当位置，按“Shift”键再拖动上边与右边中间控制柄至适当位置放大副本，结果如图6-137所示。

10 使用选择工具框选下方的两个矩形，再在默认的CMYK调色板中右击无，清除轮廓色，得到如图6-138所示的效果。

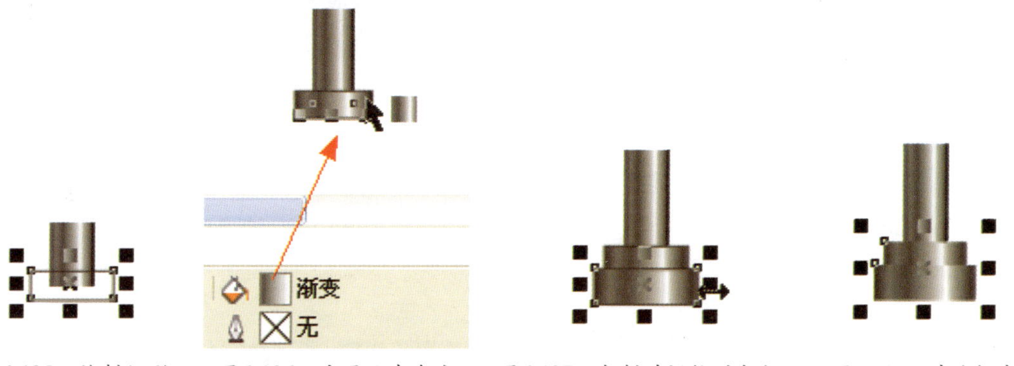

图6-135 绘制矩形　图6-136 应用已有渐变　图6-137 复制并调整副本大小　图6-138 清除轮廓色

11 在标准工具栏的【缩放级别】下拉列表中选择【到合适大小】选项，将画面缩小，再按“Ctrl”键拖动选择的对象向右至右边柱子的下端右击复制一个副本，结果如图6-139所示。

12 使用矩形工具在两根柱子之间是绘制一个细长矩形，用来表示挡板，再在默认的CMYK调色板中单击“80%黑”，右击“无”，得到如图6-140所示的效果。

13 按“Ctrl”键将挡板向下拖至适当位置时右击复制一个副本，结果如图6-141所示。

14 使用矩形工具在画面中两根柱子之间绘制一个大矩形，用来表示贴广告的板，如图6-142所示。

图6-139 移动并复制对象

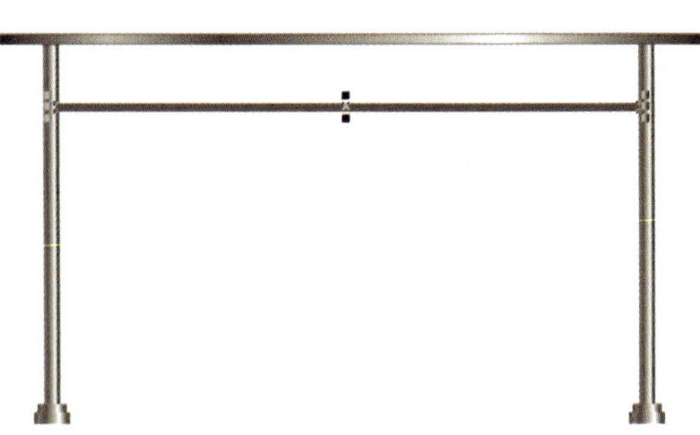
图6-140 绘制矩形

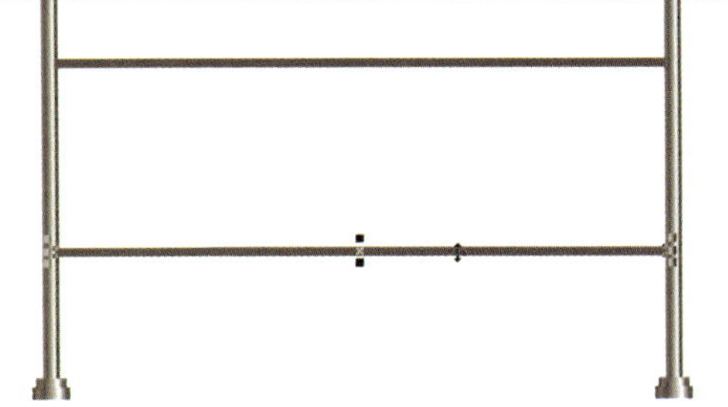
图6-141 移动并复制对象

图6-142 绘制矩形

15 在画面中单击选择顶部的矩形，再在状态栏的渐变图标上按下左键向矩形拖移，当指针呈 状时松开左键，即可用相同的渐变颜色对矩形进行渐变填充，如图6-143所示。

16 在画面中单击大矩形，再在状态栏中双击渐变图标，弹出【渐变填充】对话框，改变“角度”为－59.7，如图6-144所示，其他不变，单击【确定】按钮，得到如图6-145所示的效果。

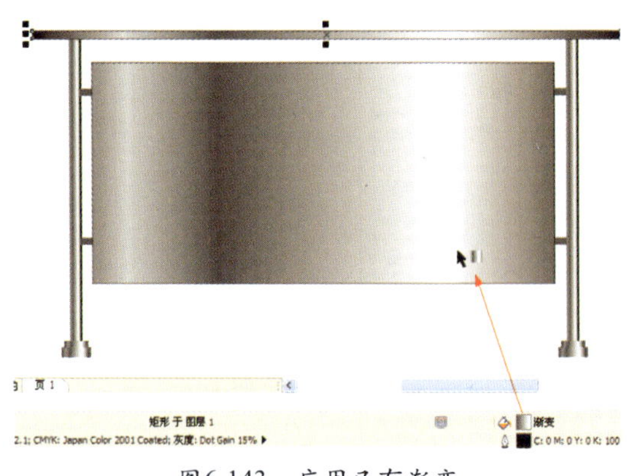
图6-143 应用已有渐变

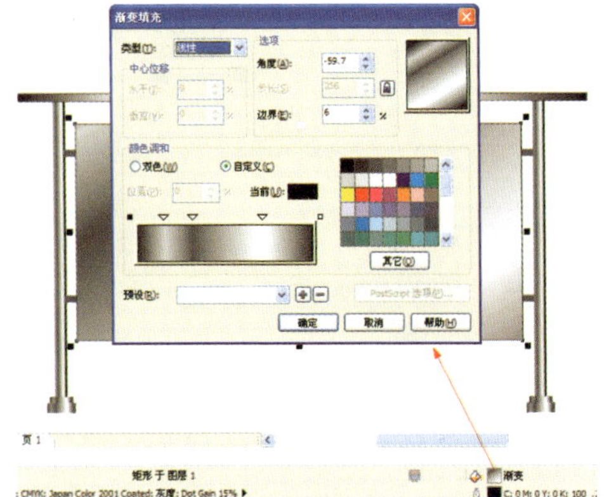

图6-144 改变渐变角度

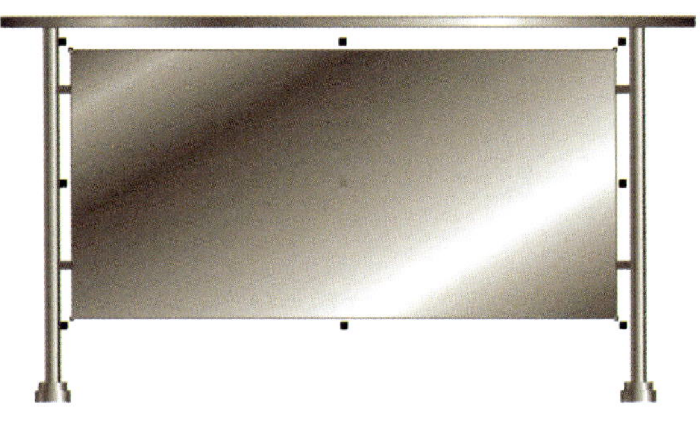
图6-145 改变渐变角度后的效果

17 按“Ctrl”+“I”键导入一张图片，再拖动右下角的控制柄向左上方至适当位置调整大小，然后将其排放到适当位置，如图6-146所示。

18 按“Ctrl”+“O”键打开已经制作好的挂旗，再使用选择工具框选标志与文字，如图6-147所示，然后按“Ctrl”+“C”键进行复制。

图6-146 导入一张图片并调整大小

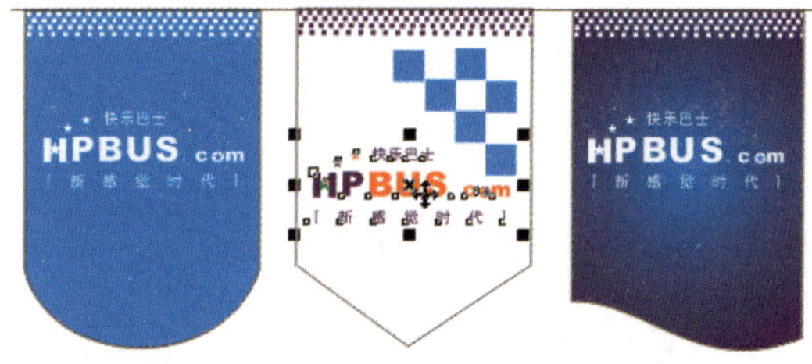

图6-147 打开的挂旗

19 在【窗口】菜单中选择正在编辑的文件，再按“Ctrl”+“V”键将其粘贴到画面中，并将其拖动到广告牌中，然后根据需要拖动对角控制柄调整其大小，调整后的结果如图6-148所示。

图6-148 复制标志与文字到路牌中

20 使用钢笔工具在画面中两根柱子的下端绘制一条直线，用来表示地平线，如图6-149所示。这样路牌就制作完成了。

图6-149 绘制好的最终效果图

6.6 路灯牌设计

实例说明

路灯牌设计可以用来制作招牌和室外广告等。如图6-150所示为实例效果图，如图6-151所示为路灯牌的实际应用效果图。

图6-150 “路灯牌设计”最终效果图

图6-151 精彩效果欣赏

设计思路

先使用矩形工具、渐变填充、复制与水平居中对齐等功能绘制出路灯牌的结构，接着对它们进行相应颜色填充，然后导入一张背景图片，将企业标志复制并拖动到适当位置，再进行适当调整。如图6-152所示为制作流程图。

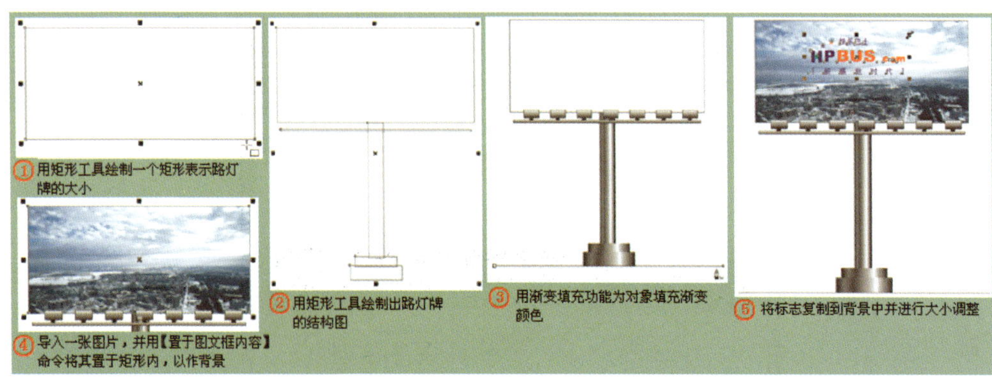

图6-152 “路灯牌设计”绘制流程图

操作步骤

01 按“Ctrl”+“N”键新建一个图形文件，接着在工具箱中选择□矩形工具，在绘图页中绘制一个大小为140 mm×65 mm的矩形，用来表示贴广告的框架，结果如图6-153所示。

02 使用矩形工具在画面中依次绘制几个矩形，如图6-154所示，表示支撑框架的架子。

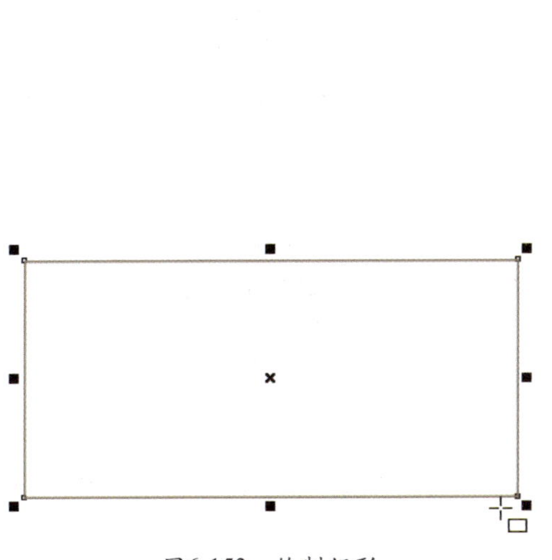

图6-153　绘制矩形

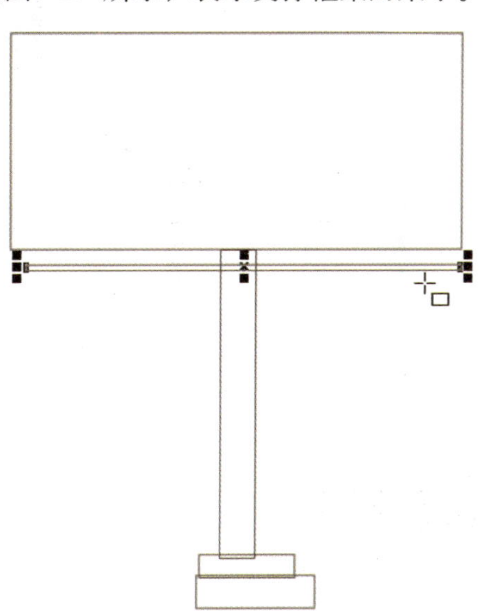

图6-154　绘制支撑框架的架子

03 使用选择工具在画面中框选绘制的所有对象，在属性栏中单击▤按钮，弹出【对齐与分布】对话框，在其中选择【水平居中对齐】按钮，如图6-155所示，得到如图6-156所示的效果。

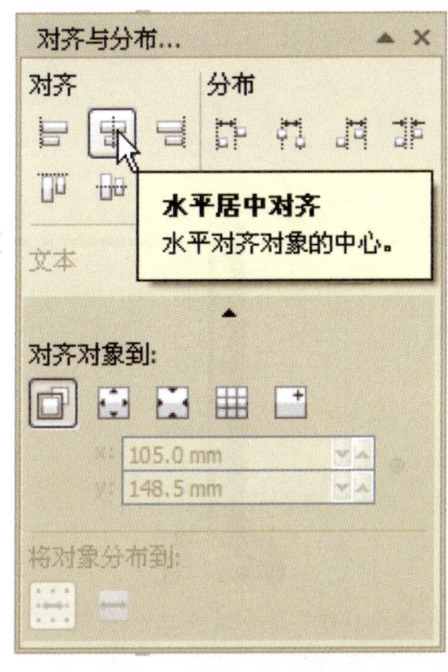

图6-155　【对齐与分布】对话框

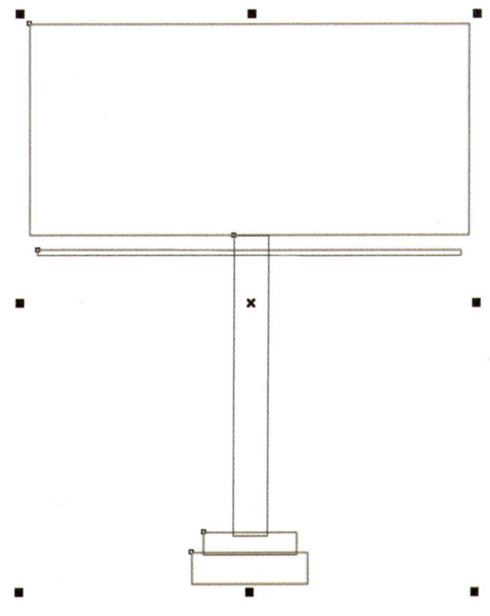

图6-156　水平居中对齐后的效果

04 使用选择工具在画面中单击表示柱子的矩形，按“F11”键弹出【渐变填充】对话框，在其中选择【自定义】选项，再在渐变条上编辑所需的渐变，具体参数如图6-157所示，设置完成后单击【确定】按钮，然后在默认的CMYK调色板中右击无，清除轮廓色，得到如图6-158所示的效果。

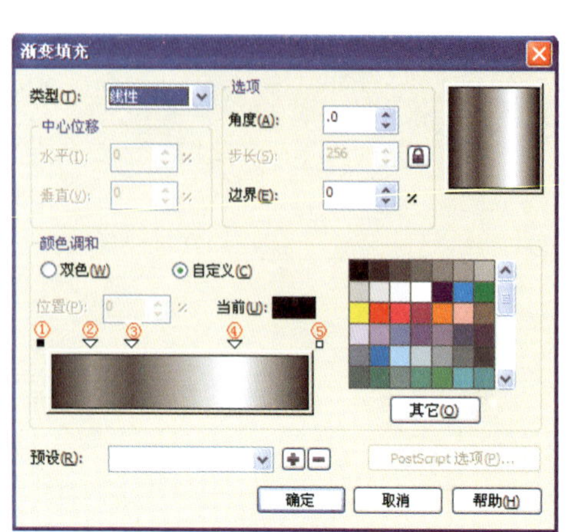

图6-157 【渐变填充】对话框

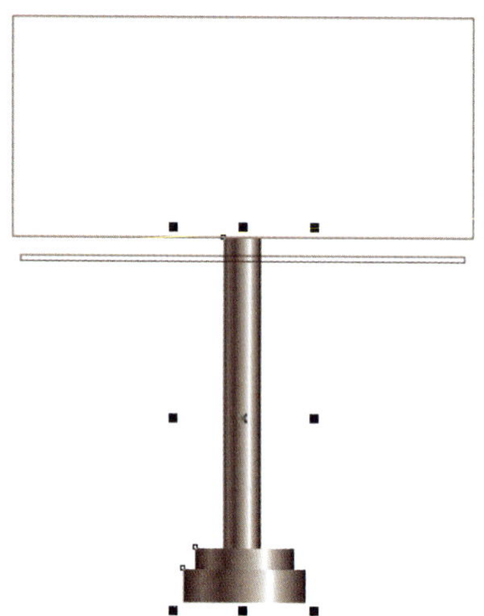

图6-158 渐变填充后的效果

说 明

色标1的颜色为黑，色标2的颜色60% 黑，色标3的颜色为84% 黑，色标4的颜色为白，色标5的颜色为黑。

05 使用选择工具在画面中单击细长矩形，按“F11”键弹出【渐变填充】对话框，在其中设定【从】为“黑”，【到】为“白”，【角度】为“90%”，其他不变，如图6-159所示，单击【确定】按钮，得到如图6-160所示的效果。

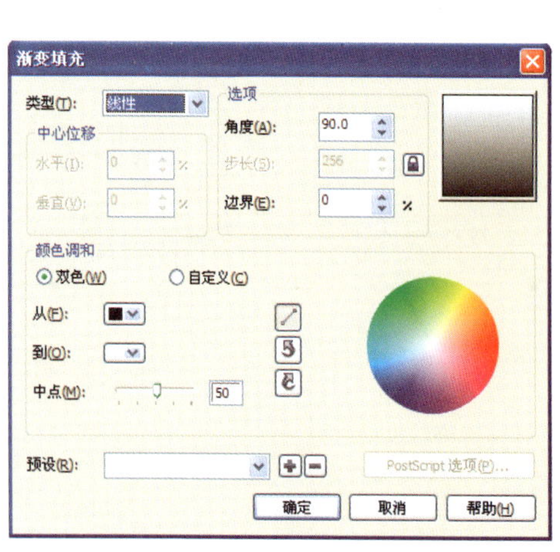

图6-159 【渐变填充】对话框

图6-160 渐变填充后的效果

06 使用矩形工具在细长矩形上绘制一个小矩形，并填充为黑色，画面效果如图6-161所示。

07 使用矩形工具再绘制一个小矩形，按“F11”键弹出【渐变填充】对话框，在其中设定【从】为“黑”，【到】为“白”，【角度】为“90%”，其他不变，如图6-162所示，单击【确定】按钮，得到如图6-163所示的效果。

08 使用选择工具在画面中框选绘制的两个矩形，再按“Ctrl”+“G”键群组，然后按“Ctrl”键将其向右拖动到适当位置右击复制一个副本，结果如图6-164所示。

图6-161　绘制矩形

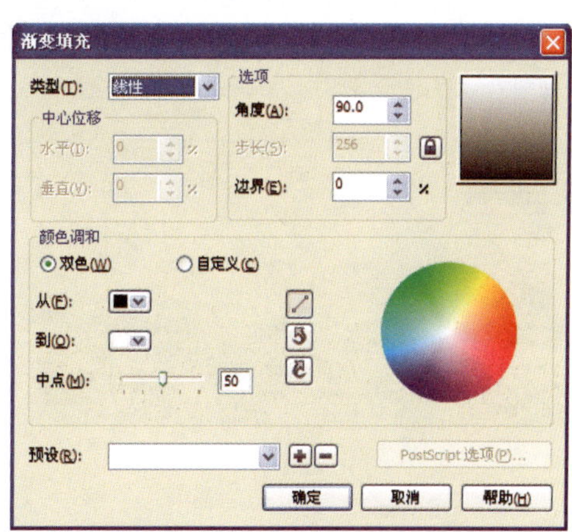

图6-162　【渐变填充】对话框

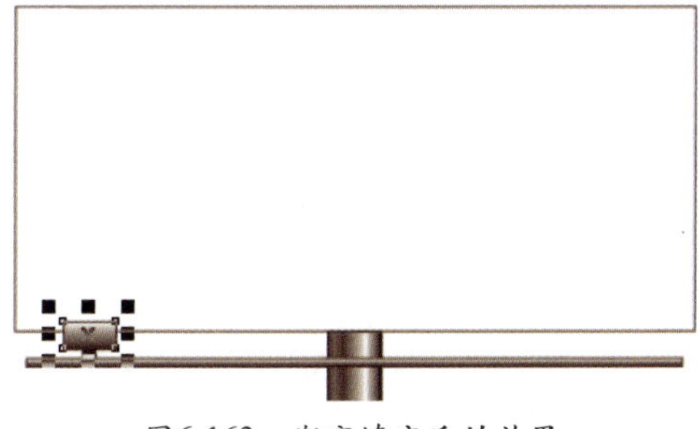

图6-163　渐变填充后的效果

图6-164　移动并复制对象

09 在工具箱选择调和工具，接着在画面中两个群组对象上进行拖动，将它们进行调和，再在属性栏 5 的中输入“5”，将步长值改为5，得到如图6-165所示的效果。

10 使用钢笔工具在画面中柱子的底部绘制一条直线，用来表示地平线，如图6-166所示。

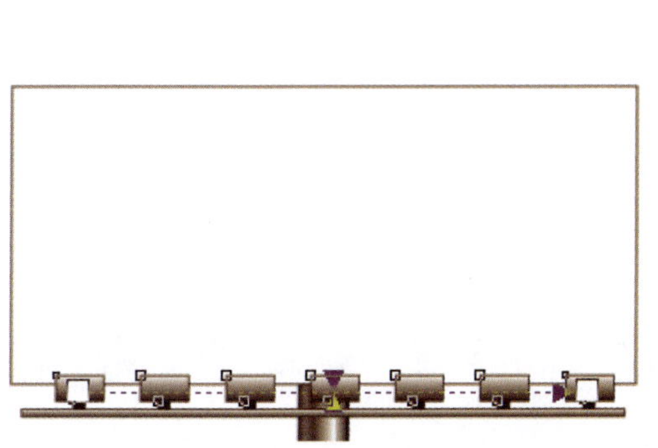

图6-165　用调和工具调和后的效果

图6-166　用钢笔工具绘制直线

11 按“Ctrl”+“I”键导入一张图片，并将其排放到适当位置，如图6-167所示。

12 在菜单中执行【效果】→【图框精确剪裁】→【置于图文框内容】命令，当指针呈➡粗箭头状时，使用粗箭头单击大矩形，即可将导入的图片置于所单击的容器中，如图6-168所示。

图6-167 导入一张图片

图6-168 图框精确剪裁

13 按“Ctrl”+“O”键打开已经制作好的挂旗，使用选择工具框选标志与文字，如图6-169所示，然后按“Ctrl”+“C”键进行复制。

14 在【窗口】菜单中选择正在编辑的文件，按“Ctrl”+“V”键将其粘贴到画面中，并将其拖动到广告牌中，然后拖动对角控制柄调整其大小，调整后的结果如图6-170所示。这样作品就制作完成了。

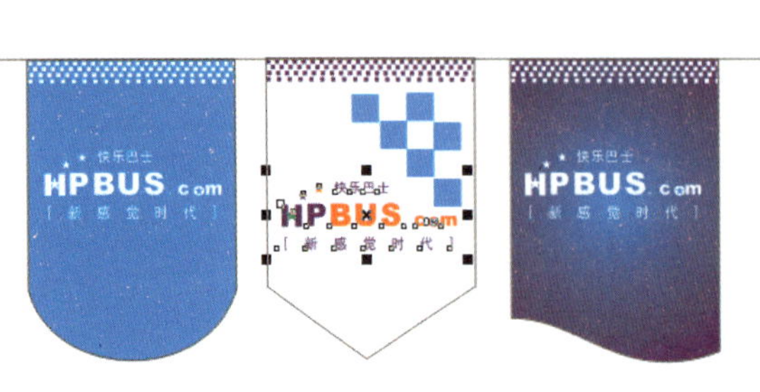

图6-169 打开的挂旗

图6-170 绘制好的最终效果图

6.7 店面设计

实例说明

店面设计主要用来制作公司、单位、集团、超市等店面与招牌制作等。如图6-171所示为实例效果图，如图6-172所示为店面设计的实际应用效果图。

图6-171 “店面设计”最终效果图

图6-172 精彩效果欣赏

设计思路

先打开一张背景图片，再使用矩形工具、钢笔工具、渐变填充等功能绘制房子与店面的结构，然后使用打开、复制与粘贴、选择工具等功能为店面添上标志与标语。如图6-173所示为制作流程图。

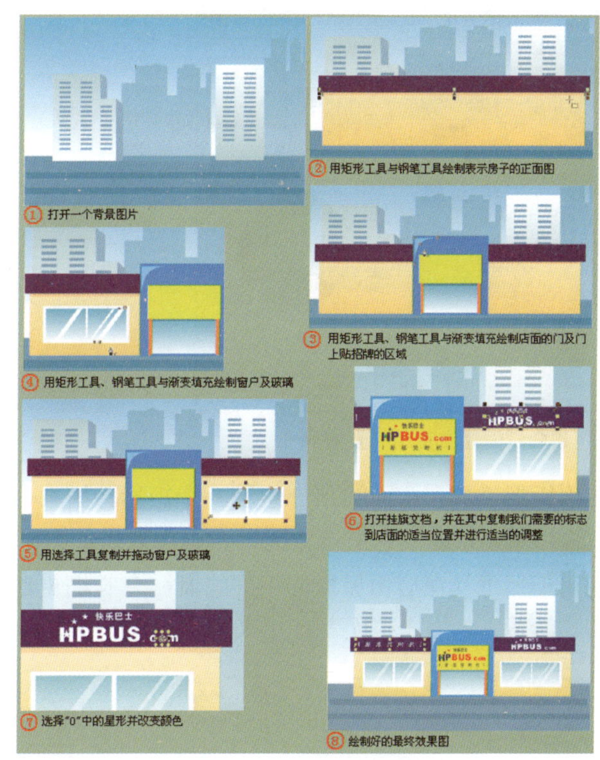

图6-173 “挂牌设计”绘制流程图

操作步骤

01 按“Ctrl”+“O”键打开一个有建筑物的图形文件，如图6-174所示。

02 在工具箱中选择矩形工具，接着画面中绘制一个矩形，用来表示店面的大小，如图6-175所示。

图6-174　打开的建筑物图片

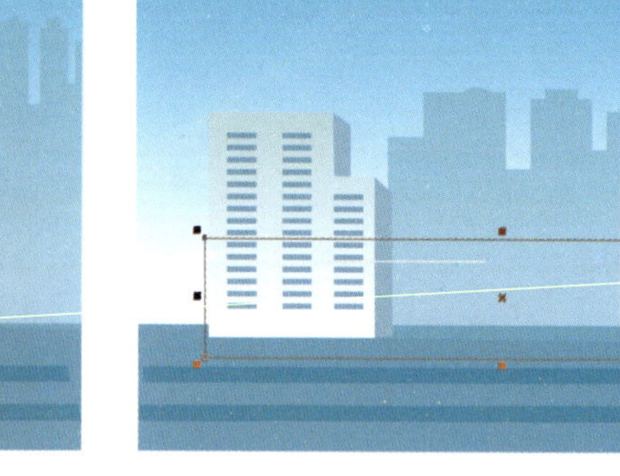

图6-175　绘制矩形

03 按“F11”键弹出【渐变填充】对话框，在其中设置【从】为“C1、M15、Y59、K0”，【到】为“C2、M8、Y27、K0”，【角度】为“90”，其他不变，如图6-176所示，单击【确定】按钮，再在默认的CMYK调色板中右击“无”，清除轮廓色，得到如图6-177所示的效果。

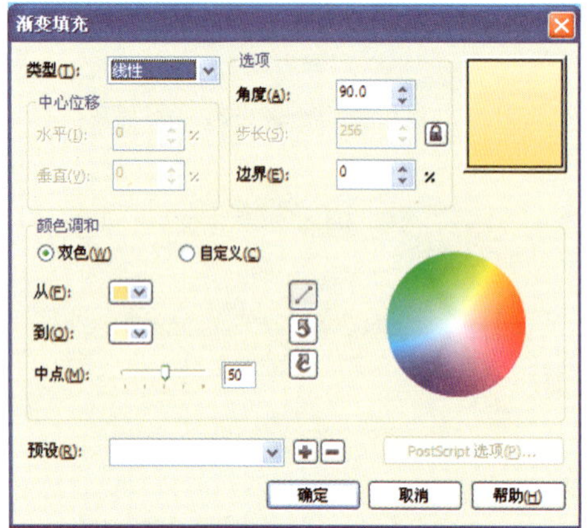

图6-176　【渐变填充】对话框

图6-177　渐变填充后的效果

04 使用矩形工具在店面的顶部绘制一个矩形，用来表示店面屋檐，并在默认的CMYK调色板中单击“蓝”，右击“无”，画面效果如图6-178所示。

05 使用矩形工具在店面屋檐的下部绘制一个长细矩形条，并在默认的CMYK调色板中单击“沙黄”，右击“无”，用来表示屋檐的阴影部分，画面效果如图6-179所示。

图6-178　绘制矩形

图6-179　绘制长细矩形条

06 使用矩形工具在店面的中间部位绘制一个矩形，用来表示店面门及门牌的范围，并在默认的CMYK调色板中单击“青”，右击“无”，画面效果如图6-180所示。

07 使用矩形工具在青色矩形的下部绘制一个矩形，用来表示店面大门，按“F11”键弹出【渐变填充】对话框，在其中设置【从】为“白”，【到】为“C52、M2、Y9、K0”，【角度】为“90”，其他不变，如图6-181所示，单击【确定】钮，再在默认的CMYK调色板中右击“无”，清除轮廓色，得到如图6-182所示的效果。

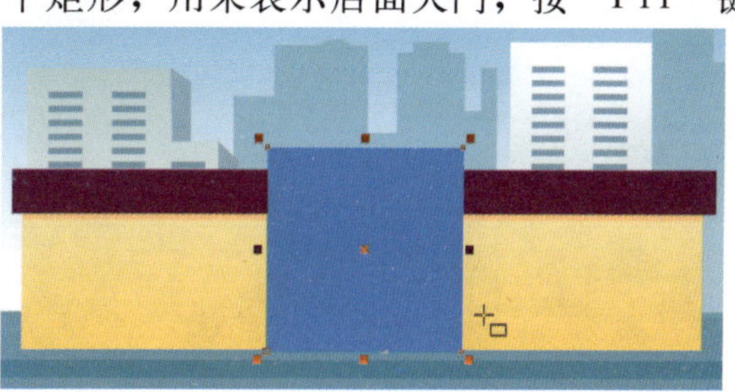
图6-180　绘制矩形

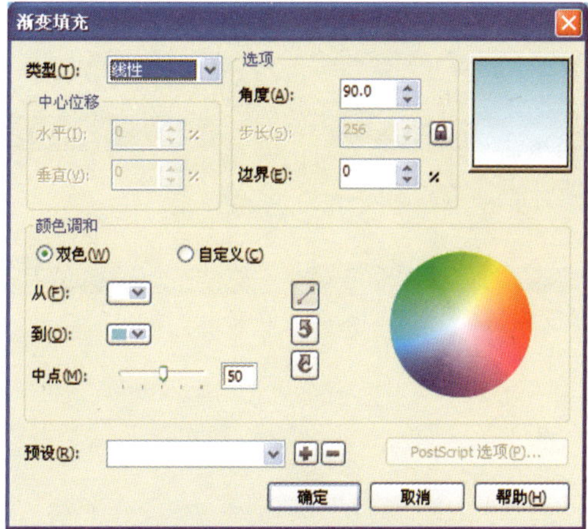

图6-181　【渐变填充】对话框

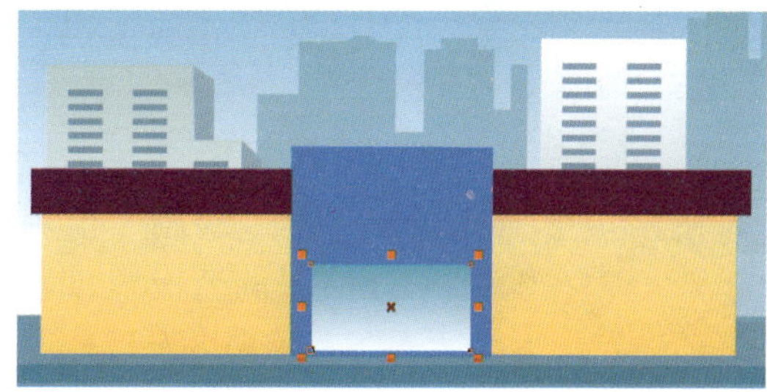
图6-182　渐变填充后的效果

08 使用钢笔工具在画面中大门左边绘制一个四边形，如图6-183所示，用来表示门方，再在默认的CMYK调色板中单击“秋橘红”，右击“无”，得到如图6-184所示的效果。

图6-183　用钢笔工具绘制四边形

图6-184　填充颜色后的效果

09 在按住“Ctrl”键的同时使用选择工具将左边的门方向右拖至大门右边右击复制一个副本，再在属性栏中单击（水平镜像）按钮，将门方进行水平镜像翻转，翻转后的效果如图6-185所示。

10 使用矩形工具在店门的上部绘制一个长细矩形条，并在默认的CMYK调色板中单击“海绿”，右击“无”，用来表示横梁，画面效果如图6-186所示。

11 使用矩形工具在店门上部绘制一个矩形，并在默认的CMYK调色板中单击“黄”，右击“无”，用来表示门牌，画面效果如图6-187所示。

12 使用钢笔工具在画面中门牌的左上角绘制一个图形，再在默认的CMYK调色板中单击“冰蓝”，右击“无”，得到如图6-188所示的效果。

图6-185　移动并复制对象再水平镜像

图6-186　绘制长细矩形条

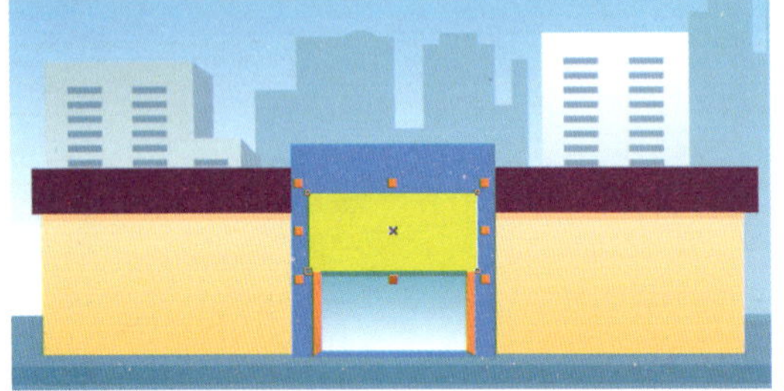

图6-187　绘制矩形并填充颜色

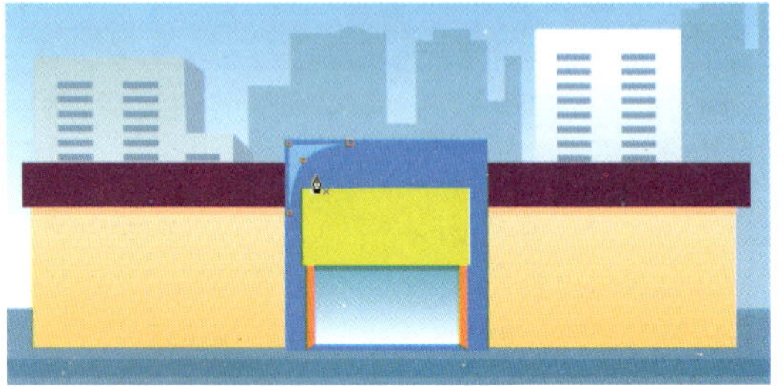

图6-188　绘制图形并填充颜色

13 使用矩形工具在店门左边绘制一个矩形，并在默认的CMYK调色板中单击“白”，右击“无”，用来表示玻璃窗口，画面效果如图6-189所示。

14 在白色矩形内绘制一个矩形，用来表示玻璃窗，按“F11”键弹出【渐变填充】对话框，在其中设置【从】为“白”，【到】为“C52、M2、Y9、K0”，【角度】为“90”，其他不变，如图6-190所示，单击【确定】按钮，再在默认CMYK调色板中右击“无”，清除轮廓色，得到如图6-191所示的效果。

图6-189　绘制矩形

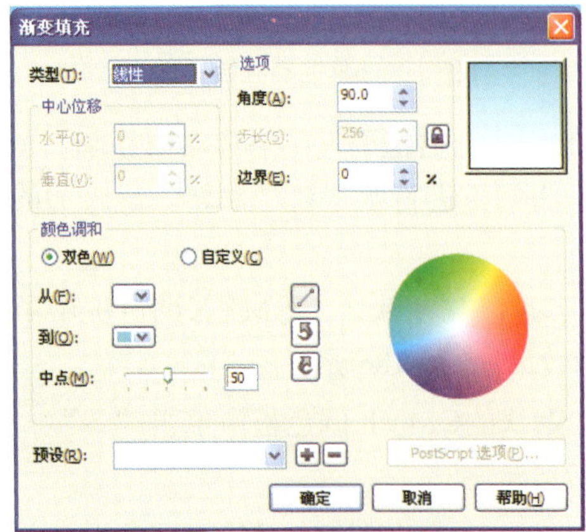

图6-190　【渐变填充】对话框

图6-191　渐变填充后的效果

15 使用矩形工具在玻璃窗的中间部位绘制一个长细矩形条，并在默认的CMYK调色板中单击“白”，右击“无”，画面效果如图6-192所示。

16 使用钢笔工具在玻璃窗中绘制一个四边形，用来表示玻璃的反光，再在默认的CMYK调色板中单击“白”，右击“无”，得到如图6-193所示的效果。使用同样的方法再绘制两个反光，绘制好后的效果如图6-194所示。

图6-192 绘制长细矩形条

图6-193 绘制四边形

图6-194 绘制四边形

17 在工具箱中选择选择工具，并按“Shift”键在画面中单击另两个反光，以同时选择它们，再按“Ctrl”+“G”键将它们群组，如图6-195所示。

18 在工具箱中选择透明度工具，并在属性栏的【透明度类型】下拉列表中选择“标准”，得到如图6-196所示的效果。

图6-195 群组对象

图6-196 用透明度工具调整透明度

19 使用选择工具在画面中框选左边的玻璃窗，再按“Ctrl”键将其向右拖动到适当位置右击复制一个副本，结果如图6-197所示。

20 按“Ctrl”+“O”键打开已经制作好的挂旗，再使用选择工具框选标志与文字，如图6-198所示，然后按“Ctrl”+“C”键进行复制。

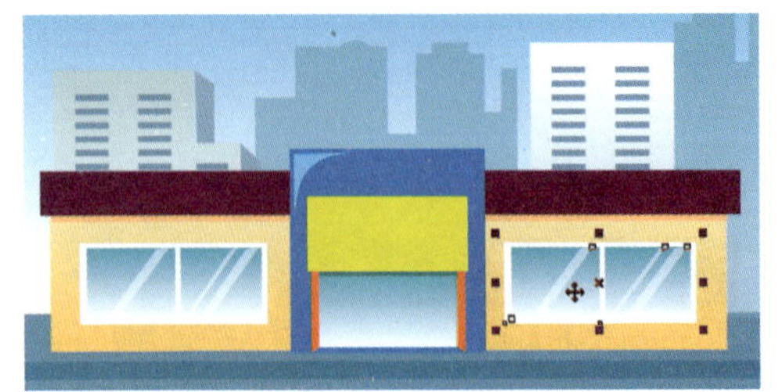
图6-197 移动并复制对象

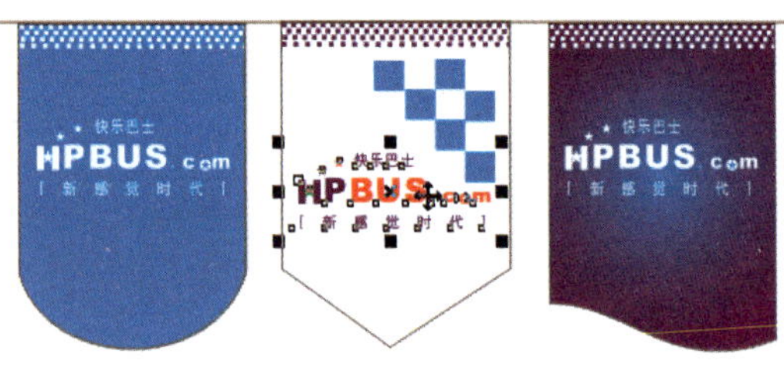
图6-198 打开的挂旗

21 在【窗口】菜单中选择正在编辑的文件，再按“Ctrl”+“V”键将其粘贴到画面中，并将其拖动到黄色矩形中，然后拖动对角控制柄调整其大小，调整后的结果如图6-199所示。

图6-199 复制并调整大小

22 在【窗口】菜单中选择挂旗文件，使用选择工具框选白色的标志，如图6-200所示，然后按“Ctrl”+“C”键进行复制。在【窗口】菜单中选择正在编辑的文件，再按“Ctrl”+“V”键将其粘贴到画面中，并将其拖动到蓝色矩形中，然后拖动对角控制柄调整其大小，调整后的结果如图6-201所示。

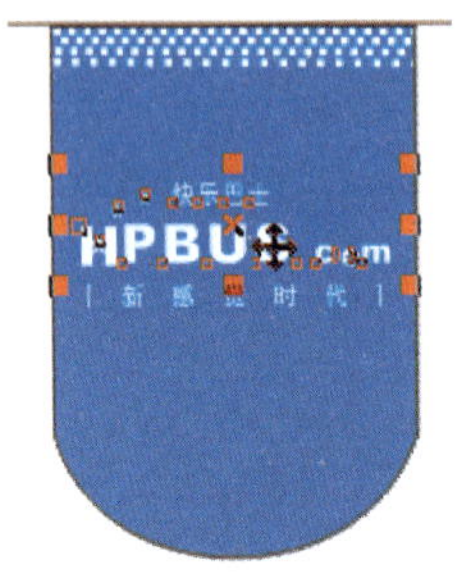
图6-200 选择对象

图6-201 复制并调整大小

23 使用选择工具在画面中选择“O”字中的五角星，再在默认的CMYK调色板中单击“蓝”，得到如图6-202所示的效果。

24 使用选择工具在黄色矩形内选择标志下方的文字，并将其向左上方拖动到蓝色矩形内右击复制一个副本，调整大小后再在默认的CMYK调色板中单击白，得到如图6-203所示的效果。这样作品就制作完成了。

图6-202 改变五角星颜色

图6-203 复制并编辑对象

第7章
位图处理

位图处理可以用在封面设计、招贴设计、包装装潢设计、网页设计、书籍装帧设计、多媒体艺术设计、海报设计等方面。

7.1 卷页效果

实例说明

“卷页效果”主要用在室内照片装饰与杂志封面以及在漫画中作为插图等。如图7-1所示为实例效果图，如图7-2所示为卷页的实际应用效果图。

图7-1　“卷页效果”的原图与最终效果图

图7-2　精彩效果欣赏

设计思路

本例主要利用CorelDRAW【位图】菜单中的【天气】、【卷页】命令对位图进行处理，得到下雪与卷页效果。如图7-3所示为制作流程图。

图7-3　“卷页效果”绘制流程图

操作步骤

01 按“Ctrl”+“N”键新建一个图形文件，再按“Ctrl”+“I”键导入一个图像文件，并将其排放到绘图页中，如图7-4所示。

02 在菜单中执行【位图】→【创造性】→【天气】命令，弹出【天气】对话框，在其中设置【预报】为“雪”，【浓度】为“1”，【大小】为“10”，如图7-5所示，设置完成后单击【确定】按钮，得到如图7-6所示的效果。

03 在菜单中执行【位图】→【三维效果】→【卷页】命令，弹出【卷页】对话框，在其中设置【定向】为“垂直的”，【纸张】为“透明的”，【卷曲】颜色为“幼蓝”，【背景】颜色为“白色”，如图7-7所示，设置好后单击【确定】按钮，得到如图7-8所示的效果。这样图像就处理好了。

图7-4 导入的图片

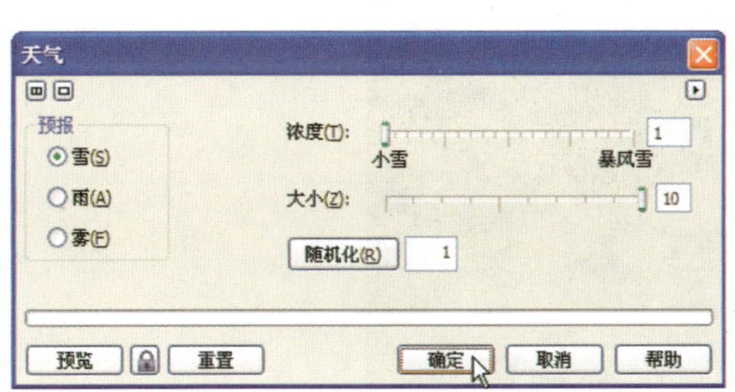

图7-5 【天气】对话框

图7-6 添加雪后的效果

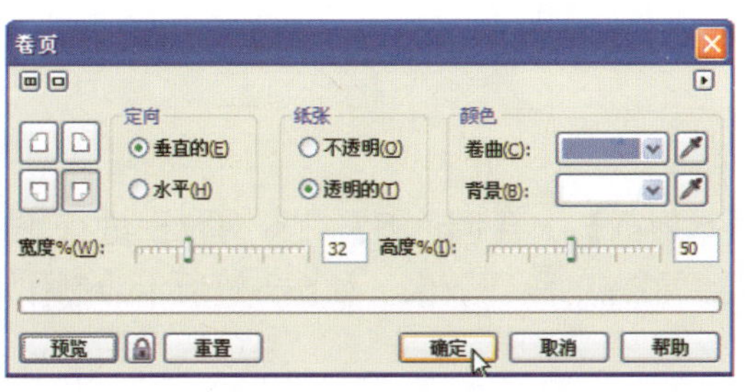

图7-7 【卷页】对话框

图7-8 卷页效果

7.2 异象效果

实例说明

“异象效果”主要用来为图像添加一些特殊纹理效果。如图7-9所示为实例效果图，如图7-10所示为异象效果的实际应用效果图。

图7-9 “异象效果”的原图与最终效果图

图7-10 精彩效果欣赏

设计思路

首先CorelDRAW【位图】菜单中的【水彩画】、【调色刀】命令对位图进行处理，并结合复制与透明度工具调整图像，得到所需的纹理效果。如图7-11所示为制作流程图。

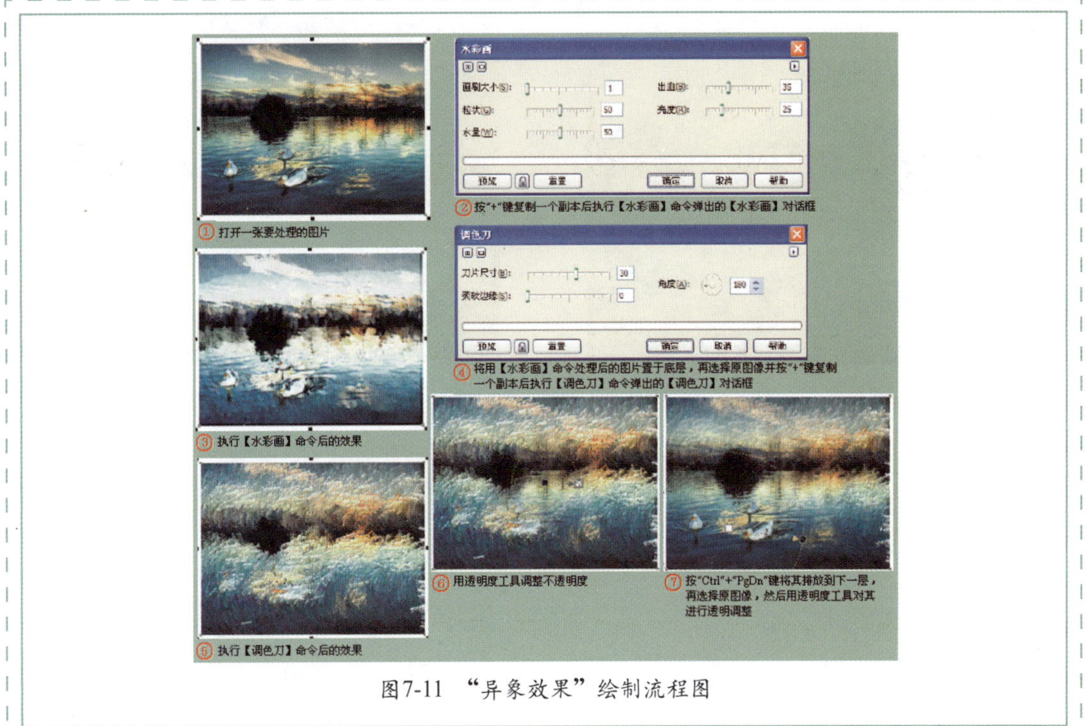

图7-11 “异象效果”绘制流程图

操作步骤

01 按“Ctrl”+“N”键新建一个图形文件，在属性栏中单击□按钮，将页面设为横向，再按“Ctrl”+“I”键导入一张图片，并将其调整到所需的大小，然后排放到绘图页的适当位置，如图7-12所示。

02 按“+”键复制一个副本，在菜单中执行【位图】→【艺术笔触】→【水彩画】命令，弹出【水彩画】对话框，在其中设定【画刷大小】为“1”，【粒状】为“50”，【水量】为“50”，【出血】为“35”，【亮度】为“25”，如图7-13所示，单击【确定】按钮，得到如图7-14所示的效果。

03 按“Ctrl”+“PgDn”键将其排放到下一层，在画面的空白处单击取消选择，再单击上一层图片，然后按“+”键复制一张图片，如图7-15所示。

图7-12 导入的图片

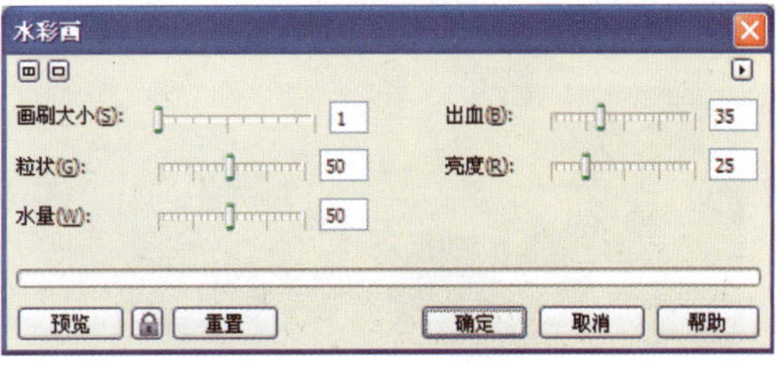

图7-13 【水彩画】对话框

图7-14　处理为水彩画后的效果

图7-15　改变顺序后选择原图并复制一个副本

04 在菜单中执行【位图】→【艺术笔触】→【调色刀】命令，弹出【调色刀】对话框，在其中设定【刀片尺寸】为“30”，【柔软边缘】为“0”，【角度】为“180”，如图7-16所示，单击【确定】按钮，得到如图7-17所示的效果。

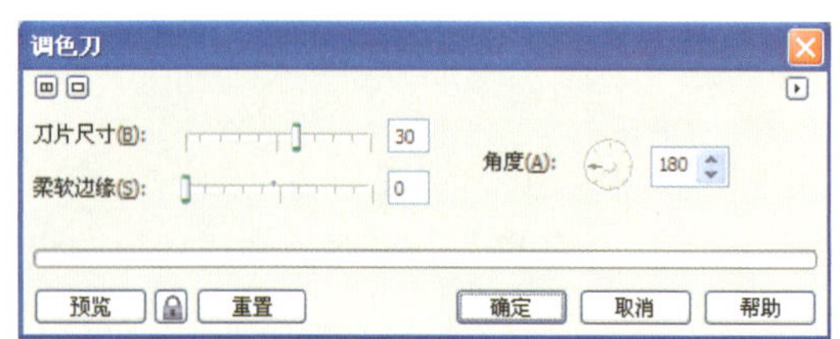

图7-16　【调色刀】对话框

图7-17　添加调色刀后的效果

05 在工具箱中选择透明度工具，并在属性栏的【透明度类型】下拉列表中选择“辐射”，再拖动白色控制柄向左至适当位置，调整图片的透明度，调整后的效果如图7-18所示。

06 按“Ctrl”+“PgDn”键将其排放到下一层，在画面的空白处单击取消选择，再单击上一层图片，如图7-19所示。

图7-18　用透明度工具调整透明度后的效果

图7-19　改变顺序后选择原图

07 在工具箱中选择透明度工具，在属性栏的【透明度类型】下拉列表中选择“辐射”，再单击按钮，弹出【渐变透明度】对话框，在其中将【从】的颜色改为“黑色”，【到】的颜色改为“白色”，其他不变，如图7-20所示，单击【确定】按钮，得到如图7-21所示的效果。

08 在画面中分别拖动白色控制柄与黑色控制柄至所需的位置调整透明度，调整透明度后的效果如图7-22所示，然后在画面的空白处单击取消选择。这样图片就处理好了。

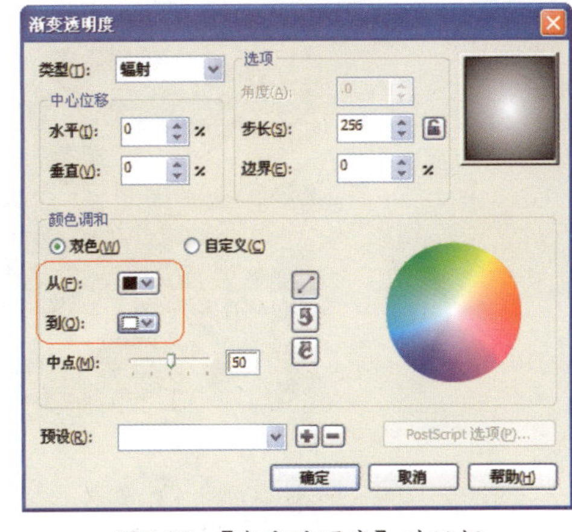

图7-20 【渐变透明度】对话框

图7-21 调整透明度

图7-22 调整透明度

7.3 天气效果——雪中虎

实例说明

本例“雪中虎”主要用在图片处理和立体模型制作等方面。如图7-23所示为实例效果图，如图7-24所示为天气效果的实际应用效果图。

图7-23 “雪中虎”的原图与最终效果图

图7-24 精彩效果欣赏

设计思路

首先使用CorelDRAW【位图】菜单中的【水彩画】、【天气】命令对位图进行处理，然后使用复制与透明度工具调整加强图像效果。如图7-25所示为制作流程图。

图7-25 “雪中虎”绘制流程图

操作步骤

01 按“Ctrl”+“N”键新建一个图形文件，再按“Ctrl”+“I”键导入一个图像文件，并将其排放到绘图页中，如图7-26所示。

图7-26　导入的图片

02 按“+”键复制一个副本，在菜单中执行【位图】→【艺术笔触】→【水彩画】命令，弹出【水彩画】对话框，在其中设置【画刷大小】为“1”，【粒状】为“50”，【水量】为“50”，【出血】为“35”，【亮度】为“25”，如图7-27所示，设置完成后单击【确定】按钮，得到如图7-28所示的效果。

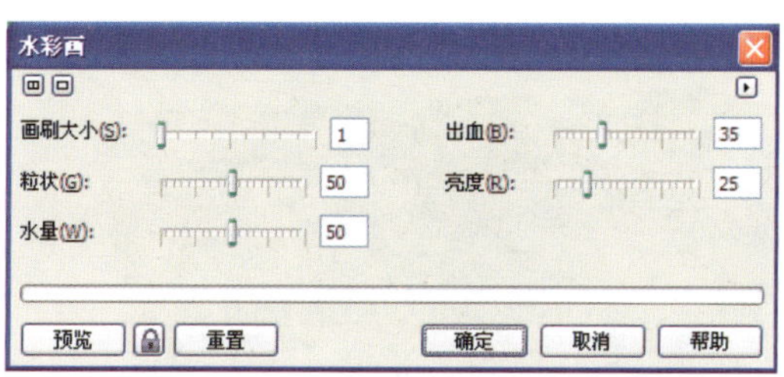

图7-27　【水彩画】对话框

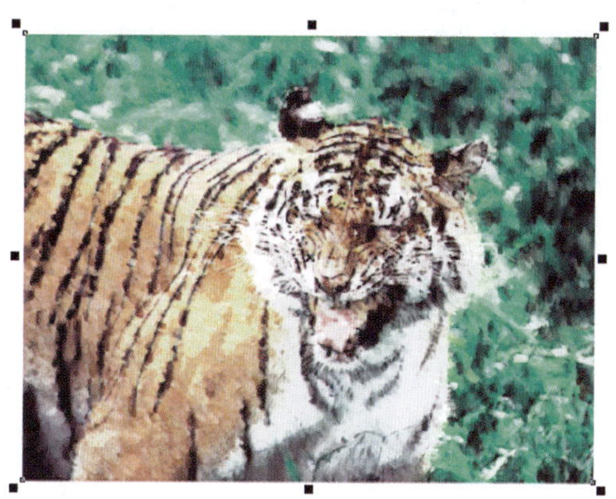

图7-28　添加水彩画后的效果

03 在工具箱中选择透明度工具，在属性栏的【透明度类型】列表中选择“辐射”，再在画面中拖动白色与黑色控制柄调整透明度，调整后的效果如图7-29所示。

04 按“+”键复制一个副本，画面效果如图7-30所示，在菜单中执行【位图】→【创造性】→【天气】命令，弹出【天气】对话框，在其中设置【预报】为“雪”，【浓度】为“24”，【大小】为“10”，如图7-31所示，设置完成后单击【确定】按钮，得到如图7-32所示的效果。这样图像就处理好了。

图7-29　调整透明度

图7-30　复制一个副本

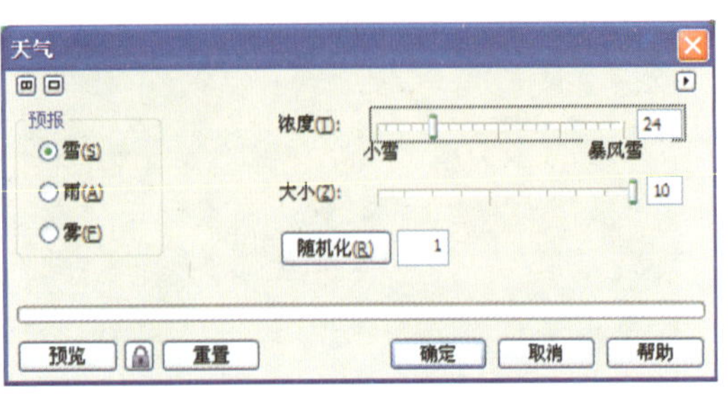

图7-31 【天气】对话框

图7-32 添加雪后的效果

7.4 立方体的拼凑

实例说明

“立方体的拼凑”主要用来为图像进行旋转扭曲，并用图片拼成立方体效果。如图7-33所示为实例流程图，如图7-34所示为立方体拼凑的实际应用效果图。

图7-33 “立方体的拼凑”最终效果图

图7-34 精彩效果欣赏

设计思路

首先利用CorelDRAW【位图】菜单中的【三维旋转】命令对位图所需角度的旋转扭曲，然后使用钢笔工具、置于图文框内部、复制等功能将图片拼成一个立方体。如图7-35所示为制作流程图。

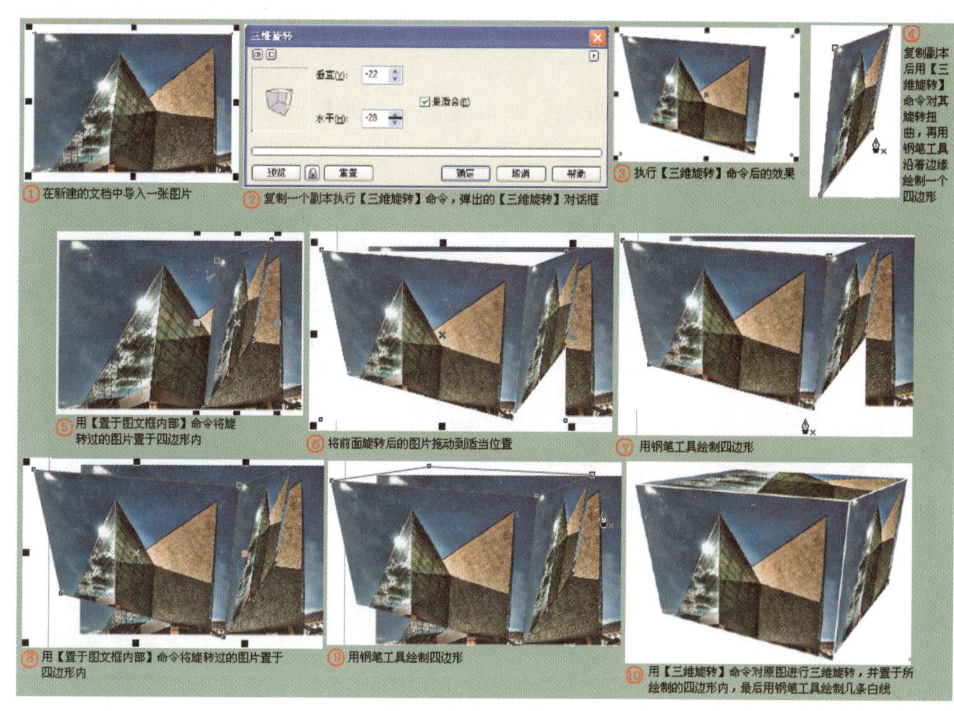

图7-35 “立方体的拼凑”绘制流程图

操作步骤

01 按“Ctrl”+“N”键新建一个图形文件，再按“Ctrl”+“I”键导入一个图像文件，并将其排放到绘图页中，如图7-36所示。

02 使用选择工具将其向右拖动到绘图页的右边右击复制一个副本，再在菜单中执行【位图】→【三维效果】→【三维旋转】命令，弹出【三维旋转】对话框，在其中设置【垂直】为“−22”，【水平】为“−28”，如图7-37所示，设置完成后单击【确定】按钮，得到如图7-38所示的效果。

图7-36 导入的图片

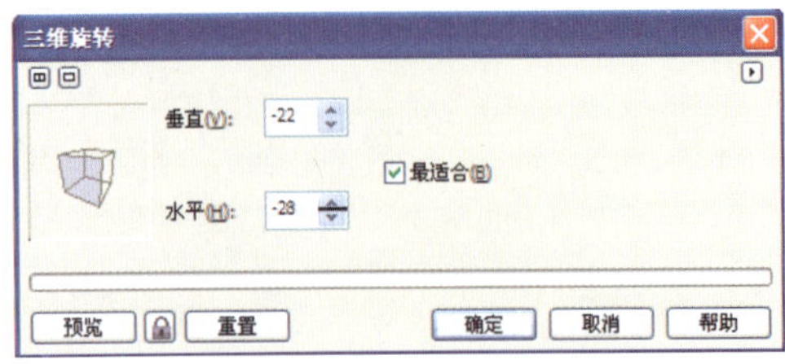

图7-37 【三维旋转】对话框

图7-38 三维旋转后的效果

03 在绘图页中单击原对象，再按“+”键复制一个副本，然后在菜单中执行【位图】→【三维效果】→【三维旋转】命令，弹出【三维旋转】对话框，在其中设置【垂直】为“－22”，【水平】为“62”，如图7-39所示，设置好后单击【确定】按钮，得到如图7-40所示的效果。

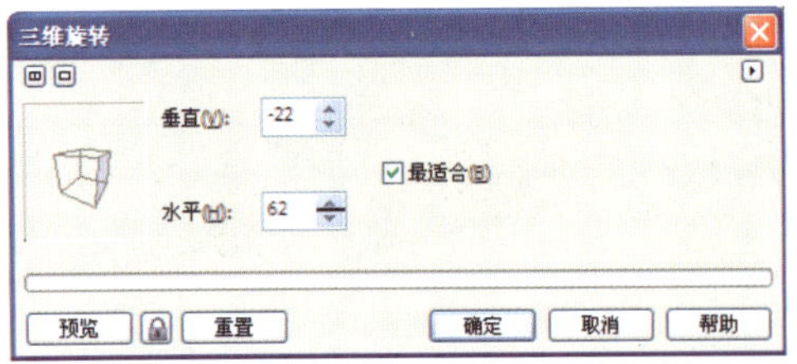

图7-39 【三维旋转】对话框

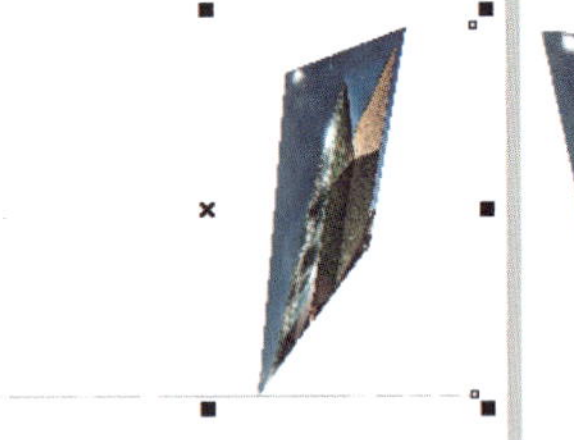

图7-40 三维旋转后的效果

04 使用钢笔工具在画面中对进行三维旋转的图形边缘进行勾画，勾画出该形状，如图7-41所示。

05 使用选择工具在画面中单击选择第2个三维旋转的图形，再在菜单中执行【效果】→【图框精确剪裁】→【置于图文框内部】命令，使用指针指向刚勾画的四边形单击，如图7-42所示，即可得到如图7-43所示的效果。

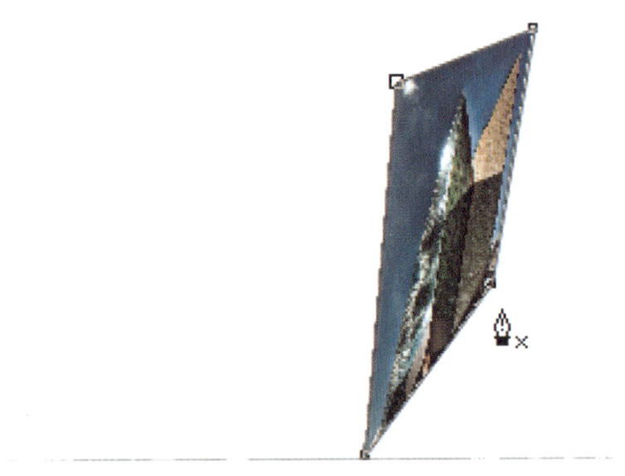

图7-41 用钢笔工具绘制四边形

图7-42 图框精确剪裁

图7-43 图框精确剪裁

06 按“Ctrl”键在四边形上单击使它处于编辑状态，将三维旋转后的图形拖至四边形中，与四边对齐，如图7-44所示，然后按“Ctrl”键在空白处单击完成编辑，得到如图7-45所示的效果，再在默认CMYK调色板中右击无，清除轮廓色。

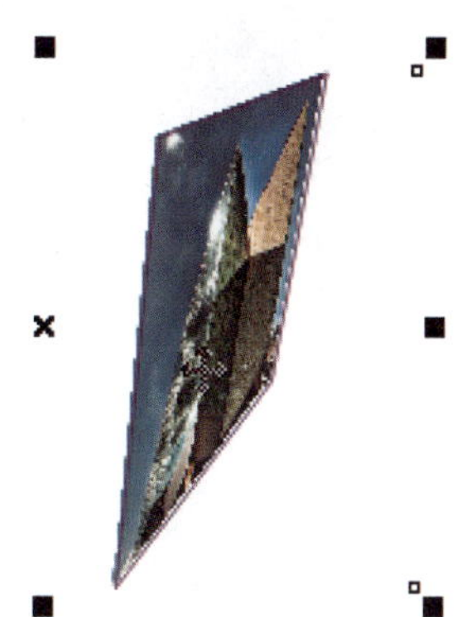

图7-44　编辑图文框内容

图7-45　完成编辑后的效果

07 将绘图页右边的三维旋转后的图形拖动到绘图页中，并与前面容器中的图形对齐，如图7-46所示。

08 同样使用钢笔工具在画面中勾画出该面的结构图，如图7-47所示。

图7-46　对齐图形

图7-47　用钢笔工具绘制四边形

09 使用选择工具在画面中单击选择第1个三维旋转的图形，在菜单中执行【效果】→【图框精确剪裁】→【置于图文框内部】命令，使用指针指向刚勾画的四边形单击，即可将其置于所单击的四边形容器中，得到如图7-48所示的效果。

10 按“Ctrl”键在四边形上单击使它处于编辑状态，再将三维旋转后的图形拖至四边形中，与四边对齐，如图7-49所示，然后按“Ctrl”键在空白处单击完成编辑，得到如图7-50所示的效果，再在默认的CMYK调色板中右击“无”，清除轮廓色。

图7-48　图框精确剪裁

图7-49 编辑图文框内容

图7-50 完成编辑后的效果

11 使用钢笔工具在画面中勾画出立方体的顶面，如图7-51所示。

图7-51 绘制四边形

12 使用选择工具在画面中选择导入的原始图片，在菜单中执行【位图】→【三维效果】→【三维旋转】命令，弹出【三维旋转】对话框，在其中设置【垂直】为“65”，【水平】为“1”，如图7-52所示，设置完成后单击【确定】按钮，再按“Shift”+“PgUp”键将其排放到顶层，得到如图7-53所示的效果。

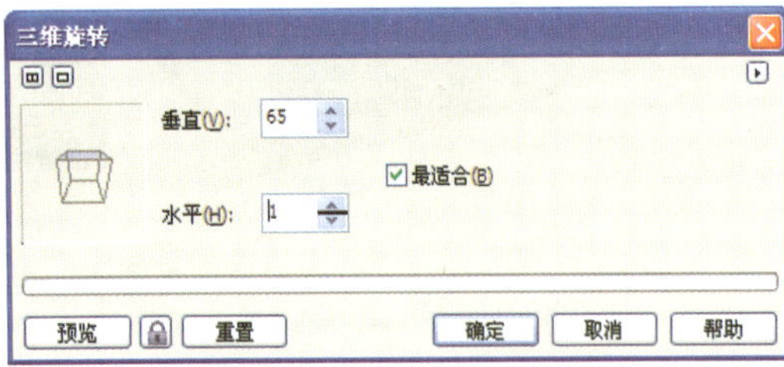

图7-52 【三维旋转】对话框

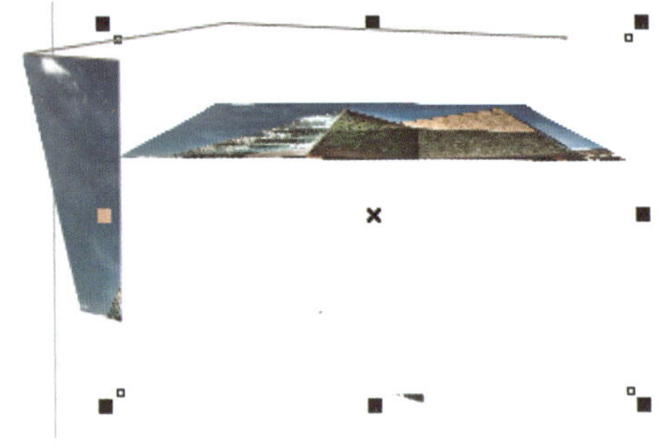

图7-53 三维旋转后的效果

13 在菜单中执行【效果】→【图框精确剪裁】→【置于图文框内部】命令，使用指针指向立方体的顶面单击，即可得到如图7-54所示的效果。

14 按“Ctrl”键在四边形上单击使它处于编辑状态，将三维旋转后的图形拖至四边形中，并按“Shift”键拖动对角控制柄将图形放大，然后在其上单击使它处于旋转状态，将其旋转到适当位置，如图7-55所示，排放好后按“Ctrl”键在空白处单击完成编辑，在默认的CMYK调色板中右击“无”，清除轮廓色，得到如图7-56所示的效果。

图7-54 图框精确剪裁

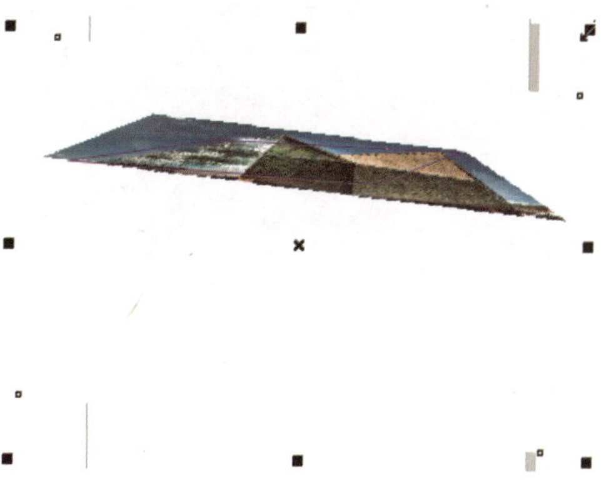

图7-55 编辑图文框内容

图7-56 完成编辑后的效果

15 在空白处单击取消选择，再在选择工具的属性栏中单击□按钮，将页面设定横向；使用钢笔工具在画面中绘制出一条直线，然后在默认的CMYK调色板中右击“白”，得到如图7-57所示的效果。

16 在标准工具栏的【缩放级别】下拉列表中选择“200%”，将画面放大，再使用形状工具对直线进行调整，调整后的效果如图7-58所示。

图7-57 绘制一条直线

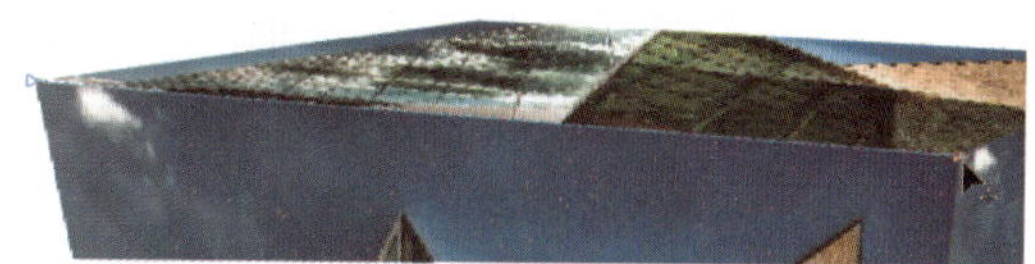

图7-58 调整直线

17 在工具箱中选择选择工具，并在属性栏的【轮廓宽度】列表中选择“1.0 mm”，得到如图7-59所示的效果。

18 使用同样的方法在画面中再勾画出两条白色的直线，勾画后的效果如图7-60所示的效果。这样立方体就拼凑好了。

图7-59 设置轮廓宽度后的效果

图7-60 绘制好的最终效果图

第8章 商业POP广告

POP广告是一种在一般广告形式的基础上发展起来的新型的商业广告形式。与一般的广告相比，POP广告的特点主要体现在广告展示和陈列的方式、地点和时间三个方面。

POP广告是在有利时间和有效的空间位置上，为宣传商品，吸引顾客、引导顾客了解商品内容或商业性事件，从而诱导顾客产生参与动机及购买欲望的商业广告。

8.1 感恩回报

实例说明

“感恩回报”主要用于商店的营销推广，如广告招牌、商场POP广告、封面设计和海报设计等。如图8-1所示为实例效果图，如图8-2所示为实际应用效果图。

图8-1 “感恩回报”最终效果图

图8-2 精彩效果欣赏

设计思路

首先使用文本工具输入所需的文字，再使用选择工具、转换为曲线、拆分曲线、简单线框、增强、椭圆形工具、渐变填充、钢笔工具、星形工具等功能将文字改为艺术字并填充相应的颜色；然后导入一张图片作为背景，对艺术字进行复制与设置轮廓宽度与轮廓色。如图8-3所示为制作流程图。

图8-3 “感恩回报”绘制流程图

操作步骤

01 按“Ctrl”+“N”键新建一个图形文件，在工具箱中选择字文本工具，在绘图页的适当位置单击显示光标，再在属性栏中设置参数为 文鼎CS大黑 150 pt，然后在键盘上输入“感”字，结果如图8-4所示。

02 在绘图页的其他位置单击，显示光标后在属性栏中设置参数为 文鼎CS大黑 180 pt，再输入“恩”字，然后移动指针到中心控制柄上，按下左键将其拖动到“感”字的后面，结果如图8-5所示。

图8-4　输入文字

图8-5　输入文字

03 使用同样的方法在画面中再输入两个文字，其【字体】为“隶书”与“文鼎CS大黑”，【字体大小】都为“150pt”，输入文字后的效果如图8-6所示。

04 在工具箱中选择选择工具，按“Shift”键在画面中依次单击其他的文字，以同时选择它们，再次单击使选择框成为旋转框，然后拖动上方中间控制柄向右拖动，将文字进行倾斜，倾斜后的效果如图8-7所示。

图8-6　输入文字

图8-7　倾斜后的效果

05 在画面的空白处单击取消选择，在“回”字上单击，以选择它，然后在菜单中执行【排列】→【转换为曲线】命令，将文字转换为曲线，结果如图8-8所示。

06 在菜单中执行【排列】→【拆分曲线】命令，将文字曲线打散，结果如图8-9所示。

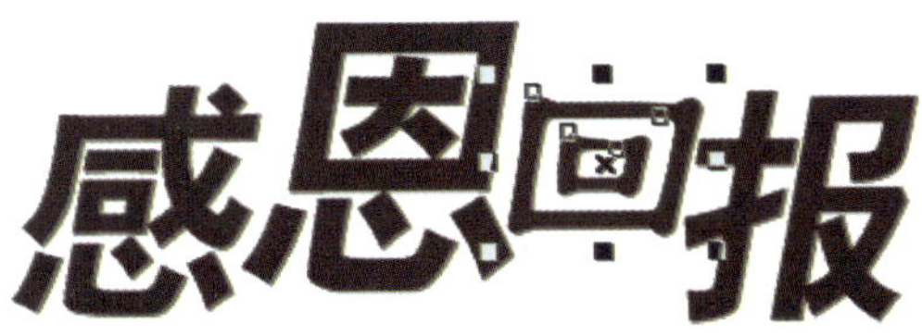

图8-8　转换为曲线

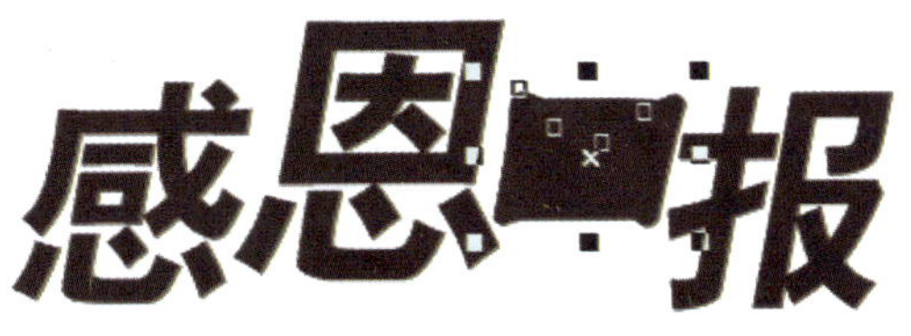

图8-9　拆分曲线

07 在空白处单击取消选择，在菜单中执行【视图】→【简单线框】命令，将使用叠印增强视图改为线框视图，使用选择工具在“回”字中选择第2个四边形，如图8-10所示。

08 在菜单中执行【视图】→【增强】命令，将线框视图改为增强视图，将“Shift”+“PgUp”键将其排放到最顶层，再在默认CMYK调色板中单击“白”，将它填充为白色，得到如图8-11所示的效果。

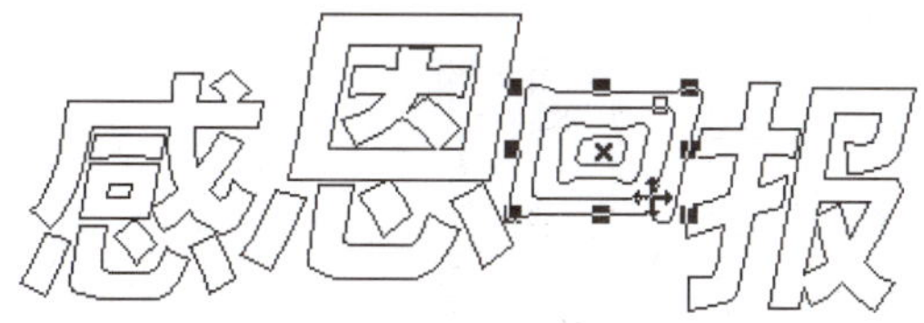

图8-10　线框视图

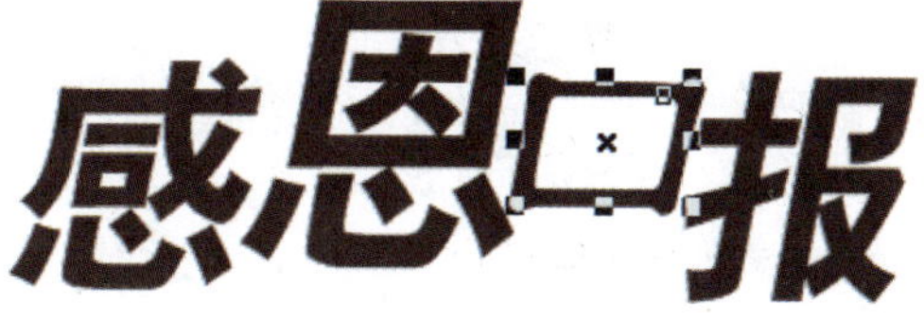

图8-11　填充颜色后的效果

09 在工具箱中选择椭圆形工具，在四边框中绘制一个椭圆来组合成“回”字，如图8-12所示。

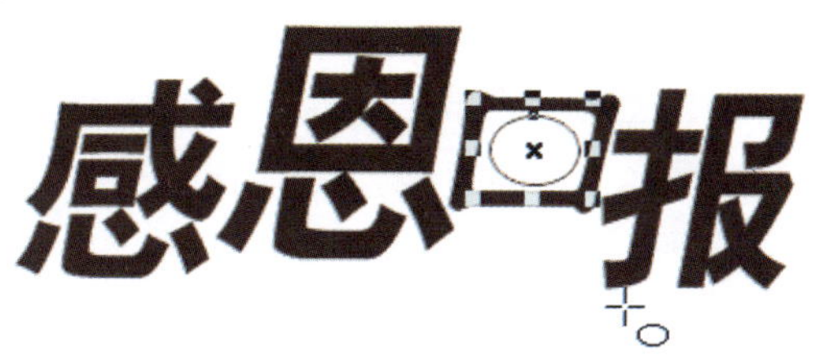

图8-12　用椭圆形工具绘制椭圆

10 按“F11”键弹出【渐变填充】对话框，在其中设定【从】为“红色”，【到】为“黄色”，其他不变，如图8-13所示，单击【确定】按钮，再在默认的CMYK调色板中右击“无”，清除轮廓色，得到如图8-14所示的效果。

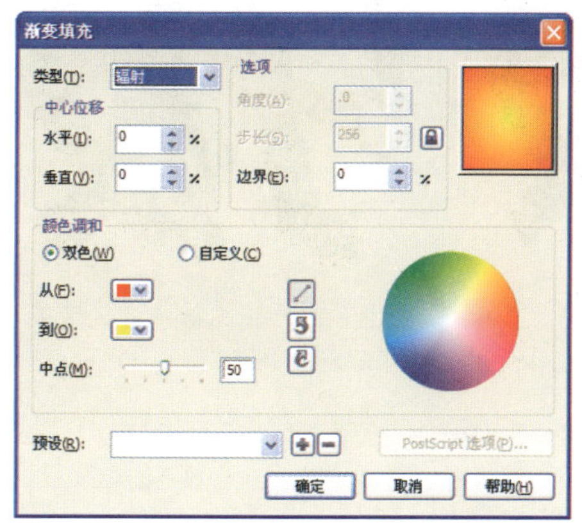

图8-13　【渐变填充】对话框

图8-14　渐变填充后的效果

11 使用椭圆形工具在画面中绘制出一个椭圆，并在默认的CMYK调色板中单击“白”，右击“无”，将它填充为白色，得到如图8-15所示的效果。

12 使用选择工具在画面中单击选择“报”字，再在菜单中执行【排列】→【转换为曲线】命令，将文字转换为曲线，结果如图8-16所示。

图8-15　绘制椭圆

图8-16　将文字转换为曲线

13 在菜单中执行【排列】→【拆分曲线】命令，将曲线打散，使用选择工具框选“报”字中被遮盖的部分，如图8-17所示，然后按“Shift”+“PgUp”键将其排放到顶层，并在默认的CMYK调色板中单击“白”，将选择的对象填充为白色，得到如图8-18所示的效果。

图8-17　拆分曲线

图8-18　填充颜色后的效果

14 将画面放大，用钢笔工具在画面中勾画出“报”的“扌”部首的横画，如图8-19所示，再在默认的CMYK调色板中单击“红”，右击“无”，将它填充为红色，得到如图8-20所示的效果。

15 使用钢笔工具在画面中勾画出“报”的“扌”部首的提画，在默认的CMYK调色板中单击“红”，右击“无”，将它填充为红色，得到如图8-21所示的效果。

图8-19　勾画“报”的“扌”部首的横画

图8-20　填充颜色

图8-21　填充颜色后的效果

16 使用选择工具在画面中选择“报”的“扌”部首，如图8-22所示，再按“Del”键将其删除，删除后的效果如图8-23所示。

图8-22　选择“扌”部首

图8-23　删除后的效果

17 使用钢笔工具在画面中勾画出“报”的“扌”部首中的竖勾，如图8-24所示。

18 使用钢笔工具从“恩”字的右上角绘制出一个用于装饰的图形，如图8-25所示。

图8-24　用钢笔工具绘制图形　　图8-25　用钢笔工具绘制图形

19 使用同样的方法再绘制几个用于装饰的图形，如图8-26所示。

图8-26　用钢笔工具绘制图形

20 在空白处单击取消选择，再按“Shift”键在画面中单击“感”字与“恩”字右上角的图形，以同时选择它们，然后在默认的CMYK调色板中单击“红”，右击“无”，将它填充为红色，得到如图8-27所示的效果。

图8-27　填充颜色后的效果

21 在画面中选择要进行渐变填充的图形，按“F11”键弹出【渐变填充】对话框，在其中设定【从】为“红色”，【到】为黄色，其他不变，如图8-28所示，单击【确定】按钮，再在默认CMYK调色板中右击“无”，清除轮廓色，得到如图8-29所示的效果。

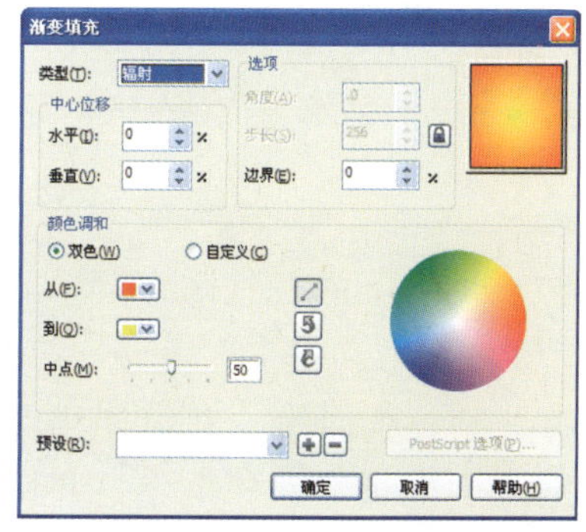

图8-28　【渐变填充】对话框

图8-29　渐变填充后的效果

22 使用选择工具框选“扌”部首中的横画与提画，按“Shift”+“PgUp”键将其排放到最上层，得到如图8-30所示的效果。

23 使用选择工具在画面中分别选择相应的对象，再依次在调色板中单击所需的颜色，并清除轮廓色，填充颜色后的画面效果如图8-31所示。

图8-30　改变排放顺序　　图8-31　填充颜色后的效果

24 使用星形工具依次在画面中不同的位置绘制多个星形，使用椭圆形工具绘制一个小椭圆，并将它们分别填充为相应的颜色，绘制好的效果如图8-32所示。

图8-32　填充颜色后的效果

25 在工具箱中选择调和工具，接着在画面中要进行调和的两个对象上拖动，将它们调和，再在属性栏的8中输入“8”，将步长值改为8，即可得到如图8-33所示的效果。

图8-33　将星形进行调和

26 使用钢笔工具在画面中“报”字右下方绿色图形中绘制一条曲线，再在默认的CMYK调色板中右击“月光绿”，得到如图8-34所示的效果。

27 使用同样的方法在画面中其他需要绘制曲线的图形中绘制一条曲线，并填充相应的轮廓色，绘制好的效果如图8-35所示。接着使用选择工具将所有对象框选，并按“Ctrl”+“G”键群组。

图8-34 绘制曲线

图8-35 绘制曲线

28 按“Ctrl”+“I”键导入一个文件作为背景，将其排放到画面的适当位置，如图8-36所示，然后按“Shift”+“PgDn”键将其排放到底层，再在艺术字群组对象上单击，将它排放到适当位置，如图8-37所示。

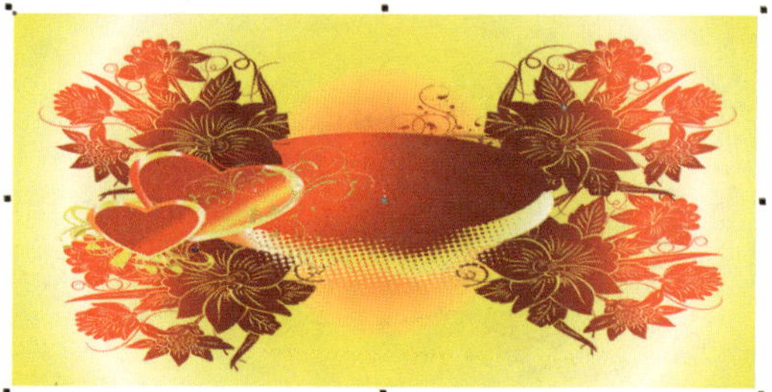

图8-36 导入的图片

图8-37 将导入的图片置于底层后的效果

29 按“F12”键弹出【轮廓笔】对话框，在其中设置【颜色】为“白色”，【宽度】为“1.5 mm”，其他不变，如图8-38所示，单击【确定】按钮，即可得到如图8-39所示的效果。

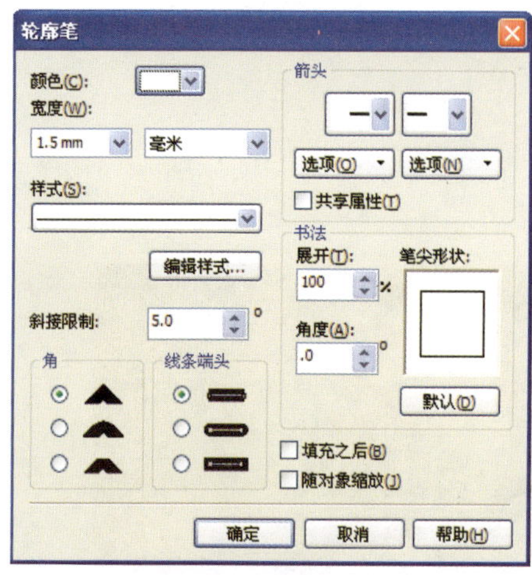

图8-38 【轮廓笔】对话框

图8-39 添加轮廓后的效果

30 按“+”键复制一个副本，再在默认的CMYK调色板单击与右击“黑”，将它填充为黑色，在键盘上按“Shift”+“↓”向下键5次，将其向下移动一定的距离，结果如图8-40所示。

31 按“Ctrl”+“PgDn”键将其向后移一层，结果如图8-41所示。

图8-40　复制一个副本并填充黑色

图8-41　将副本下移一层

32 在空白处单击取消选择，再在渐变艺术字上单击，以选择它，按“+”键复制一个副本，然后在默认的CMYK调色板中右击“无”，清除轮廓色，得到如图8-42所示的效果。

33 使用文本工具在画面中输入所需的文字，根据需要设置所需的字体与字体大小，填充颜色为红色，输入文字后的画面效果如图8-43所示。这样广告就制作完成了。

图8-42　将原对象复制一个副本并清除轮廓色

图8-43　输入文字后的最终效果图

8.2 周年庆典

实例说明

“周年庆典”主要用于制作POP广告、标志、按钮等。如图8-44所示所示为实例效果图，如图8-45所示为实际应用效果图。

图8-44　“周年庆典”最终效果图

图8-45　精彩效果欣赏

设计思路

首先新建一个文档并矩形工具绘制一个黑色的矩形作背景，以方便查看效果，再使用选择工具、移除后面对象、镜像、椭圆形工具、调和工具等功能绘制广告的辅助图形，然后使用文本工具、轮廓图工具、椭圆形工具等功能为画面添加主题宣传文字；最后使用星形工具绘制几个星形装饰画面。如图8-46所示为制作流程图。

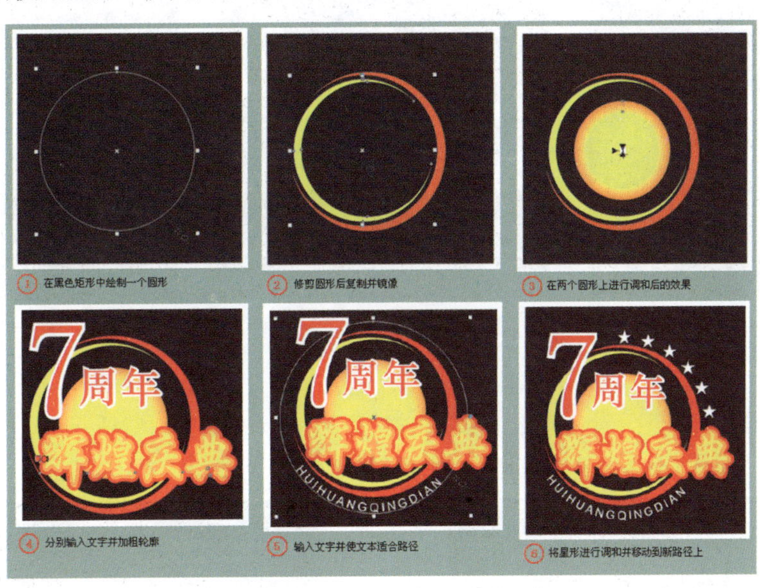

图8-46 “周年庆典”绘制流程图

操作步骤

01 按“Ctrl”+“N”键新建一个图形文件，在工具箱中选择矩形工具，按“Ctrl”键在绘图页的适当位置绘制一个正方形，然后在属性栏的中输入120 mm，将其设置为所需大小的正方形，再在默认的CMYK调色板中单击“黑”，得到如图8-47所示的效果。

02 在工具箱中选择椭圆形工具，按“Ctrl”键在黑色矩形中绘制一个圆形，然后在属性栏的中输入82.5 mm，将其设置为所需大小的圆形，再在默认的CMYK调色板中右击“白”，以便看清图像，如图8-48所示。

图8-47 绘制正方形

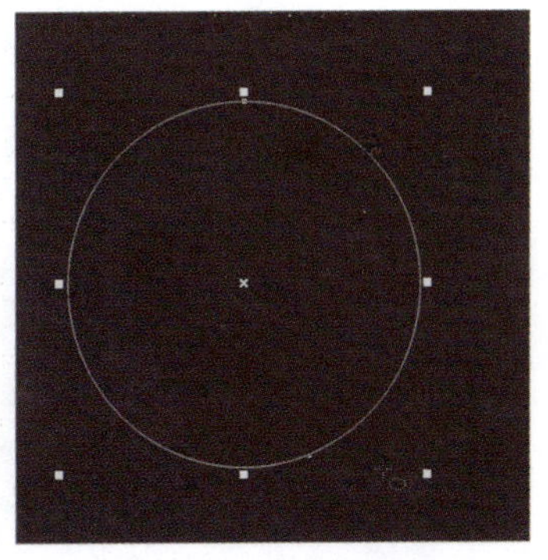

图8-48 绘制圆形

03 使用椭圆形工具在圆形的稍左边绘制一个椭圆，并使左边稍超出圆形一点点，绘制好的效果如图8-49所示。

04 在工具箱中选择选择工具，按“Shift”键单击圆形，以同时选择两个圆，再在属性栏中单击（移除后面对象）按钮，使用椭圆修剪圆形，修剪后的效果如图8-50所示；然后在默认的CMYK调色板中单击“红”，右击“无”，得到如图8-51所示的效果。

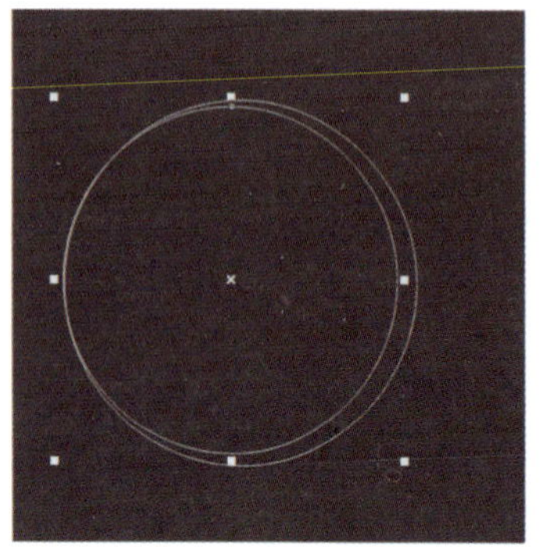

图8-49 绘制椭圆

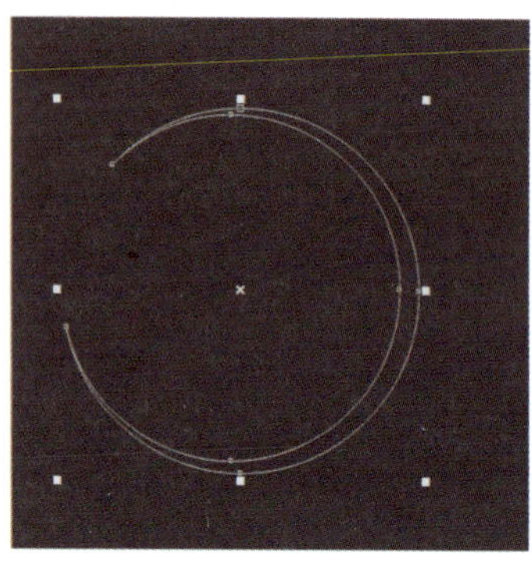

图8-50 移除后面对象

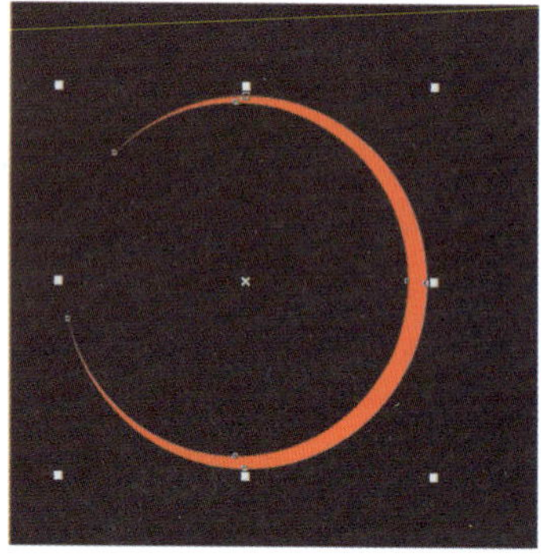

图8-51 填充颜色后的效果

05 在键盘上按“+”键复制一个副本，在默认的CMYK调色板中单击“黄”，再拖动右上角的控制柄向内至适当位置缩小副本，缩小后的效果如图8-52所示；然后在属性栏中单击按钮，进行水平镜像，得到如图8-53所示的效果。

图8-52 复制一个副本并调整大小

图8-53 水平镜像副本

06 使用椭圆形工具在两个图形的中央绘制一个圆形，在默认的CMYK调色板中单击“橘红”，右击“无”，得到如图8-54所示的效果。在橘红色圆形中再绘制一个圆形，并在默认的CMYK调色板中单击“黄”，右击“无”，得到如图8-55所示的效果。

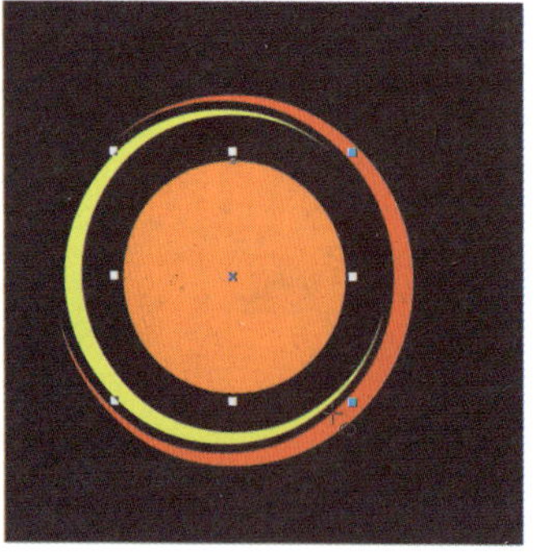

图8-54 绘制圆形

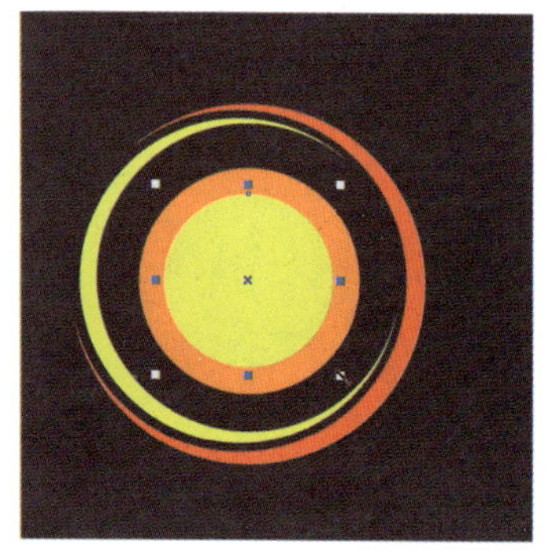

图8-55 绘制圆形

07 在工具箱中选择调和工具，接着在画面中两个圆形上进行拖动，将它们进行调和，调和后的效果如图8-56所示。

08 在工具箱中选择字文本工具，在画面的适当位置单击，显示光标后在属性栏中设置参数为 华文行楷 72 pt，在调色板中单击“红”，再输入所需的文字，如图8-57所示。

图8-56 用调和工具调和两个圆形

图8-57 输入文字

09 使用同样的方法再输入所需的文字，字体分别为隶书与华文中宋，输入文字后的画面效果如图8-58所示。

10 在工具箱中选择轮廓图工具，并在属性栏中设置参数为，得到如图8-59所示的效果。

11 使用轮廓图工具选择“周年”文字，在属性栏中设置参数为，得到如图8-60所示效果。

图8-58 输入文字

图8-59 给文字添加轮廓图

图8-60 给文字添加轮廓图

12 使用轮廓图工具选择“辉煌庆典”文字，在属性栏中设置参数为，以得到如图8-61所示效果，然后在默认的CMYK调色板单击“黄”，将文字颜色改为黄色，在属性栏中将得到如图8-62所示的效果。

13 使用椭圆形工具在画面中绘制一个圆形，并在默认的CMYK调色板右击“白”，将轮廓色改为白色，以便看清轮廓，如图8-63所示。

14 在工具箱中选择文本工具，在属性栏中设定其【字体】为“Arial”，【字体大小】为“17”，接着移动指针到白色圆形路径上，当指针呈状时单击并输入所需的文字，输入文字后的画面效果如图8-64所示。

图8-61　给文字添加轮廓图

图8-62　改变文字颜色

图8-63　绘制圆形

图8-64　输入路径文字

15 在属性栏中先单击按钮，将文字进行水平镜像，再单击按钮将文字进行垂直镜像，得到如图8-65所示的效果；在 5.5 mm 156.0 mm （与路径距离）中输入5.5 mm，在（水平偏移）中输入156. mm，得到如图8-66所示的效果。

图8-65　水平镜像文字

图8-66　移动文字

说　明

如果所输入的文字间距不适合，可以使用形状工具调整文字的间距。

16 使用选择工具在空白处单击取消选择，单击选择白色圆形路径，然后在默认的CMYK调色板中右击“无”，清除轮廓色，得到如图8-67所示的效果。

17 使用椭圆形工具沿着路径文字底部再绘制一个圆形，轮廓色为白色，画面效果如图8-68所示。

图8-67 清除轮廓色

图8-68 绘制一个圆形

18 在工具箱中选择星形工具，在白色圆形上绘制一个五角星，再在默认的CMYK调色板中单击“白”，右击“无”，得到如图8-69所示的效果；然后将该五角星向右下方拖动到白色圆圈的适当位置右击，复制一个副本，得到如图8-70所示的效果。

图8-69 绘制五角星

图8-70 复制一个副本

19 在工具箱中选择调和工具，接着在画面中两个五角星上进行拖动将它们进行调和，然后在属性栏的 4 中输入“4”，将步长值改为4，得到如图8-71所示的效果。

20 在属性栏中单击按钮，弹出下拉菜单，在其中选择【新路径】命令，当指针呈状时单击白色圆框，使调和对象适合于白色圆路径，结果如图8-72所示。

图8-71 用调和工具调和对象

图8-72 使调和对象适合路径

21 使用选择工具在画面中拖动调和对象中的两个原始对象，将其调成如图8-73所示的效果。

说 明

在拖动两个原始对象是要一点一点地移动，不要一下子移太远距离。

22 使用选择工具在画面中单击选择白色圆圈，再在默认的CMYK调色板中右击“无”，清除轮廓色，然后在画面的空白处单击取消选择，得到如图8-74所示的效果。这样作品就制作完成了。

图8-73 调整调和对象之间的距离

图8-74 绘制好的最终效果图

8.3 博览会广告牌

实例说明

“博览会广告牌”主要用于海报、POP广告、招牌和封面设计等。如图8-75所示所示为实例效果图，如图8-76所示为实际应用效果图。

图8-75 “博览会广告牌”最终效果图

图8-76 精彩效果欣赏

设计思路

使用矩形工具绘制一个矩形并填充渐变颜色作为背景，再用导入、置于图文框内部、透明度工具、钢笔工具、渐变填充等功能绘制背景环境，然后使用文本工具、渐变填充、导入、顺序、轮廓图工具、拆分轮廓图群组、立体化工具添加主题对象。如图8-77所示的制作流程图。

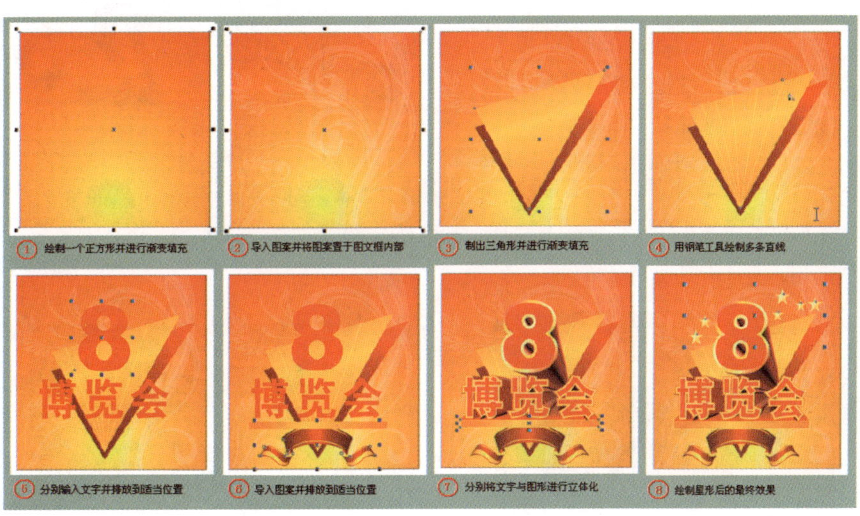

图8-77 “博览会广告牌”绘制流程图

操作步骤

01 按“Ctrl”+“N”键新建一个图形文件，在工具箱中选择矩形工具，按“Ctrl”键在绘图页的适当位置绘制一个正方形，然后在属性栏的 190.0 mm 190.0 mm 中均输入190 mm，将正方形设定为所需的大小，结果如图8-78所示。

02 按“F11”键弹出【渐变填充】对话框，在其中设定【类型】为“辐射”，【从】为“红”，【到】为“黄”，【水平】为“−1%”，【垂直】为“−37%”，其他不变，如图8-79所示，单击【确定】按钮，得到如图8-80所示的效果。

03 按“Ctrl”+“I”键导入一个图案，并将其排放到适当位置，如图8-81所示。

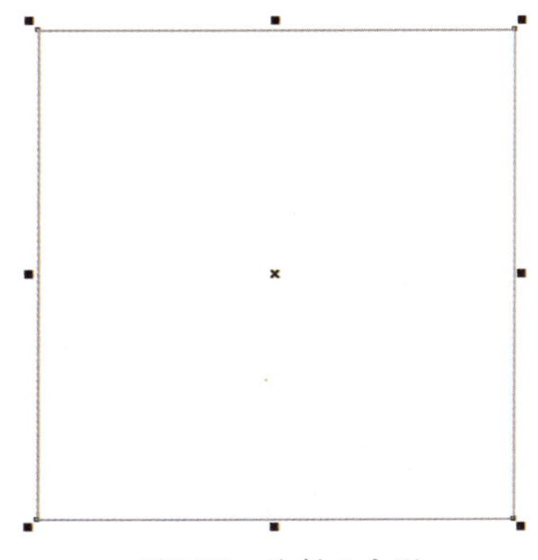

图8-78 绘制正方形

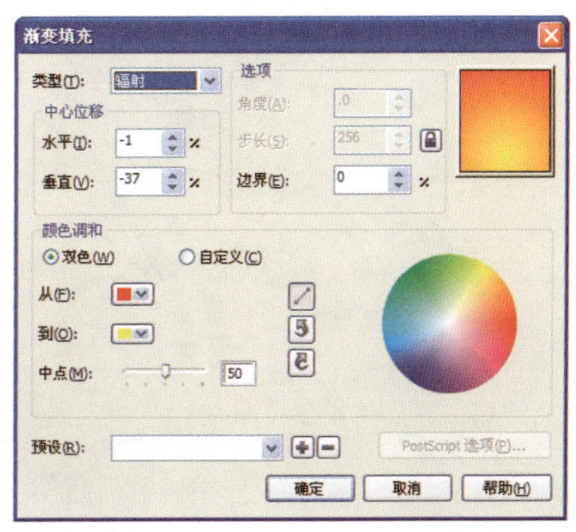

图8-79 【渐变填充】对话框

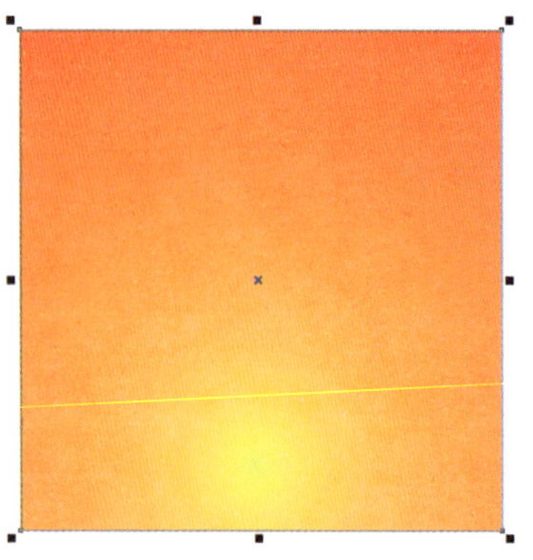

图8-80 渐变填充后的效果

图8-81 导入的图案

04 在菜单中执行【效果】→【图框精确剪裁】→【置于图文框内部】命令，当指针呈粗箭头状时，如图8-82所示，使用粗箭头单击渐变矩形，将选择的对象置于该容器中，得到如图8-83所示的效果。

图8-82 图框精确剪裁

图8-83 图框精确剪裁

05 按“Ctrl”键在画面中单击矩形，使它处于编辑状态，再单击图案以选择它，然后将其拖动到适当位置，如图8-84所示。

06 在工具箱中选择透明度工具，在属性栏中设置参数为 标准 常规 80，得到如图8-85所示的效果。

图8-84 编辑图文框中内容

图8-85 用透明度工具调整透明度

07 在默认的CMYK调色板中单击“白”，将它填充为白色，结果如图8-86所示，再按“Ctrl”键在空白处单击完成编辑，得到如图8-87所示的效果。

08 使用钢笔工具在画面中绘制出一个三角形，如图8-88所示。

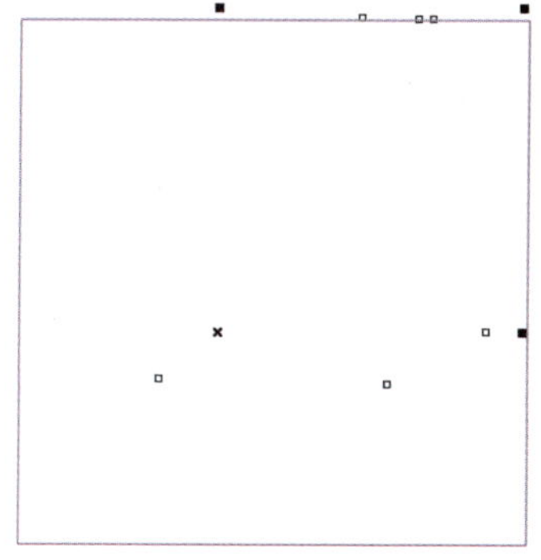

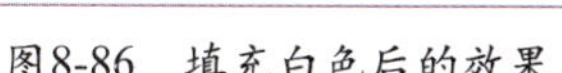
图8-86 填充白色后的效果

图8-87 完成编辑后的效果

图8-88 用钢笔工具绘制三角形

09 按“F11”键弹出【渐变填充】对话框，在其中设定【类型】为“辐射”，【从】为“红”，【到】为“C51\M98\Y96\K10”，其他不变，如图8-89所示，单击【确定】按钮，再在默认的CMYK调色板中右击“无”，清除轮廓色，得到如图8-90所示的效果。

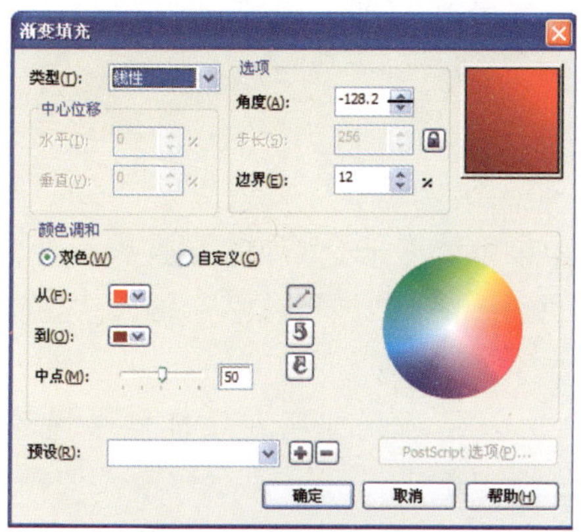

图8-89 【渐变填充】对话框

图8-90 渐变填充后的效果

10 使用钢笔工具在画面中绘制出一个三角形，按“F11”键弹出【渐变填充】对话框，在其中设定【角度】为“－73.3”，【边界】为“6”，再在渐变条上编辑所需的渐变，如图8-91所示，设置完成后单击【确定】按钮，再在默认的CMYK调色板中右击无，清除轮廓色，得到如图8-92所示的效果。

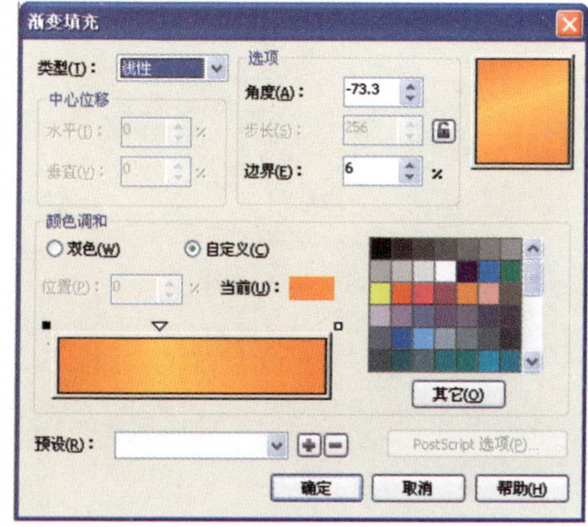

图8-91 【渐变填充】对话框

图8-92 渐变填充后的效果

说 明

左、右两边色标的颜色均为橘红，中间色标的颜色为深黄。

11 使用钢笔工具在三角形上绘制一条直线，在属性栏的 0.75 mm （轮廓宽度）列表中选择"0.75 mm"，在默认的CMYK调色板中右击"黄"，它的轮廓色为黄色，得到如图8-93所示的效果。然后使用同样的方法绘制几条黄色的直线，绘制好的效果如图8-94所示。

图8-93　绘制直线

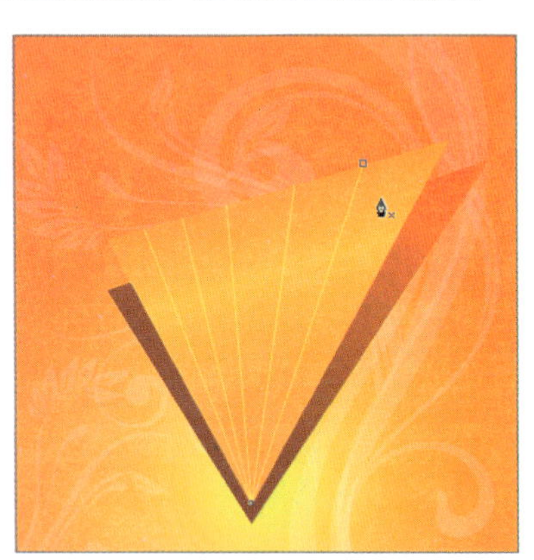

图8-94　绘制直线

12 在工具箱中选择字文本工具，接着在画面中单击，显示光标后在属性栏中设置参数为 文鼎CS大黑 119 pt，在默认的CMYK调色板中单击"红"，然后输入"博览会"文字，得到如图8-95所示的效果。

13 使用文本工具在"博览会"文字上方单击，显示光标后在属性栏中设置参数为 Arial Black 250 pt，在默认的CMYK调色板中单击"红"，然后输入"8"字，得到如图8-96所示的效果。

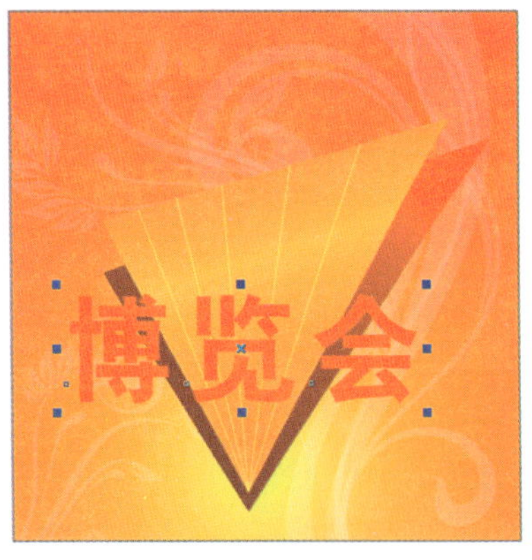

图8-95　用文本工具输入文字

图8-96　输入文字

14 使用矩形工具在"博览会"文字下方绘制一个矩形，按"F11"键弹出【渐变填充】对话框，在其中设定【角度】为"－29.5"，【边界】为"15%"，再在渐变条上编辑所需的渐变，如图8-97所示，设置好后单击【确定】按钮，再在默认的CMYK调色板中右击"无"，清除轮廓色，得到如图8-98所示的效果。

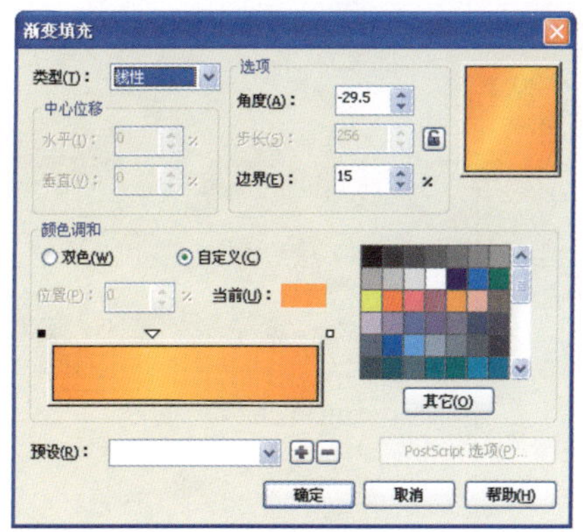

图8-97 【渐变填充】对话框

图8-98 渐变填充后的效果

说 明

左、右两边色标的颜色均为橘红，中间色标的颜色为深黄。

15 按“Ctrl”+“I”键导入一个图形，并将其排放到适当位置，如图8-99所示。

16 在菜单中执行【排列】→【顺序】→【置于此对象后】命令，当指针呈粗箭头状时，如图8-100所示，使用粗箭头单击渐变矩形，将其排放到所单击矩形的下层，得到如图8-101所示的效果。

图8-99 导入的图形

图8-100 改变排列顺序

图8-101 改变顺序后的效果

17 在工具箱中选择轮廓图工具，在画面中单击“8”字，再在属性栏中设置参数为 1 3.0 mm，得到如图8-102所示的效果。

18 在菜单中执行【排列】→【拆分轮廓图群组】命令，将其轮廓图打散；接着在工具箱中选择立体化工具，在空白处单击取消选择，再单击选择轮廓图，然后在其上按下左键向右下方拖动，给轮廓图添加立体化效果，如图8-103所示。

19 在属性栏中单击按钮，弹出【颜色】调板，在其中设置【从】与【到】的颜色均为“红”，如

图8-102 给文字添加轮廓图

图8-104所示，得到如图8-105所示的效果。

图8-103　拆分轮廓图群组　　图8-104　【颜色】调板　　图8-105　改变颜色后的效果

20 在属性栏中单击按钮，弹出【照明】调板，在其中单击【光源1】按钮，向画面中添加一个光源，如图8-106所示，接着单击【光源2】按钮，添加第2个光源，将其拖动到预览框的左下角，再设定【强度】为“45”，如图8-107所示，得到如图8-108所示的效果。

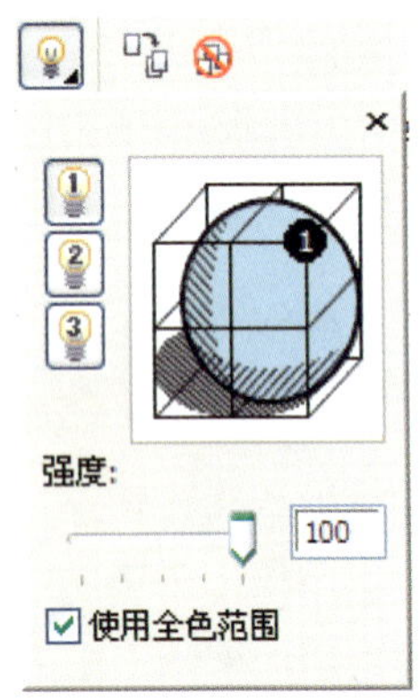

图8-106　【照明】调板

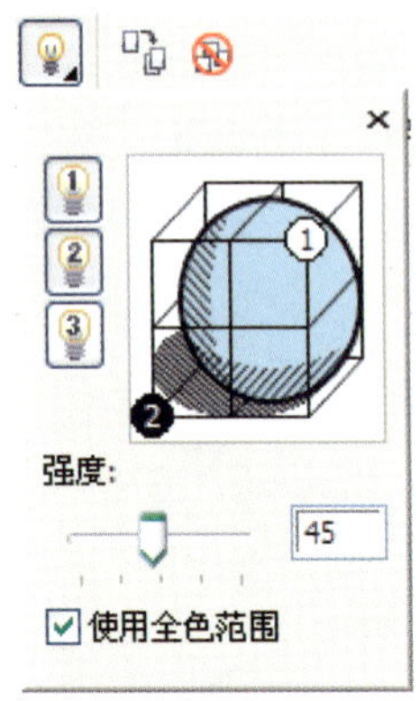

图8-107　【照明】调板

图8-108　添加光源后的效果

21 在属性栏的 99 (深度)文本框中输入“99”，按回车键后得到如图8-109所示的效果。

22 使用选择工具在空白处单击取消选择，在轮廓图上单击，以选择它，按“+”键复制一个副本，按“F11”键弹出【渐变填充】对话框，在其中设定【角度】为“-45.9”，【边界】为“9”，在渐变条上编辑所需的渐变，如图8-110所示，设置完成后单击【确定】按钮，得到如图8-111所示的效果。

图8-109　改变深度后的效果

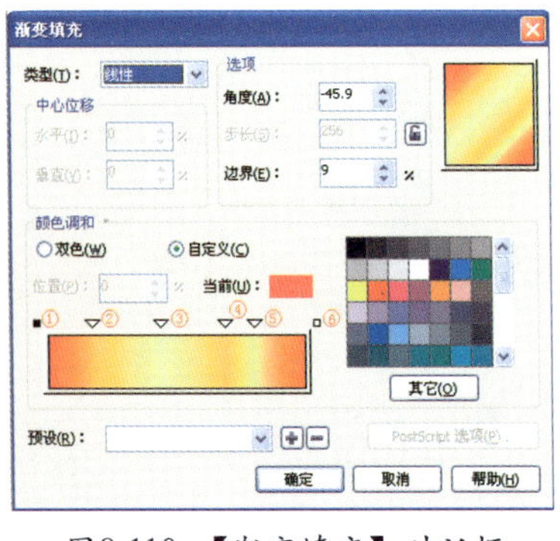

图8-110　【渐变填充】对话框

图8-111　渐变填充后的效果

说 明

色标1的颜色为霓虹粉，色标2的颜色为深黄，色标3的颜色为白黄，色标4的颜色为深黄，色标5的颜色为浅黄，色标6的颜色为红。

23 在画面中选择“博览会”文字，在工具箱中选择轮廓图工具，然后在属性栏中设置参数为，得到如图8-112所示的效果。

24 在菜单中执行【排列】→【拆分轮廓图群组】命令，将其轮廓图打散，接着在工具箱中选择立体化工具，在空白处单击取消选择，再单击选择轮廓图，然后在其上按下左键向右拖动，给轮廓图添加立体化效果，如图8-113所示。

图8-112 给文字添加轮廓图

图8-113 添加立体化效果

25 在属性栏中单击按钮，弹出【颜色】调板，在其中设置【从】的颜色为“红”，【到】的颜色为“宝石红”，如图8-114所示，得到如图8-115所示的效果。

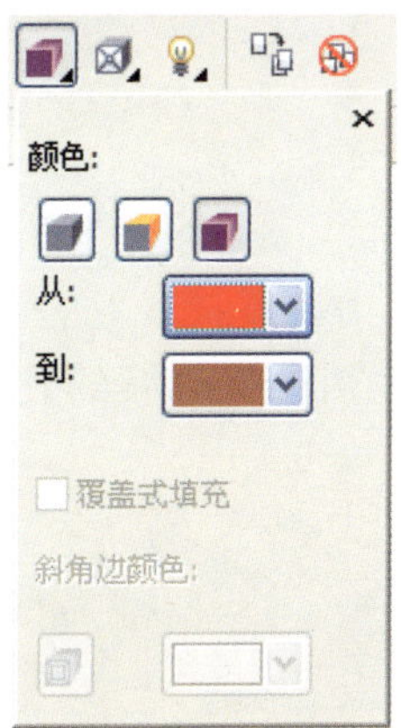

图8-114 【颜色】调板

图8-115 改变颜色后的效果

26 在属性栏中单击按钮，弹出【照明】调板，在其中单击【光源1】按钮，向画面中添加一个光源，再设定【强度】为“70”，如图8-116所示，得到如图8-117所示的效果。

27 在属性栏的〔深度〕文本框中输入“99”，按回车键后得到如图8-118所示的效果。

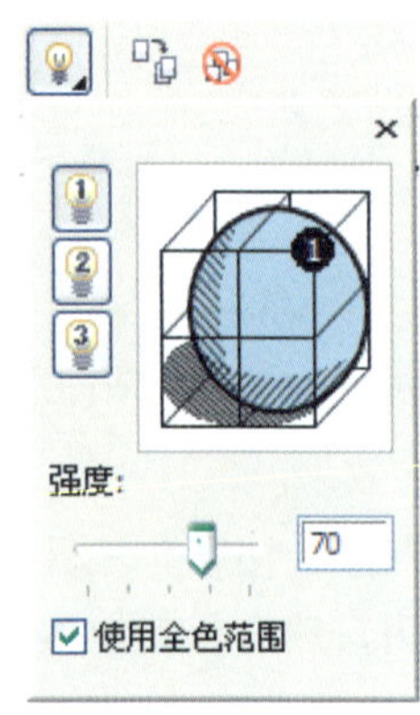

图8-116 【照明】调板

图8-117 添加光源捕后的效果

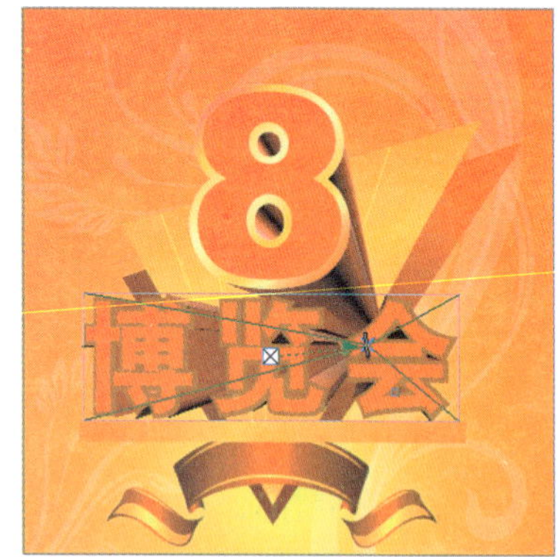
图8-118 改变深度后的效果

28 在画面中单击选择红色文字，然后在默认的CMYK调色板中右击“白”，使文字的轮廓色为白色，得到如图8-119所示的效果。

29 在工具箱中选择轮廓图工具，并在属性栏中设置参数为，得到如图8-120所示的效果。

30 在工具箱中选择立体化工具，在画面中单击选择小渐变矩形，然后在其上按下左键向上方拖动，给它添加立体化效果，如图8-121所示。

图8-119 设置轮廓色后的效果

图8-120 添加轮廓图后的效果

图8-121 添加立体化效果

31 在属性栏中单击按钮，弹出【颜色】调板，在其中设置【从】的颜色为“红”，【到】的颜色为“宝石红”，如图8-122所示，得到如图8-123所示的效果。

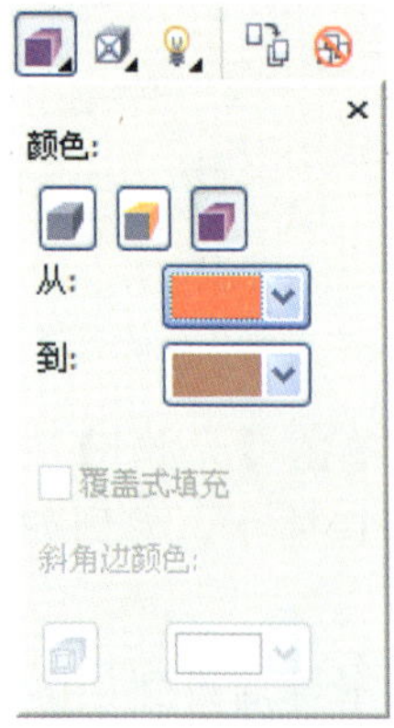

图8-122 【颜色】调板

图8-123 改变颜色后的效果

32 按“Shift”键在画面中单击下方的图形，以同时选择它们，在菜单中执行【排列】→【顺序】→【置于此对象后】命令，当指针呈粗箭头状时，再使用指针单击“博览会”的立体化图形，如图8-124所示，将它们排放到所单击对象的下层，得到如图8-125所示的效果。

33 使用选择工具在画面的空白处单击取消选择，再单击选择小渐变矩形，按“+”键复制一个副本，然后在默认的CMYK调色板中右击“黄”，使它的轮廓色为黄色，得到如图8-126所示的效果。

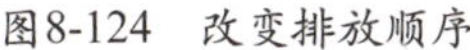
图8-124 改变排放顺序

图8-125 改变顺序后的效果

图8-126 复制一个副本并改变颜色

34 在工具箱中选择星形工具，接着在画面的适当位置绘制一个白色的五角星，如图8-127所示，同样在其他不同的位置绘制多个白色五角星，得到如图8-128所示的效果。

图8-127 绘制五角星

图8-128 绘制五角星

35 按“Shift”键在画面中单击其他的五角星，以同时选择它们，按“Ctrl”+“G”键群组，然后按“F11”键弹出【渐变填充】对话框，在其中设定【角度】为“−45.9”，【边界】为“9”，在渐变条上编辑所需的渐变，如图8-129所示，设置完成后单击【确定】按钮，得到如图8-130所示的效果。这样作品就制作完成了。

说明

色标1的颜色为淡黄，色标2的颜色为深黄，色标3的颜色为白黄，色标4的颜色为深黄，色标5的颜色为淡黄。

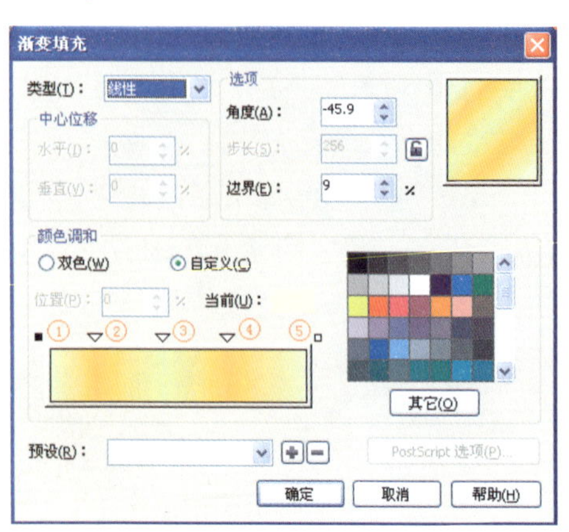

图8-1299 【渐变填充】对话框

图8-130 渐变填充后的效果

8.4 店庆宣传画

实例说明

“店庆宣传画”主要用于制作店铺POP广告、招牌、宣传画等。如图8-131所示为实例效果图，如图8-132所示为店庆宣传画的实际应用效果图。

图8-131 “店庆宣传画”最终效果图

图8-132 精彩效果欣赏

设计思路

使用矩形工具绘制一个背景，主要为了查看文字效果，再使用文本工具、立体化工具为文字添加立体效果，然后导入一张背景图片，并排放到底层，最后的立体文字稍加处理，这样就完成“店庆宣传画”的制作了。如图8-133所示为制作流程图。

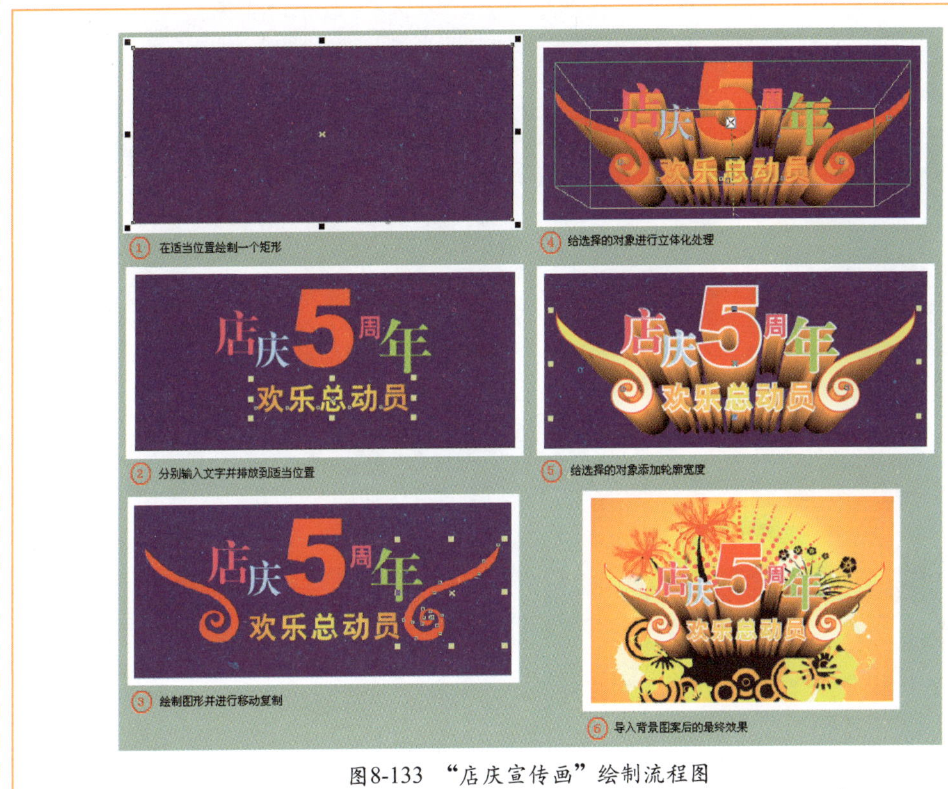

图8-133 “店庆宣传画”绘制流程图

操作步骤

01 按“Ctrl”+“N”键新建一个图形文件，将页面设为横向，接着在工具箱中选择□矩形工具，在绘图页的适当位置绘制一个矩形，然后在属性栏的 中输入“260 mm”与“115 mm”，将其设置为所需大小的矩形，再在默认的CMYK调色板中单击“蓝”，得到如图8-134所示的矩形。

02 在工具箱中选择字文本工具，在画面中适当位置单击显示光标，在属性栏中设置参数为 Arial Black 200 pt，再在默认的CMYK调色板中单击“红”，然后输入“5”字，得到如图8-135所示的效果。

图8-134 绘制矩形

图8-135 用文本工具输入文字

03 在蓝色矩形的其他位置单击，显示光标后在属性栏中设置参数为 文鼎CS大黑 48 pt，在默认的CMYK调色板中单击“洋红”，再输入“周”字，然后移动指针到中心控制柄上，按下左键将其拖动到“5”字的后面，结果如图8-136所示。

04 使用同样的方法输入所需的文字，【字体】分别为“文鼎CS大宋”与“文鼎CS大黑”，字体大小视需而定，颜色分别为洋红、冰蓝、酒绿、黑色，输入文字后的效果如图8-137所示。

图8-136　输入文字

图8-137　输入文字

05 按“F11”键弹出【渐变填充】对话框，在其中设定【类型】为“辐射”，【从】的颜色为“橘红”，【到】的颜色为“黄”，其他不变，如图8-138所示，单击【确定】按钮，得到如图8-139所示的效果。

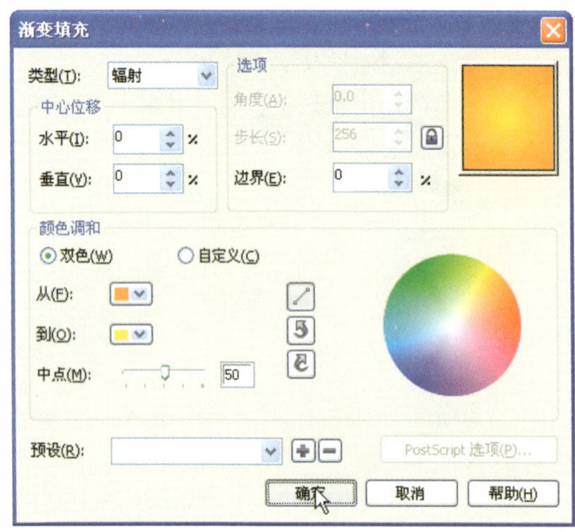

图8-138　【渐变填充】对话框

图8-139　渐变填充后的效果

06 在工具箱中选择钢笔工具，接着在画面中绘制出一个图形，如图8-140所示，然后在默认的CMYK调色板中单击“红”，右击“无”，得到如图8-141所示的效果。

图8-140　绘制图形

图8-141　填充颜色后的效果

07 在工具箱中选择选择工具，按“Ctrl”键将使用钢笔工具绘制的图形向右拖动到适当位置右击复制一个副本，再在属性栏中单击按钮，将副本对象进行水平镜像翻转，翻转后的效果如图8-142所示。

08 使用选择工具框选蓝色矩形内的所有对象，按“+”键复制一组副本，然后按

“Ctrl”+“G”键将选择的副本对象群组，然后在默认调色板中单击“红”，使该组填充为红色，如图8-143所示。

图8-142 复制并水平镜像对象

图8-143 复制一个副本并改变颜色

09 在工具箱中选择立体化工具，接着在属性栏中选择所需的立体化类型与设置【深度】为20，文字上按下左键向下拖至适当位置，给选择的文字进行立体化处理，立体化后的效果如图8-144所示。

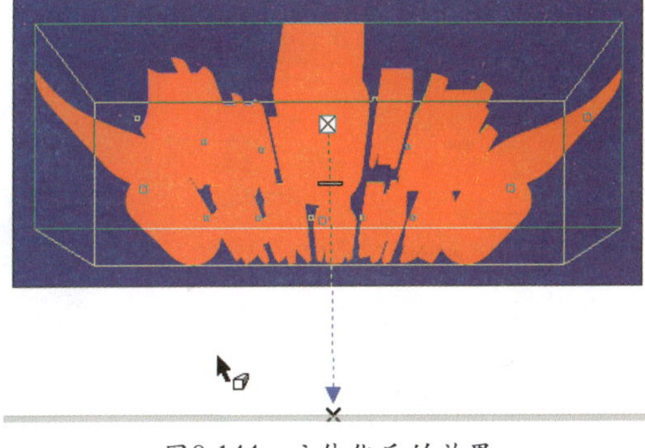

图8-144 立体化后的效果

10 在属性栏中单击按钮，弹出【颜色】调板，在其中设定【从】的颜色为“橘红”，如图8-145所示，得到如图8-146所示的效果。

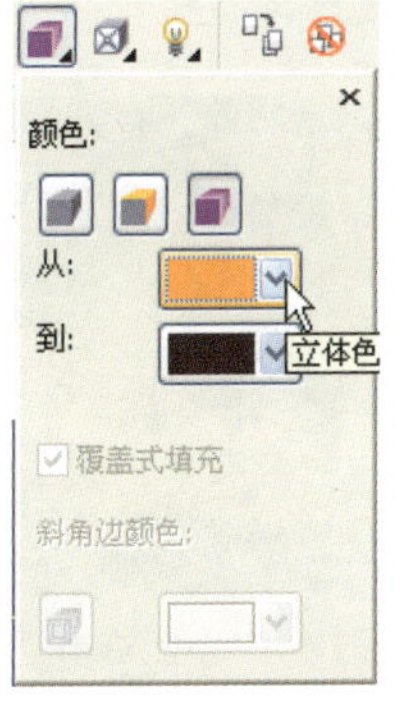

图8-145 【颜色】调板

图8-146 改变颜色后的效果

11 在菜单中执行【排列】→【顺序】→【置于此对象前】命令，当指针呈➡粗箭头状时，使用粗箭头单击蓝色矩形，得到如图8-147所示的效果。

12 使用选择工具在空白单击取消选择，再在画面中单击选择“5”字，如图8-148所示。

图8-147 改变排放顺序

图8-148 选择文字

13 在工具箱中选择轮廓图工具，再在属性栏中设置参数为 ，得到如图8-149所示的效果。

图8-149　添加轮廓图后的效果

14 使用选择工具在画面的空白处单击取消选择，按“Shift”键在画面中单击要选择的对象，然后在工具箱中选择轮廓工具下的轮廓笔或直接按“F12”键，弹出【轮廓笔】对话框，在其中设定【颜色】为“白色”，【宽度】为“1.5 mm”，其他不变，如图8-150所示，单击【确定】按钮，得到如图8-151所示的效果。

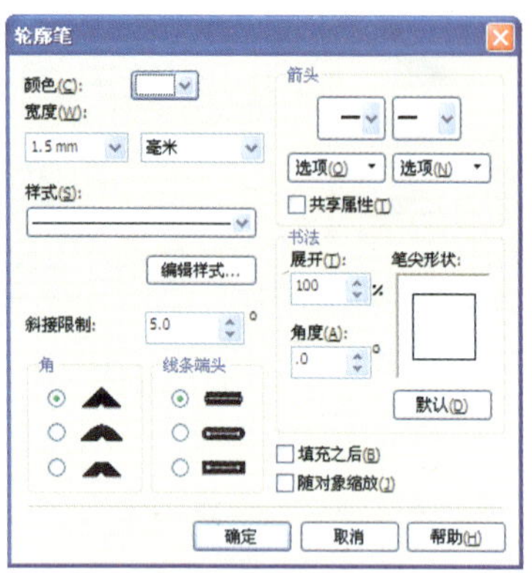

图8-150　【轮廓笔】对话框

图8-151　设置轮廓线后的效果

15 按“+”键复制一组副本，在默认的CMYK调色板中右击“无”，清除轮廓色，得到如图8-152所示的效果。

16 在画面中选择文字旁边的两个图形，再按F12键，在弹出的【轮廓笔】对话框中设定【颜色】为“红色”，【宽度】为“1.5 mm”，其他不变，如图8-153所示，单击【确定】按钮，得到如图8-154所示的效果。

图8-152　复制一个副本并清除轮廓色

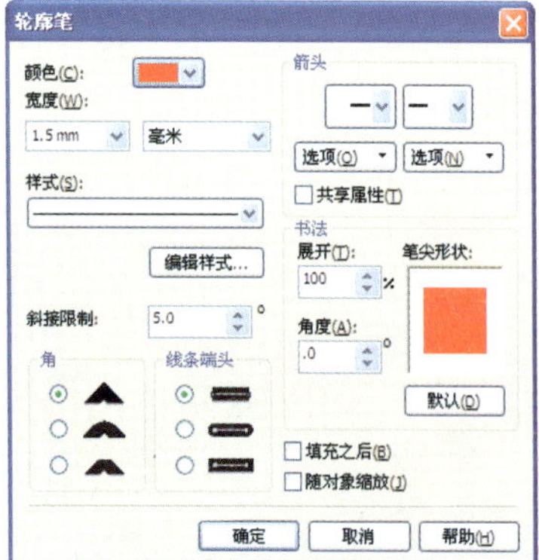

图8-153　【轮廓笔】对话框

图8-154　设置轮廓线后的效果

17 按“+”键复制一组副本，再在默认的CMYK调色板中右击“无”，清除轮廓色，然后按“F11”键弹出【渐变填充】对话框，在其中设定【从】的颜色为“黄”，【到】的颜色为“白”，【角度】为“－84”，其他不变，如图8-155所示，单击【确定】按钮，得到如图8-156所示的效果。

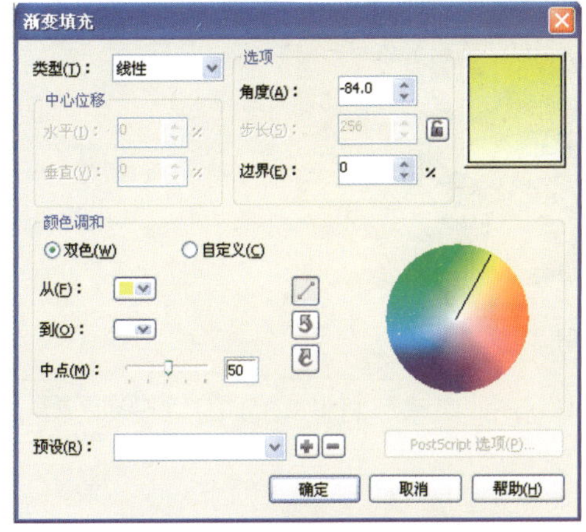

图8-155 【渐变填充】对话框

图8-156 渐变填充后的效果

18 使用钢笔工具在画面中绘制一个图形，如图8-157所示，在默认的CMYK调色板中单击“黑”，右击“无”，得到如图8-158所示的效果，用来作为文字的消失处的背景。

图8-157 用钢笔工具绘制图形

图8-158 填充颜色后的效果

19 在菜单中执行【排列】→【顺序】→【置于此对象前】命令，当指针呈➡粗箭头状时，使用粗箭头单击蓝色矩形，得到如图8-159所示的效果。

图8-159 改变排放顺序后的效果

20 按“Ctrl”+“I”键导入一张图片，并将其排放到适当位置，如图8-160所示，用它来替换蓝色背景。

图8-160　导入的图片

21 按“Shift”+“PgDn”键将选择的内容排放到最下面，然后将蓝色的矩形删除，删除后的画面效果如图8-161所示。这样作品就制作完成了。

图8-161　置于底层后的效果

第9章
广告与海报设计

广告与海报设计是以加强销售为目的所做的设计，可以为产品、品牌、活动等做广告。

9.1 戏曲海报

实例说明

“戏曲海报”可用来作为演出海报、广告宣传单和封面设计等。如图9-1所示为实例效果图，如图9-2所示为戏曲海报实际应用效果图。

图9-1 “戏曲海报”最终效果图　　图9-2 精彩效果欣赏

设计思路

先新建一个文档并导入所需的图片，再使用矩形工具、调和工具、填充等功能绘制一个矩形表示背景，然后使用文本工具、立体化工具、轮廓笔等功能为画面添加主题文字。如图9-3所示为制作流程图。

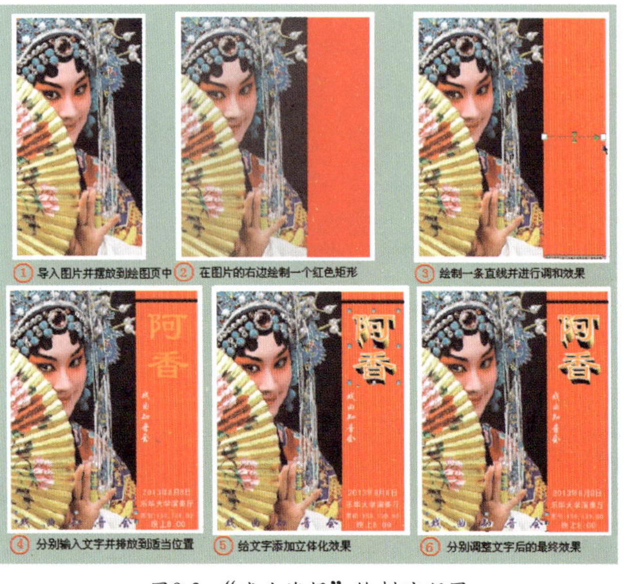

图9-3 “戏曲海报”绘制流程图

操作步骤

01 按“Ctrl”+“N”键新建一个图形文件，再按“Ctrl”+“I”键导入一张图片，并将其摆放到绘图页中，如图9-4所示。

02 在工具箱中选择矩形工具，并在图片的右边绘制一个矩形，在默认的CMYK调色板中单击“红”，右击“无”，得到如图9-5所示的效果。

03 使用矩形工具在红色矩形左边绘制一条直线，并在默认的CMYK调色板中单击“橘红”，右击“无”，使矩形框的轮廓色为橘红色，结果如图9-6所示。

图9-4 导入的图片

图9-5 绘制矩形

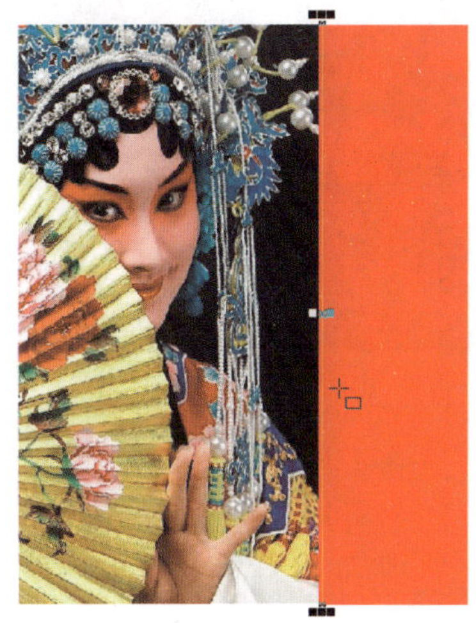

图9-6 绘制直线

04 按“Ctrl”键拖动橘红色直线向右至红色矩形右边右击复制一条直线，如图9-7所示。

05 在工具箱中选择调和工具，在画面中两条直线上拖动，将它们进行调和，再在属性栏的20中输入“20”，得到如图9-8所示的调和效果。

06 使用矩形工具在画面中绘制一个长细矩形，并在默认的CMYK调色板中单击“黑”，将它填充为黑色，得到如图9-9所示的效果。

图9-7 移动并复制对象

图9-8 调和对象

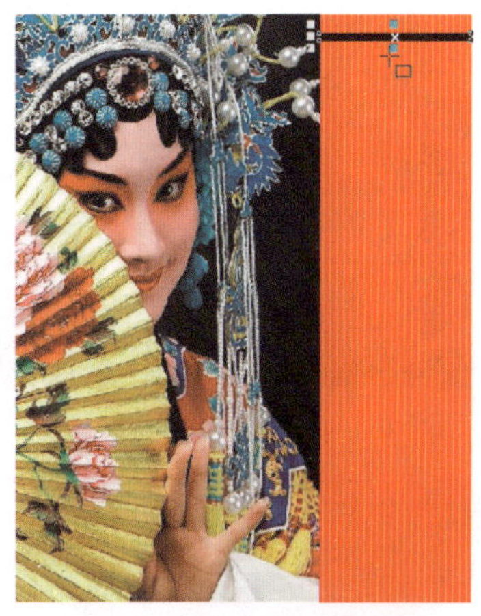

图9-9 绘制长细矩形

07 在工具箱中选择字文本工具，在画面中适当位置单击显示光标，再在属性栏中设置参数为，在默认CMYK调色板中单击“橘红”，然后输入所需的文字，如图9-10所示。使用形状工具调整字间距，调整后的效果如图9-11所示。

08 使用同样的方法在画面中依次输入所需的文字，输入文字后的效果如图9-12所示。

图9-10　输入文字

图9-11　调整字间距

图9-12　输入文字

09 在工具箱中选择立体化工具，移动指针到画面中“阿香”文字上，按下鼠标左键进行拖动，并在属性栏中设置参数为，给文字添加立体化效果，如图9-13所示。

10 在属性栏中单击按钮，弹出【颜色】调板，其中设定【从】为“黄”，【到】为“橘红”，如图9-14所示，得到如图9-15所示的效果。

图9-13　添加立体化效果后的效果

图9-14　【颜色】调板

图9-15　改变颜色后的效果

11 在属性栏中单击按钮，弹出光源面板，在其中单击光源1，再在预览框中将光源1拖至适当位置，如图9-16所示，给立体化文字添加光源效果，添加光源后的效果如图9-17所示。

12 在画面的空白处单击取消选择，使用选择工具在“阿香”文字上单击选择文字，按“+”键复制一个副本，结果如图9-18所示。

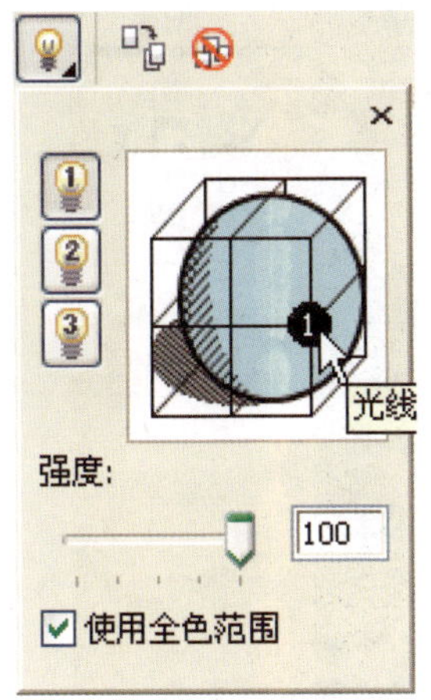

图9-16 光源面板

图9-17 改变光源后的效果

图9-18 复制一个副本

13 按“F12”键弹出【轮廓笔】对话框，在其中设定【颜色】为“白色”，【宽度】为“0.75 mm”，其他不变，如图9-19所示，单击【确定】按钮，即可得到如图9-20所示的效果。

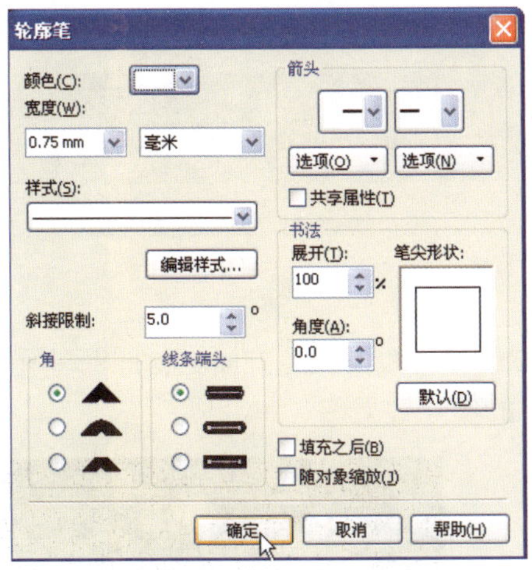

图9-19 【轮廓笔】对话框

图9-20 添加轮廓颜色后的效果

14 在画面中单击选择“戏曲知音会”文字，再按“F12”键弹出【轮廓笔】对话框，在其中设定【颜色】为“白色”，【宽度】为“1.0 mm”，其他不变，如图9-21所示，单击【确定】按钮，即可得到如图9-22所示的效果。

15 按“+”键复制一个副本，在默认的CMYK调色板中右击“无”，清除轮廓色，得到如图9-23所示的效果，再在画面的空白处单击取消选择。这样作品就制作完成了。

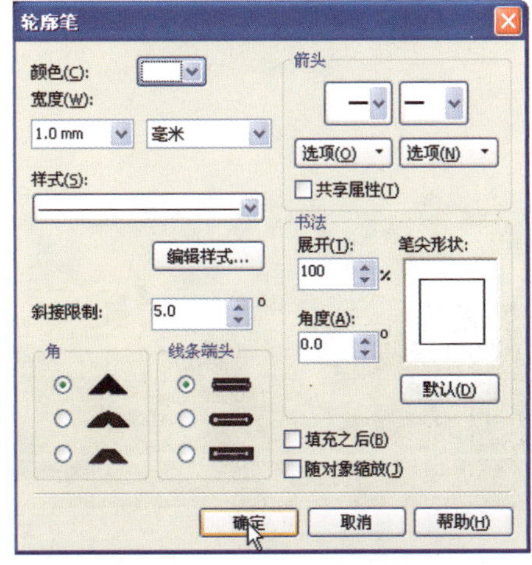

图9-21 【轮廓笔】对话框

图9-22 添加轮廓色后的效果

图9-23 绘制好的最终效果图

9.2 房地产广告

实例说明

“房地产广告”可以用在海报、广告宣传单和封面设计等方面。如图9-24所示为实例效果图，如图9-25所示为房地产广告作品的实际效果图。

图9-24 “房地产广告”最终效果图

图9-25 精彩效果欣赏

设计思路

首先新建一个文档并导入所需的图片，再使用矩形工具、文本工具、轮廓图工具、置于图文框内部、形状工段等功能为画面添加主题文字与装饰对象。如图9-26所示为制作流程图。

图9-26 “房地产广告”绘制流程图

操作步骤

01 按“Ctrl”+“N”键新建一个图形文件，将页面设为横向，在工具箱中选择矩形工具，在绘图页的适当位置绘制一个矩形，然后在属性栏的中输入“270 mm”与“120 mm”，将其设置为所需大小的矩形，结果如图9-27所示。

02 按“Ctrl”+“I”键导入一张图片，如图9-28所示。

图9-27 绘制矩形

图9-28 导入的图片

03 使用选择工具选择图片，再在菜单中执行【效果】→【图框精确剪裁】→【置于图文框内部】命令，当指针呈粗箭头状时，使用粗箭头单击矩形框，如图9-29所示，使图片置于矩形容器中，置于容器中的效果如图9-30所示。

图9-29 图框精确剪裁

图9-30 图框精确剪裁

04 在画面的底部单击按钮，如图9-31所示，进入内容编辑，再使用选择工具将图片移至所需的位置，如图9-32所示，调整完成后单击按钮完成编辑。

图9-31　编辑图文框中内容

图9-32　编辑图文框中内容

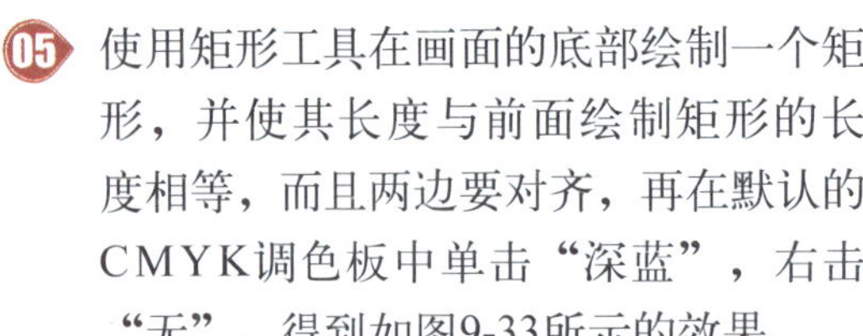

05 使用矩形工具在画面的底部绘制一个矩形，并使其长度与前面绘制矩形的长度相等，而且两边要对齐，再在默认的CMYK调色板中单击“深蓝”，右击“无”，得到如图9-33所示的效果。

图9-33　绘制矩形

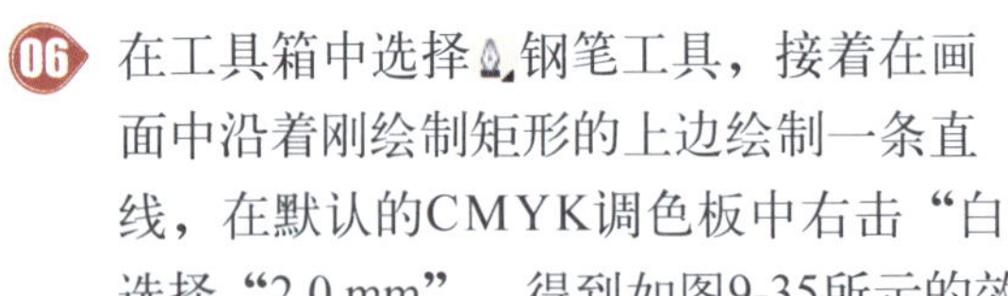

06 在工具箱中选择钢笔工具，接着在画面中沿着刚绘制矩形的上边绘制一条直线，在默认的CMYK调色板中右击“白”，如图9-34所示，再在属性栏的 2.0 mm 中选择“2.0 mm”，得到如图9-35所示的效果。

图9-34　绘制直线

图9-35　将轮廓线加粗后的效果

07 在工具箱中选择文本工具，接着在画面中单击显示光标，再在属性栏中设置参数为 华文行楷 60 pt，在默认的CMYK调色板中单击“紫”，然后在键盘上输入“总价”文字，输入文字后的效果如图9-36所示。

图9-36　输入文字

08 在“总价”文字后面单击，在属性栏中设置参数为 Arial Black 110 pt，在默认的CMYK调色板中单击“紫”，然后在键盘上输入“38”文字，接着移动指针到中心控制柄上，按下左键将其拖动到适当位置，排放好的效果如图9-37所示。

09 使用前面同样的方法在画面中适当位置输入所需的内容，并根据需要设置所需的字体、字体大小与颜色，输入好文字后的效果如图9-38所示。

图9-37 输入文字

图9-38 输入文字

10 在工具箱中选择轮廓图工具，在画面中单击“38”数字，再在属性栏中设置参数为 ，得到如图9-39所示的效果。

11 使用同样的方法分别在画面中选择所需的文字，然后在属性栏中设置所需的参数，给文字添加轮廓图效果，添加好的效果如图9-40所示。

图9-39 添加轮廓图后的效果

图9-40 添加轮廓图后的效果

12 使用文本工具在画面中适当位置输入所需的宣传语言及其联系方式，输入文字后的效果如图9-41所示。

13 在工具箱中选择形状工具，在画面中单击“高品质 高生活”文字，拖动图标向右至适当位置，加宽文字之间的间距，调整好的效果如图9-42所示。

图9-41 输入文字

图9-42 用形状工具调整字间距

14 按“Ctrl”+“O”键打开已经准备好的导航按钮，再使用选择工具框选所需的一个按钮，按“Ctrl”+“C”键进行复制，如图9-43所示。

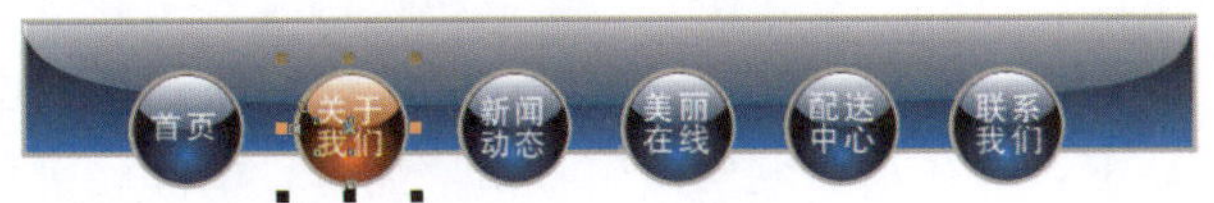

图9-43 打开的导航按钮

15 在【窗口】菜单中选择正在编辑的广告文件，按“Ctrl”+“V”键进行粘贴，然后将该按钮拖动到画面的右下角，并按“Shift”键进行适当调整，使它适合画面，调整后的结果如图9-44所示。

16 在按钮上选择文字，然后按“Delete”键将其删除，删除后的效果如图9-45所示。

图9-44 复制并调整后的效果

图9-45 删除文字后的效果

17 按“Ctrl”键在按钮上单击选择最外的轮廓线，再在工具箱中选择轮廓图工具，在属性栏中设置参数为，得到如图9-46所示的效果。

18 使用文本工具并采用前面同样的方法在按钮上再输入所需的文字，输入文字后的效果如图9-47所示。

图9-46 添加轮廓图后的效果

图9-47 输入文字

19 同样使用轮廓图工具给刚输入的文字添加轮廓图效果，添加了轮廓图效果的画面效果如图9-48所示。

20 在工具箱中选择选择工具，框选所有对象，再按“Ctrl”+“G”键将其群组，如图9-49所示。

图9-48 添加轮廓图后的效果

图9-49 群组对象

21 使用矩形工具在画面中围绕边缘绘制一个矩形，框住所有对象，如图9-50所示。

22 使用选择工具单击选择群组对象，接着在菜单中执行【效果】→【图框精确剪裁】→【置于图文框内部】命令，当指针呈粗箭头状时，使用粗箭头单击刚绘制的矩形，使按钮置于矩形容器中，并在默认调色板中右击“无”，清除轮廓色，得到如图9-51所示的效果。这样作品就制作完成了。

图9-50 绘制矩形

图9-51 绘制好的最终效果图

9.3 推广海报

实例说明

“推广海报”可以用在海报、广告宣传单和封面设计等方面。如图9-52所示为实例效果图，如图9-53所示为推广海报的实际应用效果图。

图9-52 “推广海报”最终效果图

图9-53 精彩效果欣赏

设计思路

首先新建一个文档，再使用矩形工具、椭圆形工具绘制海报基本结构图，然后使用导入、文本工具、轮廓图工具、置于图文框内部、形状工具等功能为画面添加主题文字与装饰对象。如图9-54所示为制作流程图。

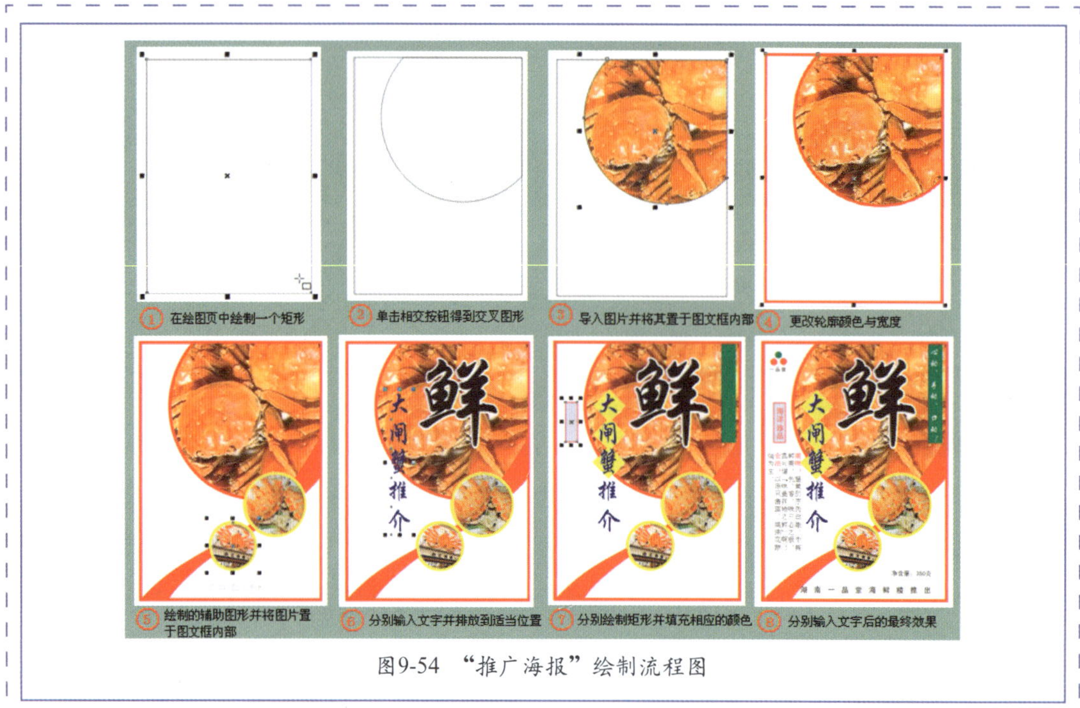

图9-54 “推广海报”绘制流程图

操作步骤

01 按“Ctrl”+“N”键新建一个图形文件，在工具箱中选择矩形工具，在绘图页中绘制一个矩形，然后在属性栏的125.0 mm 170.0 mm中输入“125 mm”与“170 mm”，得到所需大小的矩形，如图9-55所示。

02 在工具箱中选择椭圆形工具，在矩形的右上部绘制一个椭圆，如图9-56所示。

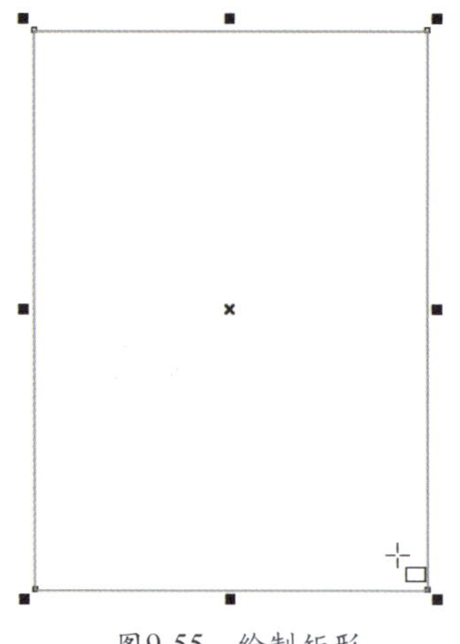

图9-55 绘制矩形

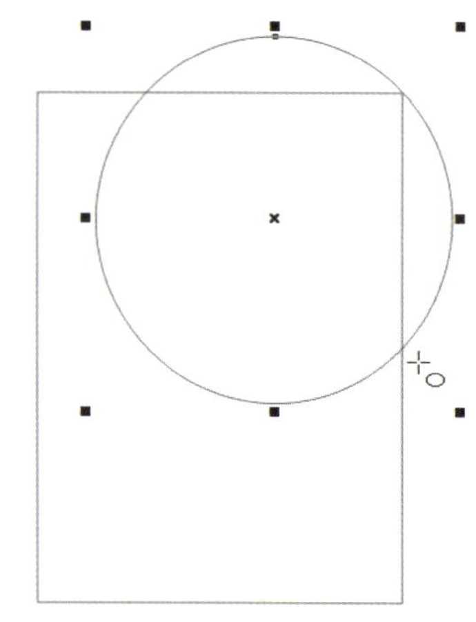

图9-56 用椭圆形工具绘制椭圆

03 使用选择工具框选矩形与椭圆，在属性栏中单击按钮，得到一个交叉的图形，如图9-57所示，选择椭圆，并在键盘上按“Delete”键将其删除，删除后的效果如图9-58所示。

04 按“Ctrl”+“I”键导入一张图片，并将其调整到所需的大小，然后排放到适当位置，如图9-59所示。

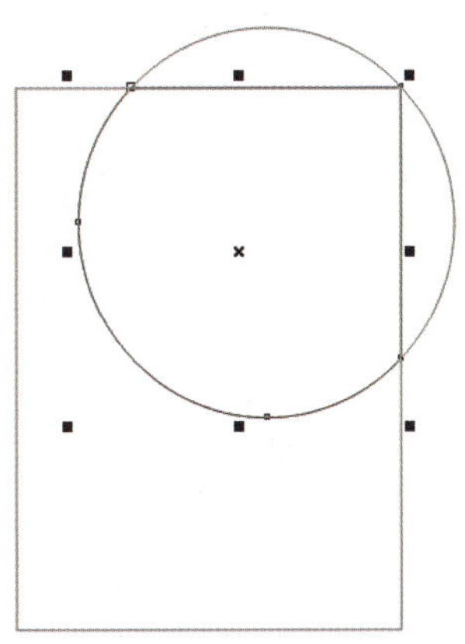

图9-57 修剪对象

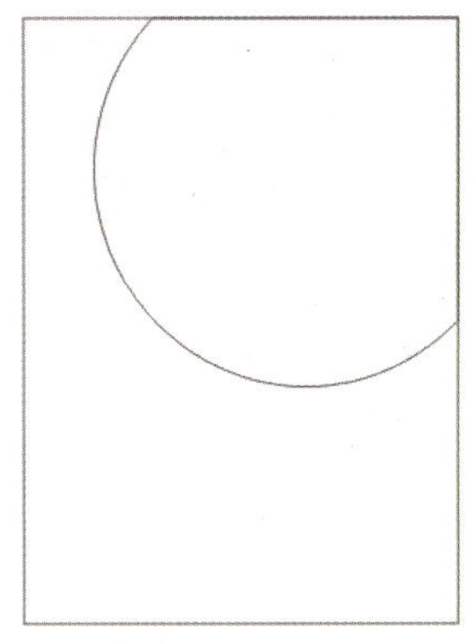

图9-58 删除后的效果

图9-59 导入的图片

05 在菜单中执行【效果】→【图框精确剪裁】→【置于图文框内部】命令，当指针呈粗箭头状时，再使用粗箭头单击修剪所得的对象，如图9-60所示，即可将导入的图片置于所单击的容器中，如图9-61所示。

图9-60 图框精确剪裁

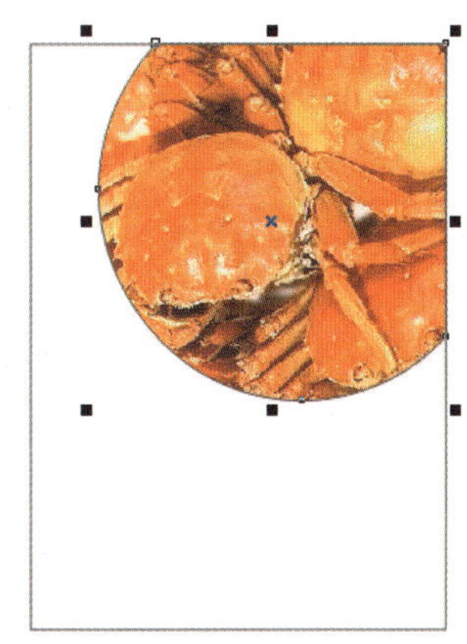

图9-61 图框精确剪裁

06 按“Shift”键在画面中单击选择矩形，接着按“F12”键弹出【轮廓笔】对话框，在其中设定【颜色】为“红”，【宽度】为“2.0 mm”，其他不变，如图9-62所示，单击【确定】按钮，得到如图9-63所示的效果。

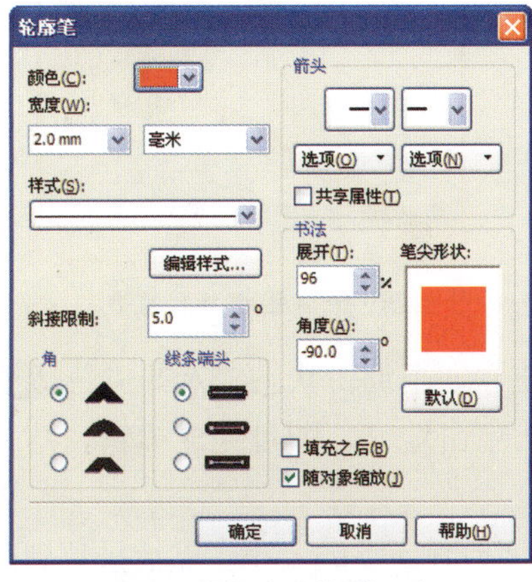

图9-62 【轮廓笔】对话框

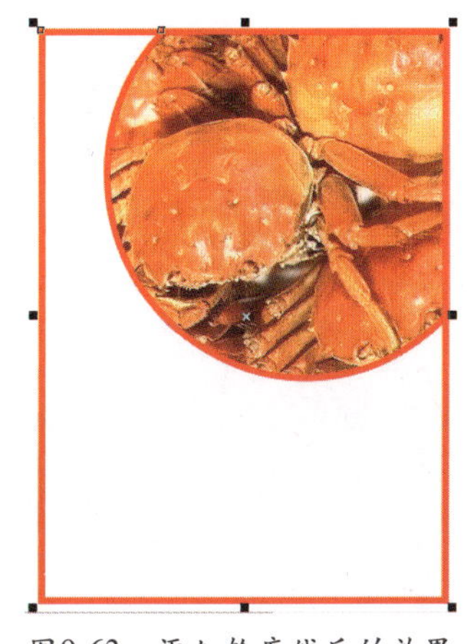

图9-63 添加轮廓线后的效果

07 在工具箱中选择钢笔工具，接着在矩形内绘制出一个辅助图形，如图9-64所示，再在默认的CMYK调色板中单击“红”，右击“无”，得到如图9-65所示的效果。

08 使用椭圆形工具在刚绘制的辅助图形上绘制两个椭圆，并依次在属性栏的 2.0 mm （轮廓宽度）列表中选择“2.0 mm”，在默认的CMYK调色板中右击“黄”，得到如图9-66所示的效果。

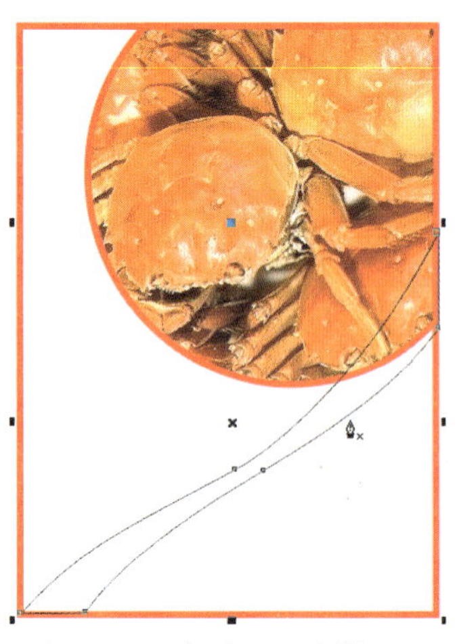
图9-64 用钢笔工具绘制图形

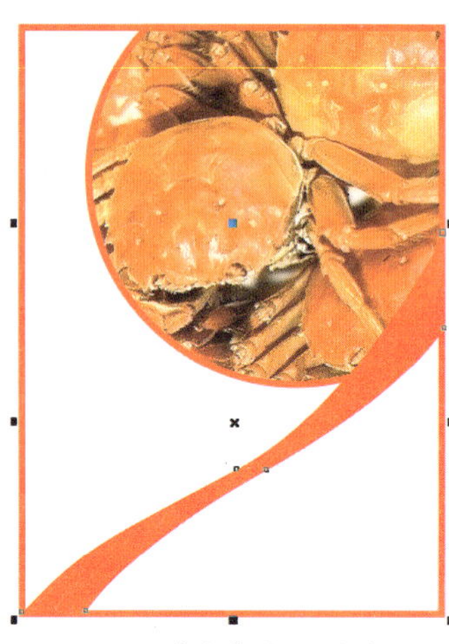
图9-65 填充颜色后的效果

图9-66 绘制椭圆

09 按“Ctrl”+“I”键导入一张图片，并将其调整到所需的大小，然后排放到适当位置，如图9-67所示。

10 在菜单中执行【效果】→【图框精确剪裁】→【置于图文框内部】命令，当指针呈粗箭头状时，再使用粗箭头单击稍大一点的椭圆，即可将导入的图片置于所单击的容器中，如图9-68所示。

图9-67 导入图片

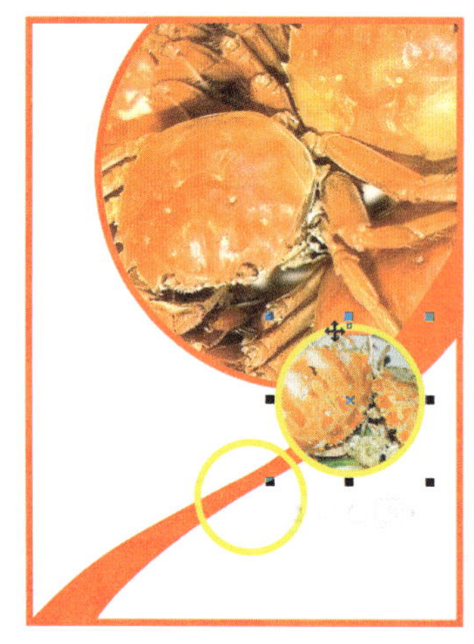
图9-68 图框精确剪裁

11 按“Ctrl”键单击刚置于容器中的图片，使它处于编辑状态，对其进行适当调整，如图9-69所示；然后按“Ctrl”键单击画面的空白地方，即可完成编辑，结果如图9-70所示。

12 按“Ctrl”+“I”键导入一张图片，并将其调整到所需的大小，然后排放到适当位置，如图9-71所示。

图9-69 编辑图文框中内容

图9-70 完成编辑

图9-71 导入图片

13 在菜单中执行【效果】→【图框精确剪裁】→【置于图文框内部】命令，当指针呈粗箭头状时，再使用粗箭头单击稍小一点的椭圆，即可将导入的图片置于所单击的容器中，如图9-72所示。

14 按“Ctrl”键单击刚置于容器中的图片，使它处于编辑状态，对其进行适当调整，如图9-73所示；然后按“Ctrl”键单击画面的空白地方，即可完成编辑，结果如图9-74所示。

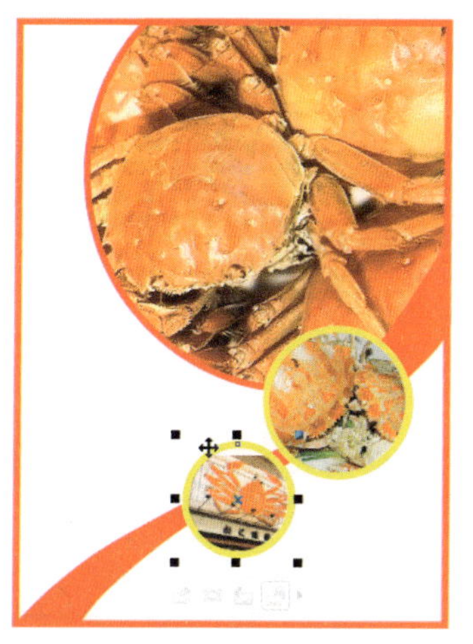

图9-72 图框精确剪裁

图9-73 编辑图文框中内容

图9-74 完成编辑后的效果

15 在工具箱中选择字文本工具，接着在画面中最先导入的图片上单击并输入“鲜”字，选择选择工具确认文字输入，然后在属性栏中设置参数为 华文行楷 180 pt，得到如图9-75所示的效果。

16 在默认的CMYK调色板中右击“白”，使轮廓色为白色，再在工具箱中选择轮廓工具下的2.5 mm轮廓，将文字的轮廓线加粗，得到如图9-76所示的效果。

17 在键盘上按“+”键，复制一个副本，在默认的CMYK调色板中右击“无”，清除轮廓色，得到如图9-77所示的效果。

图9-75 输入文字

图9-76 添加轮廓色后的效果

图9-77 复制一个副本并清除轮廓色

18 在工具箱中选择文本工具，接着在画面中单击显示光标，在属性栏中单击▥按钮，设置【字体】为“华文行楷”，【字体大小】为“48pt”，在默认的CMYK调色板中单击“蓝”，然后输入“大闸蟹推介”文字，结果如图9-78所示。

19 在工具箱中选择▭3点矩形工具，按“Ctrl”键在画面的适当位置绘制一个菱形，并在属性栏中设置大小为20 mm×20 mm，旋转为45°，如图9-79所示。

20 移动指针到中心控制柄上，按下左键将其拖动到“大”字上，框住“大”字，如图9-80所示。

图9-78 输入文字

图9-79 绘制菱形

图9-80 移动菱形

21 使用同样的方法按“Ctrl”键将菱形向下拖至适当位置右击复制一个副本，结果如图9-81所示；然后按“Ctrl”+“D”键再制一个副本，结果如图9-82所示。

22 按“Shift”键单击其他两个菱形，以同时选择三个菱形，再在默认的CMYK调色板中单击“黄”，右击“无”，得到如图9-83所示的效果。

23 在菜单中执行【排列】→【顺序】→【置于此对象后】命令，当指针呈粗箭头状时，再使用粗箭头单击“推”字，使选择的菱形置于文字的下层，结果如图9-84所示。

24 使用矩形工具在“鲜”字的右边绘制一个没有轮廓色的绿色矩形，再在左边适当位置绘制一个轮廓色为红色、填充色为粉蓝色的矩形，如图9-85所示。

25 使用文本工具分别在绿色矩形、粉蓝色矩形与底部的适当位置输入所需的文字，输入文字后的效果如图9-86所示。

图9-81 移动并复制菱形

图9-82 再制对象

图9-83 填充颜色后的效果

图9-84 改变排放顺序后的效果

图9-85 绘制矩形

图9-86 输入文字

26 在工具箱中选择形状工具，接着在画面中单击要调整字间距的文字，然后拖动图标向右至适当位置，加宽字间距，调整后的效果如图9-87所示。

27 在工具箱中选择文本工具，并在“大闸蟹推介”文字的左下方拖出一个文本框，如图9-88所示，然后输入所需的文字，如图9-89所示。

28 使用文本工具在段落文本中选择要更改颜色的文字，再在默认的CMYK调色板中单击“红”，将选择的文字改为红色，如图9-90所示。

29 按“Ctrl”+“I”键导入一个标志，将其排放到画面左上角的适当位置，再根据需要调整其大小，调整后的效果如图9-91所示；在【文本】菜单中执行【段落文本框】→【显示文本框】命令，将其取消勾选，即可隐藏段落文本框，如图9-92所示。这样作品就制作完成了。

图9-87 用形状工具调整字间距

图9-88 拖出文本框

图9-89 输入文字

图9-90 改变文字颜色

图9-91 导入的标志

图9-92 绘制好的最终效果图

9.4 商场宣传广告

实例说明

“商场宣传广告”在许多领域可以用到，如海报、宣传单、封面设计和广告设计等。如图9-93所示为实例效果图，如图9-94所示为商场宣传广告的实际应用效果图。

图9-93 “商场宣传广告”最终效果图　　图9-94 精彩效果欣赏

设计思路

首先新建一个文档，再使用矩形工具、钢笔工具、形状工具与渐变填充等功能绘制宣传单的背景，然后使用导入、图框精确剪裁、多边形工具、文本工具、轮廓图工具、椭圆形工具等功能为画面添加主题对象、文字以及装饰对象。如图9-95所示为制作流程图。

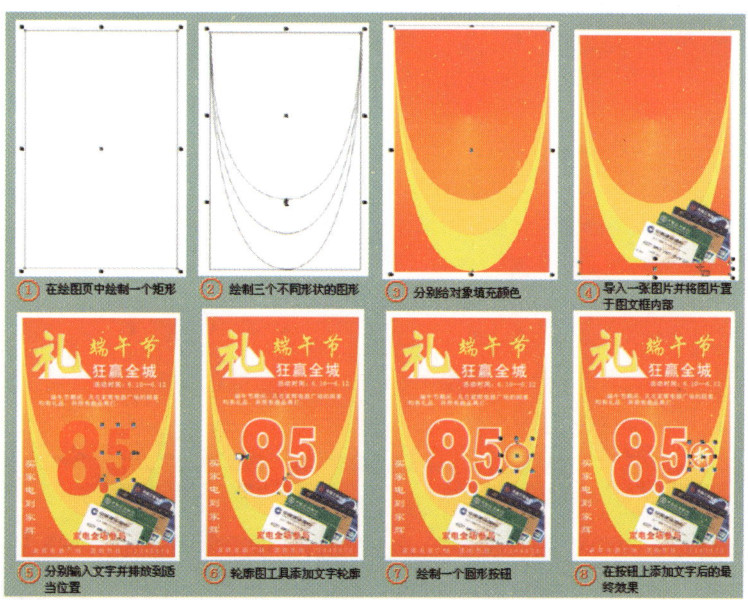

图9-95 “商场宣传广告”绘制流程图

操作步骤

01 按“Ctrl”+“N”键新建一个图形文件，接着在属性栏的【纸张类型/大小】列表中选择“B4（ISO）”，再在工具箱中选择矩形工具，在绘图页中绘制一个矩形，然后在属性栏的 220.0 mm 335.0 mm 中输入“220 mm”与“335 mm”，得到所需大小的矩形，如图9-96所示。

02 使用钢笔工具在矩形内绘制一个三角形，如图9-97所示，再使用形状工具将三角形调整为如图9-98所示的形状。

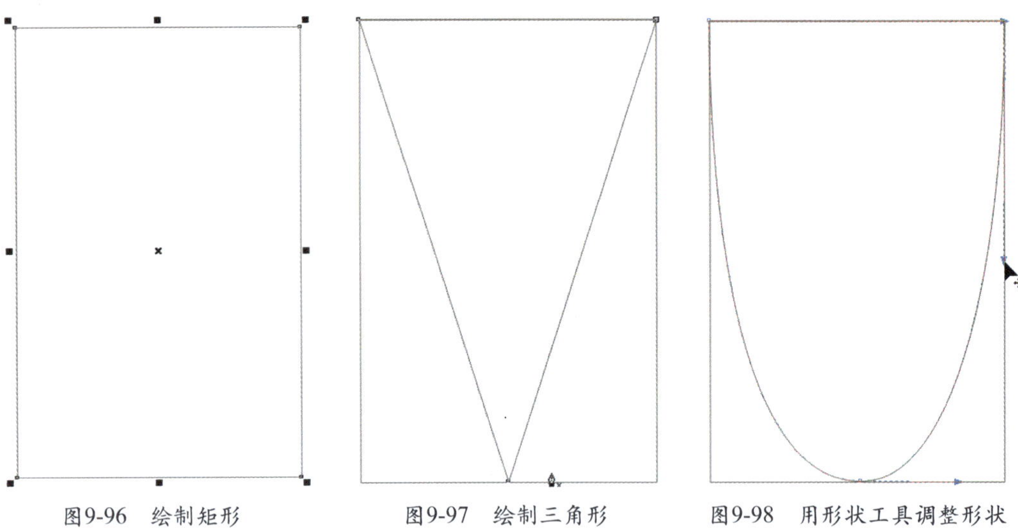

图9-96　绘制矩形　　图9-97　绘制三角形　　图9-98　用形状工具调整形状

03 在键盘上按“+”键复制一个副本，再拖动下边中间控制柄向上至适当位置缩小副本，缩小后的效果如图9-99所示。然后使用同样的方法再复制一个副本并适当缩小，调整后的效果如图9-100所示。

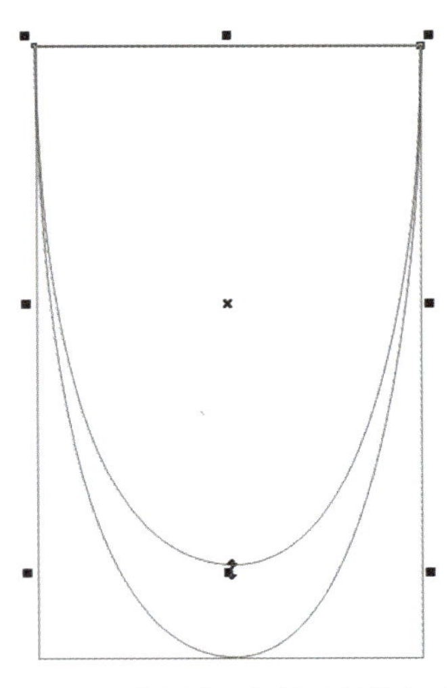

图9-99　复制并调整大小

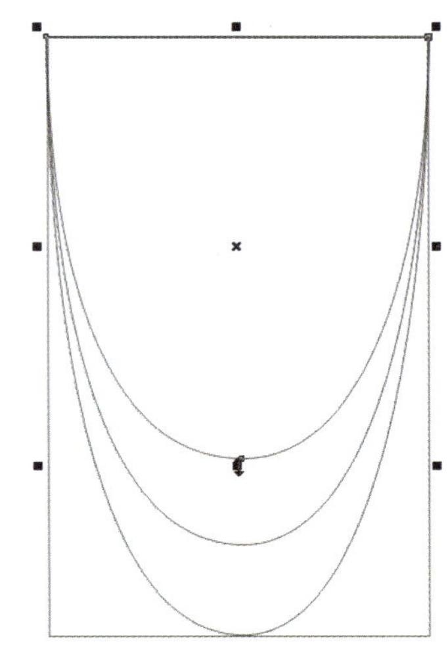

图9-100　复制并调整大小

04 使用选择工具在画面中单击选择矩形，按“F11”键弹出【渐变填充】对话框，在其中设定【从】为“黄”，【到】为“红”，【角度】为“−88.2”，其他不变，如图9-101所示，单击【确定】按钮，再在默认的CMYK调色板中右击“无”，清除轮廓色，得到如图9-102所示的效果。

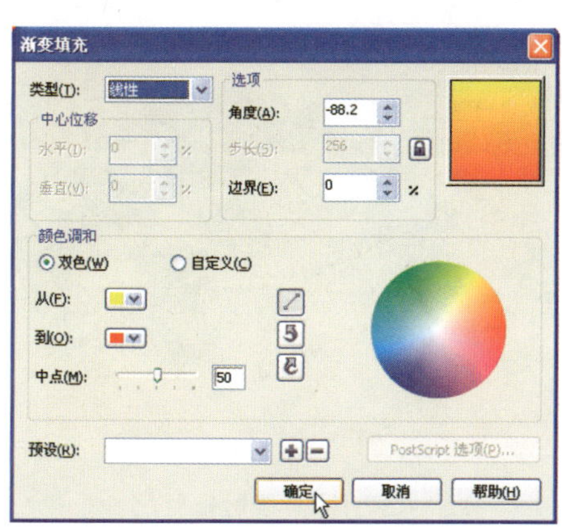

图9-101 【渐变填充】对话框

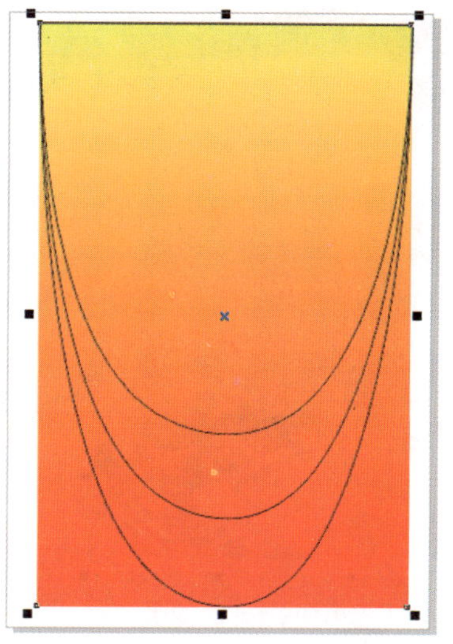

图9-102 渐变填充后的效果

05 使用选择工具在画面中单击选择最上层的图形，按“F11”键弹出【渐变填充】对话框，在其中设定【类型】为“圆锥”，【从】为“橘红”，【到】为“红”，【角度】为“86.1”，【水平】为“－2%”，其他不变，如图9-103所示，单击【确定】按钮，再在默认的CMYK调色板中右击“无”，清除轮廓色，得到如图9-104所示的效果。

06 在画面中依次选择还没有填充颜色的图形，再分别在默认的CMYK调色板中单击“深黄”与“黄”，右击“无”，得到如图9-105所示的效果。

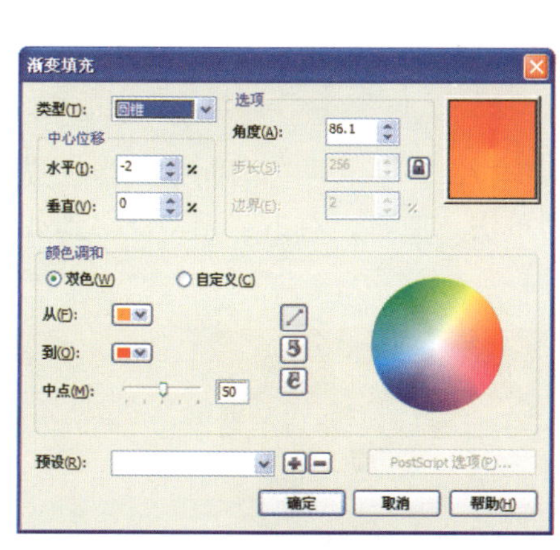

图9-103 【渐变填充】对话框

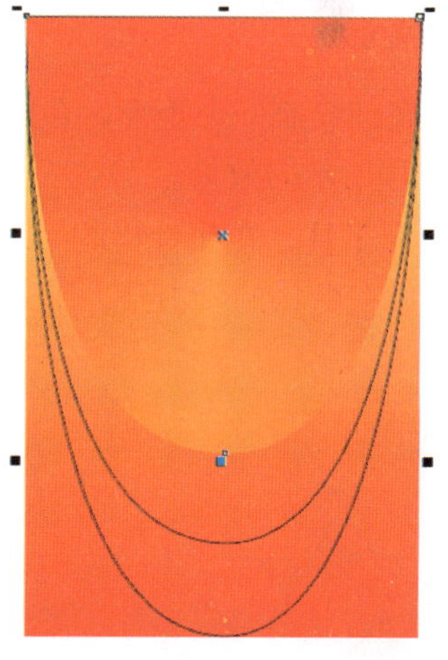

图9-104 渐变填充后的效果

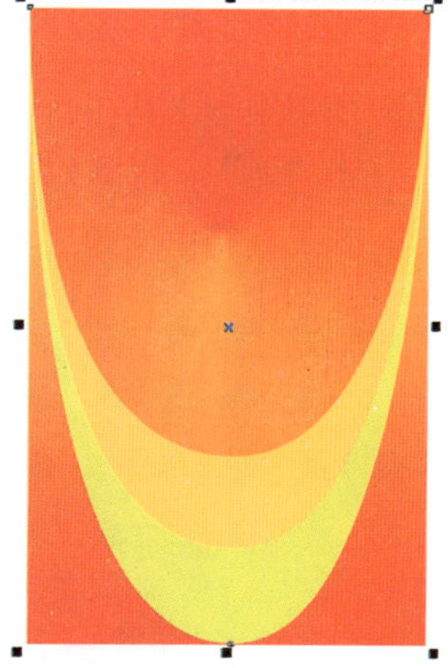

图9-105 填充颜色后的效果

07 按“Ctrl”＋“I”键导入已经准备好的图片，并将其排放到适当位置，再根据需要调整其大小，调整后的效果如图9-106所示。

08 使用矩形工具在画面中围绕图片绘制一个矩形，如图9-107所示。

09 使用选择工具在画面中选择导入的图片，再在菜单中执行【效果】→【图框精确剪裁】→【置于图文框内部】命令，再使用指针指向矩形（如图9-108所示）单击，在默认的CMYK调色板中右击“无”，清除轮廓色，得到如图9-109所示的效果。

图9-106　导入图片

图9-107　绘制矩形

图9-108　图框精确剪裁

图9-109　图框精确剪裁

10 使用矩形工具在画面的底部绘制一个矩形，在默认的CMYK调色板中单击“红”，右击“无”，得到如图9-110所示的效果。

11 在工具箱中选择多边形工具，在属性栏的3中输入“3”，再在画面中适当位置绘制出一个三角形，然后在默认的CMYK调色板中单击“白”，右击“无”，得到如图9-111所示的效果。

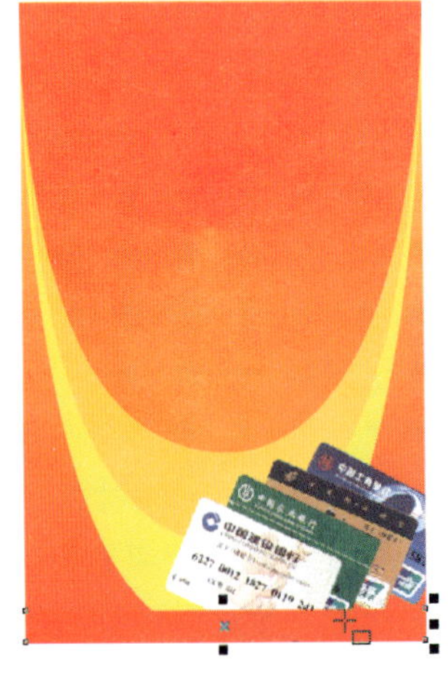

图9-110　绘制矩形

图9-111　用多边形工具绘制三角形

12 在工具箱中选择字文本工具，在画面中白色三角形左边单击显示光标，再在属性栏中设置参数为 文鼎CS魏碑 240 pt ，在默认的CMYK调色板中单击“黄”，然后输入“礼”字，画面效果如图9-112所示。

13 在工具箱中选择选择工具，在默认的CMYK调色板中右击“白”，再在工具箱中选择轮廓工具下的2.5 mm，如图9-113所示，将文字的轮廓线加粗，得到如图9-114所示的效果。

图9-112 用文本工具输入文字

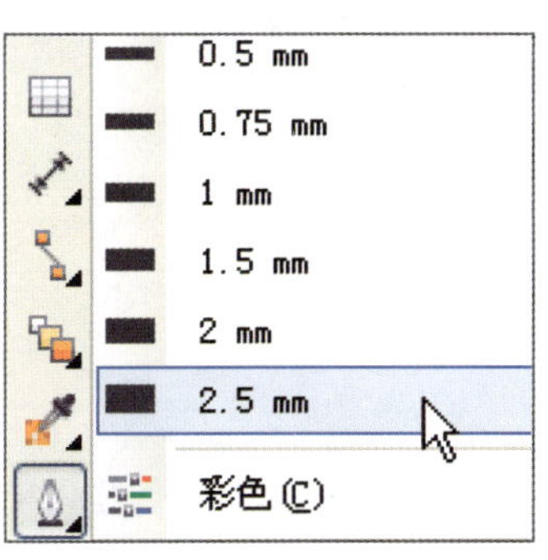

图9-113 选择轮廓宽度

图9-114 加粗轮廓线后的效果

14 按“+”键复制一个副本，按“F12”键弹出【轮廓笔】对话框，在其中设定【颜色】为“橘红”，【宽度】为“0.2 mm”，其他不变，如图9-115所示，单击【确定】按钮，得到如图9-116所示的效果。

15 在工具箱中选择文本工具，在画面中“礼”字后单击显示光标，再在属性栏中设置参数为 华文行楷 100 pt ，在默认的CMYK调色板中单击“黄”，然后输入“端午节”文字，画面效果如图9-117所示。

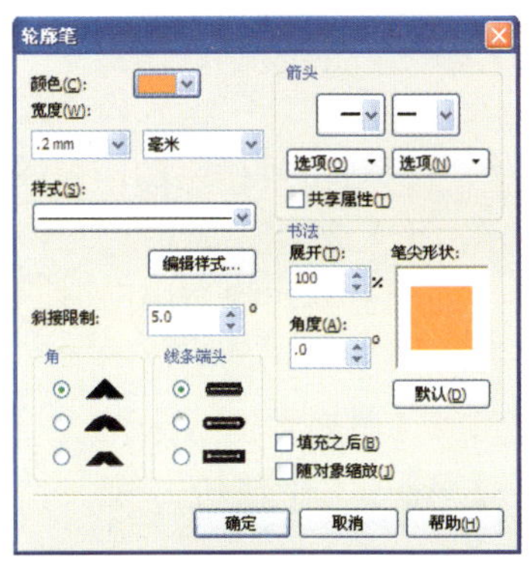

图9-115 【轮廓笔】对话框

图9-116 添加轮廓线后的效果

图9-117 用文本工具输入文字

16 使用文本工具在画面中适当位置依次输入所需的文字，输入文字后的效果如图9-118所示。

说 明

直排文字需在属性栏中单击按钮。

17 按“Shift”键在画面中单击“8.”与“5”文字，以同时选择它们，再按“Ctrl”+“G”键将其群组，如图9-119所示。

18 在工具箱中选择轮廓图工具，并在属性栏中设置参数为，得到如图9-120所示的效果。

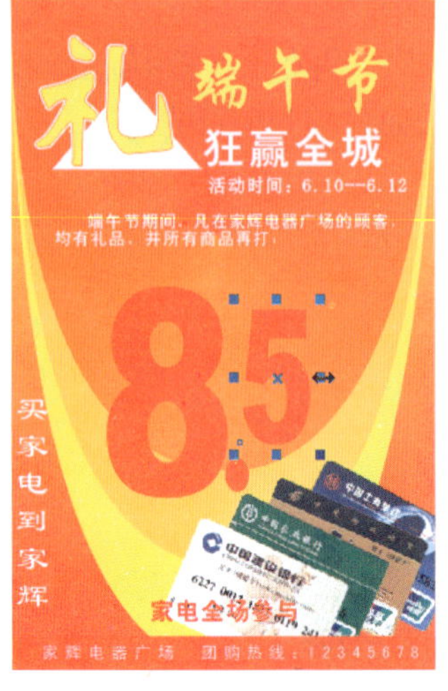

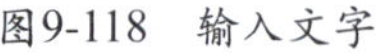
图9-118 输入文字

图9-119 群组对象

图9-120 添加轮廓图后的效果

19 使用椭圆形工具在画面中“8.5”文字后绘制一个圆形，再在属性栏的【轮廓宽度】列表中选择“2.0 mm”，在默认的CMYK调色板中右击“白”，将轮廓色改为白色，从而得到如图9-121所示的效果。

20 按“F11”键弹出【渐变填充】对话框，并在其中设定【类型】为“辐射”，【从】为“红”，【到】为“黄”，其他不变，如图9-122所示，单击【确定】按钮，得到如图9-123所示的效果。

21 使用文本工具在渐变圆形上单击并输入“折”字，选择选择工具确认文字输入，再在默认的CMYK调色板中单击“白”，将填充色改为白色，然后根据需要在属性栏中设置所需的字体与字体大小，设置完成后的效果如图9-124所示。至此制作完成。

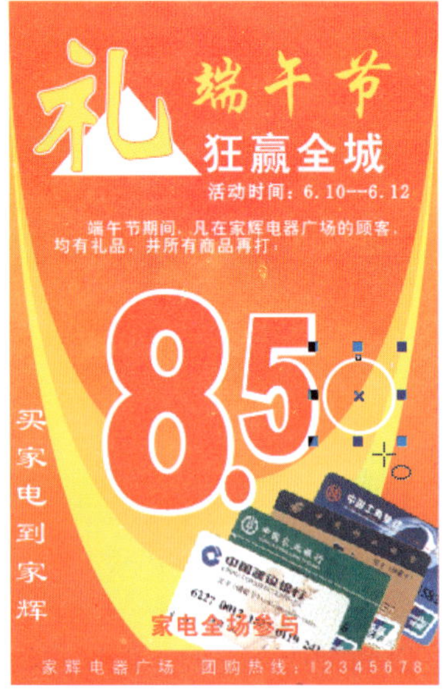

图9-121 绘制圆形

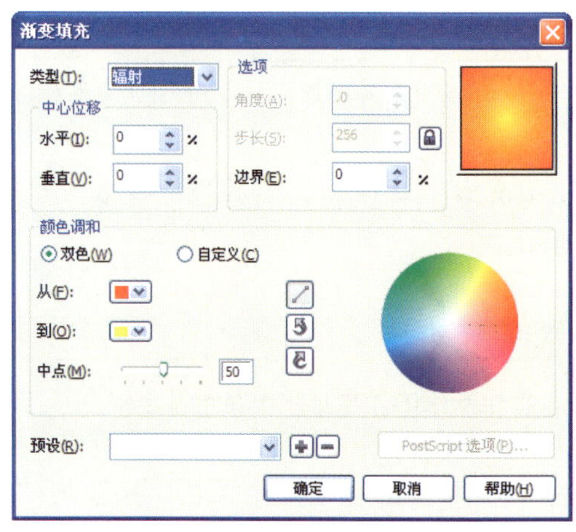

图9-122 【渐变填充】对话框

图9-123　渐变填充后的效果

图9-124　输入文字

9.5 服饰周年庆典海报

实例说明

“服饰周年庆典海报”可以用在海报、宣传单、封面设计和广告设计等领域。如图9-125所示为实例效果图，如图9-126所示为实际应用效果。

图9-125　“服饰周年庆典海报”最终效果图

图9-126　精彩效果欣赏

设计思路

首先新建一个文档，再使用矩形工具、钢笔工具、形状工具与渐变填充等功能绘制海报的背景，然后使用导入、图框精确剪裁、群组、轮廓笔、文本工具等功能为画面添加主题对象、文字以及装饰对象。如图9-127所示为制作流程图。

图9-127 “服饰周年庆典海报”绘制流程图

操作步骤

01 按“Ctrl”+“N”键新建一个图形文件，并将页面设为横向，接着在工具箱中选择钢笔工具，在绘图窗口的适当位置绘制一个图形，如图9-128所示；在默认的CMYK调色板中单击“橘红”，右击“无”，得到如图9-129所示的效果。

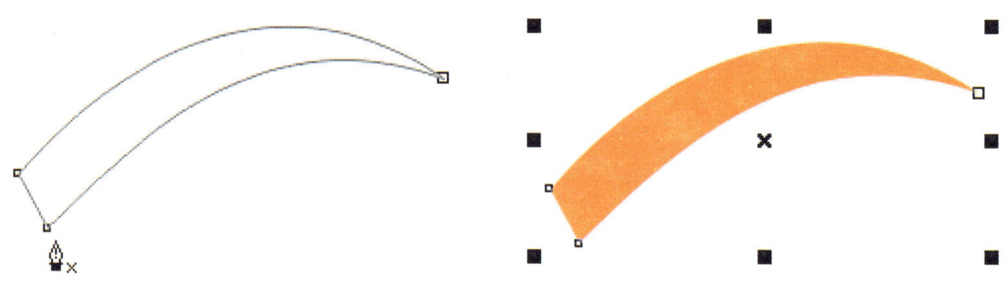

图9-128 用钢笔工具绘制图形　　图9-129 用钢笔工具绘制图形

02 在刚绘制的图形上再次单击，显示旋转控制框，如图9-130所示，然后将中心控制柄拖至图形的尖端，如图9-131所示。

03 在菜单中执行【排列】→【变换】→【旋转】命令，弹出【变换】泊坞窗，在其中设定【角度】为“20”°，如图9-132所示，单击【应用】按钮，将选择的图形复制一个副本，同时进行旋转，结果如图9-133所示。

04 在【变换】泊坞窗中单击【应用】多次，直至复制并旋转至一周为止，旋转并复制后的结果如图9-134所示。

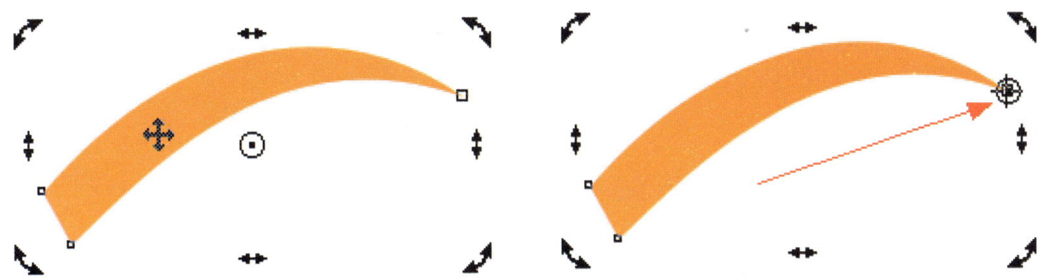

图9-130 进入旋转状态　　图9-131 移动中心点

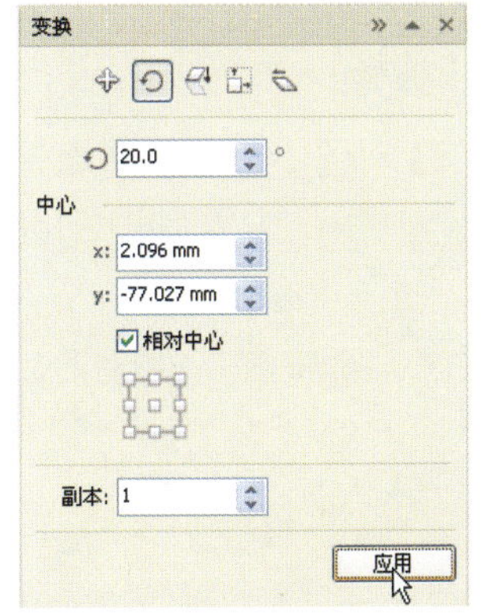

图9-132 【变换】泊坞窗

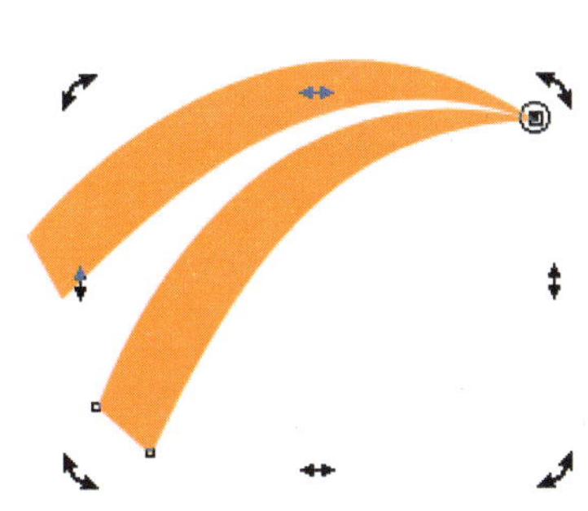

图9-133 旋转并复制后的效果

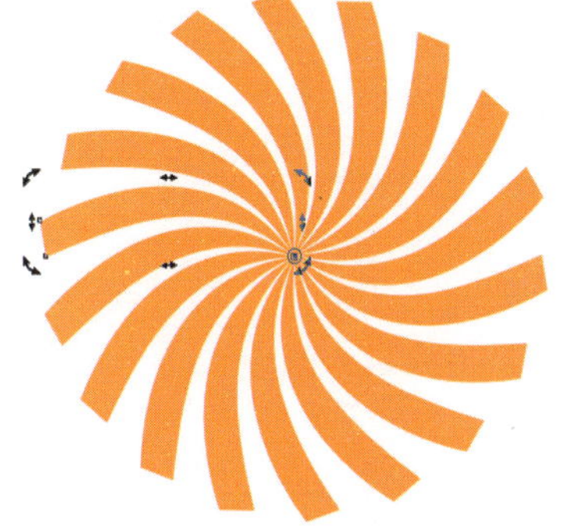

图9-134 旋转并复制后的效果

05 在工具箱中双击选择工具，将所有图形选择，再在属性栏中单击(合并)按钮，将所有对象焊接为一个对象，如图9-135所示。

06 使用矩形工具在绘图页中绘制一个矩形，在属性栏中设置大小为270 mm×150 mm，将矩形设置为所需大小的矩形，再在默认的CMYK调色板中单击“洋红”，右击“无”，得到如图9-136所示的效果。

07 使用选择工具将焊接的对象拖动到矩形上，按“Ctrl”+“PgUp”键将其排放到上层，再拖动对角控制柄调整其大小，调整后的效果如图9-137所示。

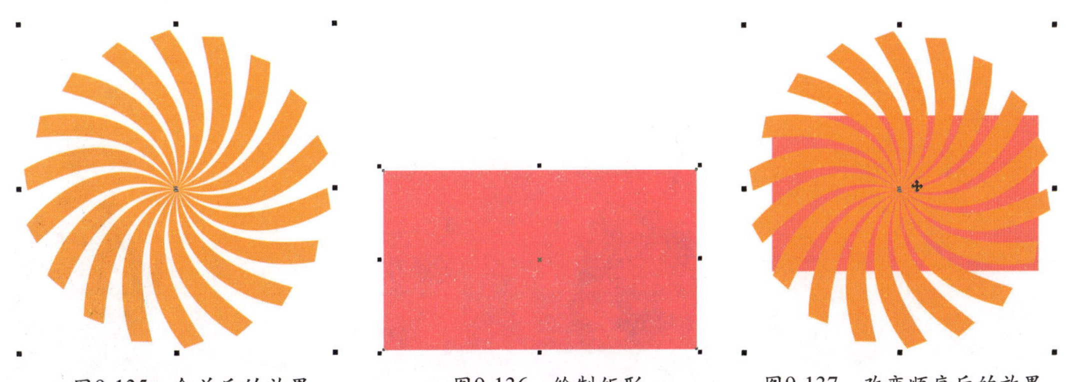

图9-135 合并后的效果　　图9-136 绘制矩形　　图9-137 改变顺序后的效果

08 按“F11”键弹出【渐变填充】对话框，在其中设定【类型】为“辐射”，选择【自定义】

选项，再设定左边色标的颜色为“深黄”，右边色标的颜色为“淡黄”，其他不变，如图9-138所示，单击【确定】按钮，得到如图9-139所示的效果。

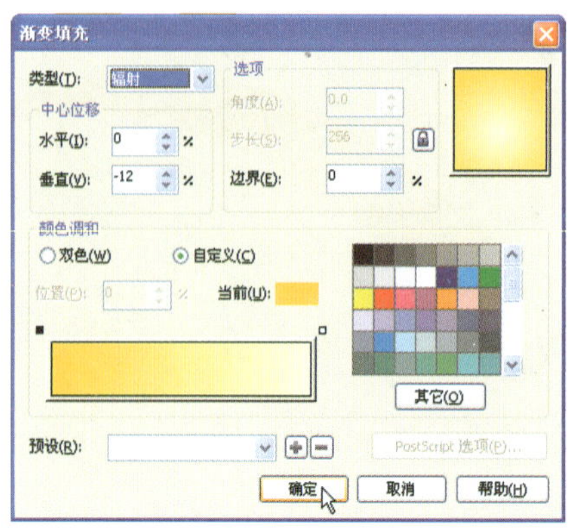

图9-138 【渐变填充】对话框

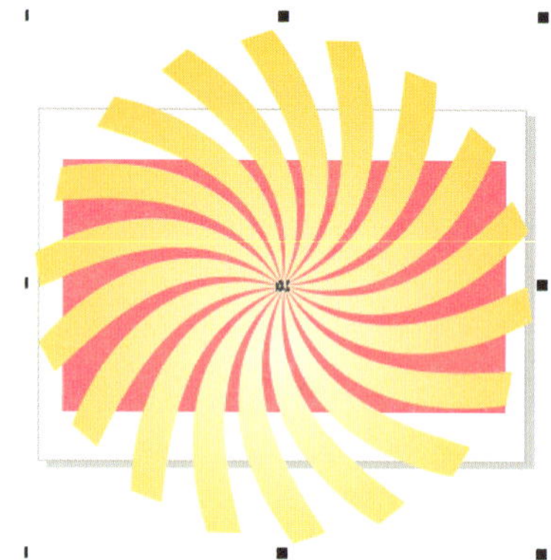

图9-139 渐变填充后的效果

09 在菜单中执行【效果】→【图框精确剪裁】→【置于图文框内部】命令，当指针呈粗箭头状时，使用粗箭头单击洋红色矩形，即可将焊接对象置于矩形容器中，结果如图9-140所示。

10 按“Ctrl”+“I”键导入一张图片，并将其排放到画面的底部，排放好后的效果如图9-141所示。

图9-140 图框精确剪裁

图9-141 导入图片

11 按“Ctrl”+“I”键导入一张图片，并将其排放到画面的右边，排放好的效果如图9-142所示。

12 使用矩形工具在画面中排放人物图片处绘制一个矩形，如图9-143所示。

图9-142 导入图片

图9-143 绘制矩形

⑬ 使用选择工具选择人物图片，再在菜单中执行【效果】→【图框精确剪裁】→【置于图文框内部】命令，当指针呈粗箭头状时，使用粗箭头单击绘制的矩形框，即可将人物置于矩形容器中，结果如图9-144所示。在默认的CMYK调色板中右击“无”，清除轮廓色。

⑭ 按“Ctrl”+“O”键打开已经制作好的图形，如图9-145所示。

图9-144 图框精确剪裁

图9-145 打开的图形

⑮ 使用选择工具在画面中框选所有的白色五角星，如图9-146所示，在默认的CMYK调色板中单击“蓝”，使选择的对象填充为蓝色，画面效果如图9-147所示。

图9-146 选择五角星

图9-147 填充颜色后的效果

⑯ 在画面的空白处单击取消选择，再单击选择蓝色圆形的边框线，如图9-148所示，然后在默认的CMYK调色板中单击“无”，使填充色为无，得到如图9-149所示的效果。

图9-148 选择对象

图9-149 清除颜色后的效果

17 在工具箱中选择文本工具，接着在画面中选择路径文字，再在默认的CMYK调色板中单击蓝，使文字的填充色为蓝色，如图9-150所示。

18 使用选择工具在画面中单击黑色矩形，在键盘上按“Delete”键删除矩形，得到如图9-151所示的效果；然后选择“辉煌庆典”文字，再在默认的CMYK调色板中单击白，使它的填充色改为白色；画面效果如图9-152所示。

图9-150 选择路径文字

图9-151 删除矩形后的效果

图9-152 改变颜色后的效果

19 使用选择工具框选所有图形，按“Ctrl”+“G”键将其群组，接着按“Ctrl”+“C”键进行复制，并将该文档另存或者关闭不保存刚才所编辑的内容。

20 在【窗口】菜单中选择正在制作海报的文件，然后按“Ctrl”+“V”键将其粘贴到画面中来，并排放好所需的位置，排放好的效果如图9-153所示。

图9-153 复制并调整对象

21 按“F12”键弹出【轮廓笔】对话框，在其中设定【宽度】为“2.0 mm”，【颜色】为“白色”，其他不变，如图9-154所示，单击【确定】按钮，得到如图9-155所示的效果。

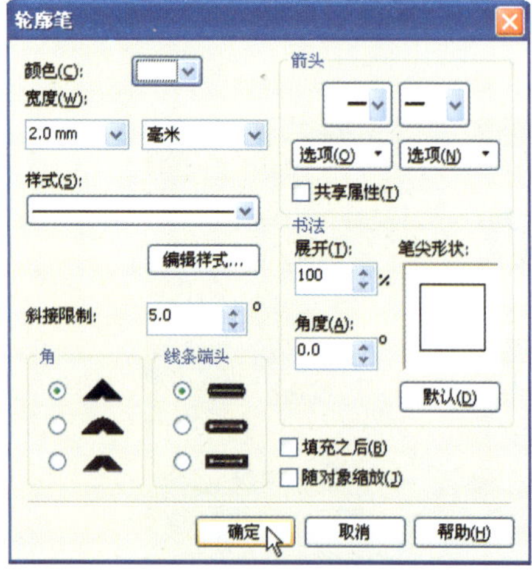

图9-154 【轮廓笔】对话框

图9-155 设置轮廓线后的效果

22 在空白处单击取消选择，按“Ctrl”键在画面中单击选择最大的椭圆形路径，如图9-156所示，再在默认的CMYK调色板中右击“无”，得到如图9-157所示的效果。

图9-156 选择对象

图9-157 清除轮廓色后的效果

23 按“Ctrl”键在画面中单击选择圆形路径，如图9-158所示，再在默认的CMYK调色板中右击“无”，清除轮廓色，得到如图9-159所示的效果。

图9-158 选择对象

图9-159 清除轮廓色后的效果

24 在画面中单击选择刚编辑的群组对象，按“+”键复制一个副本，然后在默认的CMYK调色板中右击“无”，清除轮廓色，得到如图9-160所示的效果。

25 按“Ctrl”+“O”键打开一个已经制作好的有艺术文字的文档，再使用选择工具框选艺术文字，按“Ctrl”+“C”键进行复制，如图9-161所示。

图9-160 复制一个副本并清除轮廓色后的效果

图9-161 打开的文档

26 显示正在编辑的文档，按“Ctrl”+“V”键将复制的艺术文字粘贴到画面中，并按“Ctrl”+“G”键群组，结果如图9-162所示。

27 使用选择工具将复制的艺术文字拖动到画面的左上角，再拖动右下角的控制柄向内至适当位置，将其调整到所需的大小，调整后的效果如图9-163所示。

图9-162　复制并群组对象

图9-163　移动艺术文字

28 使用文本工具在画面中适当位置输入所需的文字，如图9-164所示。

29 按“Shift”键在画面中单击输入的文字，再按“F12”键弹出【轮廓笔】对话框，在其中设定【宽度】为“2.0 mm”，【颜色】为“白色”，其他不变，如图9-165所示，单击【确定】按钮，得到如图9-166所示的效果。

30 同样按“+”键复制一个副本，再在默认的CMYK调色板中右击“无”，清除轮廓色，得到如图9-167所示的效果。至此作品就制作完成了。

图9-164　输入文字

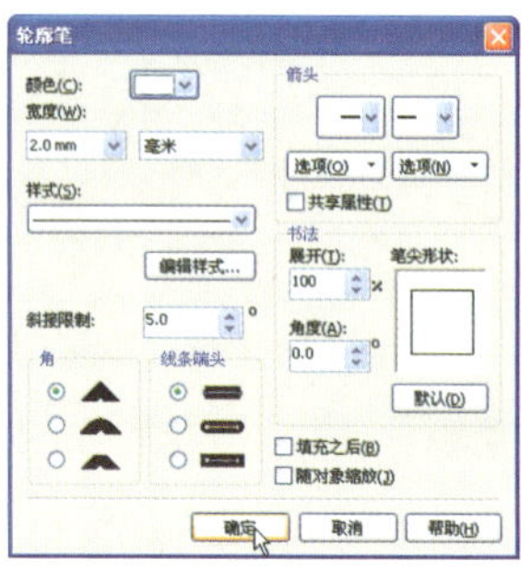

图9-165　【轮廓笔】对话框

图9-166　设置轮廓后的效果

图9-167　绘制好的最终效果图

9.6 互联星空广告

实例说明

“互联星空广告”可以用在电信企业广告、海报、宣传单等方面。如图9-168所示为实例效果图，如图9-169所示为实际精彩效果图欣赏。

图9-168 “互联星空广告”最终效果图

图9-169 精彩效果欣赏

设计思路

首先新建一个文档，再使用椭圆形工具、均匀填充、网状填充工具、矩形工具、渐变填充等功能绘制出星空背景，然后使用阴影工具、导入、钢笔工具、透明度工具、图框精确剪裁、文本工具等功能为画面添加主题文字与装饰对象。如图9-170所示为制作流程图。

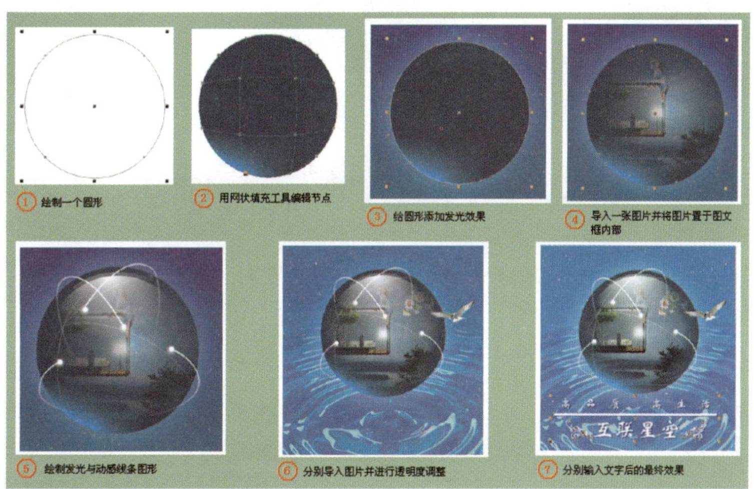

图9-170 “互联星空广告”绘制流程图

操作步骤

01 按“Ctrl”+“N”键新建一个图形文件，在工具箱中选择椭圆形工具，并按“Ctrl”键在绘图窗口的草稿区绘制一个圆形，如图9-171所示。

02 按“Shift”+“F11”键弹出【均匀填充】对话框，在其中设定【C】为“97”，【M】为“74”，【Y】为“45”，【K】为“14”，如图9-172所示，单击【确定】按钮，在默认的CMYK调色板中右击无，得到如图9-173所示的效果。

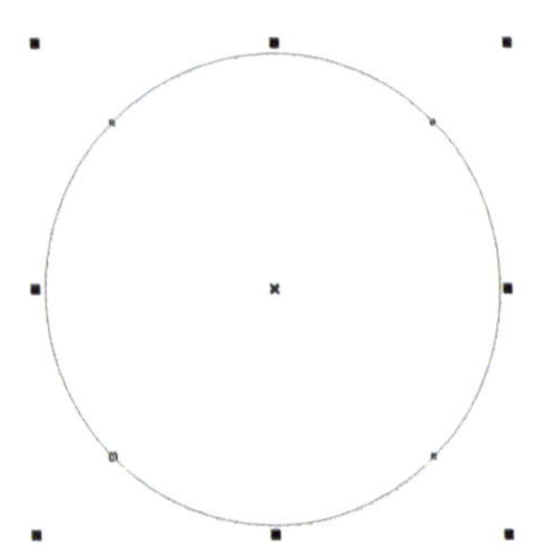

图9-171 用椭圆形工具绘制圆形

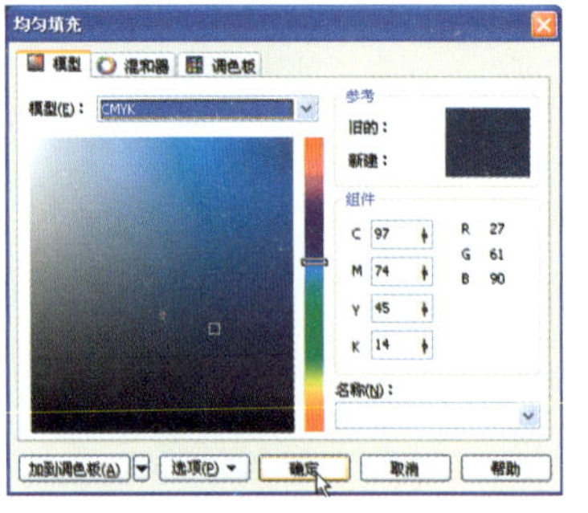
图9-172 【均匀填充】对话框

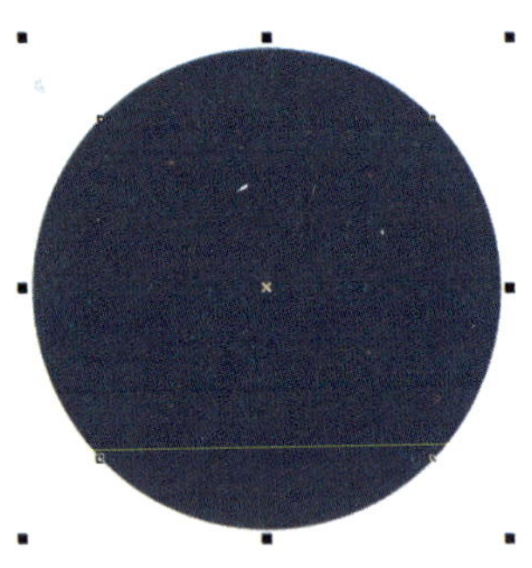
图9-173 填充颜色后的效果

03 在工具箱中选择网状填充工具，圆形上就会显示出网格，如图9-174所示，接着在左下角拖出一个选框框选所需的节点，如图9-175所示。

04 选择好节点后在默认的CMYK调色板中单击“青”，将所选的节点填充为青色，结果如图9-176所示。

图9-174 选择网状填充工具

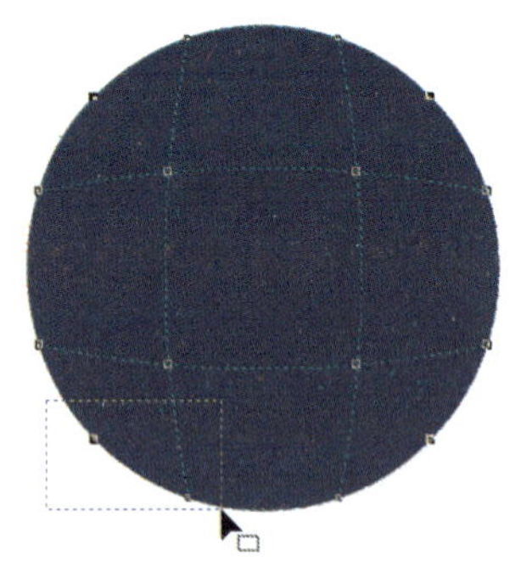
图9-175 选择节点

图9-176 为节点填充颜色

05 使用矩形工具在画面中围绕圆形绘制一个矩形，再按“Shift”+“PgDn”键将其排放到最底层，结果如图9-177所示。

06 按“F11”键弹出【渐变填充】对话框，在其中选择【自定义】选项，设置左边色标颜色为C88、M42、Y20、K0，右边色标颜色为C100、M80、Y00、K0，【角度】为“86.4”，【边界】为“3%”，如图9-178所示，其他不变，单击【确定】按钮，得到如图9-179所示的效果。

图9-177 绘制矩形

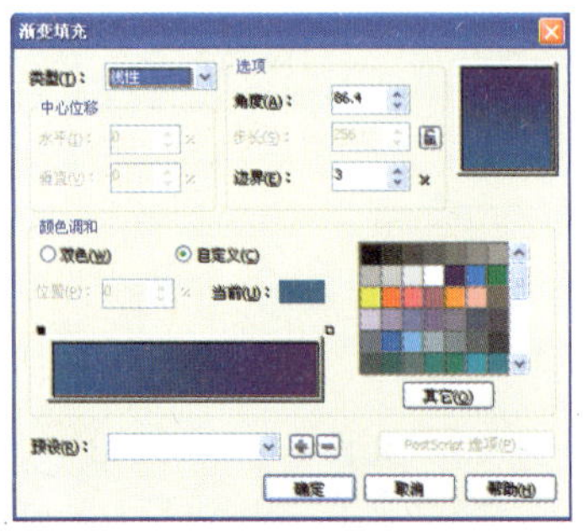
图9-178 【渐变填充】对话框

图9-179 渐变填充后的效果

07 在工具箱中选择阴影工具，并按Ctrl键单击圆形，在属性栏的【预设列表】中选择“中等辉光”类型，再在属性栏中设置参数为 70 30 50 50 常规，阴影颜色为冰蓝，得到如图9-180所示的效果。

08 在画面的空白处单击取消选择，使用选择工具单击选择圆，然后按“+”键复制一个副本，如图9-181所示。

图9-180 用阴影工具添加阴影

图9-181 复制对象

09 在工具箱中选择网状填充工具，并在属性栏中单击按钮，清除网状填充，结果如图9-182所示，然后选择选择工具，并在默认的CMYK调色板中右击“白”，得到如图9-183所示的效果。

10 按“Ctrl”+“I”键导入一张图片，如图9-184所示。

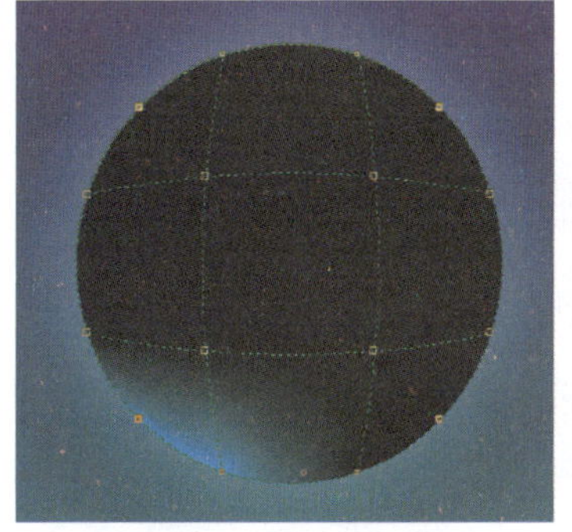
图9-182 清除网状填充

图9-183 设置轮廓色后的效果

图9-184 导入的图片

11 将图片拖动到画面的适当位置，再选择透明度工具，并在属性栏的【透明度类型】列表中选择“辐射”，得到如图9-185所示的效果。

12 在画面中选择透明度中心控制柄，如图9-186所示，再在属性栏中设定为 0 ，得到如图9-187所示的效果。

图9-185 用透明度工具调整透明度

图9-186 调整透明度

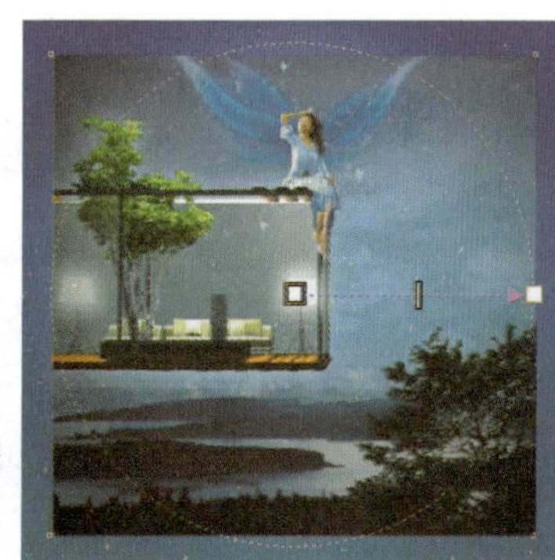
图9-187 调整透明度

13 在画面中选择透明度边缘控制柄，如图9-188所示，在属性栏中设定为100，得到如图9-189所示的效果。

14 在画面中拖动黑色透明度控制柄调整透明度控制框的大小，达到调整透明度的目的，调整后的效果如图9-190所示。

图9-188 调整透明度

图9-189 调整透明度

图9-190 调整透明度

15 使用选择工具将透明调整过的图片向右拖动一点，以便后面的图框裁剪，移动后的效果如图9-191所示。

16 在菜单中执行【效果】→【图框精确剪裁】→【置于图文框内部】命令，当指针呈粗箭头状时，再使用粗箭头单击白色圆框，如图9-192所示，将透明调整过的图片置于圆形容器中，然后清除轮廓色，得到如图9-193所示的效果。

图9-191 移动后的效果

图9-192 图框精确剪裁

图9-193 图框精确剪裁

17 在工具箱中选择椭圆形工具，并按“Ctrl”键在画面中绘制一个圆形，然后将其移动到所需的位置，如图9-194所示，再按“+”键复制一个副本，并拖动右上角控制柄向内至适当位置将副本缩小，如图9-195所示。

18 使用钢笔工具在画面中绘制一个多边形，再在默认的CMYK调色板中右击“白”，使它的轮廓色为白色，画面效果如图9-196所示。

19 在工具箱中选择选择工具，接着按“Shift”键在画面中单击圆副本，以同时选择两个对象，如图9-197所示，然后在属性栏中单击(移除前面对象)按钮，即可使用多边形修剪圆副本，修剪后的效果如图9-198所示。

20 在默认的CMYK调色板中单击“白”，右击“无”，得到如图9-199所示的效果。

21 在工具箱中选择透明度工具，并在属性栏的【透明度类型】列表中选择“辐射”，再使用前面同样的方法对透明度进行调整，调整后的效果如图9-200所示。

22 使用钢笔工具绘制一个多边形，如图9-201所示，在工具箱中选择选择工具，接着按“Shift”键在画面中单击圆形，以同时选择两个对象，然后在属性栏中单击（移除前面对象）按钮，即可使用多边形修剪圆形，修剪后的效果如图9-202所示。

图9-194 用椭圆形工具绘制圆形

图9-195 复制并调整大小

图9-196 用钢笔工具绘制多边形

图9-197 选择对象

图9-198 修剪后的效果

图9-199 填充颜色后的效果

图9-200 用透明度工具调整透明度

图9-201 用钢笔工具绘制多边形

图9-202 修剪后的效果

23 在默认的CMYK调色板中单击“白”，使它填充为白色，画面效果如图9-203所示。

24 在工具箱中选择透明度工具，在属性栏的【透明度类型】列表中选择“线性”，再使用前面同样的方法对透明度进行调整，调整后的效果如图9-204所示。

25 使用钢笔工具在画面中绘制出几条曲线，并分别在默认的CMYK调色板中右击“白”，使轮廓色为白色，再在属性栏的 1.0 mm 中选择“1.0 mm”，将曲线加粗，绘制完成后的效果如图9-205所示。

26 在工具箱中选择透明度工具，接着在画面中选择的曲线上进行拖动，将它进行透明调整，如图9-206所示，然后分别选择其他三条曲线并依次进行透明调整，调整后的效果如图9-207所示。

27 使用钢笔工具在画面中绘制几条白色的曲线，绘制好后的效果如图9-208所示。

图9-203 填充颜色后的效果

图9-204 用透明度工具调整透明度

图9-205 用钢笔工具绘制曲线

图9-206 调整透明度

图9-207 调整透明度

图9-208 绘制曲线

28 使用前面同样的方法对刚绘制的白色曲线进行透明调整，调整后的效果如图9-209所示。

29 使用椭圆形工具在画面中绘制一个小圆形，再在默认的CMYK调色板中单击“白”，右击“无”，得到如图9-210所示的效果；接着绘制一个稍大一点的圆形，同样将其填充为白色，并清除轮廓色，绘制完成后的效果如图9-211所示。

图9-209 调整透明度

图9-210 绘制小圆形

图9-211 绘制圆形

30 在工具箱中选择透明度工具，在属性栏中设置参数为，得到如图9-212所示的效果。

31 在工具箱中选择选择工具，在画面中框选小白色圆与透明调整后的圆，再将它们向左拖至适当位置右击复制一个副本，结果如图9-213所示。接着将副本拖至其他两条曲线的端点处右击，依次复制两个副本，复制完成后的结果如图9-214所示。

图9-212 用透明度工具调整透明度

图9-213 移动并复制对象

图9-214 移动并复制对象

32 按“Ctrl”+“I”键导入一张有花的图片，并将其排放到适当位置，排放好的效果如图9-215所示。

33 在工具箱中选择透明度工具，在画面中拖动鼠标，将图片进行透明调整，调整后的效果如图9-216所示。

34 使用钢笔工具在画面中勾画一个多边形作为容器，结果如图9-217所示。

图9-215 导入的图片

图9-216 用透明度工具调整透明度

图9-217 用钢笔工具绘制多边形

35 使用选择工具选择花，在菜单中执行【效果】→【图框精确剪裁】→【置于图文框内部】命令，使用粗箭头单击多边形，如图9-218所示，即可将图片置于容器中，结果如图9-219所示。

图9-218 图框精确剪裁

图9-219 图框精确剪裁

36 按“Ctrl”键在多边形内单击，使它处于编辑状态，再将图片拖到适当位置，如图9-220所示，然后按“Ctrl”键再次单击多边形，完成编辑，然后在默认的CMYK调色板中右击无，清除轮廓色，得到如图9-221所示的效果。

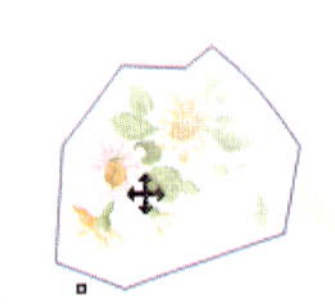

图9-220 编辑图文框中内容

图9-221 完成编辑后的效果

37 按“Ctrl”+“I”键再导入一张图片，并将其排放到适当位置，如图9-222所示。

38 按“Ctrl”+“I”键导入一张图片，如图9-223所示，并将其排放到绘图页的适当位置。

图9-222 导入图片

图9-223 导入图片

39 在工具箱中选择□矩形工具，在画面中偏上方绘制一个矩形，如图9-224所示；然后按“Shift”+“PgDn”键将其排放到最底层，再在默认的CMYK调色板中单击天蓝，得到如图9-225所示的效果。

40 在工具箱中选择透明度工具，在画面中选择水波纹图片，再在画面中拖动鼠标，将图片进行透明调整，调整后的效果如图9-226所示。至此背景就制作完成了。

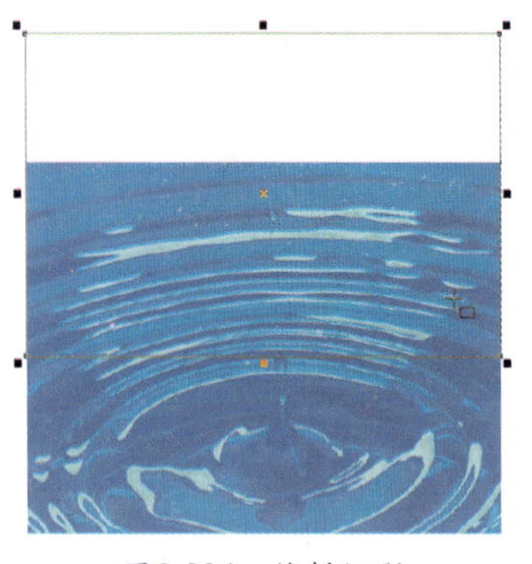

图9-224 绘制矩形

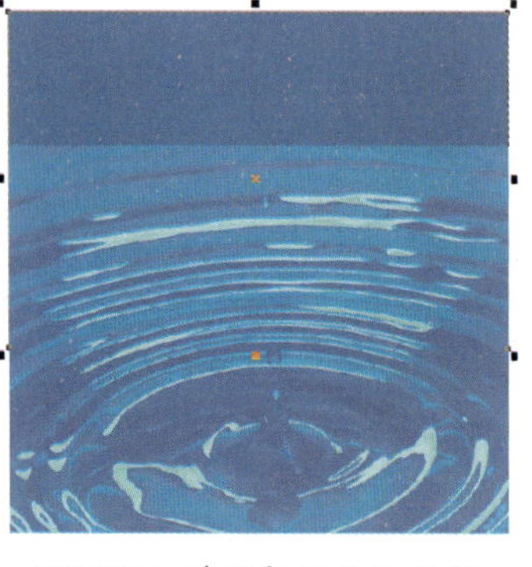

图9-225 填充颜色后的效果

图9-226 用透明度工具调整透明度后的效果

41 使用选择工具在绘图窗口的草稿区框选前面已经制作好的图形，按“Shift”+“PgUp”键将其排放到最顶层，然后将其拖动到背景的适当位置，再在画面的空白处单击取消选择，结果如图9-227所示。

42 在工具箱中选择字文本工具，接着在画面的底部单击，显示光标后在属性栏中设置参数为 华文新魏 60 pt，再在默认的CMYK调色板中单击“蓝”，然后输入“互联星空”文字，输入文字后的效果如图9-228所示。

图9-227 选择并改变排放顺序后的效果

图9-228 输入文字

43 在“互联星空”文字的左上方单击，显示光标后在属性栏中设置参数为 华文新魏 30 pt，再在默认的CMYK调色板中单击“蓝”，然后输入“高品质 高生活”文字，输入文字后的效果如图9-229所示。选择形状工具，显示字间距调整图标，然后拖动该图标向右至适当位置，加宽文字之间的间距，调整后的效果如图9-230所示。

图9-229 输入文字

图9-230 调整文字之间的间距

44 使用矩形工具在画面中文字之间绘制一个长细矩形条，用来表示直线，再在默认的CMYK调色板中单击“蓝”，右击“无”，得到如图9-231所示的效果。

45 按“Ctrl”+“O”键打开准备好的图案，如图9-232所示，使用选择工具将图案框选并按“Ctrl”+“C”键进行复制，再在【窗口】菜单中选择制作电信广告的文件，然后按“Ctrl”+“V”键进行粘贴，将复制到剪贴板中的内容粘贴到电信广告文件中，并将其摆放到“互联星空”文字的右边，然后根据需要调整其大小，调整后的效果如图9-233所示。

图9-231 绘制长细矩形条

图9-232 打开的图案

图9-233 复制并调整后的效果

46 按“+”键复制一个副本，在属性栏中单击按钮，将副本进行水平镜像翻转，然后按“Ctrl”键将翻转后的副本拖至适当位置，排放好的效果如图9-234所示。

47 使用选择工具框选文字、直线与图案，按“+”键复制一个副本，在默认的CMYK调色板中单击“白”，再在键盘上按“↑”向上键与“←”向左键各7次，直到得到所需的效果为止，移动后的效果如图9-235所示，然后在空白处单击取消选择。至此作品就制作完成了。

图9-234 复制并水平镜像后的效果

图9-235 复制并改变颜色后的效果

9.7 化妆品广告设计

实例说明

“化妆品广告设计”可以用在工业产品广告制作、企业海报、宣传单、包装封面设计等方面。如图9-236所示为实例效果图，如图9-237所示为精彩化妆品广告效果欣赏。

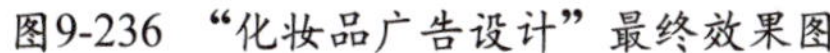
图9-236 “化妆品广告设计”最终效果图

图9-237 精彩效果欣赏

设计思路

首先新建一个文档，再使用矩形工具、渐变填充、钢笔工具、透明度工具等功能绘制出背景，然后使用打开、文本工具等功能为画面添加主题文字与对象，最后添加一些装饰对象增强画面效果。如图9-238所示为制作流程图。

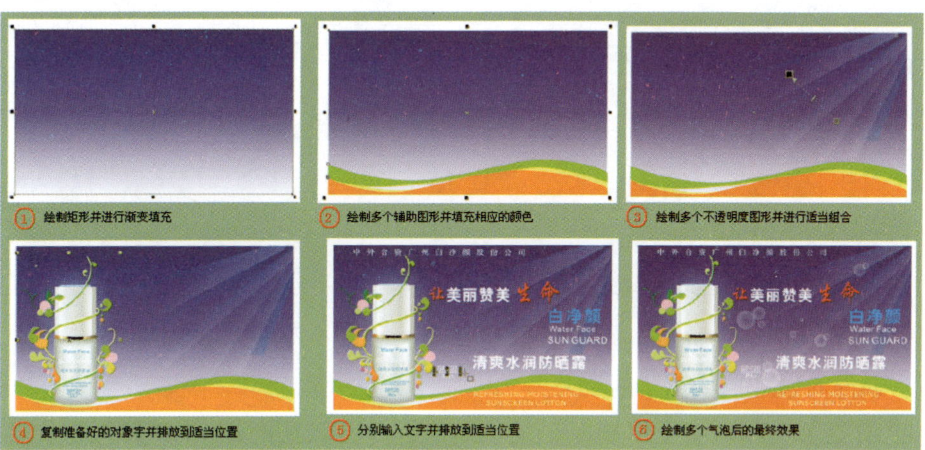

图9-238 “化妆品广告设计”绘制流程图

操作步骤

01 按“Ctrl”+“N”键新建一个图形文件，在属性栏中单击□按钮，将页面改为横向，在工具箱中选择□矩形工具，并在绘图页的适当位置绘制一个矩形，然后在属性栏的 198.0 mm 114.0 mm 中输入所需的宽度与高度，设置宽度与高度后的矩形如图9-239所示。

图9-239 绘制矩形

02 按“F11”键弹出【渐变填充】对话框，在其中选择【自定义】选项，再在其中设置左边色标颜色为“蓝”，中间色标颜色为“C78、M78、Y0、K0”，右边色标颜色为“白”，如图9-240所示，其他不变，单击【确定】按钮，得到如图9-241所示的效果。

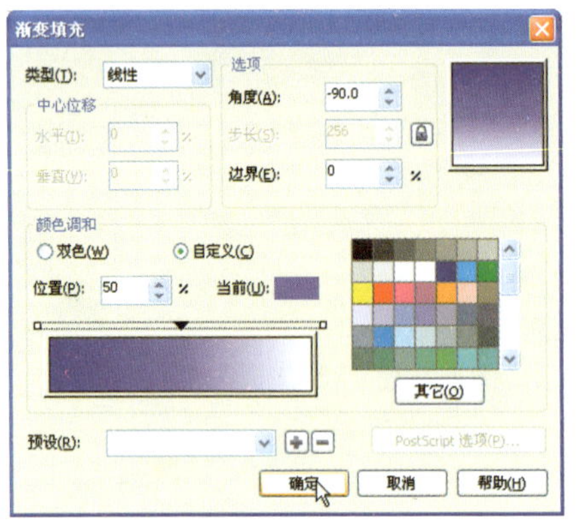

图9-240 【渐变填充】对话框

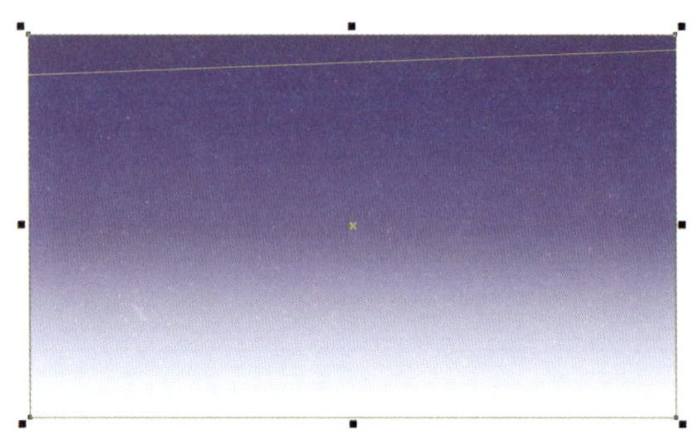

图9-241 渐变填充后的效果

03 使用钢笔工具在画面中绘制一个辅助图形，如图9-242所示，在默认的CMYK调色板中单击“浅黄”，得到如图9-243所示的效果。

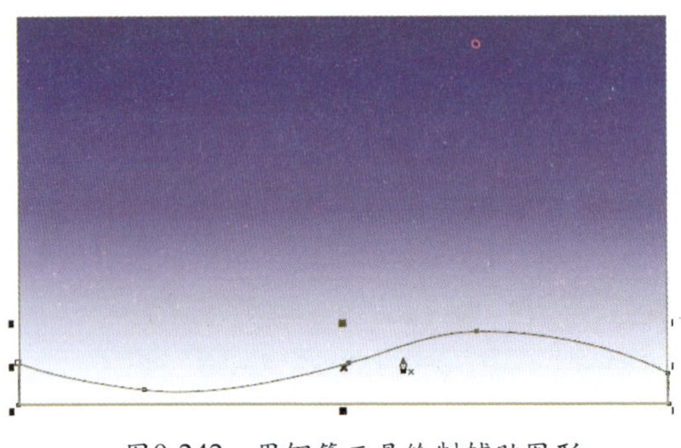

图9-242 用钢笔工具绘制辅助图形

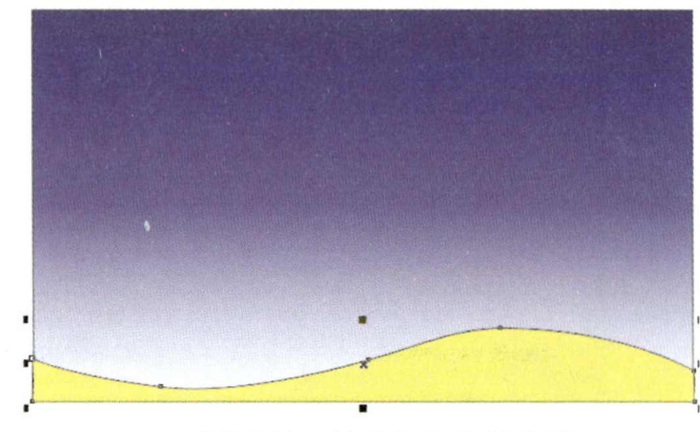

图9-243 填充颜色后的效果

04 使用钢笔工具在画面中绘制一个辅助图形，并在默认的CMYK调色板中单击“橘红”，得到如图9-244所示的效果。

05 使用钢笔工具在画面中绘制一个辅助图形，并在默认的CMYK调色板中单击“酒绿”，得到如图9-245所示的效果。

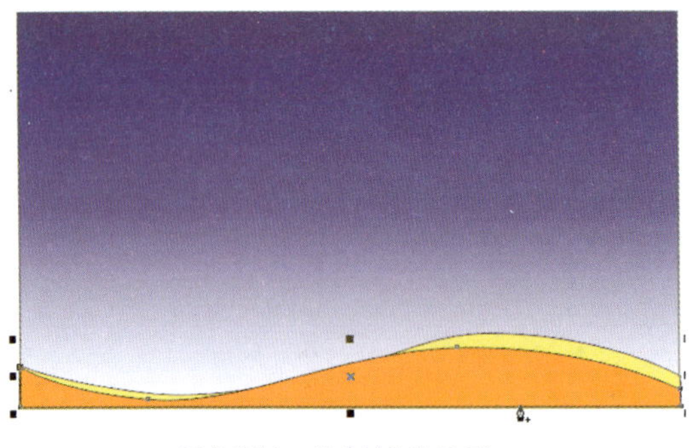

图9-244 绘制辅助图形

图9-245 绘制辅助图形

06 在工具箱中双击选择工具，选择刚绘制的所有图形，然后在默认的CMYK调色板中右击“无”，清除轮廓色，再按“Ctrl”+“G”键将它们群组，结果如图9-246所示。

07 使用钢笔工具在画面中绘制一个表示光束的图形，再在默认的CMYK调色板中单击“粉蓝”，右击“无”，得到如图9-247所示的效果。

图9-246 群组对象

图9-247 绘制光束

08 在工具箱中选择透明度工具，接着在画面中拖动鼠标，将刚绘制的图形进行透明调整，并在属性栏中设置参数为 线性 如果更暗 100，调整后的效果如图9-248所示。

09 使用钢笔工具在画面中绘制一个表示光束的图形，再在默认的CMYK调色板中单击“天蓝”，右击“无”，得到如图9-249所示的效果。

图9-248 用透明度工具调整透明度

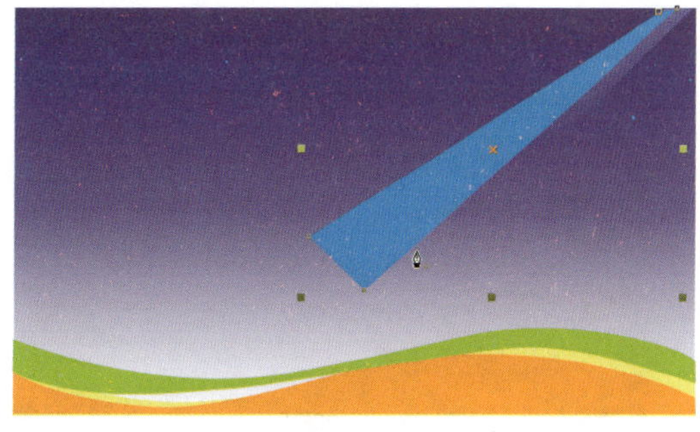

图9-249 绘制光束

10 在工具箱中选择透明度工具，接着在画面中拖动鼠标，并在属性栏中设置参数为 线性 如果更亮 100，将刚绘制的图形进行透明调整，调整后的效果如图9-250所示。

11 使用前面同样的方法在画面中绘制多条表示光束的图形，并依次填充相应的颜色，然后使用透明度工具进行透明调整，绘制完成后的效果如图9-251所示。

图9-250 用透明度工具调整透明度

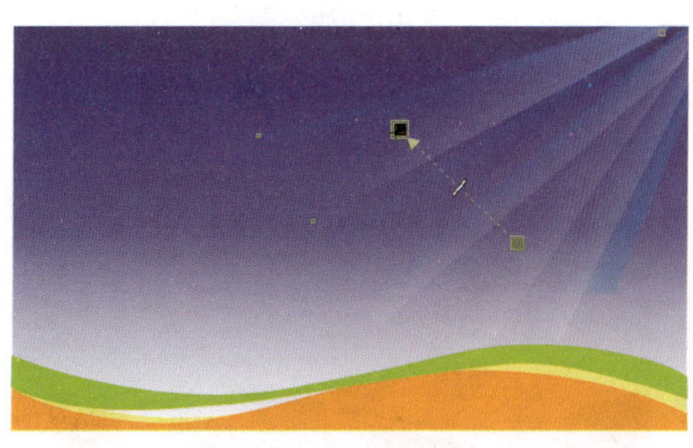

图9-251 调整透明度

⑫ 按“Ctrl”+“O”键打开绘制好的化妆瓶，将化妆瓶选择（不要选择背景），按“Ctrl”+“C”键进行复制，然后在【窗口】菜单中选择正在设计化妆品海报的文件，再按“Ctrl”+“V”键进行粘贴，将其复制到文件中，并将其排放到适当位置，调整后的效果如图9-252所示。

⑬ 在工具箱中选择字文本工具，在画面的适当位置单击显示光标，再在属性栏中设置参数为 文鼎CS大黑 30 pt，然后输入所需的文字，如图9-253所示。

图9-252 打开的化妆瓶

图9-253 输入文字

⑭ 使用文本工具选择后面的两个文字“生命”，在默认的CMYK调色板中单击“红”，在属性栏中设置【字体】为“华文行楷”，【字体大小】为“48Pt”，如图9-254所示。

⑮ 使用文本工具选择前面的“让”文字，在默认的CMYK调色板中单击“红”，在属性栏中设置【字体】为“华文行楷”，【字体大小】为“36Pt”，如图9-255所示。

图9-254 改变文字颜色

图9-255 改变文字颜色

⑯ 使用文本工具在画面的其他位置依次输入所需的文字，并根据需要设置所需的字体、字体大小与颜色，输入文字后的效果如图9-256所示。

⑰ 使用矩形工具在文字之间绘制一条直线，并在默认的CMYK调色板中单击白，右击无，得到如图9-257所示的效果。

图9-256 输入文字

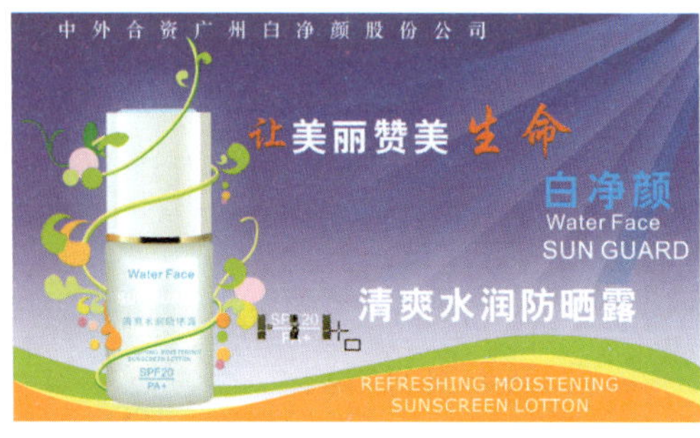

图9-257 绘制直线

18 使用椭圆形工具在画面的适当位置绘制一个椭圆，并在默认的CMYK调色板中单击“白”，右击“无”，得到如图9-258所示的效果。

19 在工具箱中选择透明度工具，在属性栏中设置参数为 辐射 常规 33，将椭圆进行透明调整，调整后的效果如图9-259所示。

图9-258 绘制椭圆

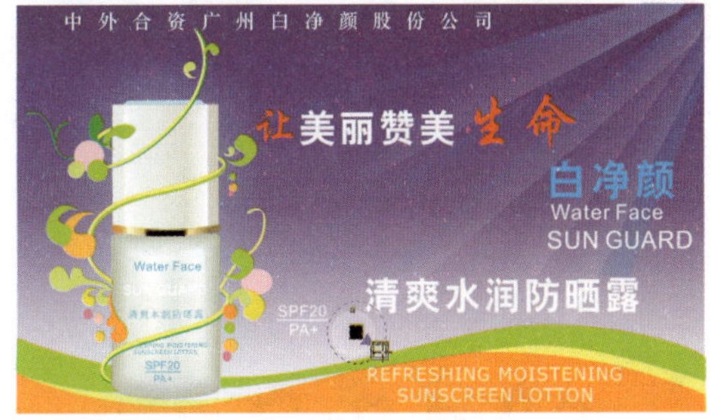

图9-259 调整透明度

20 使用选择工具将其向左上方拖动到适当位置右击复制一个副本，再拖动对角控制柄向内至适当位置缩小副本，复制与调整后的效果如图9-260所示。

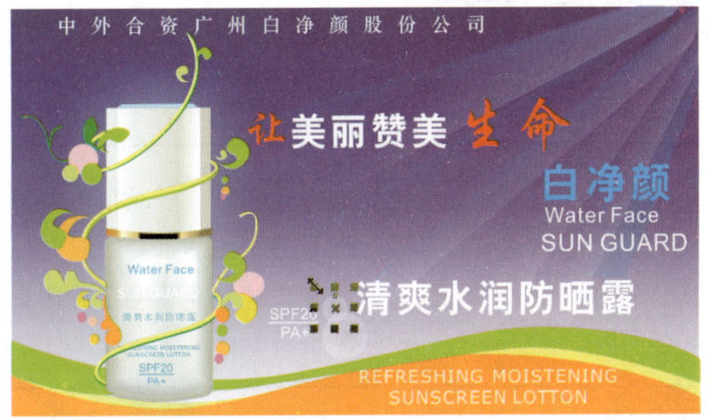

图9-260 复制并调整大小

21 使用同样的方法再复制多个副本，复制与调整后的效果如图9-261所示。至此作品就制作完成了。

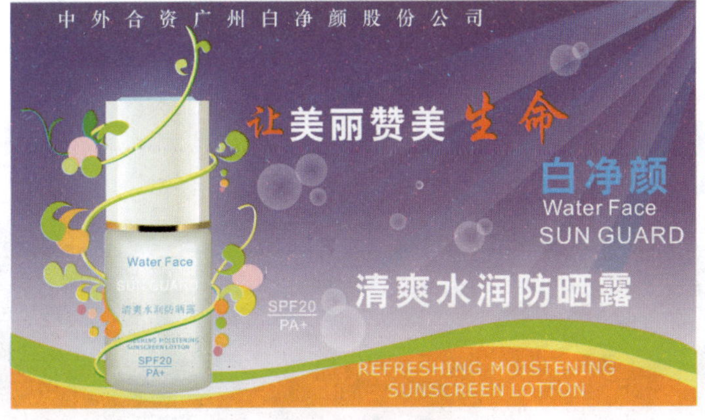

图9-261 复制并调整大小

第10章
包装设计

包装是产品个性最直接和最主要的传递者，是产品个性最敏感和最大的影响因素。好的包装设计是企业创造利润的重要手段之一。策略定位准确、符合消费者心理的产品包装设计，能帮助企业在众多竞争品牌中脱颖而出。

包装设计不仅仅是艺术创造活动，也是市场营销活动。在包装设计过程中要求设计师必须了解行业背景，必须明白包装设计是什么，包装设计为谁设计，包装设计制作怎样顺利实施。包装设计服务涉及多个行业，应考虑各个行业特点。

10.1 酒类标签设计

 实例说明

“酒类标签设计”可用在工业产品和食品类包装的标签制作、挂牌、标志和徽章设计等方面。如图10-1所示为实例效果图，如图10-2所示为酒类标签的精彩效果欣赏。

图10-1 “酒类标签设计”最终效果图

图10-2 精彩效果欣赏

 设计思路

首先新建一个文档，使用矩形工具、对齐与分布等功能绘制出标签的背景，然后使用文本工具、使文本适合路径、镜像、打散、轮廓图工具、拆分轮廓图群组、星形工具、导入等功能添加标签的主题内容。如图10-3所示为制作流程图。

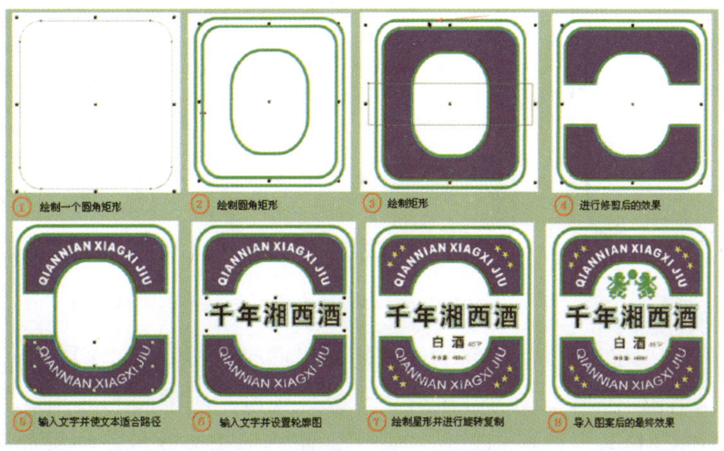

图10-3 “酒类标签设计”绘制流程图

操作步骤

01 按“Ctrl”+“N”键新建一个图形文件，在工具箱中选择矩形工具，在绘图页的适当位置绘制一个矩形，绘制好矩形后在属性栏的中输入所需的数值，再在中输入“11.5”，将矩形改为圆角矩形，结果如图10-4所示。

02 在属性栏的（轮廓宽度）中选择“1.5 mm”，在默认的CMYK调色板中右击“绿”，得到如图10-5所示的效果。

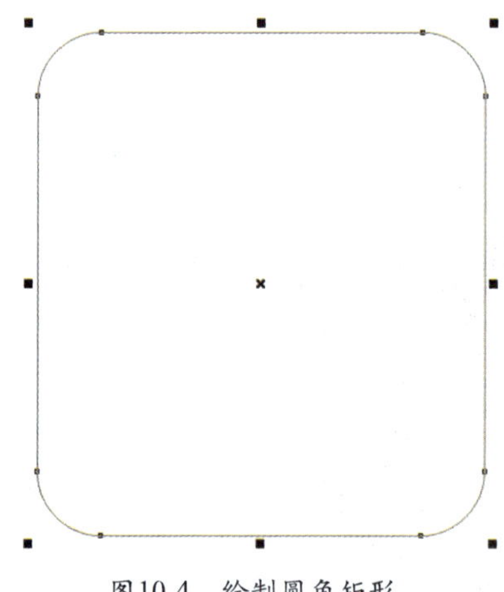
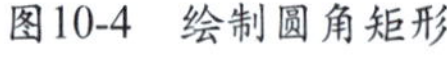

图10-4 绘制圆角矩形

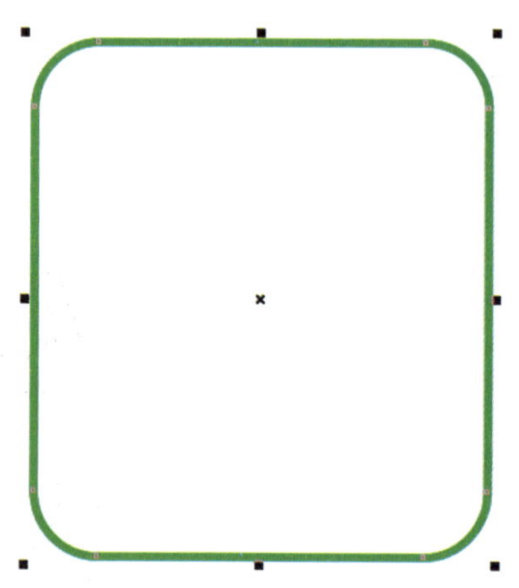

图10-5 设置轮廓后的效果

03 在工具箱中选择选择工具，在键盘上按“+”键复制一个副本，再按“Shift”键拖动对角控制柄将副本缩小，缩小后的结果如图10-6所示。接着使用矩形工具绘制一个矩形，在属性栏的中输入“15”，将矩形改为圆角矩形，结果如图10-7所示。

04 按“Shift”键拖动下边中间控制柄向下至适当位置，将圆角矩形拉高，结果如图10-8所示，再复制一个副本到绘图页的外面。

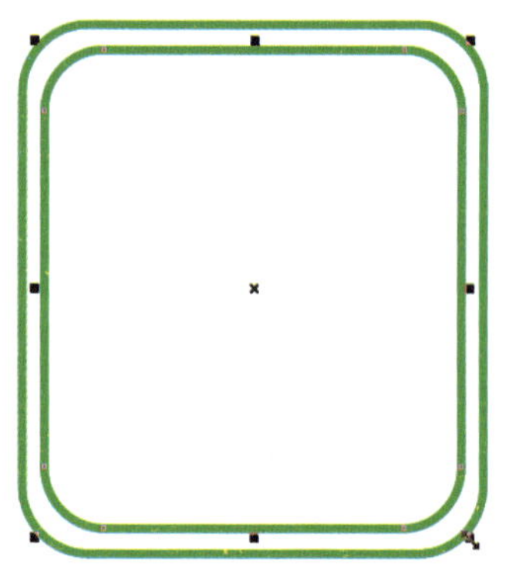

图10-6 复制并调整大小

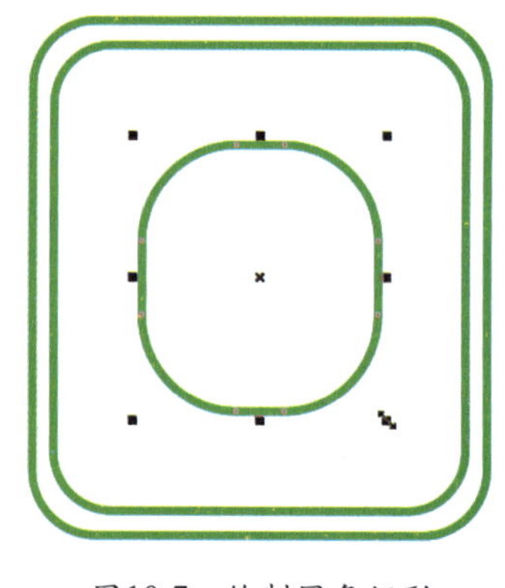

图10-7 绘制圆角矩形

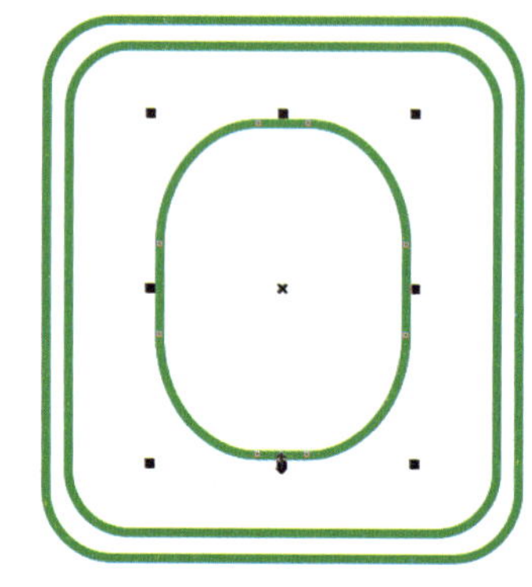

图10-8 调整大小后的效果

05 按“Shift”键在画面中单击中间的圆角矩形，同时选择这两个圆角矩形，如图10-9所示，然后在属性栏中单击（移除后面对象）按钮，对中间的圆角矩形进行修剪，修剪后在默认的CMYK调色板中单击“蓝”，使它填充为蓝色，结果如图10-10所示。

06 使用矩形工具在画面的适当位置绘制出一个矩形，如图10-11所示。

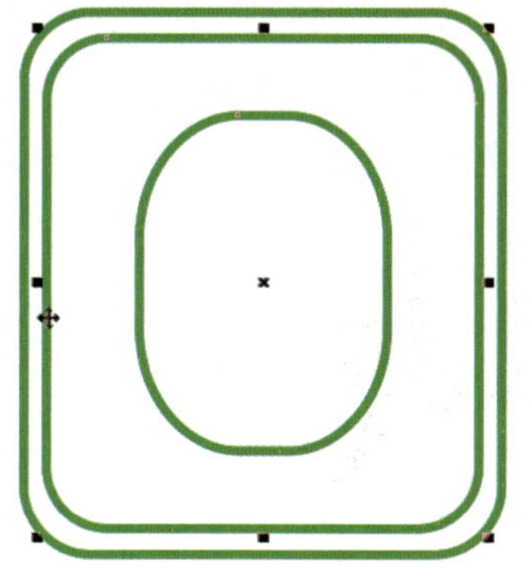

图10-9　选择对象

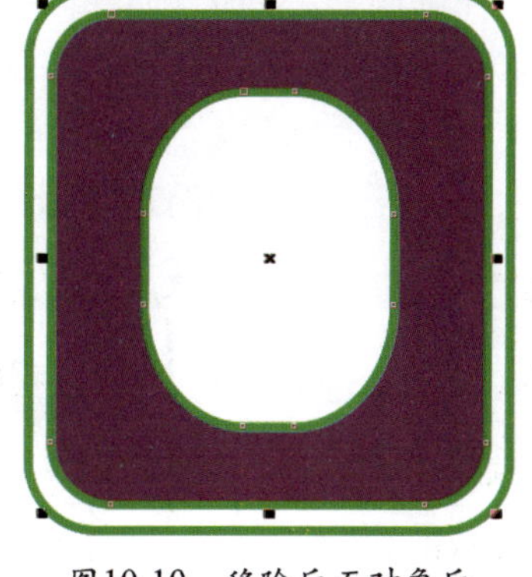

图10-10　移除后面对象后填充颜色的效果

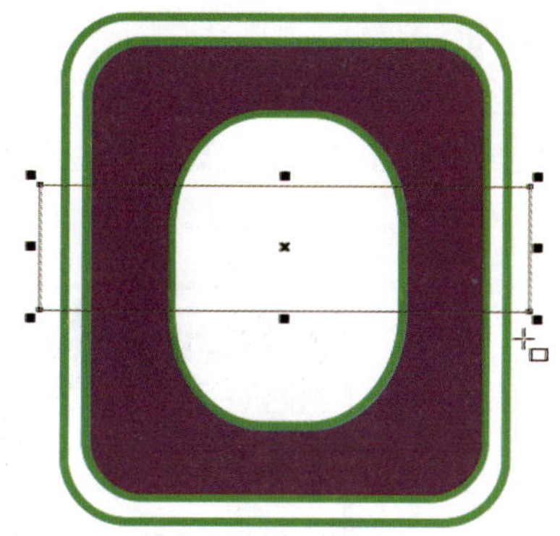

图10-11　绘制矩形

07 按“Ctrl”+“A”键全选，在工具箱中选择选择工具，接着在属性栏中单击按钮，弹出【对齐与分布】对话框，在其中单击与按钮，如图10-12所示，使选择的对象居中对齐，如图10-13所示。

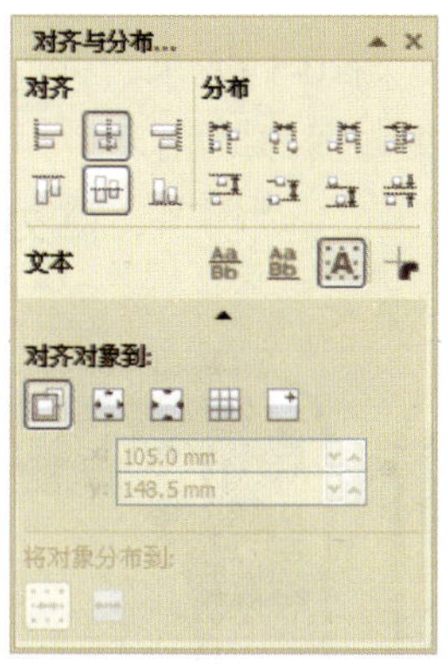

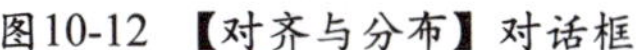

图10-12　【对齐与分布】对话框

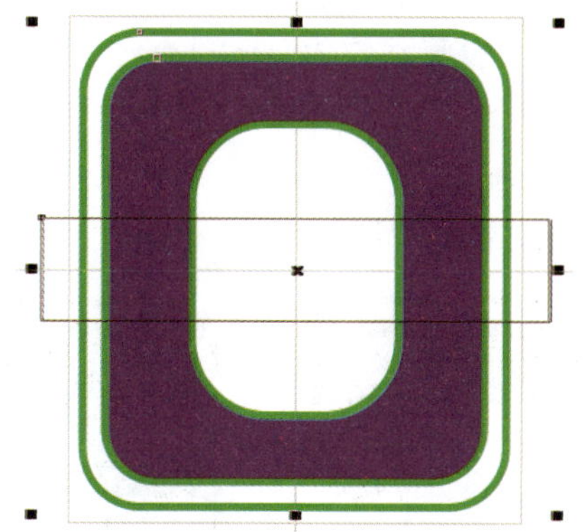

图10-13　对齐与分布后的效果

08 按“Shift”键单击最大的圆角矩形，取消它的选择，如图10-14所示；在属性栏中单击（移除前面对象）按钮，对前面修剪过的对象再次进行修剪，修剪后的效果如图10-15所示。

09 使用选择工具将备份的副本拖动到画面中，再按“Shift”+“PgUp”键将其排到最上面，然后与前面修剪过的对象重合，结果如图10-16所示。

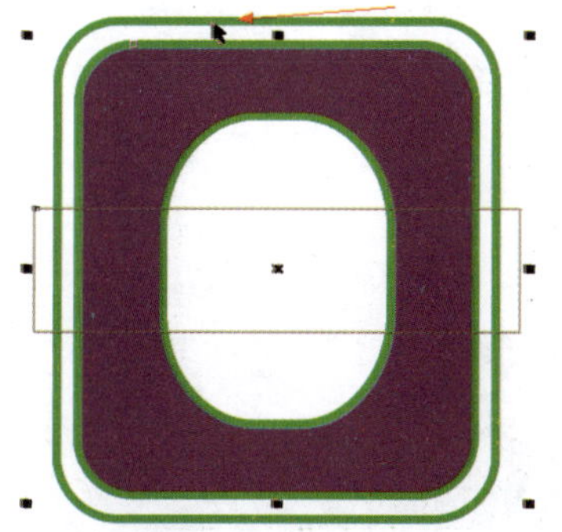

图10-14　取消选择

图10-15　修剪后的效果

图10-16　将备份的副本与修剪过的对象重合

10 在工具箱中选择字文本工具，在画面的中间位置单击显示光标，在属性栏中设置参数为 O Arial Black 18 pt，然后输入所需的文字，输入文字后的效果如图10-17所示。

11 在菜单中执行【文本】→【使文本适合路径】命令，接着移动指针到副本的适当位置单击，即可将刚输入的文字适合路径，结果如图10-18所示。

图10-17 输入文字

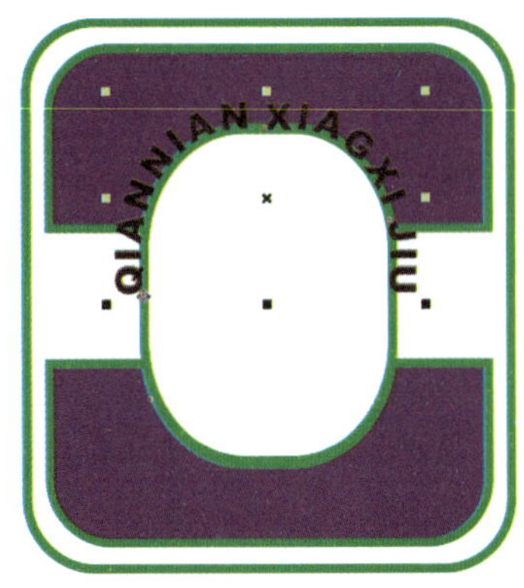

图10-18 使文本适合路径

12 在属性栏中设置参数为 5.5 mm .0 mm，结果如图10-19所示，再拖动右边中间控制柄向左至适当位置，将字间距缩小，调整后的结果如图10-20所示。

13 在工具箱中选择选择工具，在默认的CMYK调色板中单击“白”，使文字填充为白色，结果如图10-21所示。

图10-19 调整路径与文字之间的间距

图10-20 调整后的结果

图10-21 填充颜色后的效果

14 使用文本工具在画面中输入同样的文字，设置【字体】为“Arial”，如图10-22所示；然后使用前面同样的方法使文本适合路径，结果如图10-23所示。

15 在属性栏中先单击（水平镜像）按钮，将路径文字进行水平镜像，结果如图10-24所示，再单击（垂直镜像）按钮，将路径文字进行垂直镜像，结果如图10-25所示。

16 在工具箱中选择选择工具，接着移动指针到中心控制柄上，按下左键将其向下拖动到适当位置时单击，如图10-26所示，即可将路径文字移动到指定位

图10-22 输入文字

置，结果如图10-27所示。

图10-23 使文本适合路径

图10-24 水平镜像后的效果

图10-25 垂直镜像后的效果

图10-26 拖动路径文字

图10-27 调整路径文字位置后的效果

17 拖动右边中间控制柄向右至适当位置，将字间距加宽，调整后的结果如图10-28所示，在默认的CMYK调色板中单击“白”，使文字填充为白色，结果如图10-29所示。

图10-28 调整字间距

图10-29 改变文字颜色后的效果

18 使用选择工具在画面的空白处单击取消选择，在画面中单击圆角矩形副本，选择路径文字及其圆角矩形路径，如图10-30所示，然后在菜单中执行【排列】→【拆分在一路径上的文本】命令，将路径与文字打散，在画面的空白处单击取消选择，接着在画面中选择圆角矩形，在键盘上按“Delete”键将其删除，删除后的结果如图10-31所示。

19 在工具箱中选择文本工具，接着在画面的中间位置单击，显示光标后在属性栏中设置参数为 文鼎CS大黑 38 pt ，再输入所需的文字，输入文字后选择轮廓图工具确认文字输入，结果如图10-32所示。

图10-30 选择对象

图10-31 拆分并删除后的效果

图10-32 输入文字

20 在属性栏中设置参数为 ，得到如图10-33所示的效果。

21 在菜单中执行【排列】→【拆分轮廓图群组】命令，将文字与轮廓图解散，再选择选择工具，并在画面的空白处单击取消选择，然后在轮廓图上单击选择轮廓图，再在默认的CMYK调色板单击“白”，右击“绿”，使轮廓图填充为白色，画面效果如图10-34所示。

22 使用文本工具在画面中适当位置输入所需文字，输入文字后的效果如图10-35所示。

图10-33 添加轮廓图后的效果

图10-34 拆分并改变轮廓图颜色后的效果

图10-35 输入文字

23 在工具箱中选择星形工具，接着画面的右下角适当位置绘制一个五角星，再在默认的CMYK调色板中单击“黄”，使五角星填充为黄色，如图10-36所示。

24 拖动五角星向左下方到适当位置右击复制一个副本，使用同样的方法再复制一个副本，然后在画面的空白处单击取消选择，结果如图10-37所示。

25 使用选择工具框选三个五角星，将其向左拖动到右下角的适当位置右击复制一个副本，如图10-38所示，然后在属性栏中单击（水平镜像）按钮，将副本进行水平镜像翻转，镜像后的效果如图10-39所示。

图10-36 用星形工具绘制五角星

图10-37 复制一个副本

图10-38 移动并复制对象

图10-39 水平镜像后的效果

26 将副本向上拖动到左上角的适当位置右击复制一个副本，如图10-40所示，然后在属性栏中单击（垂直镜像）按钮，将副本进行垂直镜像翻转，镜像后的效果如图10-41所示。

图10-40 移动并复制对象

图10-41 镜像后的效果

27 使用同样的方法再复制并水平镜像一个副本，并将其排放到适当位置，复制并调整后的效果如图10-42所示。

28 在标准工具栏中单击按钮，弹出【导入】对话框，在其中选择要导入的文件，将其导入到画面中，然后调整其大小与位置，调整后的效果如图10-43所示。至此标签就制作完成了。

图10-42 复制并镜像后的效果

图10-43 导入一张图片到标签中

10.2 矿泉水标签设计

实例说明

“矿泉水标签设计”可用在食品类瓶子的标签设计以及挂牌、标志、徽章和广告招牌设计等方面。如图10-44所示为实例效果图，如图10-45所示为矿泉水标签设计精彩效果图欣赏。

图10-44 “矿泉水标签设计”最终效果图

图10-45 精彩效果欣赏

设计思路

首先新建一个文档，再使用矩形工具并填充颜色作为标签的背景，然后使用打开、复制与粘贴、顺序、文本工具、插入条形码等功能添加标签的主题内容；最后使用透明度工具、添加透视、再制等功能将制作好的标签贴到瓶子上以查看效果。如图10-46所示为制作流程图。

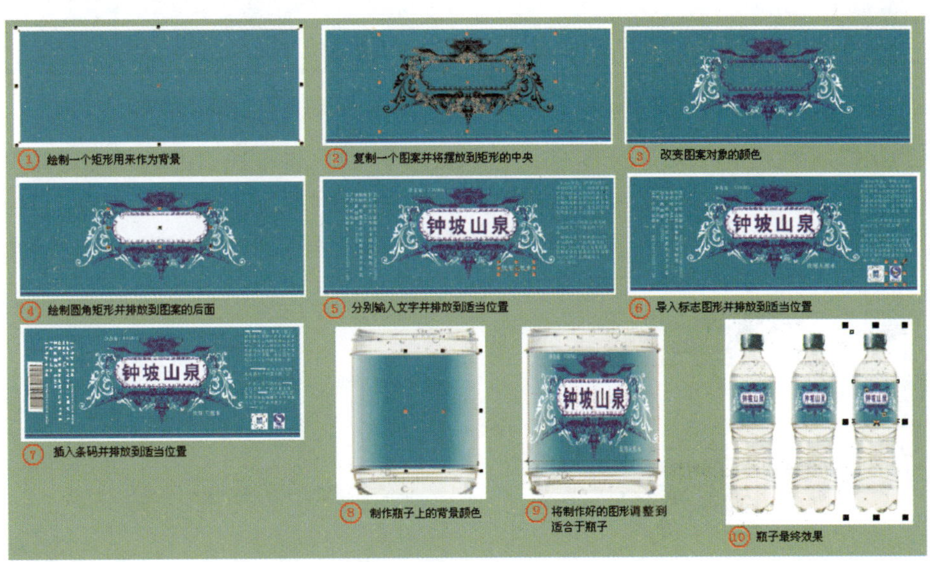

图10-46 “矿泉水标签设计”绘制流程图

操作步骤

01 按“Ctrl”+“N”键新建一大小为A3图形文件，接着在属性栏中单击按钮，将页面设为横向，再在工具箱中选择矩形工具，在绘图页的适当位置绘制一个矩形，然后在属性栏的中输入“305 mm”与“118 mm”，将矩形设为所需的大小。按“Shift”+“F11”键弹出【均匀填充】对话框，在其中设置所需的颜色，如图10-47所示，设置完成后单击【确定】按钮，在默认的CMYK调色板中右击“无”，得到如图10-48所示的结果。

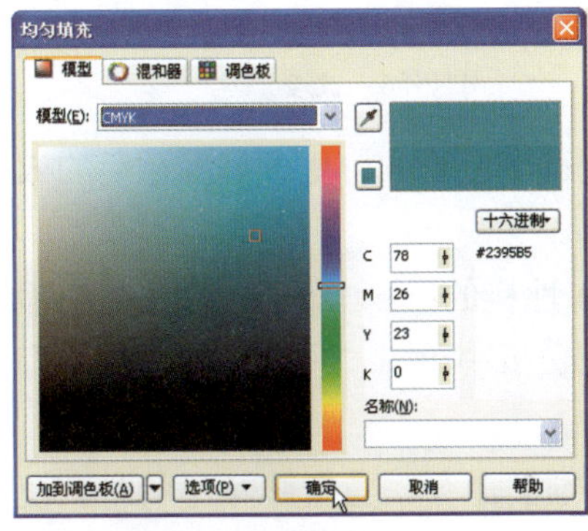

图10-47 【均匀填充】对话框

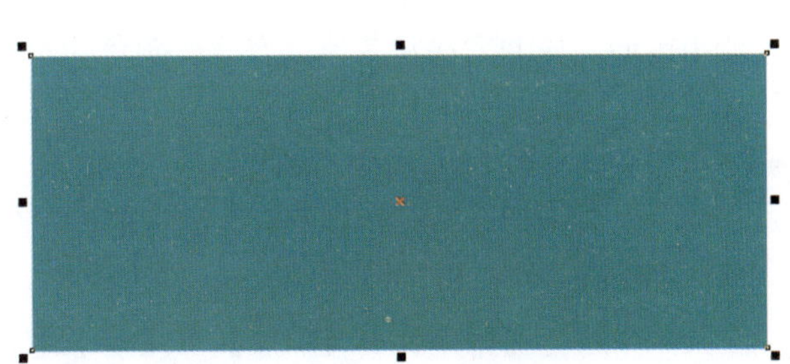

图10-48 填充颜色后的效果

02 使用矩形工具在矩形的底部绘制一个长细矩形条，在默认的CMYK调色板中单击“蓝”，右击“无”，将它填充为蓝色，如图10-49所示，然后使用矩形工具绘制一个白色的长细矩形条，如图10-50所示。

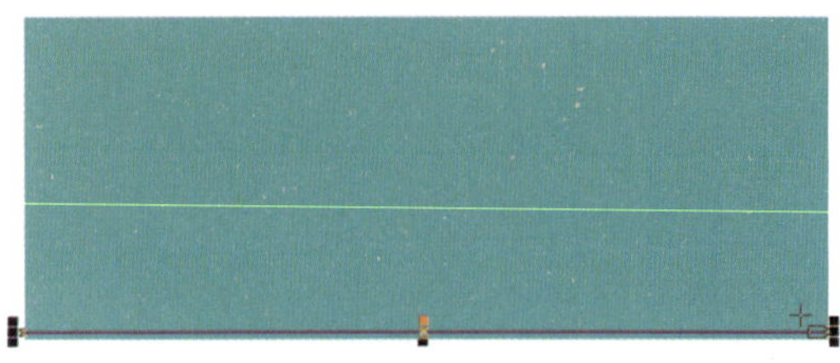
图10-49　绘制长细矩形条

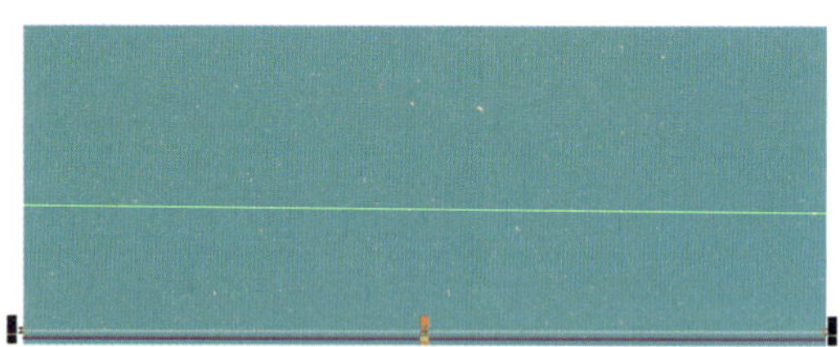
图10-50　绘制长细矩形条

03 按“Ctrl”+“O”键打开一个图形，按“Ctrl”+“A”键全选，再按“Ctrl”+“C”键进行拷贝，如图10-51所示；激活正在编辑的文档，按“Ctrl”+“V”键进行粘贴，并将其摆放到矩形的中央，根据需要调整其大小，调整好后的效果如图10-52所示。

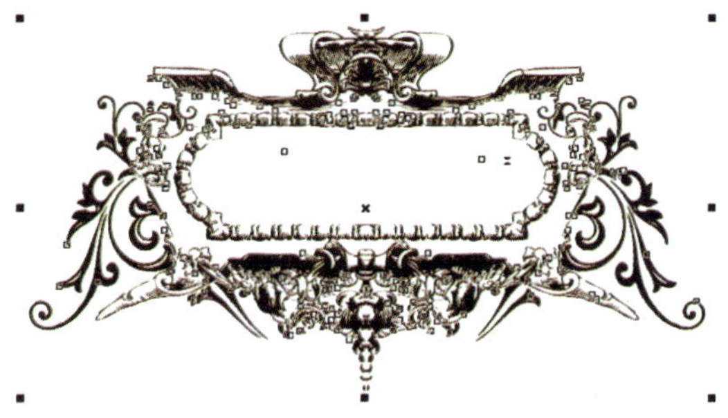
图10-51　打开的图形

图10-52　复制并调整图形大小

04 使用选择工具在画面中选择要改变颜色的部分，在默认的CMYK调色板中单击“蓝”，将选择对象的颜色改为蓝色，如图10-53所示。

05 使用选择工具在画面中框选要改变颜色的部分，在默认的CMYK调色板中单击“白”，将选择对象的颜色改为白色，如图10-54所示。

图10-53　改变颜色

图10-54　改变颜色

06 使用前面同样的方法将其他没有改变颜色的对象进行颜色更改，更改好颜色后的效果如图10-55所示。

07 使用矩形工具在导入的图形中绘制一个矩形，在属性栏的 90.0 mm 90.0 mm 90.0 mm 90.0 mm 中输入“90”，将矩形改为圆角矩形，在默认的CMYK调色板中单击“白”，右击“无”，得到如图10-56所示的效果。

08 在菜单中执行【排列】→【顺序】→【置于此对象前】命令，当指针➡呈状时，使用指针单击矩形，使白色圆角矩形位于矩形之上，画面效果如图10-57所示。

09 在工具箱中选择字文本工具，在圆角矩形中单击显示光标，再在属性栏中设置参数为 [文鼎CS大黑 58 pt]，在默认的CMYK调色板中单击蓝，然后输入“钟坡山泉”文字，结果如图10-58所示。

图10-55 改变颜色

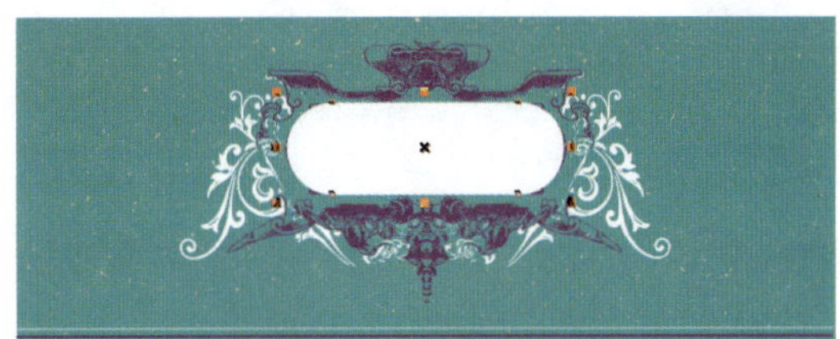

图10-56 绘制圆角矩形

图10-57 改变顺序后的效果

图10-58 输入文字

10 使用文本工具在矩形的右边拖出一个文本框，如图10-59所示，并输入所需的文字，输入好文字后按“Ctrl”＋“A”键选择段落文本框中的文字，在属性栏中设置参数为 [文鼎CS大宋 10 pt]，在默认的CMYK调色板中单击“白”，然后在文字上单击，得到如图10-60所示的效果。

图10-59 拖出文本框

图10-60 输入文字

11 使用同样的方法在左边拖出一个文本框，并输入所需的文字，输入文字后的效果如图10-61所示；然后在图形的右下方单击并输入所需的文字，结果如图10-62所示。

12 按“Ctrl”＋“I”键导入两个图形，并将它们分别摆放到矩形的右下角，再根据需要调整它们大小，调整后的效果如图10-63所示。

图10-61 输入文字

图10-62 输入文字

图10-63 导入两个图形

13 在菜单中执行【编辑】→【插入条码】命令，弹出【条码向导】对话框，在其中设置所需的条码，如图10-64所示，单击【下一步】按钮，接着弹出如图10-65所示的对话框，可在其中根据需要设置所需的参数，设置完成后单击【下一步】按钮，接着弹出如图10-66所示的对话框，在其中根据需要设置所需的参数，设置后单击【确定】按钮，即可得到所需的条码了，如图10-67所示。

图10-64 【条码向导】对话框

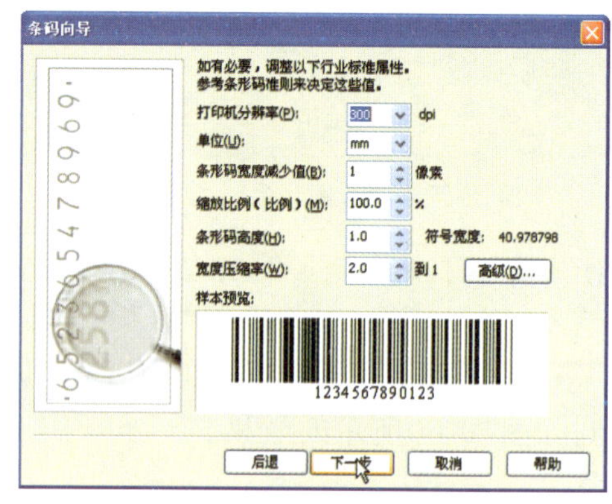

图10-65 【条码向导】对话框

图10-66 【条码向导】对话框

图10-67 插入的条码

14 使用选择工具将条码拖动到画面的左边，在其上单击使它处于旋转状态，然后将其旋转90度，旋转后的结果如图10-68所示；再拖动两边中间控制柄来调整条码的长与宽，调整后的效果如图10-69所示。

15 按“Ctrl”+“I”键导入一个矿泉水瓶子，并将其摆放到空白处，根据需要调整其大小，调整好后的效果如图10-70所示。

16 使用选择工具框选下方的两条直线，按“Shift”键单击背景矩形，以同时选择它们，然后将它们向下拖动到适当位置右击复制一个副本，如图10-71所示。

图10-68　旋转条码

图10-69　调整条码

图10-70　导入一个矿泉水瓶子

图10-71　选择并复制对象

17. 将刚复制的副本调整到所需的大小，并贴到瓶子需要贴标签的地方，按“Ctrl”+“G”键将它们群组，如图10-72所示。

18. 在工具箱中选择透明度工具，并从矩形中向左拖动，将群组对象进行透明调整，调整后的效果如图10-73所示。

图10-72　调整大小

图10-73　用透明度工具调整透明度后的效果

19 在按住“Ctrl”键的同时，使用选择工具将透明调整后的图形向右拖至适当位置右击复制一个副本，再进行水平镜像，结果如图10-74所示。

20 使用选择工具在画面中框选前面已经制作好的标签需要的内容，然后将其拖动到瓶身上右击复制一个副本，并按“Ctrl”+“G”键将它们群组，拖动右上角的控制柄向内至适当位置将其缩小，结果如图10-75所示。

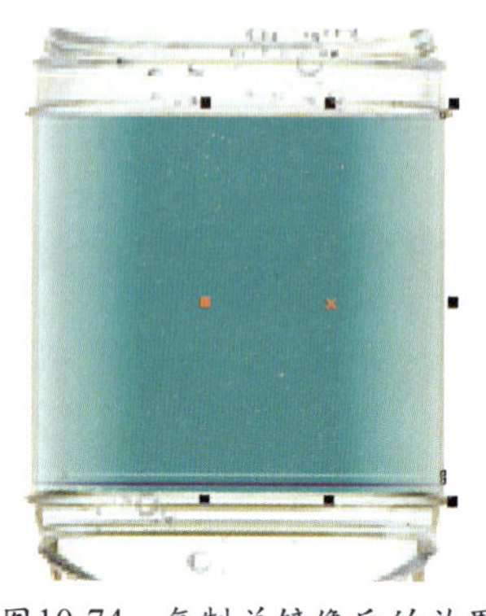

图10-74 复制并镜像后的效果

图10-75 复制并调整大小

21 在菜单中执行【效果】→【添加透视】命令，显示网格，再拖动右上角的控制柄向左至瓶身上，如图10-76所示，然后分别拖动右下角、左上角与左下角的控制柄至瓶身上，调整后的结果如图10-77所示。

图10-76 透视调整

图10-77 透视调整

22 按“F4”键将画面以适合的大小显示，再使用选择工具将整个瓶子框选，并按“Ctrl”键将其向右拖动到适当位置右击复制一个副本，然后按“Ctrl”+“D”键再制一个副本，在空白处单击取消选择，得到如图10-78所示的效果。至此作品就制作好了。

图10-78 绘制好的最终效果图

10.3 CD盒封面设计

实例说明

“CD盒封面设计”可用在制作光盘盒、包装盒、礼品袋以及书籍封面设计等方面。如图10-79所示为实例效果图，如图10-80所示为精彩CD盒封面效果欣赏。

图10-79 “CD盒封面设计”最终效果图

图10-80 精彩效果欣赏

设计思路

首先新建一个文档，再使用矩形工具、导入、复制、镜像等功能绘制出背景，然后使用导入、透明度工具、顺序、文本工具、轮廓图工具、调和工具等功能添加封面的主题内容。如图10-81所示为制作流程图。

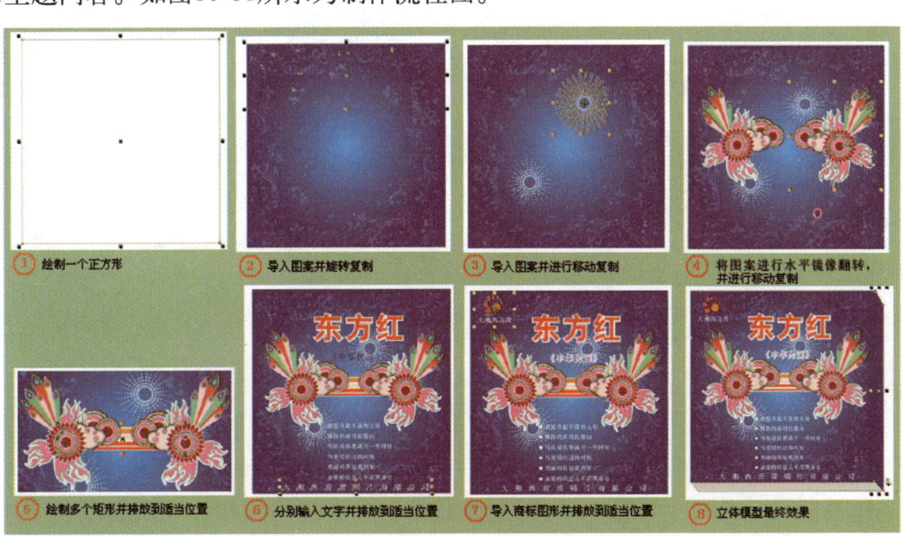

图10-81 “CD盒封面设计”绘制流程图

操作步骤

01 按"Ctrl"+"N"键新建一个图形文件，接着在工具箱中选择矩形工具，按"Ctrl"键在绘图页的适当位置绘制一个正方形，然后在属性栏中设置大小为150 mm×150 mm，将其设置为所需大小的正方形，如图10-82所示。

02 按"F11"键弹出【渐变填充】对话框，在其中设定【类型】为"辐射"，【边界】为"14%"，【从】的颜色为"蓝"，【到】的颜色为"青"，其他不变，如图10-83所示，单击【确定】按钮，得到如图10-84所示的渐变效果。

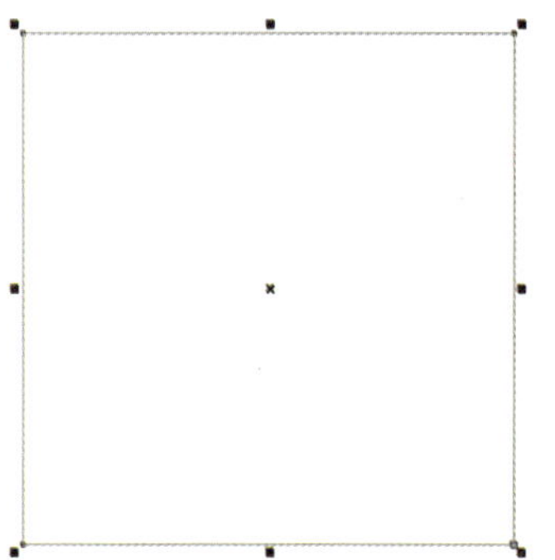

图10-82 用矩形工具绘制正方形

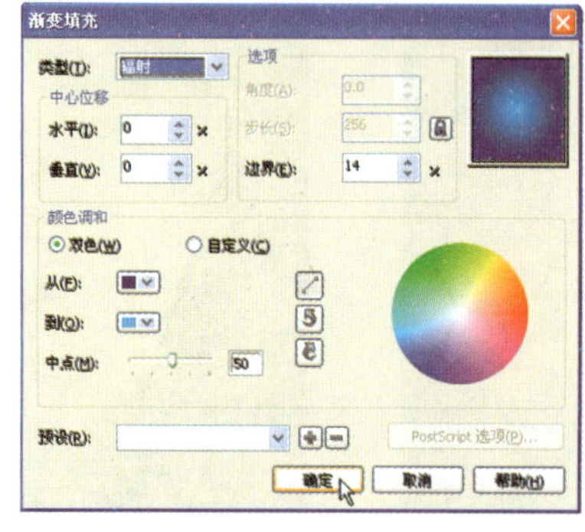

图10-83 【渐变填充】对话框

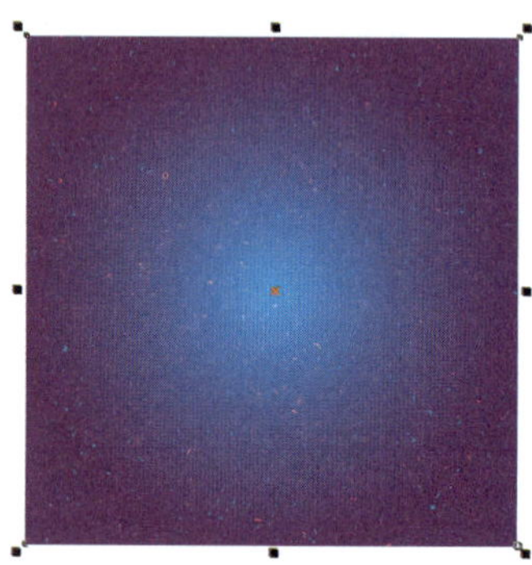

图10-84 渐变填充后的效果

03 按"Ctrl"+"I"键导入一个图案，并将其排放到正方形的左边，再调整其大小，如图10-85所示。

04 在工具箱中选择透明度工具，在属性栏中设置参数为 标准 常规 50 全部，得到如图10-86所示的效果。

05 将图案向下拖动到适当位置右击复制一个副本，然后在属性栏的 90.0 °中输入"90"后按回车键，将副本进行旋转，旋转后再将其排放到适当位置，排放好后的效果如图10-87所示。

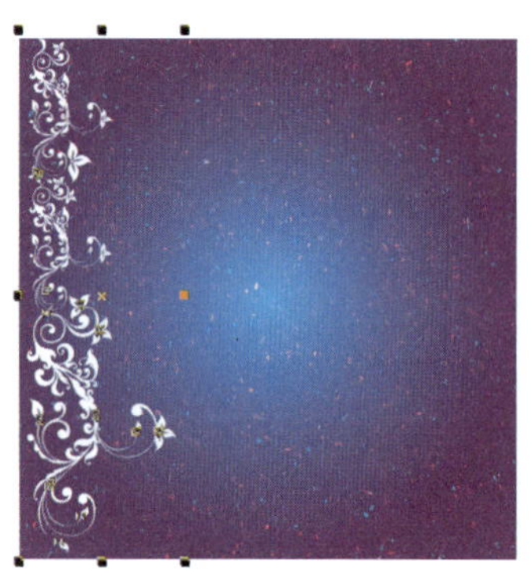

图10-85 导入的图案

图10-86 用透明度工具调整透明度后的效果

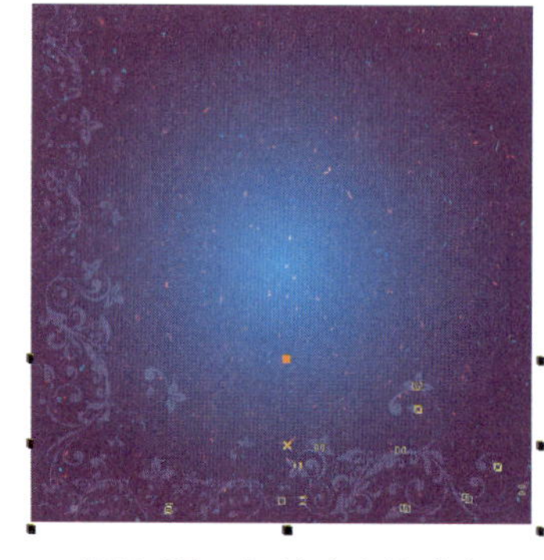

图10-87 复制并旋转对象

06 在键盘上按"+"键复制一个副本，再在属性栏的 180.0 °中输入"180"后按回车键，将副本进行旋转，旋转后将其排放到适当位置。然后使用同样的方法复制一个副本，并进行270°旋转与移动，排放好后的效果如图10-88所示。

07 按"Ctrl"+"I"键导入另一个图形，并将其排放到适当位置，如图10-89所示；

将其向右上方拖动到适当位置时右击复制一个副本，复制后取消选择的画面效果如图10-90所示。

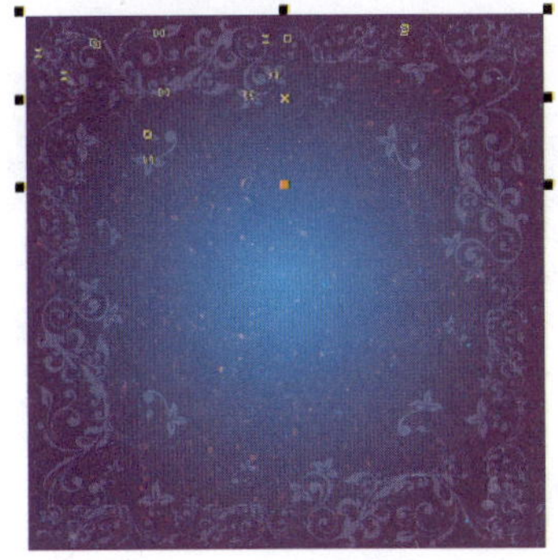

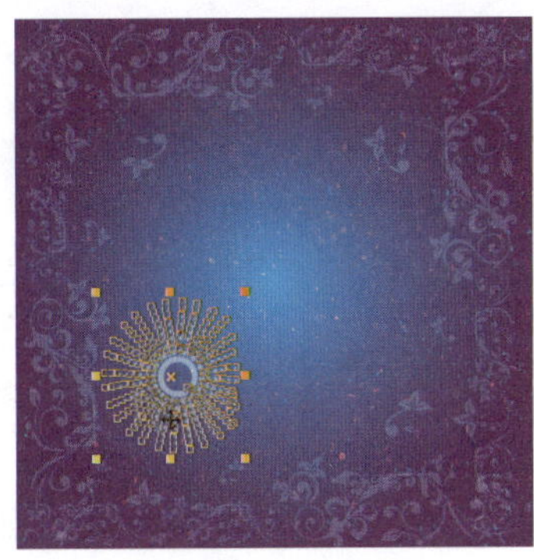

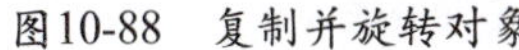

图10-88 复制并旋转对象　图10-89 导入的图形　图10-90 移动并复制对象

08 按“Ctrl”+“I”键导入另一个图形，并将其排放到适当位置，如图10-91所示；在键盘上按“+”键复制一个副本，再在属性栏中单击按钮，将其进行水平镜像翻转，然后按“Ctrl”键将其向右拖动到适当位置，结果如图10-92所示。

图10-91 导入的图形

图10-92 复制并镜像对象

09 使用矩形工具在画面中绘制一个白色矩形，再绘制一个橘红色的矩形，绘制好后的效果如图10-93所示；然后绘制一个渐粉色的矩形与两个红色的矩形，绘制完成后的效果如图10-94所示。

图10-93 绘制矩形

图10-94 绘制矩形

10 按“Shift”键单击刚绘制好的矩形，选择它们并按“Ctrl”+“G”键将它们群组，再在菜单中执行【排列】→【顺序】→【置于此对象后】命令，当指针呈粗箭头状时单击表示主体对象的图形，如图10-95所示，使选择的群组对象置于它的下层，调整后的效果如图10-96所示。

图10-95　指定排放对象

图10-96　改变顺序后的效果

11 在工具箱中选择字文本工具，在画面的上部适当位置单击，显示光标后，在默认的CMYK调色板中单击“红”，再在属性栏中设置所需的字体与字体大小，然后输入“东方红”文字，输入后的结果如图10-97所示。

12 在工具箱中选择轮廓图工具，并在属性栏中设置参数为，得到如图10-98所示的效果。

13 使用文本工具依次在画面中适当位置输入所需的文字，并根据需要设置所需的字体与字体大小，输入后的结果如图10-99所示。

图10-97　输入文字

图10-98　添加轮廓图后的效果

图10-99　输入文字

14 使用椭圆形工具在画面中下方文字第一行的前面绘制一个白色圆形，如图10-100所示，然后按“Ctrl”键将其向下拖至适当位置右击复制一个副本，结果如图10-101所示。

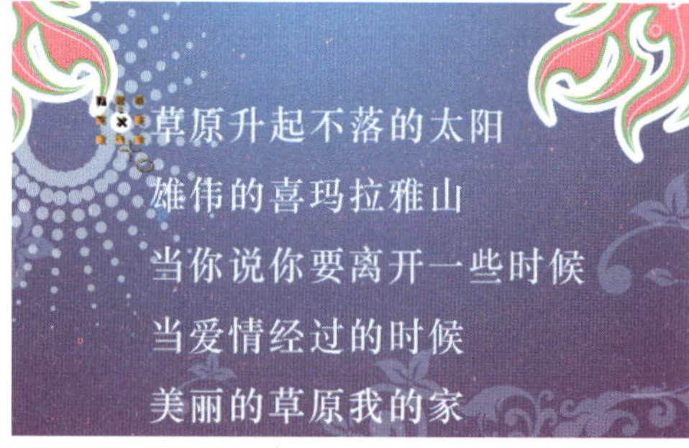

图10-100　绘制圆形

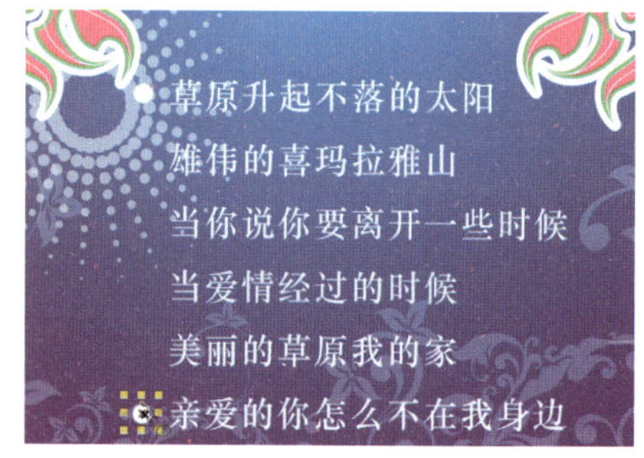

图10-101　移动并复制圆形

15 在工具箱中选择调和工具，并在画面中两个白色圆之间进行拖动，将它们进行调和，然后在属性栏的 中输入“4”，将步长值改为4，得到如图10-102所示的调和效果。

16 在画面中选择“《中华民谣》”文字，在工具箱中选择轮廓图工具，在属性栏中设置参数为 ，得到如图10-103所示的效果。

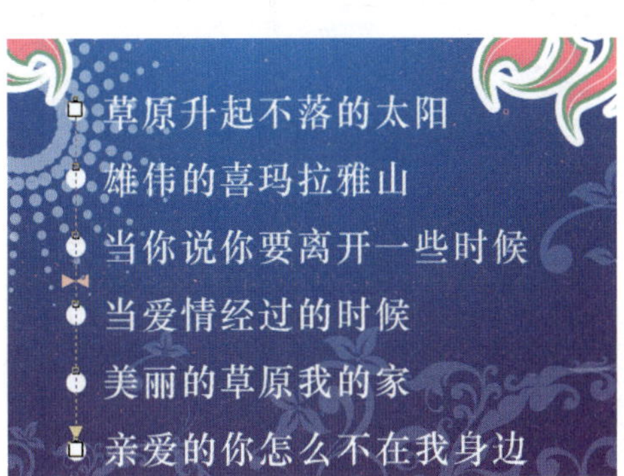

图10-102 对白色圆调和后的效果

图10-103 添加轮廓图后的效果

17 按“Ctrl”+“I”键导入商标图形，并将其排放到适当位置，如图10-104所示。

18 按“Ctrl”+“I”键导入一个立体模型，将其排放到指定位置，如图10-105所示。

图10-104 导入的图形

图10-105 导入立体模型

19 使用选择工具将前面绘制好的图形框选，然后将其拖动到模型上右击复制一个副本，并按“Ctrl”+“G”键群组，再将其与模型正面对齐，对齐后的效果如图10-106（右）所示。

图10-106 复制并对齐后的效果

20 使用钢笔工具在立体模型的侧面绘制一个四边形与侧面同样大小，在默认的CMYK调色板中单击“蓝”，右击“90%黑”，即可得到如图10-107所示的效果。至此CD封面就制作完成了。

图10-107　绘制好的最终效果图

10.4 包装设计

实例说明

“包装设计”可以用在礼品、糖果、生活用品等包装行业。如图10-108所示为实例效果图，如图10-109所示为精彩效果欣赏。

图10-108　“包装设计”最终效果图

图10-109　精彩效果欣赏

设计思路

首先新建一个文档，再使用矩形工具、群组、调和工具等功能绘制出背景，然后使用导入、【置于图文框内部中】、镜像、颜色滴管工具、形状工具、转换为曲线、顺序、文本工具等功能添加画面的主题对象与一些相关文字。如图10-110所示为制作流程图。

图10-110 “包装设计”绘制流程图

操作步骤

01 按“Ctrl”+“N”键新建一个图形文件，在工具箱中选择矩形工具，在绘图页的适当位置绘制一个矩形，然后在属性栏中设置大小270 mm×188 mm，将其设置为所需大小的矩形，再按“Shift”+“F11”键弹出如图10-111所示的【均匀填充】对话框，在其中设置颜色为“C9、M100、Y100、K0”，设置完成后单击【确定】按钮，得到如图10-112所示的效果。

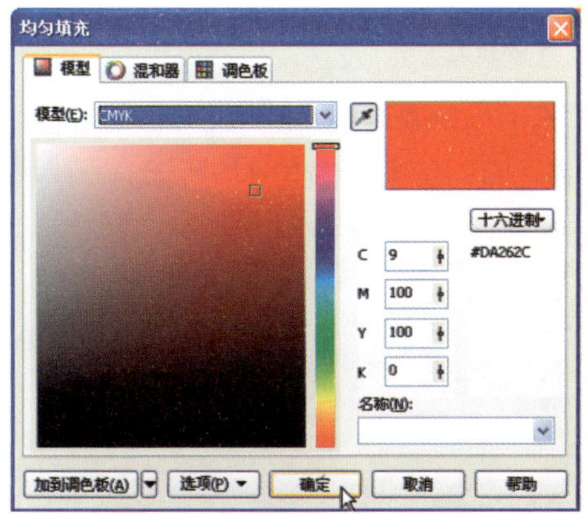

图10-111 【均匀填充】对话框

图10-112 给矩形填充颜色后的效果

02 在工具箱中选择多边形工具，在属性栏 4 0.2 mm 中设置【边数】为4，【轮廓宽度】为0.2 mm，再按“Ctrl”键在画面中绘制一个菱形，并在调色板中右击“橘红”，得到如图10-113所示的菱形。

03 在工具箱中选择变形工具，并在属性栏中设置参数为 -26，将菱形改为四瓣花，画面效果如图10-114所示。

图10-113 用多边形工具绘制菱形

图10-114 用变形工具变形后的效果

04 在工具箱中选择椭圆形工具，并在花中绘制一个圆形，表示花蕊，在调色板中右击橘红，绘制完成后的效果如图10-115所示。

05 使用选择工具框选绘制的花，按“Ctrl”+“G”键将其群组，然后将其向下拖至适当位置右击复制一个副本，结果如图10-116所示。

07 在工具箱中选择调和工具，接着在两个图案单元上进行拖动，将它们进行调和，然后在属性栏的 9 中输入“9”，将步长值改为9，得到如图10-117所示的调和效果。

图10-115 用椭圆形工具绘制圆形

图10-116 移动并复制对象

图10-117 调和对象

07 在工具箱中选择选择工具，拖动调和对象向右至适当位置右击复制一个副本，如图10-118所示，再按“Ctrl”+“D”键多次，直至铺满画面，结果如图10-119所示。

图10-118 移动并复制对象

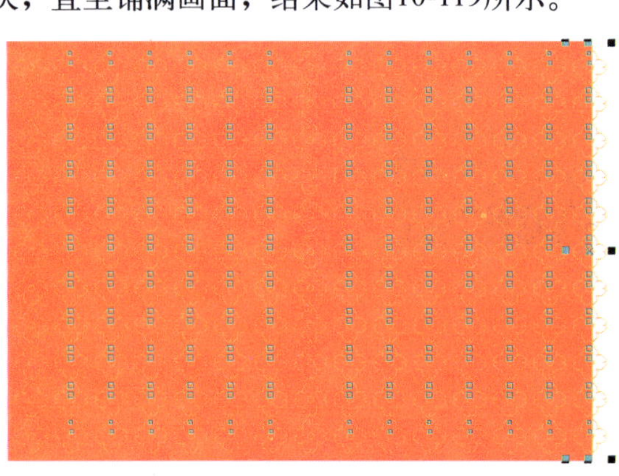
图10-119 再制对象

08 使用选择工具框选刚调和与复制的调和对象，按“Ctrl”+“G”键将它们群组，然后向左移动，以适合画面，移动后的效果如图10-120所示。

09 按“Ctrl”+“I”键导入一张图片，将其调整到所需的大小，结果如图10-121所示。

图10-120　群组并移动对象

图10-121　导入的图片

10 按“Ctrl”+“I”键导入一张图片，将其调整到所需的大小，结果如图10-122所示。在键盘上按“+”键复制一个副本，在属性栏中单击与按钮，将其进行水平镜像翻转，再进行垂直镜像翻转，然后将其拖动到右下角的适当位置，排好后的效果如图10-123所示。

图10-122　导入并调整图片大小

图10-123　移动并复制对象

11 使用矩形工具沿着图片边缘绘制一个矩形，如图10-124所示，在属性栏中单击按钮，将矩形转换为曲线。

12 在工具箱中选择形状工具，对矩形的左上角进行编辑，编辑好后的形状如图10-125所示，然后对矩形的右下角进行编辑，编辑完成后的形状如图10-126所示。

13 使用选择工具选择导入的中秋图片，如图10-127所示。

图10-124　绘制矩形

图10-125　用形状工具调整形状

图10-126　调整形状

图10-127　选择图片

14 在菜单中执行【效果】→【图框精确剪裁】→【置于图文框内部】命令，当指针呈粗箭头状时，如图10-128所示，使用粗箭头单击刚编辑过的图形，将选择的对象置于该容器中，再在默认的CMYK调色板中右击“无”，清除轮廓色，得到如图10-129所示的效果。

图10-128　图框精确剪裁

图10-129　置于容器后的效果

15 按“Ctrl”+“PgDn”键两次将置于容器中的图形排放到导入图片的下层，右击“无”，清除轮廓色，调整后的效果如图10-130所示。

16 使用文本工具在画面中单击并输入所需的文字，字体、字体大小与颜色根据需要决定，输入文字后的效果如图10-131所示。至此正面就绘制完成了。

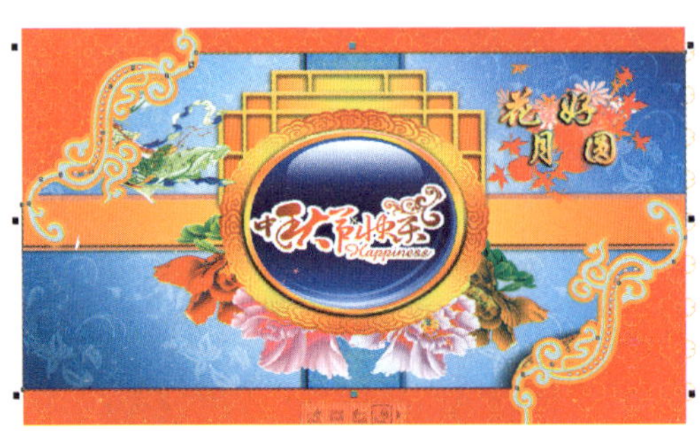

图10-130　清除轮廓色后的效果

图10-131　输入文字

17 使用选择工具在画面中单击红色矩形中的花纹，将其向下拖至适当位置右击复制一个副本。同样将上面与下面的文字进行复制，以备后用，结果如图10-132所示。

18 使用选择工具框选正面中所有对象，按“Ctrl”+“G”键将其群组。使用矩形工具沿着前面绘制的正面，绘制一个270 mm×188 mm的矩形，如图10-133所示。

图10-132 移动并复制对象

图10-133 绘制矩形

19 使用选择工具在画面中选择群组对象，在菜单中执行【效果】→【图框精确剪裁】→【置于图文框内部】命令，当指针呈粗箭头状时，使用粗箭头单击刚绘制的矩形，将选择的对象置于该容器中，得到如图10-134所示的效果。

20 使用矩形工具在画面的底部绘制一个大小为270 mm×50 mm的矩形，如图10-135所示。

图10-134 图框精确剪裁

图10-135 绘制矩形

21 在工具箱中选择颜色滴管工具，移动指针到画面中需要的颜色上单击吸取所需的颜色，如图10-136所示。然后移动指针到刚绘制的矩形上，当指针呈状时单击，即可用吸取的颜色对矩形进行填充，填充后的画面如图10-137所示。

图10-136　吸取颜色

图10-137　填充颜色

22 在画面中右击清除轮廓色，再按“Ctrl”+“PgDn”键将其排放到最底层，结果如图10-138所示。使用选择工具在画面中单击表示底纹的调和对象，再在键盘上按“+”键复制一个副本，并移动到右边。

23 使用前面同样的方法再绘制一个矩形，矩形的大小为48 mm×188 mm，结果如图10-139所示。

图10-138　改变顺序后的效果

图10-139　绘制矩形

24 在菜单中执行【效果】→【图框精确剪裁】→【置于图文框内部】命令，当指针呈粗箭头状时，使用粗箭头单击刚绘制的矩形，将选择的对象置于该容器中，得到如图10-140所示的效果。

25 使用选择工具在画面中选择下方的花纹群组，在菜单中执行【效果】→【图框精确剪裁】→【置于图文框内部】命令，当指针呈粗箭头状时，使用粗箭头单击它下层的矩形，将其置于它下层的矩形中，置于容器中后的效果如图10-141所示。

26 使用选择工具将上方备份的文字分别依次拖动到侧面中，根据需要调整其大小，调整后的效果如图10-142所示。

27 使用选择工具在画面中框选下方的侧面内容，然后按“Ctrl”键将其向上拖至上边右击复制一个副本，画面效果如图10-143所示。

图10-140　图框精确剪裁

图10-141　图框精确剪裁

图10-142　对文字进行排放后的效果

图10-143　移动并复制对象

28 在属性栏中单击按钮，将所选的内容进行垂直镜像翻转，翻转后的效果如图10-144所示。

29 使用同样的方法将右边的侧面也复制到左边，复制完成后的效果如图10-145所示。至此包装平面图就绘制完成了。

图10-144　垂直翻转后的效果

图10-145　绘制好的包装平面图

10.5 包装立体效果

实例说明

“包装立体效果”主要用于礼品、糖果、生活用品等包装行业。如图10-146所示为实例效果图，如图10-147所示为精彩包装立体效果欣赏。

图10-146 “包装立体效果”最终效果图

图10-147 精彩效果欣赏

设计思路

首先依次将绘制好的平面效果图导出，再使用Photoshop程序打开一个立体模型，然后使用自由变换、渐变工具、画笔工具、色阶等功能将正面、侧面依次贴到立体模型中，并根据需要调整其明暗度，增强立体效果。如图10-148所示为制作流程图。

图10-148 “包装立体效果”绘制流程图

操作步骤

说 明

在制作包装平面图时采用了位图图像，由于在CorelDRAW软件中无法对位图图像进行透视调整，因此，在此使用Photoshop软件制作包装立体效果图。

01 在CorelDRAW X6软件中按“Ctrl”+“O”键打开已经制作好的包装平面图，接着使用选择工具在画面中选择正面，如图10-149所示。

图10-149　打开的包装平面图

02 在标准工具栏中单击按钮，弹出【导出】对话框，在其中选择要存放的文件夹（如：我的文档），勾选【只是选定的】复选框，在【保存类型】下拉列表中选择所需的类型，如图10-150所示，单击【导出】按钮，弹出【转换为位图】对话框，可直接单击【确定】按钮，在【转换至调色板色】对话框中设置【调色板】为优化，如图10-151所示，单击【确定】按钮，将选择的图形导出并保存在指定位置。

图10-150　【导出】对话框

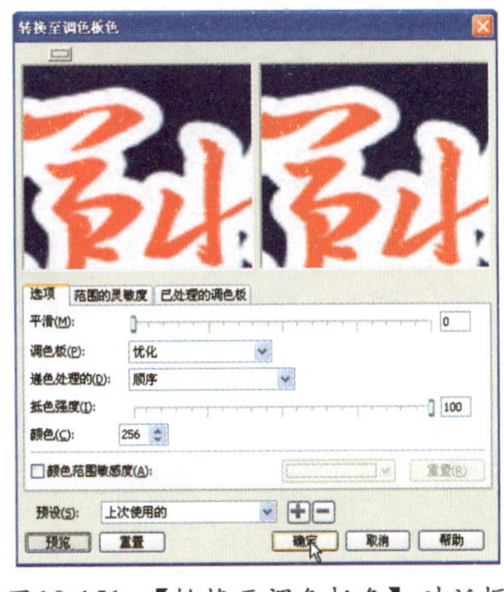

图10-151　【转换至调色板色】对话框

03 使用选择工具在画面中框选下方的侧面，如图10-152所示，在标准工具栏中单击按钮，弹出【导出】对话框，采用前面设置的参数并另外命名，如图10-153所示，单击【导出】按钮，在弹出的对话框中直接单击【确定】按钮，将选择的图形导出并保存在指定位置。

04 使用选择工具在画面中框选左边的侧面，如图10-154所示，在标准工具栏中单击按钮，弹出【导出】对话框，采用前面设置的参数并另外命名，如图10-155所示，单击【导出】按钮，接着在弹出的对话框中直接单击【确定】按钮，将选择的图形导出并保存在指定位置。

图10-152　选择对象

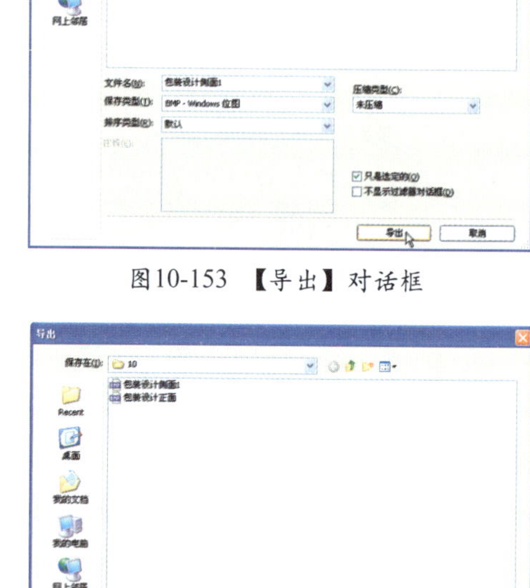

图10-153　【导出】对话框

图10-154　选择对象

图10-156　在Adobe Photoshop CS6程序中打开模型

图10-155　【导出】对话框

05 在任务栏中单击【开始】按钮，弹出【开始】菜单，在【所有程序】菜单中单击【Adobe Photoshop CS6】程序，开启Adobe Photoshop CS6程序，再按“Ctrl”+“O”键打开已经准备好的立体模型，如图10-156所示。

06 按“Ctrl”+“O”键弹出【打开】对话框，在其中选择前面刚导出的三个文件，如图10-157所示，单击【打开】按钮，将它们打开到Photoshop CS6程序窗口中，再在【窗口】菜单中执行【排列】→【四联】命令，将打开的文档进行四联排列，如图10-158所示。

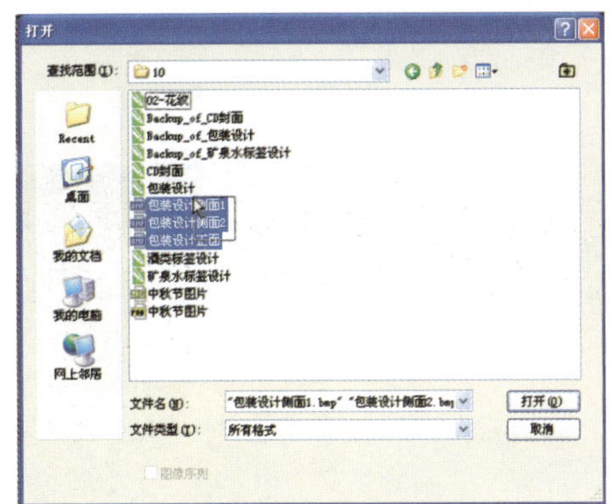

图10-157 【打开】对话框

图10-158 排列窗口

07 依次激活刚打开的文档，在【图像】菜单中执行【模式】→【RGB颜色】命令，将索引颜色模式改为RGB颜色模式的文档，如图10-159所示。

08 在工具箱中选择移动工具，在程序窗口中激活“包装设计正面.bmp”文件，再将其拖到有立体模型的文件中指针呈状（如图10-160所示）时松开左键，即可将其拖至立体模型文件中，如图10-161所示。

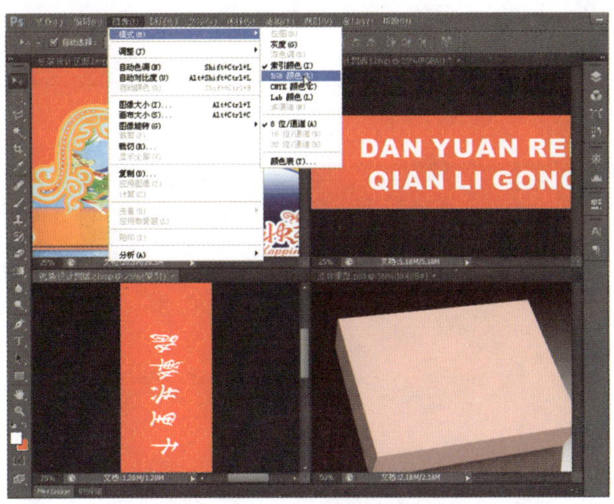

图10-159 转换模式

图10-160 拖动图片

图10-161 复制后的效果

09 按“Ctrl”+“T”键执行【自由变换】命令，在属性栏的 W: 25% H: 25.00% 中输入“25%”，将刚复制的内容缩小，如图10-162所示，然后在变换框中双击确认变换。

10 再次按“Ctrl”+“T”键执行【自由变换】命令，接着按“Ctrl”键拖动右上角的控制柄至立体模型的右上顶点处，如图10-163所示；拖动右下角的控制柄至立体模型正面的右下顶点处，如图10-164所示。

11 拖动其他两个控制柄至相应的顶点处，调整完成后的效果如图10-165所示，然后在变换框中双击确认变换。

图10-162 自由变换调整

图10-163 自由变换调整

图10-164 自由变换调整

图10-165 自由变换调整

12 激活包装平面的侧面图，并使用移动工具将其拖至立体模型文件中，按“Ctrl”+“T”键执行【自由变换】命令，在属性栏的W: 25% H: 25.00%中输入“25%”，以将其缩小，如图10-166所示。

13 使用同样的方法将侧面的四个顶点与立体模型的四个顶点对齐，对齐后的画面效果如图10-167所示，然后在变换框中双击确认变换。

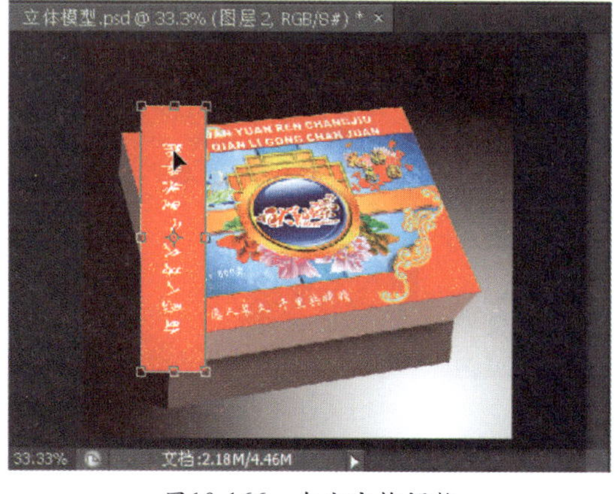

图10-166 自由变换调整

14 激活包装平面的另一侧面图，使用移动工具将其拖至立体模型文件中，然后按“Ctrl”+“T”键执行【自由变换】命令，在属性栏的W: 25% H: 25.00%中输入“25%”，以将其缩小，如图10-168所示，然后在变换框中双击【确认】变换。

图10-167　自由变换调整

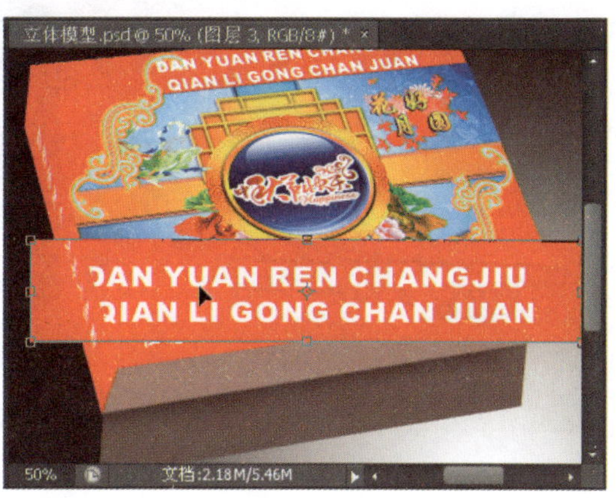

图10-168　自由变换调整

15 按“Ctrl”+“J”键复制图层3为图层3副本，在菜单中执行【窗口】→【图层】命令，显示【图层】调板，在其中单击图层3前面的眼睛图标，以将其关闭，如图10-169所示。

16 按“Ctrl”+“T”键执行【自由变换】命令，接着按“Ctrl”键拖动四个角的控制柄至立体模型相应的顶点处，如图10-170所示，然后在变换框中双击【确认】按钮变换。

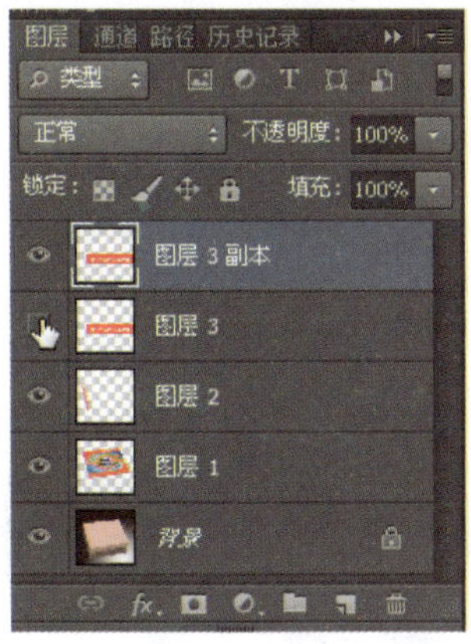

图10-169 【图层】调板

图10-170　变换调整

17 在【图层】调板中单击图层3前面的方框，以显示图层3，并激活图层3，以它为当前图层，如图10-171所示。

18 在菜单中执行【编辑】→【变换】→【垂直翻转】命令，将图层3的内容进行垂直翻转，翻转后的效果如图10-172所示。

19 按“Ctrl”+“T”键执行【自由变换】命令，接着按“Ctrl”键依次拖动四个角的控制柄调整图层3内容，将其调整为包装立体盒的倒影，如图10-173所示。

20 在【图层】调板中设定图层3的【不透明度】为“40%”，降低图层3中内容的不透明度，调整后的效果如图10-174所示。

图10-171　选择图层

图10-172　翻转后的效果

图10-173　自由变换调整

图10-174　调整不透明度

21 使用同样的方法将另一个侧面复制到立体模型文件中并适当缩小，调整后的效果如图10-175所示。在菜单中执行【编辑】→【变换】→【水平翻转】命令，将其进行水平翻转，翻转后的效果如图10-176所示。

图10-175　拖动并复制图片

图10-176　翻转后的效果

22 在【窗口】菜单中执行【排列】→【将所有内容合瓶到选项卡中】命令，只在窗口中显示当前编辑文档，如图10-177所示，再按“Ctrl”+“T”键执行【自由变换】命令，将刚复制的内容进行适当调整与旋转，调整后的效果如图10-178所示，再在变换框中双击【确认】按钮变换。

图10-177 将当前窗口最大化

图10-178 自由变换调整

23 在【图层】调板中设定它的【不透明度】为“40%”，得到如图10-179所示的效果。

24 在【图层】调板中单击◘按钮，给图层4添加图层蒙版，如图10-180所示，接着在工具箱中选择■渐变工具，并在选项栏中选择【线性渐变】按钮，在【渐变拾色器】中选择“黑白渐变”，如图10-181所示，然后画面中拖动鼠标，使用渐变编辑蒙版，得到如图10-182所示的效果。

图10-179 调整不透明度

图10-180 【图层】调板

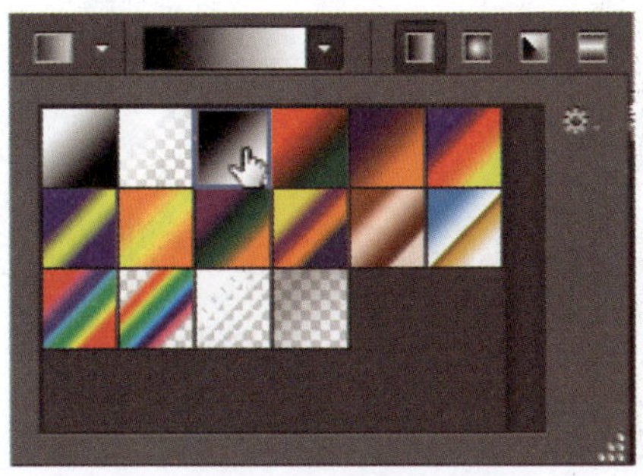

图10-181 渐变拾色器

图10-182 对蒙版进行编辑

25 在【图层】调板中选择图层3副本，以它为当前图层，按“Ctrl”键在【图层】调板中单击图层3副本的图层缩览图，使图层3副本载入选区，如图10-183所示。

图10-183　使图层3副本载入选区

26 在【图层】调板中单击底部的按钮，弹出下拉菜单，在其中执行【曲线】命令，如图10-184所示，弹出【属性】面板，再拖动右上角的点向下至适当位置调暗画面，如图10-185所示，得到如图10-186所示的效果。

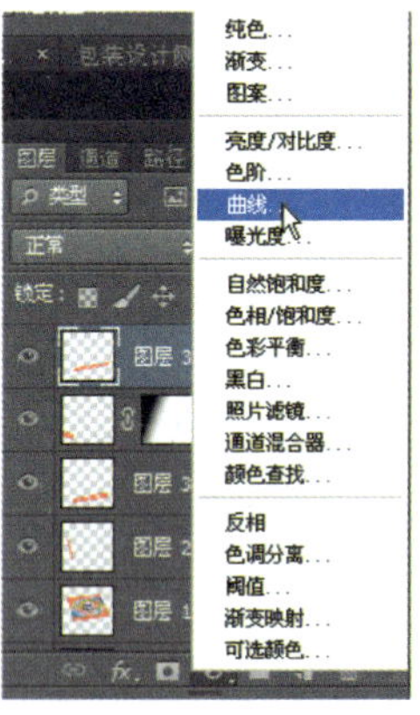

图10-184　执行【曲线】命令

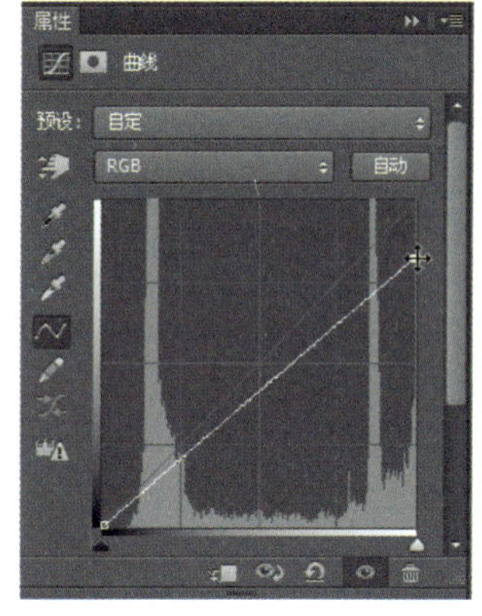

图10-185　【属性】调板

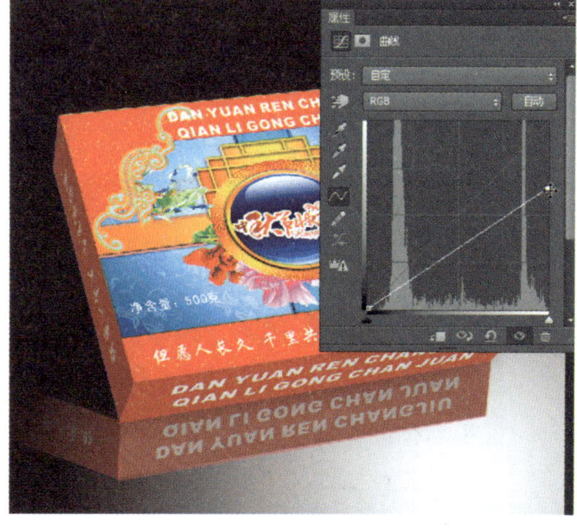

图10-186　调暗后的效果

27 在【图层】调板中选择图层2，以它为当前图层，按“Ctrl”键在【图层】调板中单击图层2的图层缩览图，使图层2载入选区，如图10-187所示。

28 在【图层】调板中单击底部的按钮，弹出下拉菜单，在其中执行【曲线】命令，再拖动右上角的点向下至适当位置调暗画面，如图10-188所示。

图10-187　使图层2载入选区

图10-188　调暗画面

29 在【图层】调板中先激活图层4，再单击【创建新图层】按钮，新建图层5，如图10-189所示。

30 在菜单中执行【窗口】→【路径】命令，显示【路径】调板，在其中单击【创建新路径】按钮，新建路径1，如图10-190所示；在工具箱中选择钢笔工具，在选项栏中选择路径，然后在画面中转角处绘制两条路径，如图10-191所示。

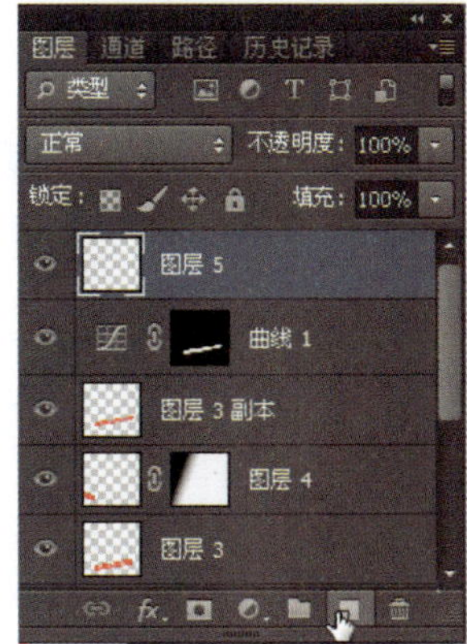

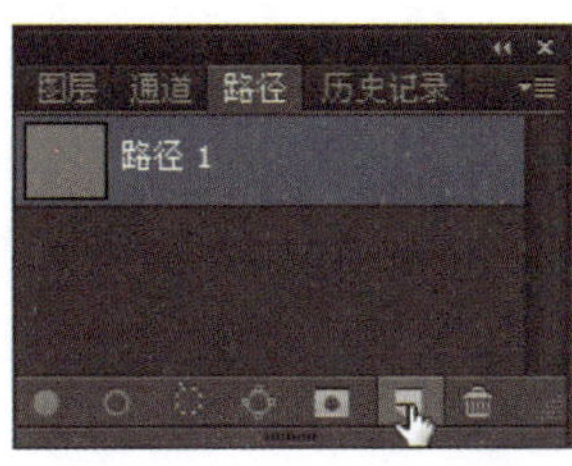

图10-189 【图层】调板　　图10-190 【路径】调板　　图10-191 绘制路径

31 在工具箱中设定前景色为“R243、G103、B32”，选择画笔工具，在选项栏中设置参数为如图10-192所示；然后在【路径】调板中单击按钮，使用画笔描边路径，如图10-193所示。

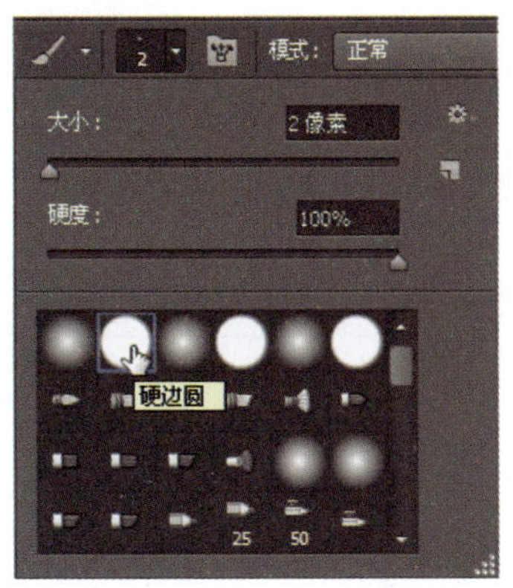

图10-192 选择画笔　　图10-193 用画笔描边路径

32 在【路径】调板的灰色区域单击取消路径的显示，如图10-194所示。至此包装立体效果图就制作完成了。

图10-194 绘制好的最终效果图

第11章
综合设计

本章通过酒店VIP卡设计、摄影礼券设计、贺卡设计、播放器界面设计和网站设计5个实例，综合介绍CorelDRAW X6在平面设计领域中的应用。

11.1 酒店VIP卡设计

实例说明

“酒店VIP卡设计”可以用来制作VIP卡、会员卡、台卡等。如图11-1所示为实例效果图，如图11-2所示为酒店VIP卡设计效果欣赏。

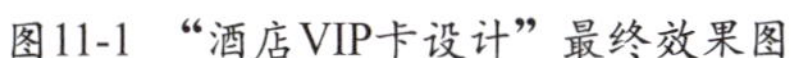
图11-1 “酒店VIP卡设计”最终效果图

图11-2 精彩效果欣赏

设计思路

先使用矩形工具VIP卡的大小，再使用渐变填充、导入、图框精确剪裁、调和工具、镜像等功能绘制背景，然后使用文本工具输入酒店的名称、联系电话及相关的内容。如图11-3所示为制作流程图。

图11-3 “酒店VIP卡设计”绘制流程图

操作步骤

01 按“Ctrl”+“N”键新建一个图形文件，在属性栏中单击□按钮，将页面设为横向，再在工具箱中选择□矩形工具，在绘图页的适当位置绘制一个矩形，然后在属性栏的 中输入所需的宽度与高度，设置宽度与高度后的矩形如图11-4所示。

图11-4　绘制矩形

02 按“F11”键弹出【渐变填充】对话框，在其中设定【类型】为“辐射”，【从】为“沙黄”，【到】为“淡黄”，【水平】为“-9%”，【垂直】为“9%”，其他不变，如图11-5所示，单击【确定】按钮，得到如图11-6所示的渐变效果。

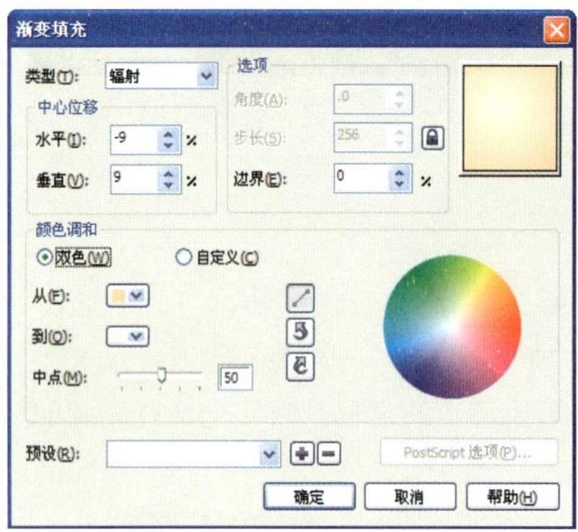

图11-5　【渐变填充】对话框

图11-6　渐变填充后的效果

03 按“Ctrl”+“I”键导入一个图形，并将其排放到适当位置，再根据需要调整其大小，调整后的效果如图11-7所示。

04 使用选择工具将导入的图形向右拖动到适当位置右击复制一个副本，再在属性栏中单击 按钮，将副本进行水平镜像，镜像后的效果如图11-8所示。

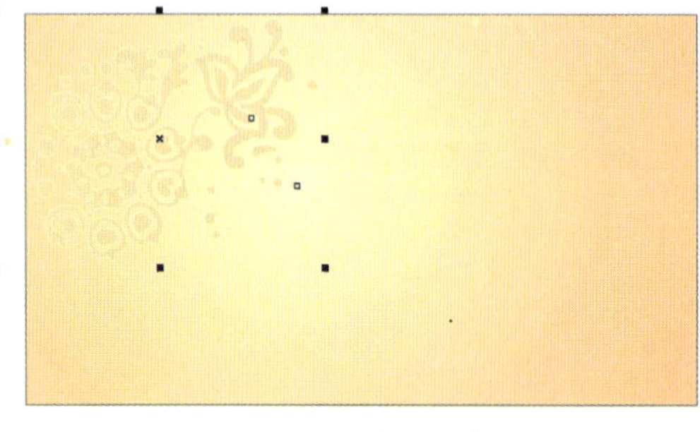

图11-7　导入图形并调整其大小

图11-8　复制并镜像对象

05 使用选择工具将副本向下方的中间位置拖动，到达所需的位置时右击复制一个副本，结果如图11-9所示。

06 按“Shift”键单击原对象与镜像后的副本，同时选择这三个对象，如图11-10所示，再按“Ctrl”+“G”键将它们群组。

图11-9 移动并复制对象

图11-10 选择对象

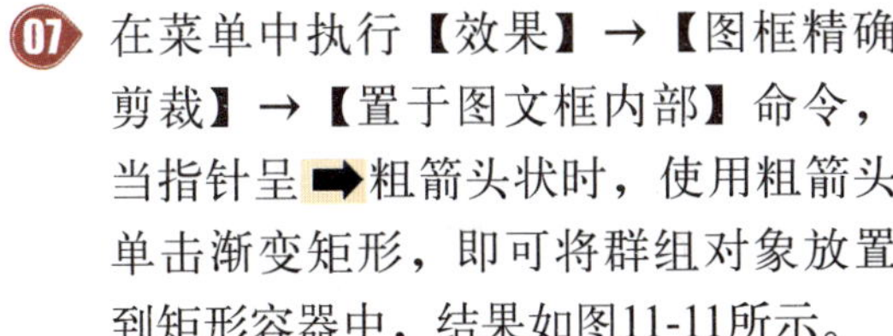

07 在菜单中执行【效果】→【图框精确剪裁】→【置于图文框内部】命令，当指针呈➡粗箭头状时，使用粗箭头单击渐变矩形，即可将群组对象放置到矩形容器中，结果如图11-11所示。

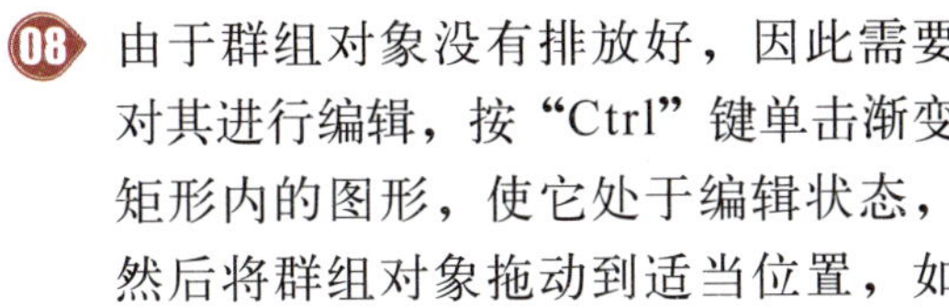

08 由于群组对象没有排放好，因此需要对其进行编辑，按“Ctrl”键单击渐变矩形内的图形，使它处于编辑状态，然后将群组对象拖动到适当位置，如图11-12所示，在绘图窗口的左下方单击按钮，完成编辑，得到如图11-13所示的效果。

图11-11 图框精确剪裁

图11-12 编辑图文框内容

图11-13 完成编辑后的效果

09 按“Ctrl”+“I”键再导入一张图片，并根据需要调整其大小，调整后的结果如图11-14所示。

10 在工具箱中选择矩形工具，接着在画面中围绕刚导入的图片绘制一个矩形，如图11-15所示。

11 使用选择工具在画面中选择刚导入的图片，在菜单中执行【效果】→【图

图11-14 导入图片并调整其大小

框精确剪裁】→【置于图文框内部】命令，当指针呈粗箭头状时单击刚绘制的矩形，使图片置于容器中，结果如图11-16所示。

图11-15 绘制矩形

图11-16 图框精确剪裁

12 按“Ctrl”键单击矩形内的图片，使它处于编辑状态，然后将图片拖动到适当位置，如图11-17所示，按“Ctrl”键在绘图窗口的空白处单击完成编辑，然后在默认的CMYK调色板中右击“无”，清除轮廓色，得到如图11-18所示的效果。

图11-17 编辑图文框内容

图11-18 完成编辑后的效果

13 按“Ctrl”+“I”键再导入一张图片，并根据需要调整其大小，调整后的结果如图11-19所示；然后使用前面同样的方法绘制一个矩形，将其置于矩形容器中并调整其位置，最后清除矩形的轮廓色，调整后的效果如图11-20所示。

图11-19 导入图片并调整其大小

图11-20 图框精确剪裁

14 使用矩形工具在画面的底部绘制一个长矩形，如图11-21所示，再按“F11”键弹出【渐变填充】对话框，在其中设定【角度】为“－50.4”，【边界】为“17%”，在【颜色调和】栏中选择【自定义】选项，再设定左、右两边的色标颜色为“C38、M99、Y76、K2”，中间色标颜色为“红”，如图11-22所示，设置完成后单击【确定】按钮，得到如图11-23所示的效果。

图11-21 绘制长矩形

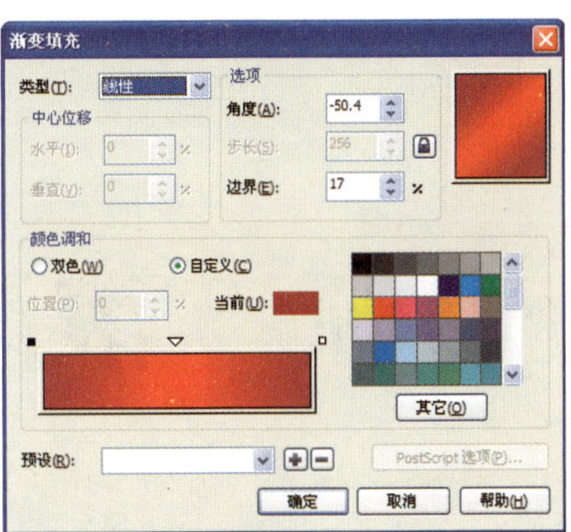

图11-22 【渐变填充】对话框

图11-23 渐变填充后的效果

15 在菜单中执行【排列】→【顺序】→【置于此对象后】命令，当指针呈粗箭头状时，在画面中单击右下角的花，如图11-24所示，使渐变矩形位于它的下层，再在默认的CMYK调色板中右击“无”，清除轮廓色，得到如图11-25所示的效果。

图11-24 单击右下角的花

图11-25 改变顺序后的效果

16 使用字文本工具在画面的上部单击并输入所需的文字，按“Ctrl”+“A”键全选文字，然后对文字进行字体与字体大小调整，调整后选择选择工具确认文字输入，结果如图11-26所示。

17 在画面中单击红色渐变矩形，从状态栏的填充图标上按下左键向文字拖移，当指针呈↖■状（如图11-27所示）时松开左键，即可将红色渐变矩形中的渐变应用到文字中，结果如图11-28所示。

18 按“Ctrl”+“I”键再导入一张图片，并根据需要调整其大小，调整后的结果如图11-29所示。

图11-26 输入文字

图11-27 应用已有渐变颜色

图11-28 应用渐变颜色后的效果

图11-29 导入图片

19 在工具箱中选择○椭圆形工具，按“Ctrl”键在画面的适当位置绘制一个圆形，再按“Shift”+“F11”键弹出【均匀填充】对话框，在设定【C】为“22”，【M】为“95”，【Y】为“6”，【K】为“0”，设置好后单击【确定】按钮，即可用设置的颜色对圆形进行颜色填充，然后在默认的CMYK调色板中的右击“无”，清除轮廓色，填充颜色后的效果如图11-30所示。

20 使用选择工具将圆形向右拖动到适当位置右击复制一个副本，画面效果如图11-31所示。

图11-30 用椭圆形工具圆形

图11-31 移动并复制对象

21 在工具箱中选择调和工具，在画面中从一个圆形向另一个圆形拖动，对两个圆形进行调和，调和后的效果如图11-32所示，然后在属性栏的 6 中输入“6”，将步长值改为6，得到如图11-33所示的效果。

图11-32 调和对象

图11-33 调和后的效果

22 使用文本工具在画面的适当位置分别输入所需的文字，输入文字后的效果如图11-34所示。

图11-34 输入文字

23 使用钢笔工具在画面中“满堂红”文字前绘制一条曲线，接着在默认的CMYK调色板中右击“红”，使轮廓色为红色，结果如图11-35所示，然后在属性栏的 1.5 mm（轮廓宽度）列表中选择“1.5 mm”，将轮廓线加粗，结果如图11-36所示。

图11-35 绘制曲线

图11-36 改变轮廓宽度后的效果

24 在按住“Ctrl”键的同时，使用选择工具将曲线向右拖动到适当位置右击复制一个副本，再在属性栏中单击按钮，将副本进行水平镜像翻转，翻转后的效果如图11-37所示。选择最大的矩形，然后在默认的调色板中右击“无”，清除轮廓色，使用文本工具在画面的底部输入相关的联系方式，输入后的画面效果如图11-38所示。至此作品就制作完成了。

图11-37 移动并复制对象

图11-38 绘制好的最终效果图

11.2 摄影礼券设计

实例说明

"摄影礼券设计"可以用来制作摄影礼券、现金礼券等。如图11-39所示为实例效果图，如图11-40所示为摄影礼券设计效果欣赏。

图11-39 "摄影礼券设计"最终效果图

图11-40 精彩效果欣赏

设计思路

先使用矩形工具摄影礼券的大小，再使用导入相片到矩形的适当位置，然后使用文本工具、透明度工具、钢笔工具、群组、矩形工具、图框精确剪裁等功能来修饰画面，以达到宣传的目的。如图11-41所示为制作流程图。

图11-41 “摄影礼券设计”绘制流程图

操作步骤

01 按“Ctrl”+“N”键新建一个图形文件，在属性栏中单击□按钮，将页面设为横向，再按“Ctrl”+“I”键导入一张图片，并将其摆放到绘图页中，如图11-42所示。

02 按“Ctrl”+“I”键导入一张图片，并将其摆放到前面导入图片的左边，拖动右上角的控制柄调整其大小，调整后的效果如图11-43所示。

图11-42 导入的图片

图11-43 导入图片

03 在工具箱中选择透明度工具，在属性栏的【透明度类型】列表中选择“辐射”，再单击按钮，弹出【渐变透明度】对话框，在其中将【从】的颜色改为“黑色”，将【到】的颜色改为“白色”，其他参数设置如图11-44所示，单击【确定】按钮，得到如图11-45所示的效果。

04 按“Ctrl”+“I”键导入一张图片，将其摆放到画面的右边，根据需要调整其大小，调整后的效果如图11-46所示；使用前面同

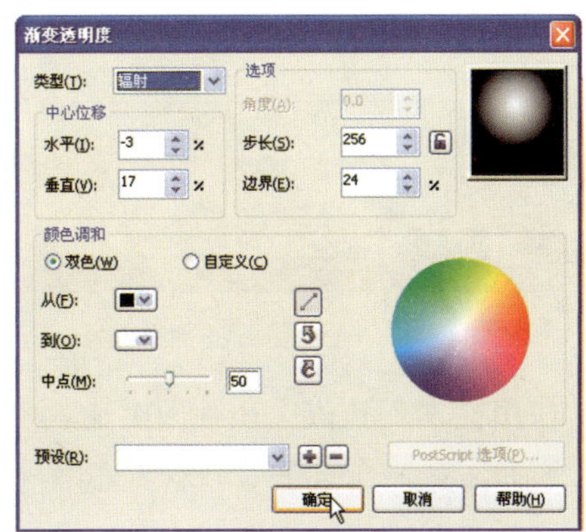

图11-44 【渐变透明度】对话框

样的方法对该图片进行透明调整，透明调整后的效果如图11-47所示。

05 按“Ctrl”+“I”键导入一个图形，将其摆放到画面的底部，然后根据需要调整其大小，调整后的效果如图11-48所示。

图11-45 调整透明度后的效果

图11-46 导入图片

图11-47 调整透明度后的效果

图11-48 导入图片并调整大小

06 按“Ctrl”+“I”键导入一张有文字的图片，将其摆放到画面的上部中间，然后根据需要调整其大小，调整后的效果如图11-49所示。

07 在工具箱中选择钢笔工具，在画面中绘制一条垂直的直线，再在默认的CMYK调色板中右击“白”，使轮廓色为白色，并设定轮廓宽度为“0.5 mm”，得到如图11-50所示的效果。

图11-49 导入图片并调整大小

图11-50 绘制直线

08 使用文本工具依次在画面中输入所需的广告语及其名称，其字体、字体大小与颜色视需而定，输入文字后的效果如图11-51所示。

09 在工具箱中选择形状工具，在画面中单击要调整字间距的文字，然后拖动图标向右至适当位置，以加宽字间距，调整后的效果如图11-52所示。

图11-51 输入文字

图11-52 用形状工具调整字间距

10 使用选择工具在画面中单击“320”数字，在默认调色板中右击“淡黄”，接着在工具箱中选择轮廓工具下的2.5 mm轮廓，得到如图11-53所示的效果。

11 使用选择工具在画面中单击“十月一日黄金周”文字，在默认调色板中右击“白”，接着在工具箱中选择轮廓图工具，并在属性栏中设置参数为，得到如图11-54所示的效果。

图11-53 添加轮廓后的效果

图11-54 添加轮廓图后的效果

12 按“Ctrl”+“I”键导入一张有艺术文字的图片，将其摆放到画面中下部位，再根据需要调整其大小，调整后的效果如图11-55所示。

13 使用矩形工具在画面的顶部绘制一个矩形并与两边对齐，再在默认的CMYK调色板中单击“白”，右击“无”，得到如图11-56所示的效果。

图11-55 导入图片

图11-56 绘制矩形

14 在工具箱中选择透明度工具，在画面中从上向下拖动，将白色矩形进行透明调整，调整后的效果如图11-57所示。

图11-57 用透明度工具调整透明度后的效果

15 在工具箱中选择选择工具，按“Ctrl”+“A”键全选，按“Ctrl”+“G”键将它们群组。使用矩形工具在画面中绘制一个矩形，框住需要的部分，如图11-58所示。

16 在画面中单击群组对象，在菜单中执行【效果】→【图框精确剪裁】→【置于图文框内部】命令，当指针呈➡粗箭头状时，使用粗箭头单击矩形框，即可将群组对象置于矩形容器中，然后在调色板中右击“无”清除轮廓色，得到如图11-59所示的效果。至此作品就绘制完成了。

图11-58 绘制矩形

图11-59 绘制好的最终效果图

11.3 贺卡设计

实例说明

本例“贺卡设计”可以用来制作生日贺卡、母亲节贺卡、新年贺卡、立体贺卡、卡片等。如图11-60所示为实例效果图，如图11-61所示为贺卡设计效果欣赏。

图11-60 “贺卡设计”最终效果图

图11-61　精彩效果欣赏

设计思路

先使用矩形工具贺卡的大小，然后使用矩形工具、调和工具、再制、群组、椭圆形工具、移除前面对象、钢笔工具、导入、镜像等功能绘制贺卡的背景，再使用打开、群组、椭圆形工具、透明度工具、基本形状工具、渐变填充、钢笔工具等功能添加主题内容与辅助图形，最后使用文本工具输入相关的文字，并给文字添加阴影或描边效果以丰富画面。如图11-62所示为制作流程图。

图11-62　“贺卡设计”绘制流程图

操作步骤

01 按“Ctrl”+“N”键新建一个图形文件，在属性栏中单击□按钮，将页面设为横向，再在工具箱中选择□矩形工具，在绘图页的适当位置绘制一个矩形，然后在属性栏中设置大小280 mm×200 mm，得到指定大小的矩形，结果如图11-63所示。

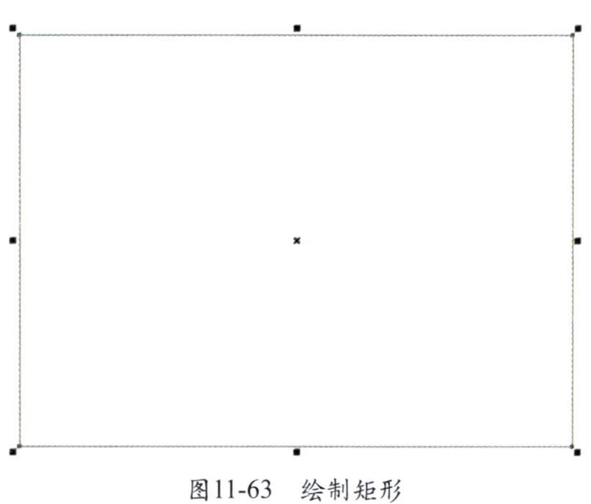
图11-63 绘制矩形

02 按“F11”键弹出【渐变填充】对话框，在【颜色调和】栏中选择“自定义”选项，设定左边色标的颜色为“酒绿”，右边色标的颜色为“青”，在中间位置双击添加一个色标，并设定该色标的颜色为白色，【角度】为“90°”，如图11-64所示，其他不变，单击【确定】按钮，得到如图11-65所示的效果。

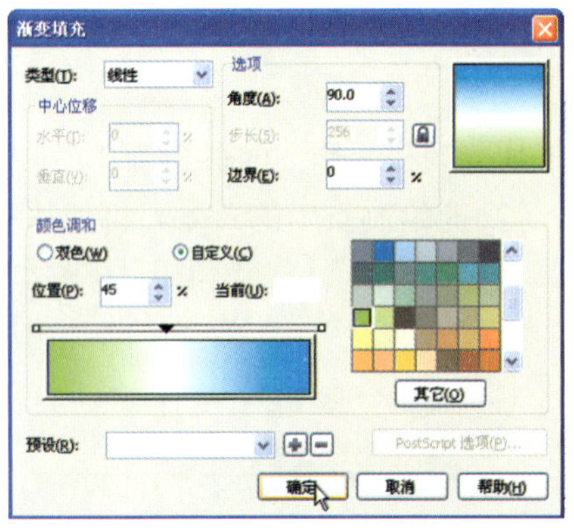

图11-64 【渐变填充】对话框

图11-65 渐变填充后的效果

03 使用矩形工具在渐变矩形的左边下方位置绘制一个白色的矩形，并清除轮廓色，然后按“Ctrl”键将其向右拖至适当位置右击复制一个副本，结果如图11-66所示。

04 在工具箱中选择调和工具，接着在画面中两个白色矩形上拖动，将它们进行调和，调和后的效果如图11-67所示。

图11-66 绘制矩形并复制一个副本

图11-67 调和对象

05 在工具箱中选择选择工具，并按“Ctrl”键将选择的对象向下拖至适当位置右击复制一个副本，结果如图11-68所示。

06 使用矩形工具在两个调和对象的中间绘制一个小长矩形，将其填充为白色与清除轮廓色，再按“Ctrl”键将其向下拖动一点点右击复制一个副本，然后按“Ctrl”+“D”键复制多个副本，结果如图11-69所示。

图11-68 移动并复制对象

图11-69 绘制与再制矩形

07 使用选择工具框选刚绘制与复制的小长矩形，按“Ctrl”+“G”键将它们群组，然后按“Ctrl”键将其向右拖至适当位置右击复制一个副本，结果如图11-70所示。

图11-70 移动并复制对象

08 在工具箱中选择调和工具，接着在画面中两个群组对象上拖动，将它们进行调和，调和后的效果如图11-71所示。

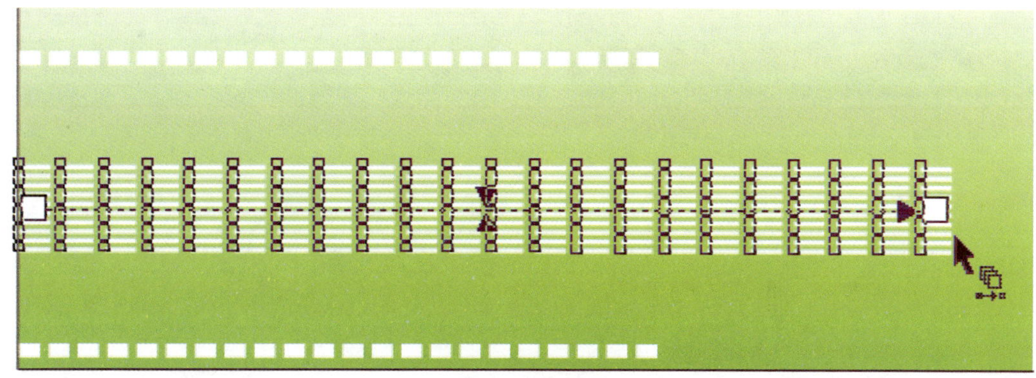

图11-71 调和对象

09 使用椭圆形工具在画面的适当位置绘制一个椭圆，如图11-72所示。

10 按“+”键复制一个副本，再按“Shift”键拖动右上角的控制柄向左下方至适当位置，以缩小副本，缩小后的结果如图11-73所示。

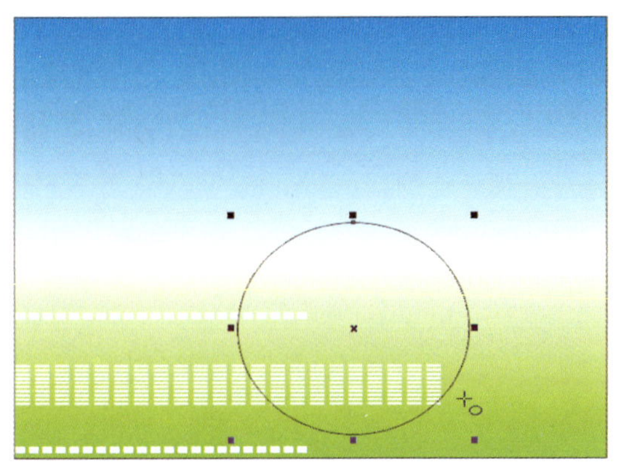
图11-72　绘制椭圆

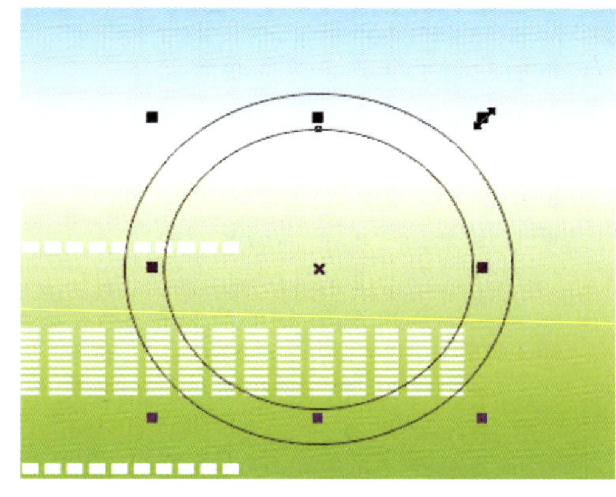
图11-73　复制并缩小对象

11 在工具箱中选择选择工具，在画面中单击椭圆原对象，再在属性栏中单击 （移除前面对象）按钮，使用副本椭圆修剪原对象，然后在默认的CMYK调色板中单击“白”，右击“无”，使修剪所得的对象填充为白色，结果如图11-74所示。

12 按“+”键复制一个副本，再按“Shift”键拖动右上角的控制柄向内至适当位置，以等比缩小副本，缩小后的效果如图11-75所示；然后使用同样的方法复制一个副本并等比缩小，复制并调整后的效果如图11-76所示。

13 在工具箱中选择钢笔工具，接着在渐变矩形的中下部绘制一个飘带形的图形，并在默认的CMYK调色板中单击“紫”，右击“无”，得到如图11-77所示的效果。

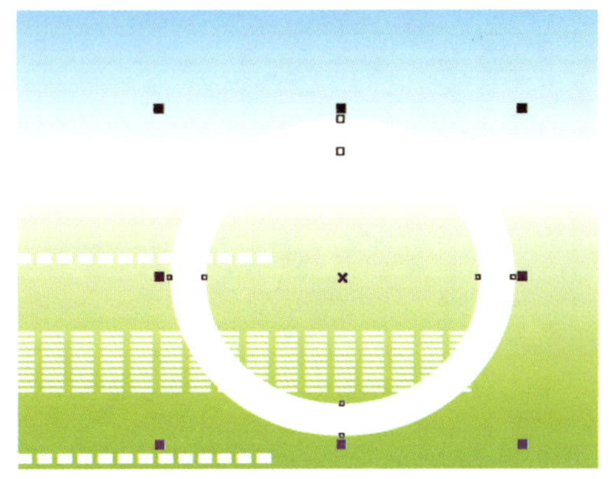
图11-74　修剪后填充白色后的效果

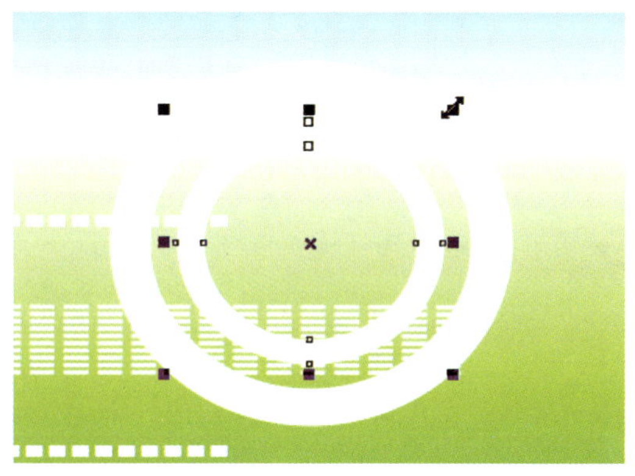
图11-75　复制并缩小对象

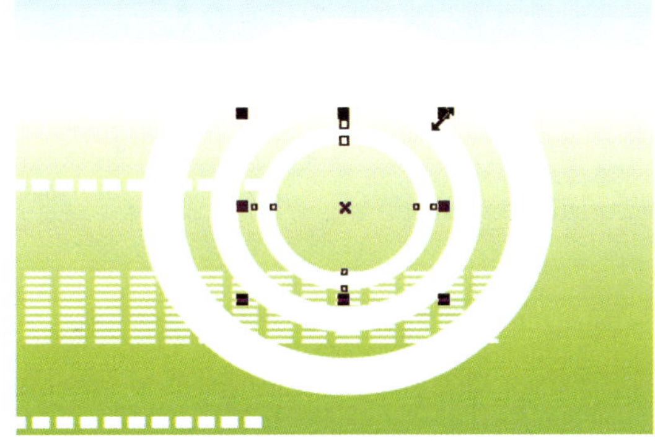
图11-76　复制并缩小对象

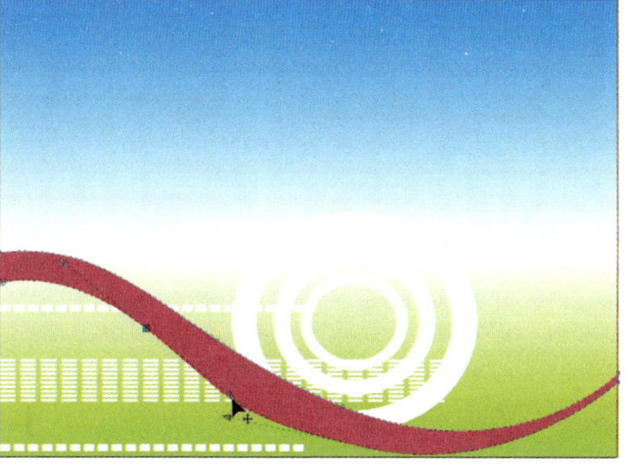
图11-77　用钢笔工具绘制图形

14 使用步骤13同样的方法在画面中绘制出多条飘带形的图形，并分别在默认的CMYK调色板中单击所需的颜色，都右击“无”，清除轮廓色，绘制完成后的效果如图11-78、图11-79所示。

图11-78　用钢笔工具绘制图形

图11-79　用钢笔工具绘制图形

15 按“Ctrl”+“I”键导入一个图案文件，将其摆放到所需的位置，然后根据需要调整其大小，调整后的效果如图11-80所示；再在默认的CMYK调色板中右击“白”，使它的轮廓色为白色，结果如图11-81所示。

图11-80　导入图案

图11-81　改变图案颜色

16 在键盘上按“+”键复制一个副本，在属性栏中单击按钮，将刚导入的图案进行水平镜像翻转，然后将其向右拖动到适当位置，结果如图11-82所示。

图11-82　复制并镜像对象

17 按“Ctrl”+“O”键打开前面绘制好的“卡通少女.cdr”文件，如图11-83所示，再使用选择工具将卡通少女框选并按“Ctrl”+“C”键进行复制，然后在【窗口】菜单中选择制作贺卡的文件，按“Ctrl”+“V”键进行粘贴，将复制到剪贴板中的内容粘贴到贺卡文件中，按“Ctrl”+“G”键群组，并将其摆放到所需的位置，然后根据需要调整其大小，调整后的效果如图11-84所示。

图11-83　打开的图形

图11-84　复制并调整后的效果

18 使用椭圆形工具在画面的右下角适当位置绘制一个白色椭圆，如图11-85所示。

19 在工具箱中选择透明度工具，并在属性栏的【透明度类型】下拉列表中选择“辐射”，得到如图11-86所示的效果，用来表示泡泡。

图11-85　绘制椭圆

图11-86　用透明度工具调整透明度后的效果

20 按“+”键复制一个副本，将其向左上方拖动到适当位置，拖动右上角的控制柄向左下方至适当位置，以缩小副本；然后使用同样的方法，分别复制并调整出如图11-87所示的泡泡。

21 在工具箱中选择基本形状工具，并在属性栏的【完美形状】调板中选择形状，如图11-88所示，然后在画面的中间位置绘制出该形状，如图11-89所示。

图11-87　移动并复制对象

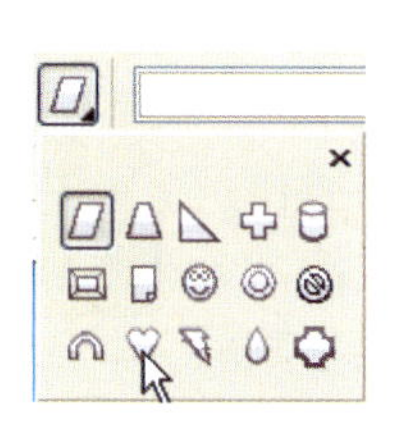

图11-88　【完美形状】调板

图11-89　绘制形状

22 按"F11"键弹出【渐变填充】对话框，在其中设定【从】为"洋红"，【到】为"白色"，【角度】为"－52.4"，其他不变，如图11-90所示，单击【确定】按钮，再在默认的CMYK调色板中右击"无"，清除轮廓色，得到如图11-91所示的效果。

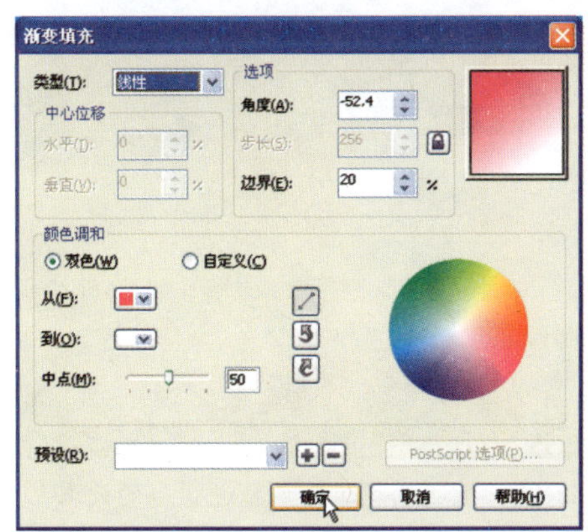

图11-90 【渐变填充】对话框

图11-91 渐变填充后的效果

23 使用钢笔工具在心形图形上绘制一个月牙形的图形，用来表示高光区域，如图11-92所示。

24 按"F11"键弹出【渐变填充】对话框，在其中设定【从】为"洋红"，【到】为"白色"，【角度】为"176"，【边界】为"17%"，其他不变，如图11-93所示，单击【确定】按钮，在默认的CMYK调色板中右击"无"，清除轮廓色，得到如图11-94所示的效果。

图11-92 绘制图形

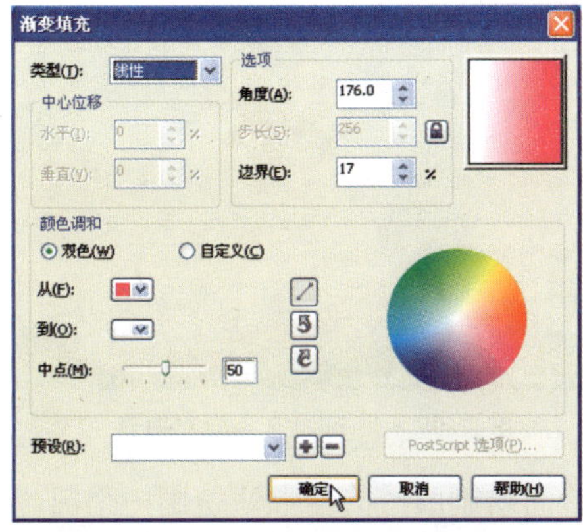

图11-93 【渐变填充】对话框

图11-94 渐变填充后的效果

25 使用选择工具框选心形图形，按"Ctrl"＋"G"键将其群组，将其向左上方拖至适当位置右击复制一个副本，然后拖动右上角的控制柄向内至适当位置，以缩小副本，结果如图11-95所示。

26 在工具箱中选择透明度工具，并在属性栏的标准（透明度类型）下拉列表中选择“标准”，得到如图11-96所示的效果。

图11-95　移动并复制对象

图11-96　用透明度工具调整透明后的效果

27 使用钢笔工具在画面中大心形图形上绘制一个蝴蝶，如图11-97所示，其中颜色分别为红色与橘红色，然后将它们的轮廓色清除。

28 使用钢笔工具在画面中绘制一条曲线，如图11-98所示，然后绘制一条曲线至另一个心形上，如图11-99所示。

图11-97　用钢笔工具绘制蝴蝶

图11-98　用钢笔工具绘制曲线

图11-99　用钢笔工具绘制曲线

29 在工具箱中选择椭圆形工具，按“Ctrl”键在后面绘制曲线的端点处绘制一个圆，接着按“F11”键弹出【渐变填充】对话框，在其中设定【类型】为“辐射”，【从】为“冰蓝”，其他不变，如图11-100所示，单击【确定】按钮，在默认的CMYK调色板中右击“无”，清除轮廓色，得到如图11-101所示的效果。

30 在画面中拖动冰蓝色渐变圆向左上方到适当位置右击复制一个副本，再按“F11”键弹出【渐变填充】对话框，在其中将【从】的颜色改为“淡黄”，其他不变，如图11-102所示，单击【确定】按钮，得到如图11-103所示的效果。

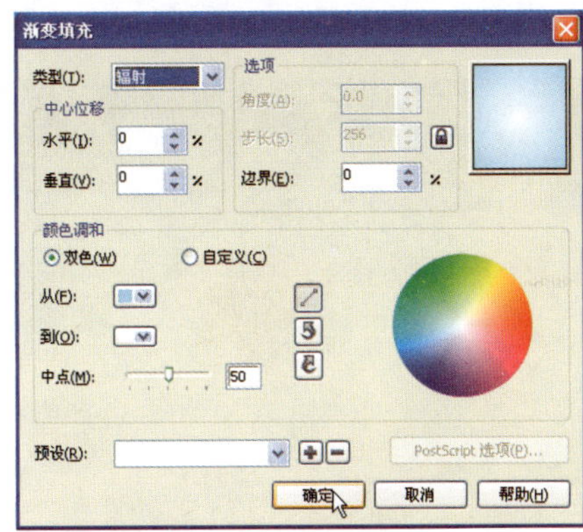

图11-100 【渐变填充】对话框

图11-101 渐变填充后的效果

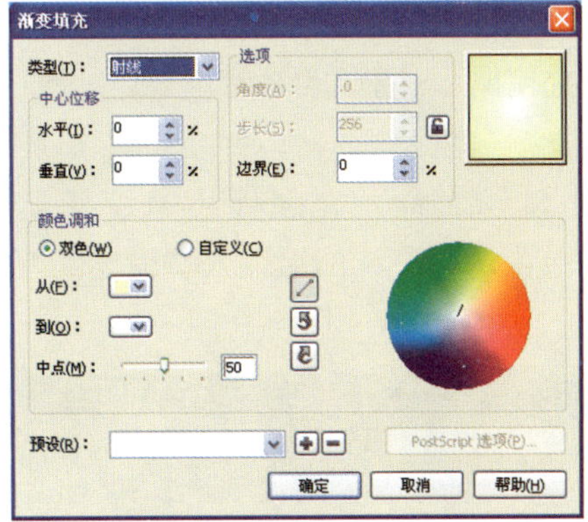

图11-102 【渐变填充】对话框

图11-103 复制并改变颜色后的效果

31 在画面中分别拖动冰蓝色渐变圆与淡黄色渐变圆至另一条曲线的两个端点上右击，分别复制一个副本，复制后的结果如图11-104所示。

32 在工具箱中选择调和工具，在画面中冰蓝色渐变圆与淡黄色渐变圆上拖动，将它们进行调和，调和后的效果如图11-105所示。

图11-104 移动并复制对象

图11-105 调和后的效果

33 在属性栏中单击按钮，弹出下拉菜单，在其中选择【新路径】命令，当指针呈状时，移动指针单击曲线，再在属性栏中单击按钮，在弹出的菜单中选择【沿全路径调和】命令，使调和对象适合曲线路径，结果如图11-106所示。

34 在属性栏的 35 中输入“35”，将步长值改为35，得到如图11-107所示的效果。

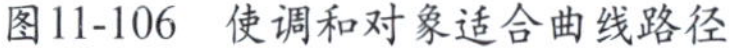

图11-106 使调和对象适合曲线路径

图11-107 改变步长值后的效果

35 使用前面同样的方法对另两个渐变圆进行调和，并使调和对象适合曲线路径，如图11-108所示。

36 在工具箱中选择字文本工具，在画面中单击显示光标，在属性栏中设置参数为 文鼎雕刻体 72 pt，在默认的CMYK调色板中单击“蓝”，然后输入“爱你一万年”文字，得到如图11-109所示的效果。

图11-108 调和对象并适合曲线路径

图11-109 输入文字

37 在工具箱中选择阴影工具，在属性栏的【预设列表】中选择“小型辉光”，再单击按钮，弹出下拉调板，在其中选择【中间】按钮，如图11-110所示，然后在【透明度操作】下拉列表中选择“Add”，在阴影颜色下拉调色盒中选择“白色”，得到如图11-111所示的效果。

38 使用上面同样的方法依次在画面中输入所需的文字，并根据需要设置所需的字体、字体大小及其颜色，输入文字后的效果如图11-112所示。

图11-110 预设列表

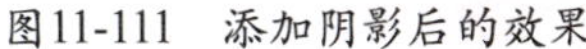
图11-111 添加阴影后的效果

图11-112 输入文字

39 按“Shift”键在画面中单击“I Love You！”文字，以同时选择它们，再按“F12”键弹出【轮廓笔】对话框，在其中设定【颜色】为“白色”，【宽度】为“1.0毫米”，其他不变，如图11-113所示，单击【确定】按钮，得到如图11-114所示的效果。

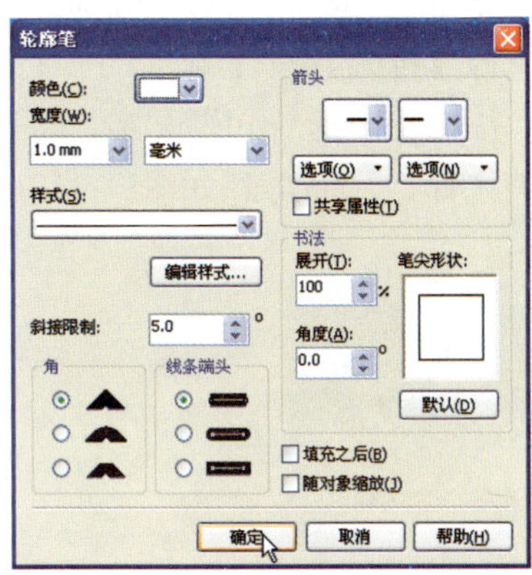

图11-113 【轮廓笔】对话框

图11-114 添加轮廓后的效果

40 在空白处单击取消选择，单击选择“情人节快乐”文字，然后在工具箱中选择轮廓图工具，在属性栏中设置参数为，得到如图11-115所示效果。

41 使用矩形工具在画面中依次绘制一个白色矩形与一个橘红色矩形，如图11-116所示。

图11-115 添加轮廓图后的效果

图11-116 绘制矩形

42 在工具箱中选择星形工具，按“Ctrl”键在橘红色矩形上绘制一个白色的五角星，然后按“Ctrl”键将其拖到矩形的另一端右击复制一个副本，结果如图11-117所示。

43 在工具箱中选择调和工具，在画面中两个五角星上拖动，将它们进行调和，再在属性栏的中输入“15”，将步长值改为15，得到如图11-118所示的效果。

图11-117 绘制星形

图11-118 调和对象

44 在工具箱中选择选择工具，按“Shift”键单击白色矩形与橘红色矩形，以同时选择调和对象、白色矩形与橘红色矩形，然后在菜单中执行【排列】→【顺序】→【置于此对象后】命令，当指针呈粗箭头状时，移动指针单击“I Love You!”文字，将选择的对象置于文字下层，再在画面的空白处单击，取消选择，从而得到如图11-119所示的效果。至此贺卡就制作完成了。

图11-119 绘制好的最终效果图

11.4 播放器界面设计

 **实例说明**

“播放器界面设计”可以用来制作播放器界面、游戏界面、弹出式面板界面等。如图11-120所示为实例效果图，如图11-121所示为播放器界面设计效果欣赏。

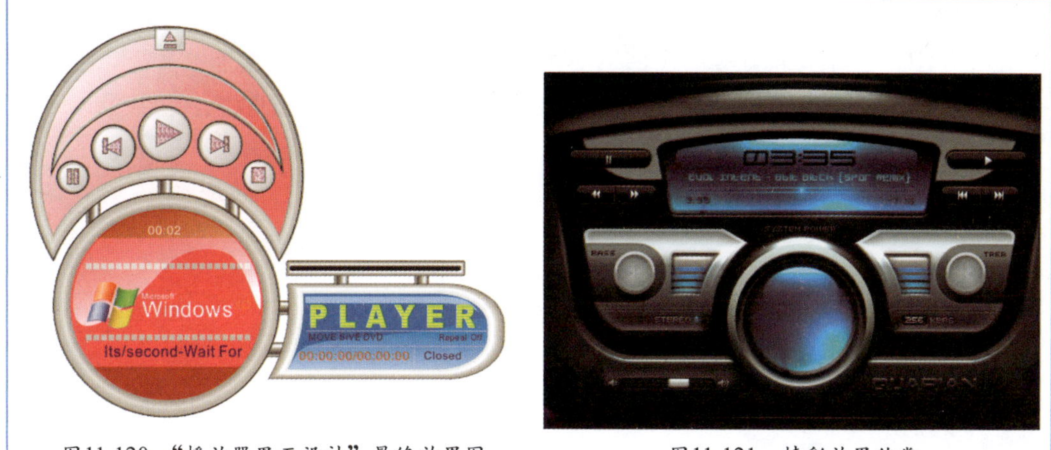

图11-120 “播放器界面设计”最终效果图　　图11-121 精彩效果欣赏

设计思路

先使用椭圆形工具、移除前面对象、矩形工具等功能绘制出播放器界面的结构图，再使用轮廓工具、填充、调和工具、渐变填充、顺序、复制、转换为曲线、形状工具等功能为图形进行颜色填充，以体现出立体效果；然后使用调和工具、导入、文本工具等功能添加文字与相应的内容。如图11-122所示为制作流程图。

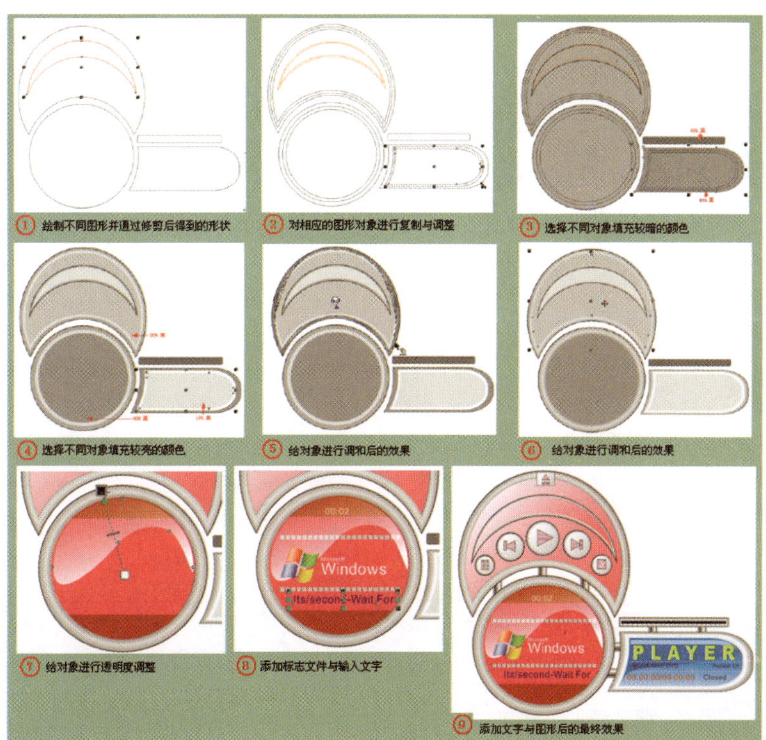

图11-122 “播放器界面设计”绘制流程图

操作步骤

01 按“Ctrl”+“N”键新建一个图形文件，在工具箱中选择椭圆形工具，并在绘图页的适当位置绘制一个椭圆，然后在属性栏的86.0 mm 90.0 mm中输入所需的数值，将其设为所需大小的椭圆，如图11-123所示。

02 使用椭圆形工具在绘制的椭圆的下方绘制一个椭圆，如图11-124所示。

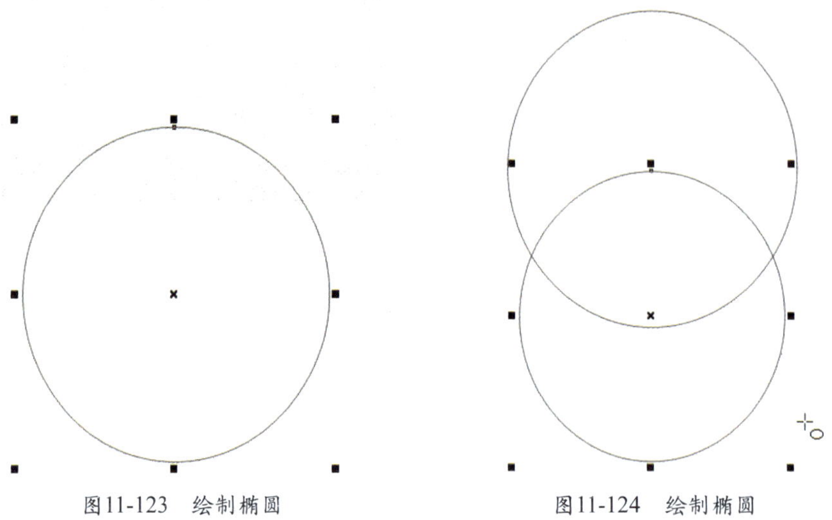

图11-123 绘制椭圆　　图11-124 绘制椭圆

03 在工具箱中选择选择工具，按“Shift”键单击前面绘制的椭圆，以同时选择两个椭圆，如图11-125所示，然后在属性栏中单击（移除前面对象）按钮，使用后面绘制的椭圆修剪前面绘制的椭圆，修剪后的结果如图11-126所示。

04 使用椭圆形工具在修剪后的对象下方绘制一个椭圆，如图11-127所示。

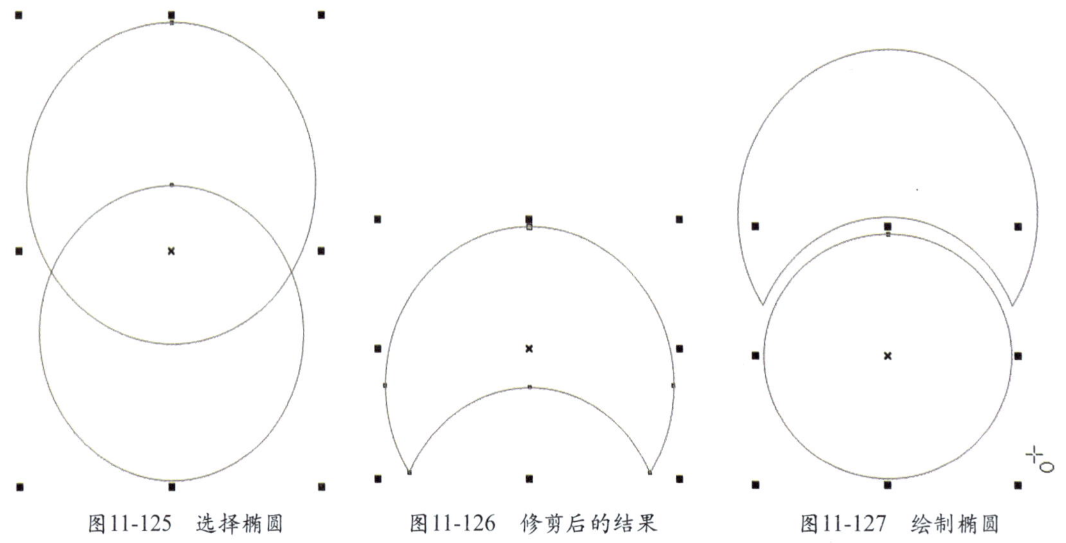

图11-125 选择椭圆　　图11-126 修剪后的结果　　图11-127 绘制椭圆

05 使用矩形工具在刚绘制椭圆的右边绘制一个矩形，在属性栏的中输入“85”，将矩形改为圆角矩形，画面效果如图11-128所示。接着使用椭圆形工具再绘制一个椭圆，画面效果如图11-129所示。

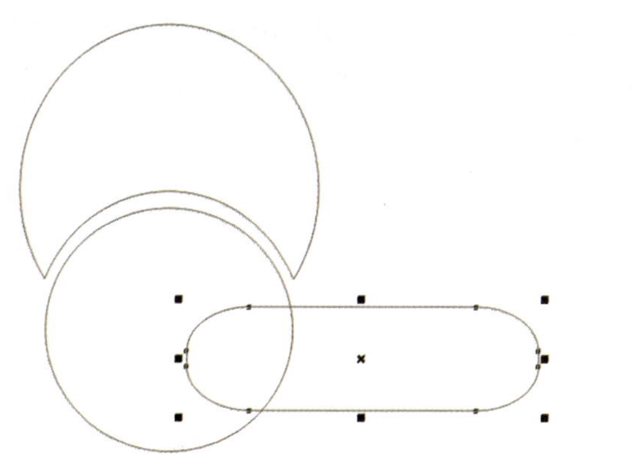

图11-128　绘制圆角矩形

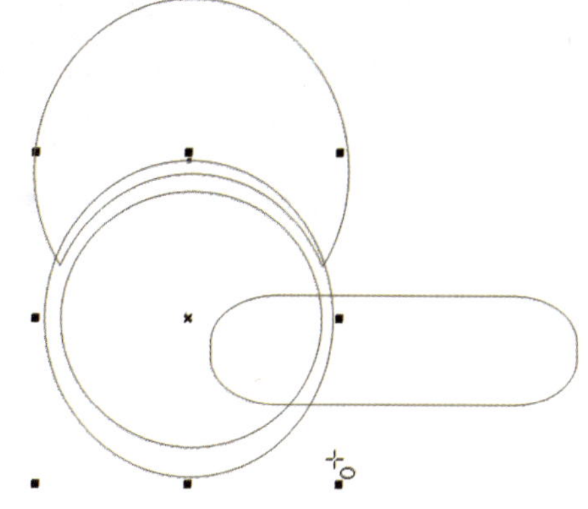

图11-129　绘制椭圆

06 按“Shift”键单击圆角矩形，以同时选择椭圆与圆角矩形，然后选择选择工具，在属性栏中单击按钮，对圆角矩形进行修剪，修剪后的效果如图11-130所示。

07 使用矩形工具在画面中修剪后的圆角矩形上方绘制一个矩形，并在属性栏的中输入“20”，同样将其改为圆角矩形，画面效果如图11-131所示。

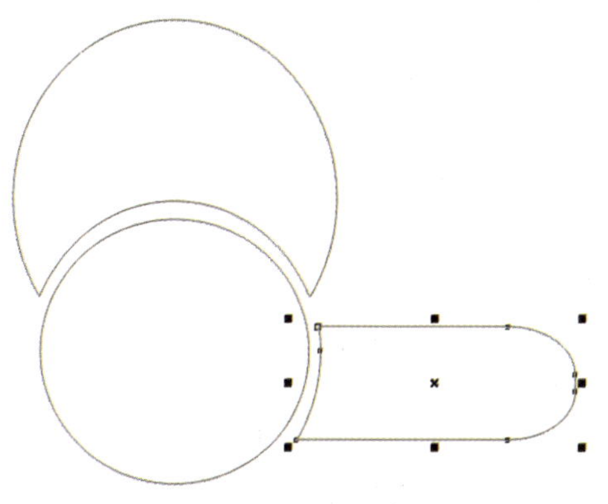

图11-130　修剪后的效果

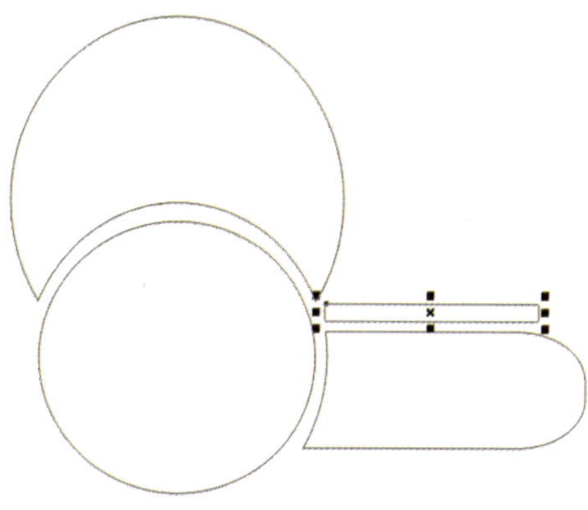

图11-131　绘制圆角矩形

08 为了与前面绘制的图形区分开，可以将轮廓色改为红色，然后在画面中绘制两个椭圆，如图11-132所示。

09 使用前面同样的方法对它们进行修剪，修剪后的效果如图11-133所示。

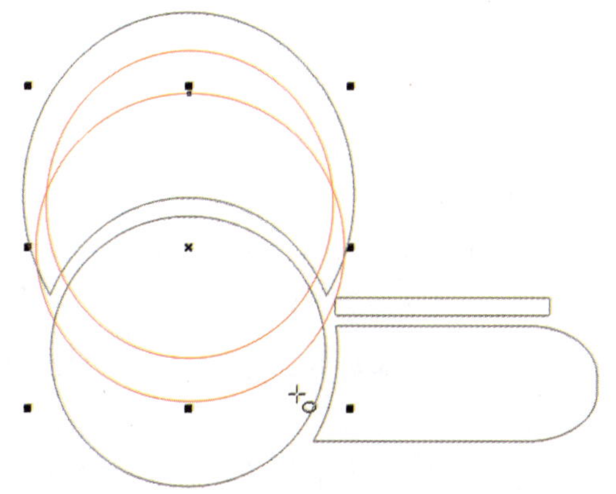

图11-132　绘制椭圆

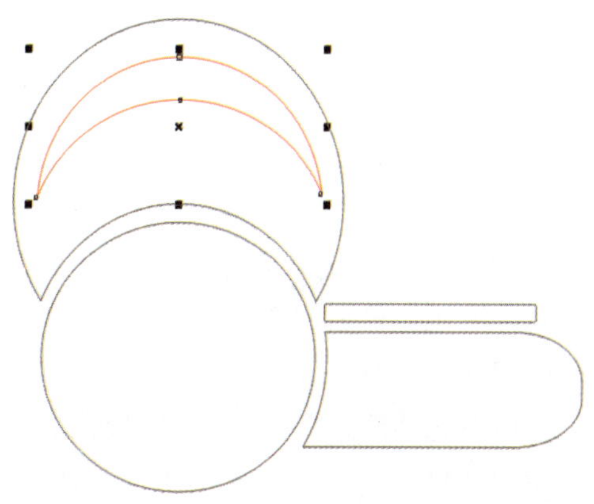

图11-133　修剪后的效果

10 选择最大的图形，按“+”键复制一个副本，拖动右上角的控制柄向内至适当位置，将副本缩小，缩小后的效果如图11-134所示；然后使用形状工具对下方的三个节点进行拖动与调整，调整后的效果如图11-135所示。

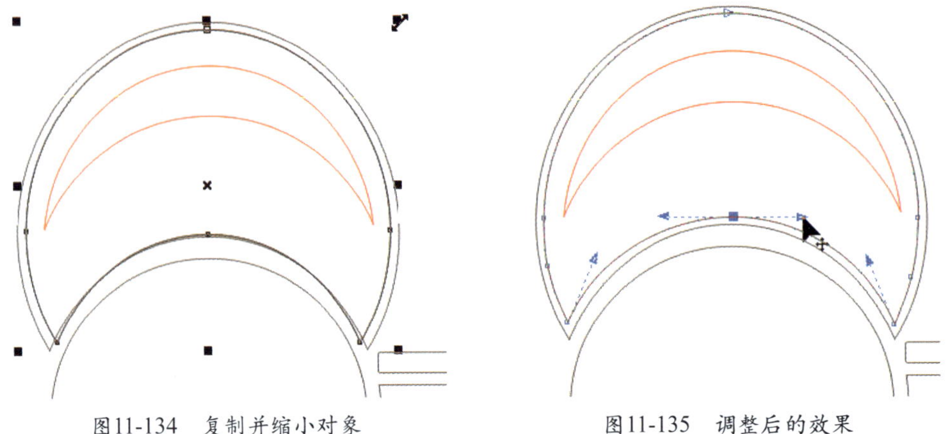

图11-134　复制并缩小对象　　　图11-135　调整后的效果

11 使用上步同样的方法对相应的对象进行复制与调整，复制与调整后的结果如图11-136所示。

12 在画面的空白处单击取消选择，按“Shift”键在画面中选择椭圆与月牙形的原始对象，并将其轮廓色改为黑色，然后在工具箱中选择轮廓工具下的0.75 mm，将其加粗，加粗后的效果如图11-137所示。

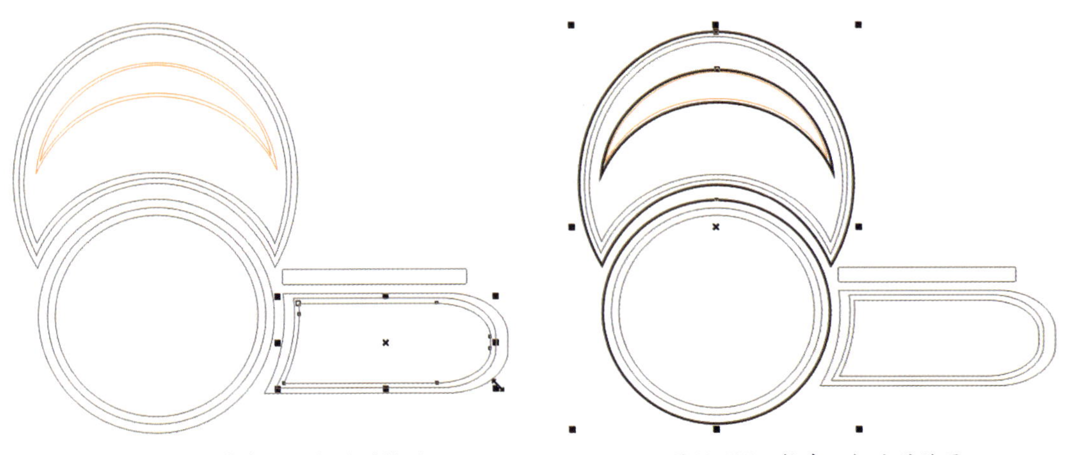

图11-136　复制与调整后的结果　　　图11-137　轮廓加粗后的效果

13 在工具箱中选择选择工具，按“+”键复制一组副本，在默认的CMYK调色板中单击“30%黑”，右击“无”，得到如图11-138所示的效果。

14 在画面中分别选择圆角矩形与修剪后的圆角矩形对象，然后依次给它们进行颜色填充，填充颜色后的效果如图11-139所示。

15 使用选择工具分别在画面中选择刚填充颜色上的一个副本对象，然后依次给它们进行颜色填充并清除轮廓色，得到如图11-140所示的效果。

16 使用选择工具分别在画面中选择刚填充颜色对象上的一个副本对象，然后依次给它们进行颜色填充，并清除轮廓色，得到如图11-141所示的效果。

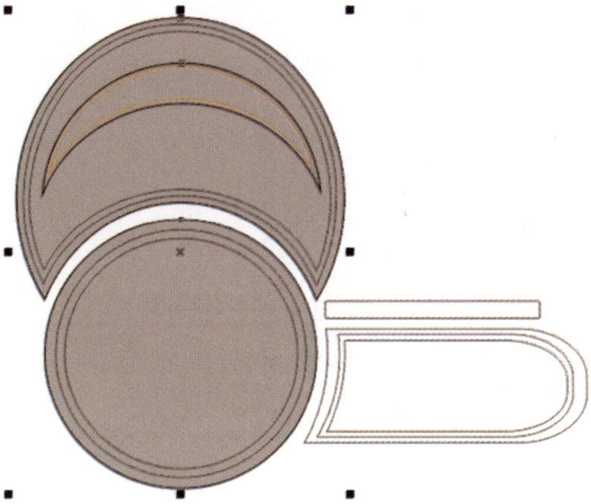

图11-138　填充颜色后的效果

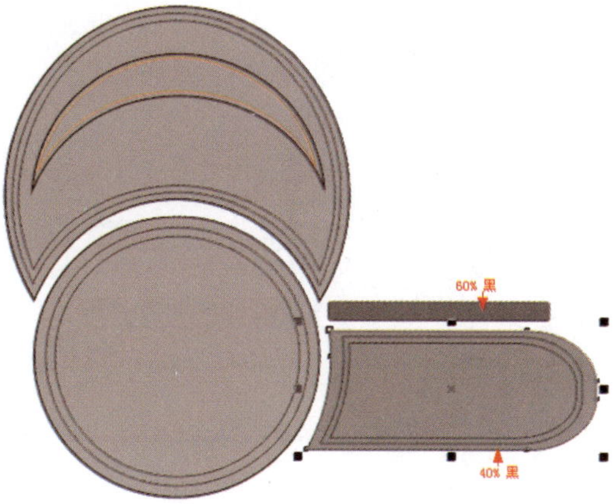

图11-139　填充颜色后的效果

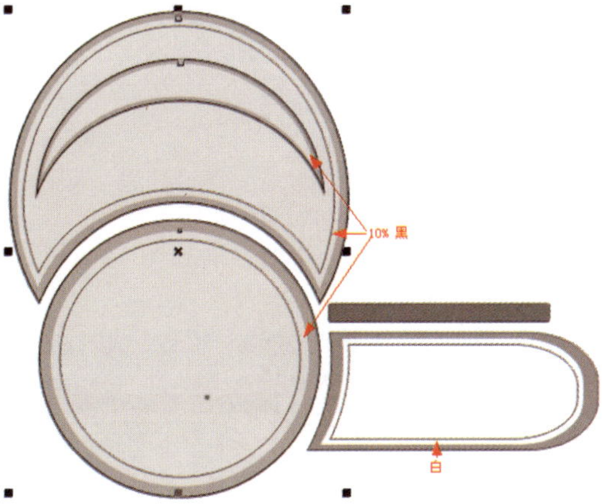

图11-140　填充颜色后的效果

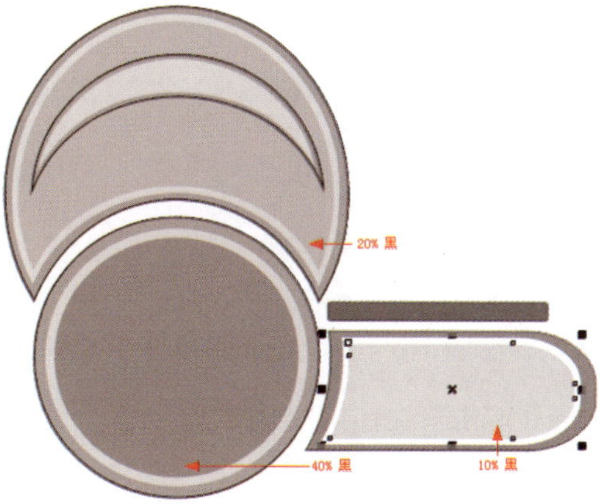

图11-141　填充颜色后的效果

17 在工具箱中选择调和工具，接着移动指针到要调和的两个对象上进行拖动，如图11-142所示，将它们进行调和，调和后的效果如图11-143所示。

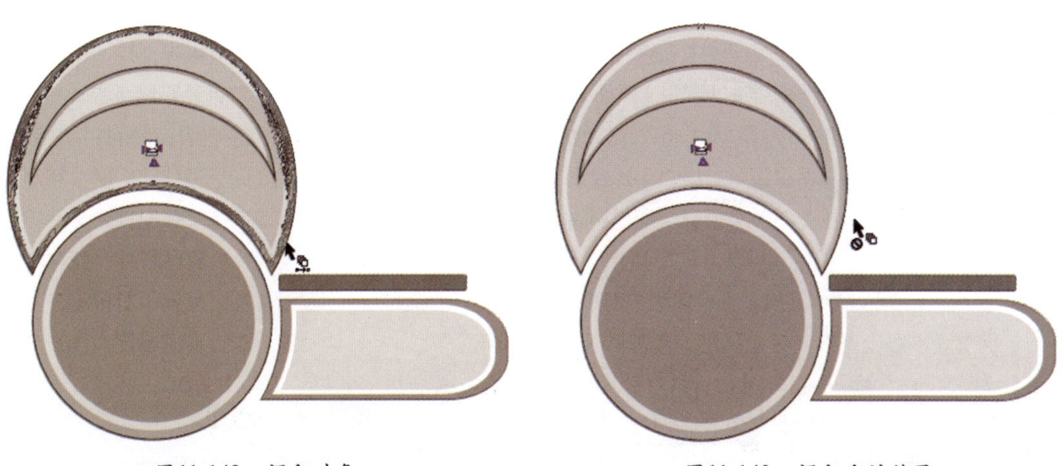

图11-142　调和对象

图11-143　调和后的效果

18 移动指针到要调和的两个对象上进行拖动，如图11-144所示，将它们进行调和，调和后的效果如图11-145所示。

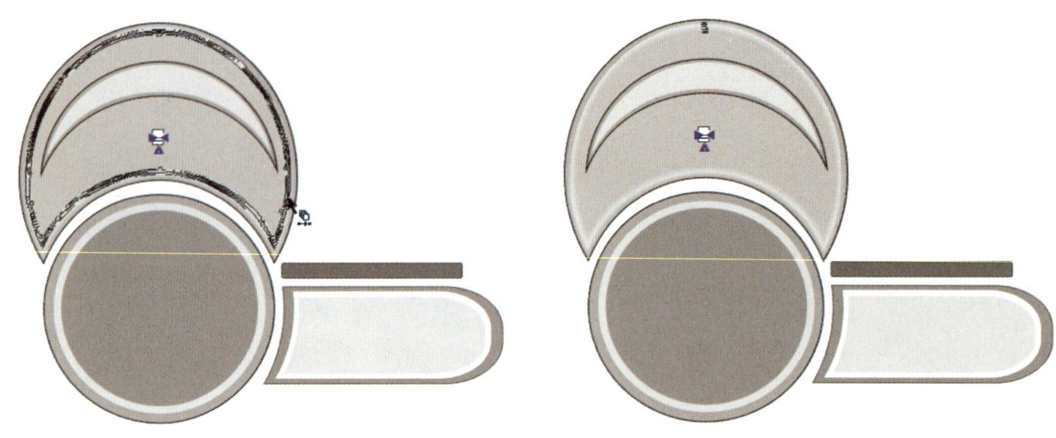

图11-144　调和对象　　　　图11-145　调和后的效果

19 使用同样的方法对其他的对象进行调和，调和后的效果如图11-146所示。

20 在画面中选择月亮形的对象，按“+”键复制一个副本，如图11-147所示。

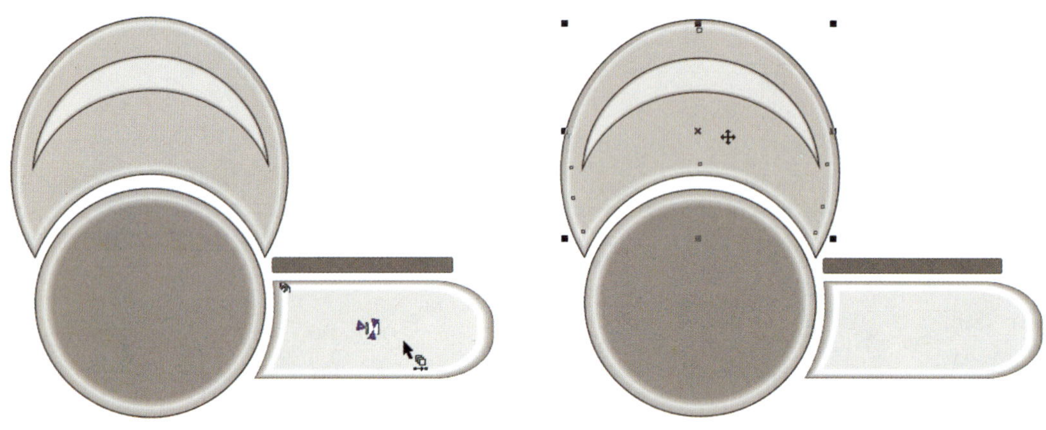

图11-146　调和后的效果　　　　图11-147　复制对象

21 按“F11”键弹出【渐变填充】对话框，在【颜色调和】栏中选择【自定义】单选框，设定左边色标的颜色为“C3、M76、Y5、K0”，右边色标的颜色为白色，【角度】为“135”，【边界】为“13%”，其他不变，如图11-148所示，单击【确定】按钮，再在默认的CMYK调色板中右击“50%黑”，使其轮廓色为灰色，画面效果如图11-149所示。

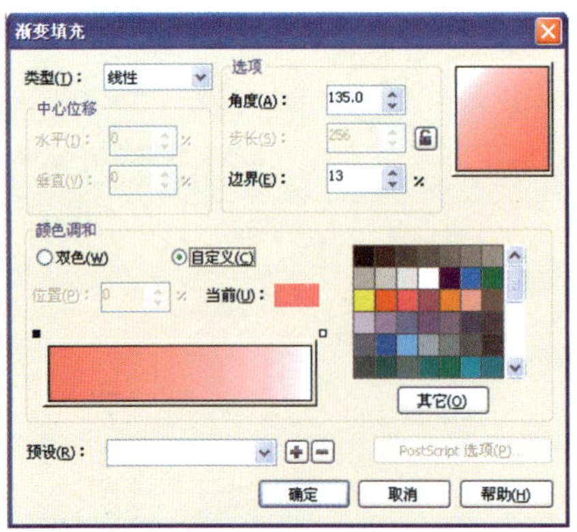

图11-148　【渐变填充】对话框

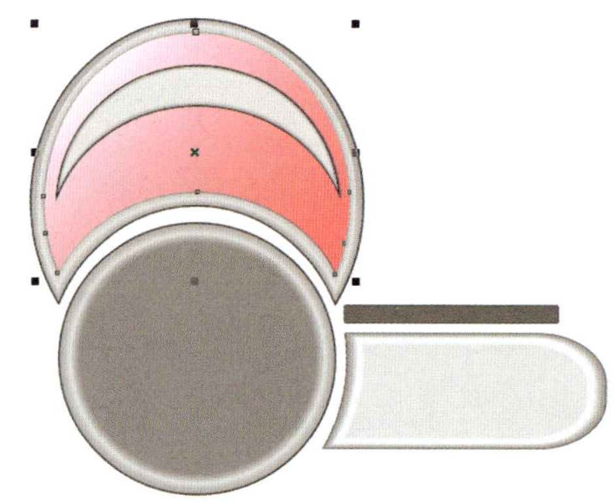

图11-149　渐变填充颜色后的效果

22 在画面中选择最上层的椭圆形，按“+”键复制一个副本，接着在默认的CMYK调色板中单击“洋红”，使它填充为洋红色，然后按“+”键复制一个副本，画面效果如图11-150所示。

23 使用矩形工具在画面的适当位置绘制一个矩形，如图11-151所示。

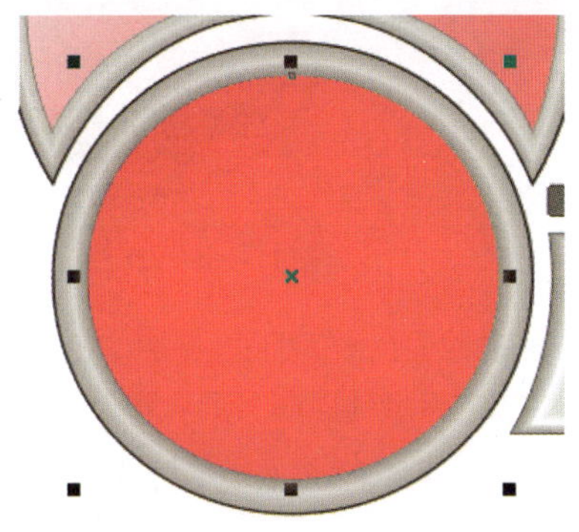

图11-150　复制并改变颜色

图11-151　绘制矩形

24 按“Shift”键在画面中单击洋红色圆副本，以同时选择这两个对象，再选择选择工具，在属性栏中单击按钮，即可使用矩形对洋红色圆副本进行修剪，修剪后的效果如图11-152所示，然后按“Shift”+“F11”键，弹出【均匀填充】对话框，在其中设定颜色为“C24、M100、Y94、K0”，设置完成后单击【确定】按钮，即可得到如图11-153所示的效果。

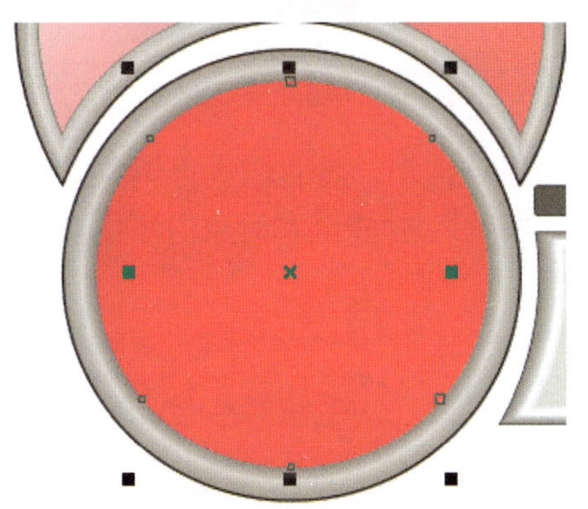

图11-152　修剪后的效果

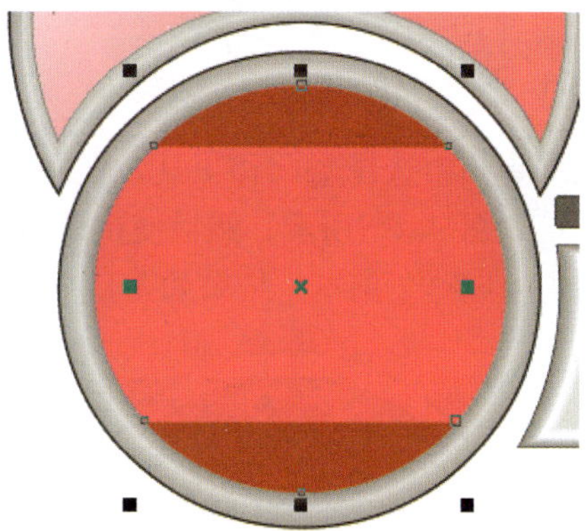

图11-153　填充颜色后的效果

25 使用选择工具在画面中选择洋红色椭圆，再按“+”键复制一个副本，然后按“Shift”+“PgUp”键将其排放到顶层，在默认的CMYK调色板中单击白，使它填充为白色，按“Shift”键拖动右上角的控制柄向内至适当位置，以将副本缩小，缩小后的画面效果如图11-154所示。

26 在属性栏中单击按钮，将椭圆形转换为曲线，再在工具箱中选择形状工具，然后拖动下方的控制柄至适当位置，接着拖动控制点调整其形状，调整后的效果如图11-155所示。

27 在工具箱中选择透明度工具，在画面中拖动鼠标将白色图形进行透明调整，调整后的效果如图11-156所示。

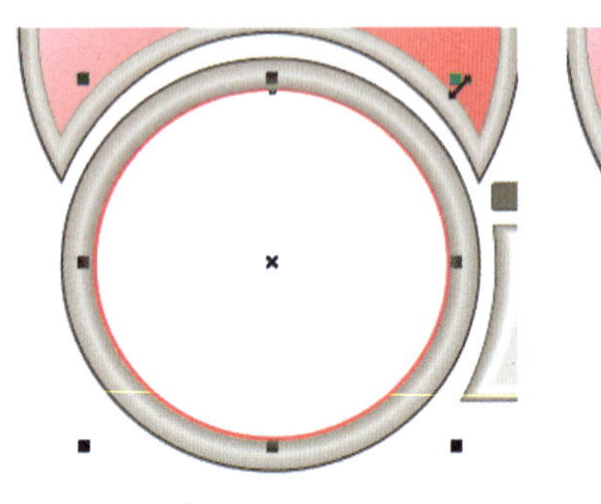

图11-154　复制并调整大小

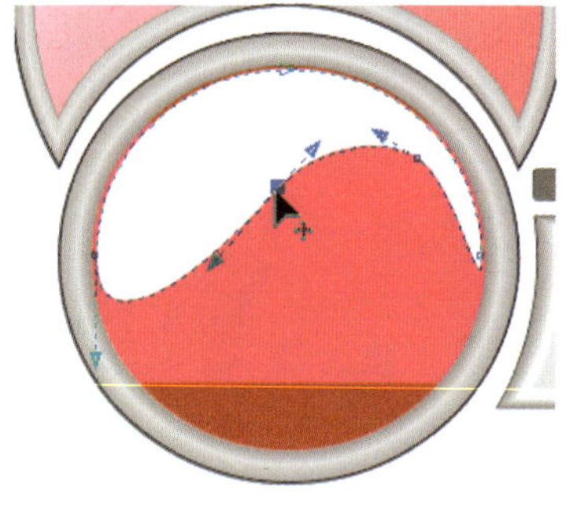

图11-155　调整后的效果

图11-156　调整后的效果

28 在工具箱中选择矩形工具，按“Ctrl”键在画面中绘制一个小正方形，再在默认的CMYK调色板中单击“20%黑”，右击“无”，得到如图11-157所示的效果。然后按“Ctrl”键将正方形向右拖至适当位置右击复制一个副本，结果如图11-158所示。

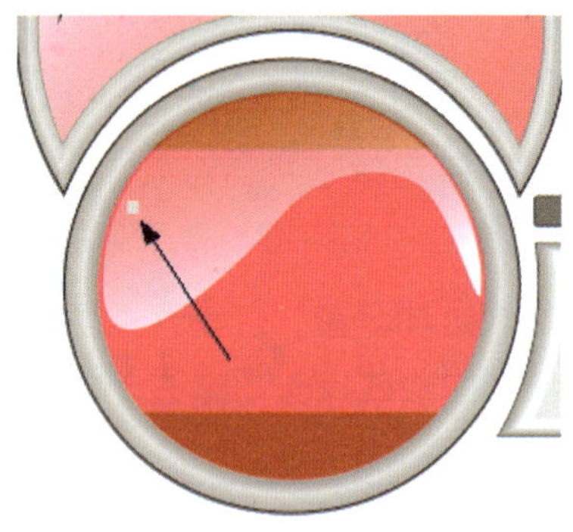

图11-157　绘制正方形

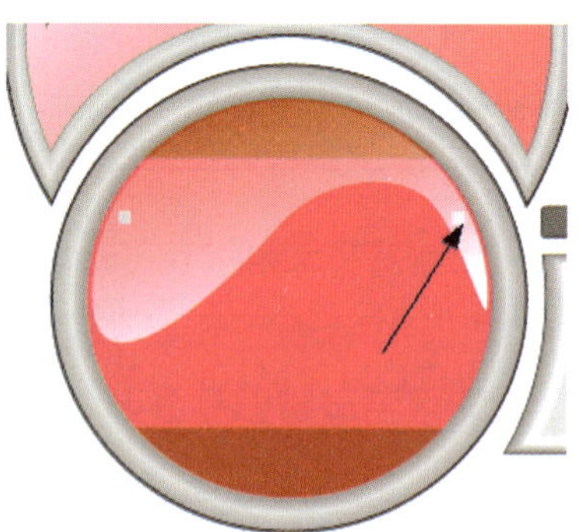

图11-158　移动并复制对象

29 在工具箱中选择调和工具，在两个正方形上进行拖动，将它们进行调和，调和后的效果如图11-159所示，然后使用选择工具并按“Ctrl”键将调和对象向下拖至适当位置右击复制一个副本，结果如图11-160所示。

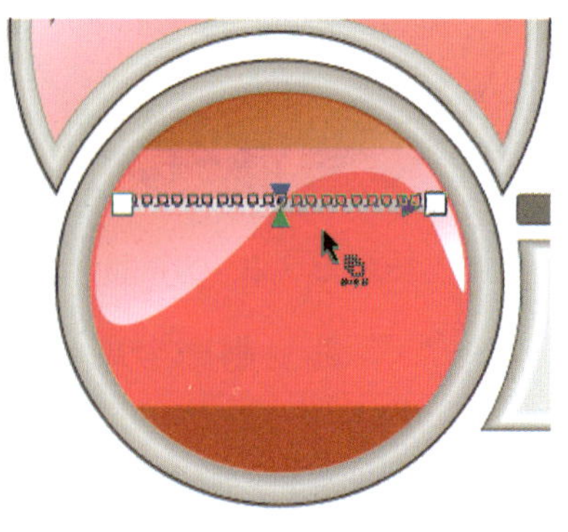

图11-159　调和后的效果

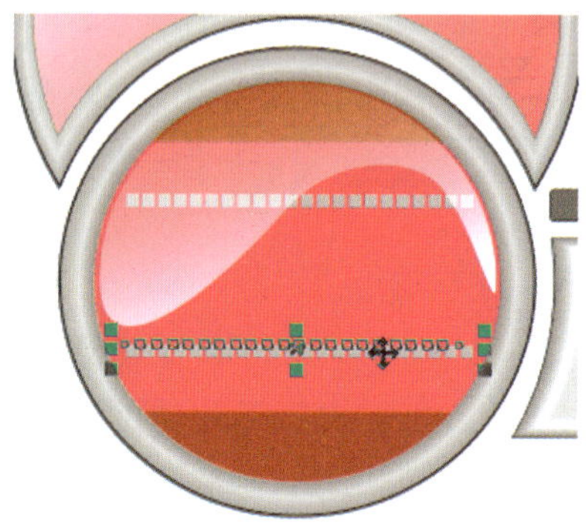

图11-160　移动并复制对象

30 按“Ctrl”+“I”键导入一个标志文件，然后将其调整到适当大小并排放到指定位置，调整后的画面效果如图11-161所示。

31 在工具箱中选择字文本工具，在画面中适当位置单击并输入所需文字，输入文字后使用选择工具确认文字输入，然后在默认的CMYK调色板中单击“蓝”，即可得到如图11-162所示的效果。

图11-161 导入标志

图11-162 输入文字

32 使用选择工具在画面中单击修剪后的灰色图形，按“+”键复制一个副本，再在默认的CMYK调色板中单击“天蓝”，将它填充为天蓝色，得到如图11-163所示的效果。

33 按“+”键再复制一个副本，并将其填充为白色，结果如图11-164所示，再使用形状工具将白色图形调整为如图11-165所示的形状。

34 在工具箱中选择透明度工具，并在画面中从下往上拖动，将白色图形进行透明渐变调整，调整透明度后的效果如图11-166所示。

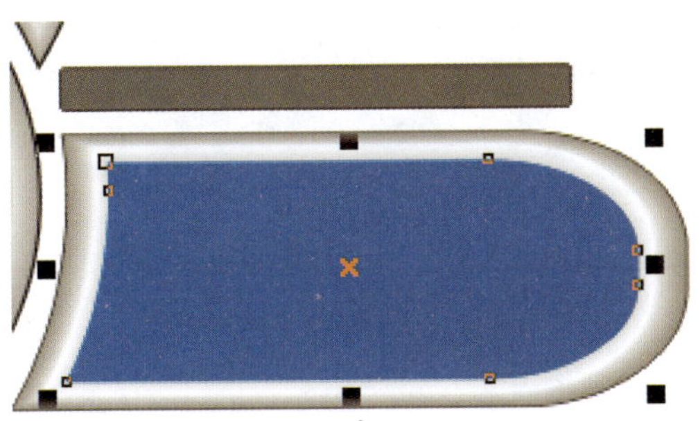
图11-163 填充颜色后的效果

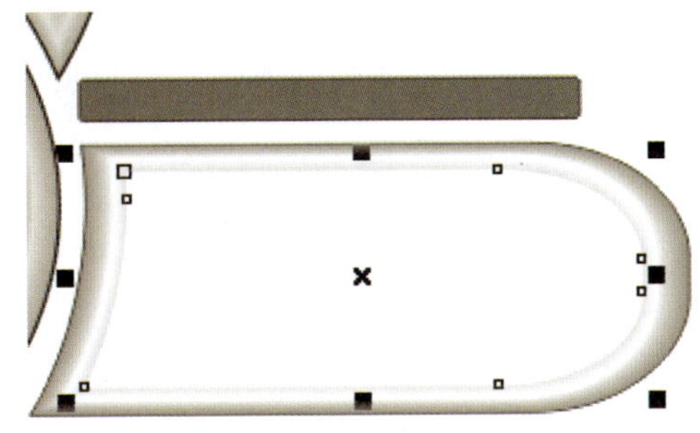
图11-164 填充颜色后的效果

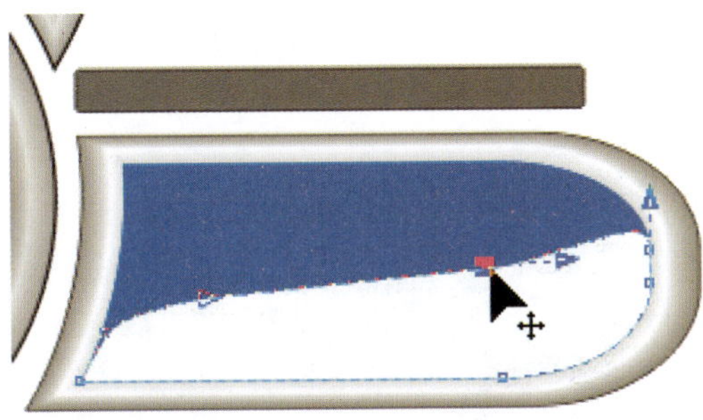
图11-165 调整形状后的效果

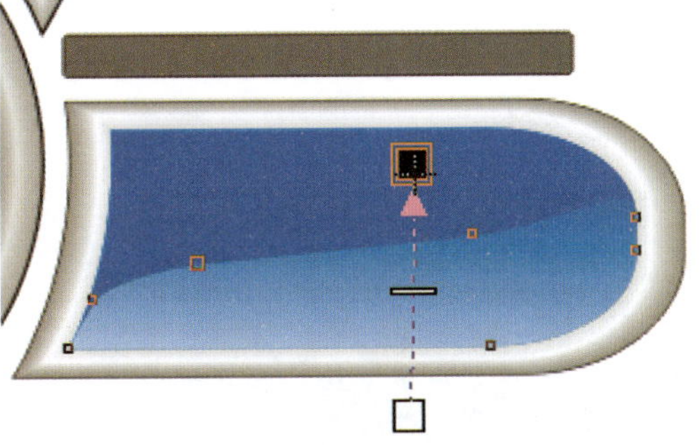
图11-166 调整透明度后的效果

35 使用钢笔工具在画面中天蓝色图形的上部绘制一个图形，按“Shift”+“F11”键弹出【均匀填充】对话框，在其中设定【C】为“30”，【M】为“6”，【Y】为“0”，【K】为“0”，设置完成后单击【确定】按钮，得到如图11-167所示的效果。

36 在工具箱中选择文本工具，在画面中适当位置单击并输入所需文字，输入文字后选择选择工具确认文字输入，然后在默认的CMYK调色板中单击“黄”，在属性栏中设置参数为 Arial Black 27.5 pt，即可得到如图11-168所示的效果。

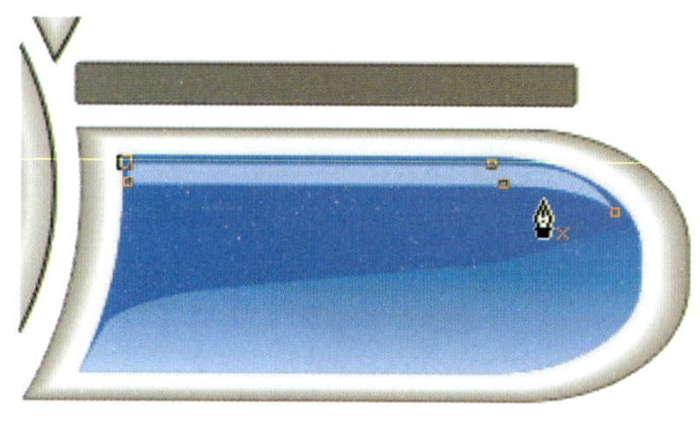

图11-167 用钢笔工具绘制图形

图11-168 输入文字

37 使用步骤36同样的方法在画面中依次输入所需的文字，输入文字后的效果如图11-169所示。

38 使用钢笔工具依次在画面中文字之间绘制三条直线，并分别在默认的CMYK调色板中右击“粉蓝”，绘制好的效果如图11-170所示。

图11-169 输入文字

图11-170 绘制直线

39 使用钢笔工具依次在画面中黄色文字上绘制两条直线，并分别在默认的CMYK调色板中右击“薄荷绿”，绘制好的效果如图11-171所示。

40 在工具箱中选择调和工具，在画面中两条薄荷绿色的直线上拖动，将它们进行调和，然后在属性栏的 5 中输入“5”，将其步长值改为5，得到如图11-172所示的效果。

图11-171 绘制直线

图11-172 调和对象

41 使用选择工具将调和对象拖至一边，如图11-173所示，然后在菜单中执行【效果】→

【图框精确剪裁】→【置于图文框内部】命令，当指针呈粗箭头状时，使用粗箭头单击黄色文字，即可将直线调和对象置于文字容器中，如图11-174所示。

图11-173 图框精确剪裁

图11-174 置于文字容器中后的效果

42 使用选择工具在画面中单击选择60%黑的圆角矩形，再在属性栏的【轮廓宽度】下拉列表中选择“0.5 mm”，将轮廓线加粗，加粗后的效果如图11-175所示。

43 在键盘上按“+”键复制一个副本，再在默认的CMYK调色板中右击“无”，清除轮廓色，得到如图11-176所示的效果。

图11-175 将轮廓线加粗后的效果

图11-176 复制并清除轮廓色后的效果

44 在工具箱中选择轮廓图工具，在属性栏中设置参数为 42 0.025 mm，填充色为白色，得到如图11-177所示的效果。

45 使用矩形工具在刚添加了轮廓图效果的图形上绘制一个黑色矩形，如图11-178所示。

图11-177 添加轮廓图后的效果

图11-178 绘制矩形

46 使用选择工具在画面中单击浅灰色的月牙形图形，在键盘上按“+”键复制一个副本，结果如图11-179所示。

47 在画面中选择大月亮形图形，接着在状态栏中拖动渐变至小月牙形图形上，使用相同的渐变颜色对其进行颜色填充，如图11-180所示。

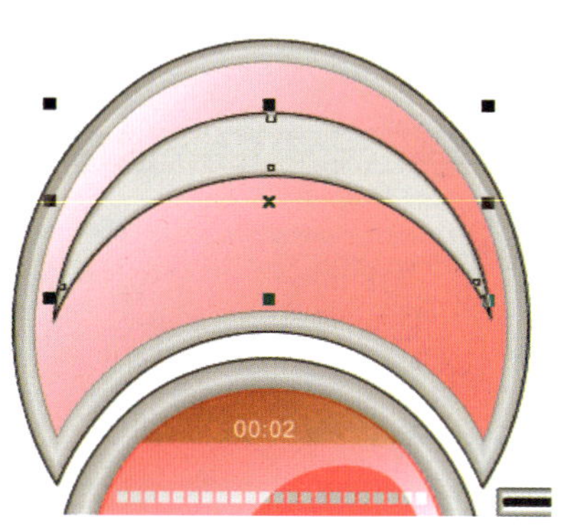

图11-179　复制一个副本

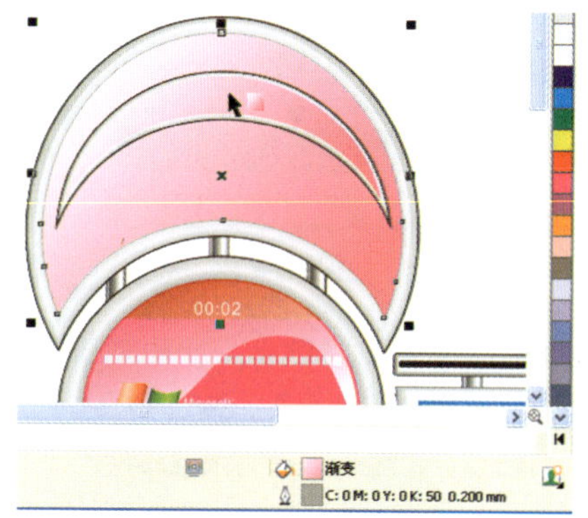

图11-180　应用已有渐变颜色

48 使用椭圆形工具绘制一个椭圆，如图11-181所示，再按“+”键复制一个副本，然后在默认的CMYK调色板中单击“30%黑”，右击“无”，清除轮廓色，得到如图11-182所示的效果。

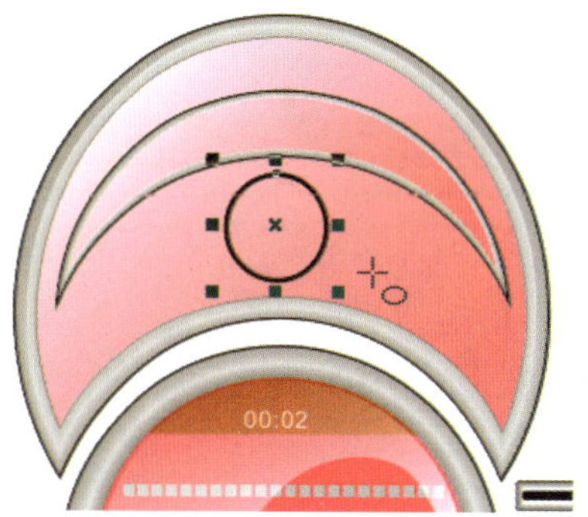

图11-181　绘制椭圆

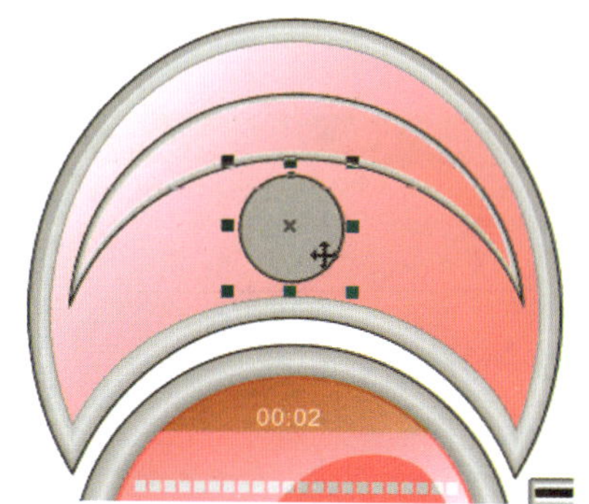

图11-182　填充颜色后的效果

49 按“+”键复制一个副本，按“Shift”键拖动右上角的控制柄向内至适当位置，以缩小副本，按“F11”键弹出【渐变填充】对话框，在其中设定【从】为“C12、M9、Y9、K0”，【到】为“白色”，【角度】为“135”，【边界】为“13%”，其他不变，如图11-183所示，单击【确定】按钮，得到如图11-184所示的效果。

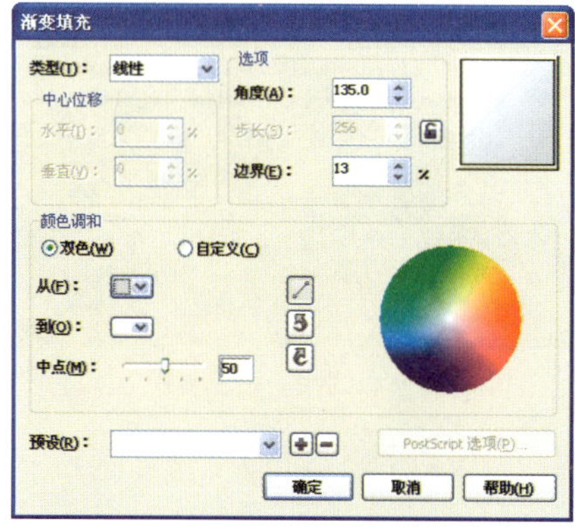

图11-183　【渐变填充】对话框

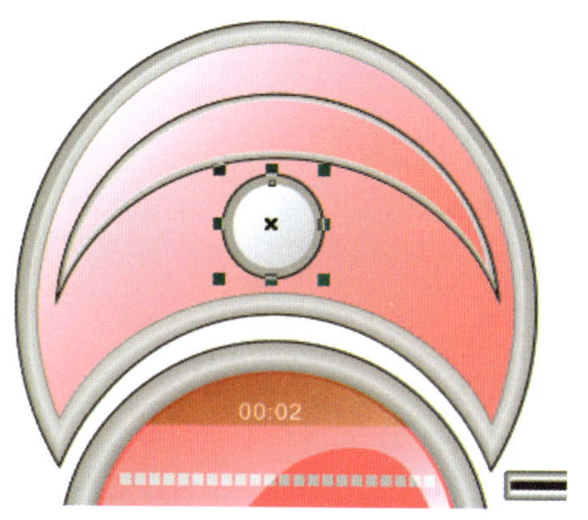

图11-184　渐变填充后的效果

50 在工具箱中选择调和工具，接着在两个椭圆上进行拖动，将它们进行调和，调和后的效果如图11-185所示。

51 使用选择工具框选刚绘制的淡灰色椭圆按钮，并将其向左拖至适当位置右击复制一个副本，然后拖动左下角的控制柄向右上方至适当位置缩小副本，结果如图11-186所示。

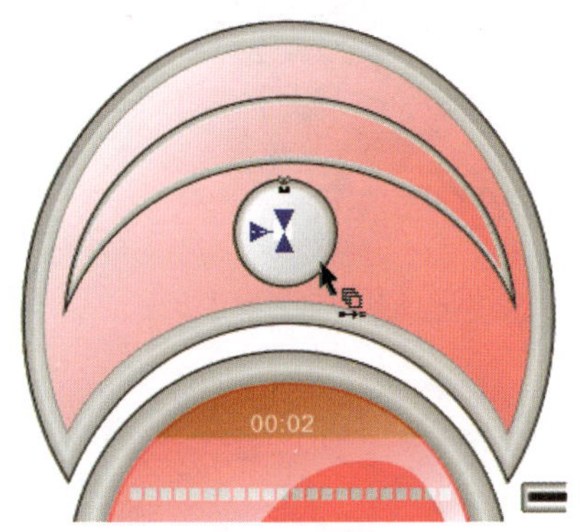

图11-185 调和后的效果

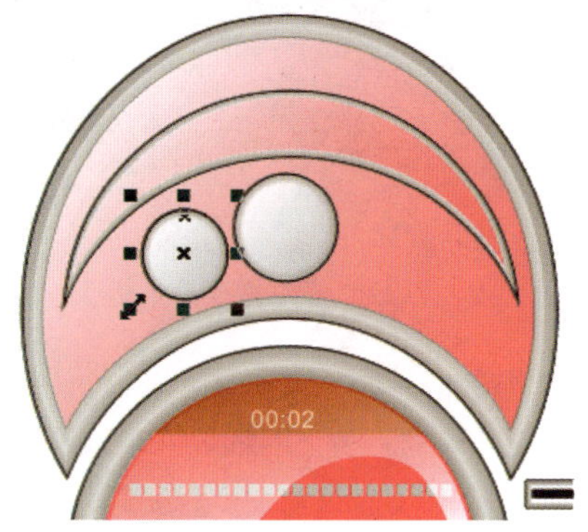

图11-186 移动并复制后的效果

52 使用步骤51同样的方法再复制多个副本，然后依次缩小，复制并调整后的效果如图11-187所示。

53 使用矩形工具与多边形工具在淡灰色按钮上依次绘制出表示暂停、向前、播放、向后与停止的图标，如图11-188所示。

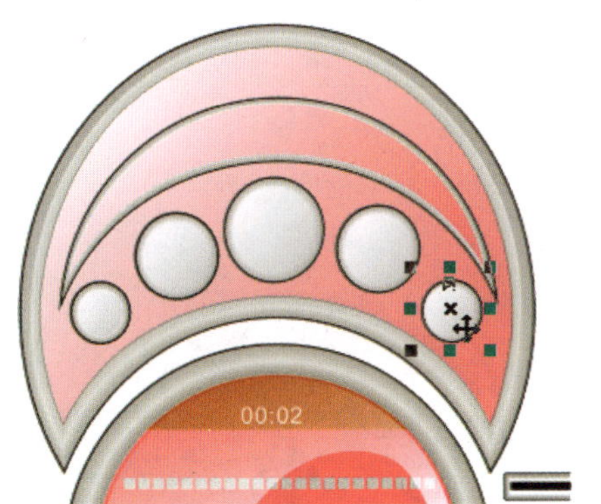

图11-187 复制并调整后的效果

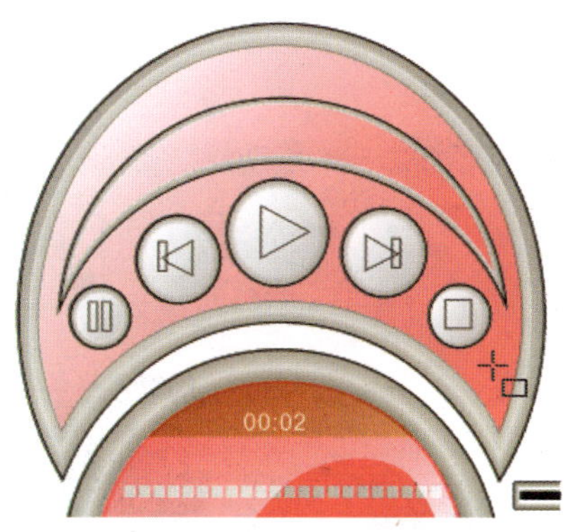

图11-188 绘制图标

54 按“Shift”键依次单击表示暂停、向前、播放、向后与停止的图标，以同时选择它们，然后在工具箱中选择填充工具下的 底纹填充 底纹填充对话框，弹出【底纹填充】对话框，在其中的【底纹库】中选择“样式”，在【底纹列表】中选择“2色棉布”，其他不变，如图11-189所示，单击【确定】按钮，得到如图11-190所示的效果。

55 使用步骤54同样的方法绘制向上按钮，绘制好的效果如图11-191所示。

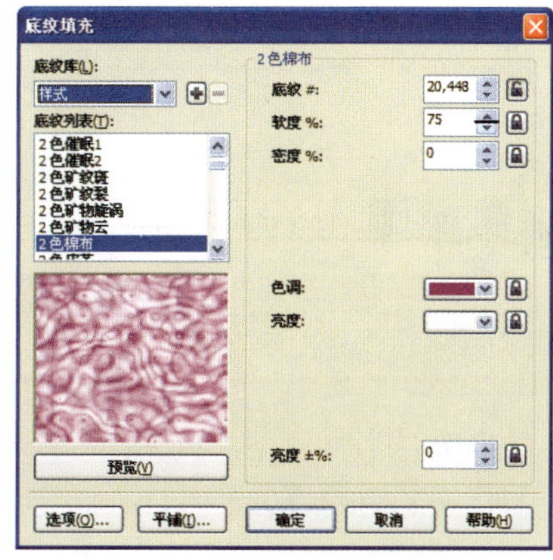

图11-189 【底纹填充】对话框

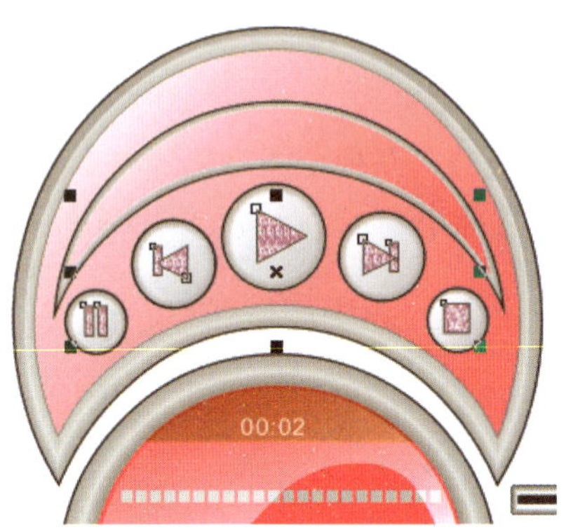

图11-190　填充底纹后的效果

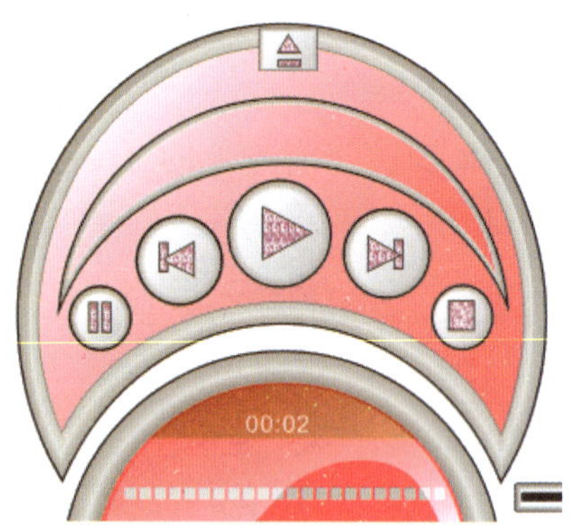

图11-191　绘制向上按钮

56 使用矩形工具在画面中月亮形与圆形按钮之间绘制一个矩形，如图11-192所示，按“F11”键弹出【渐变填充】对话框，在其中编辑所需的渐变，具体参数设置如图11-193所示，设置完成后单击【确定】按钮，得到如图11-194所示的效果。

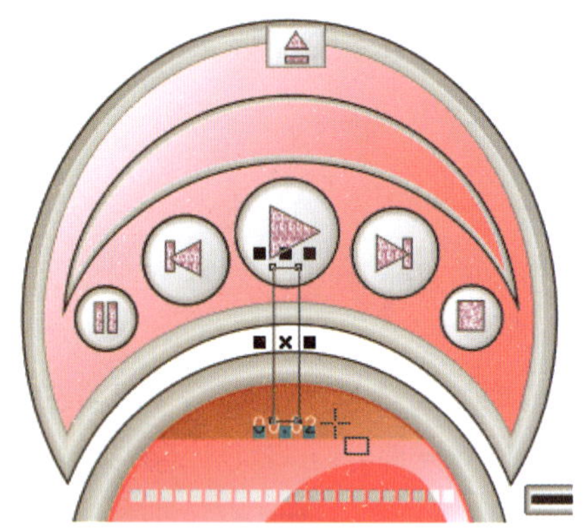

图11-192　绘制矩形

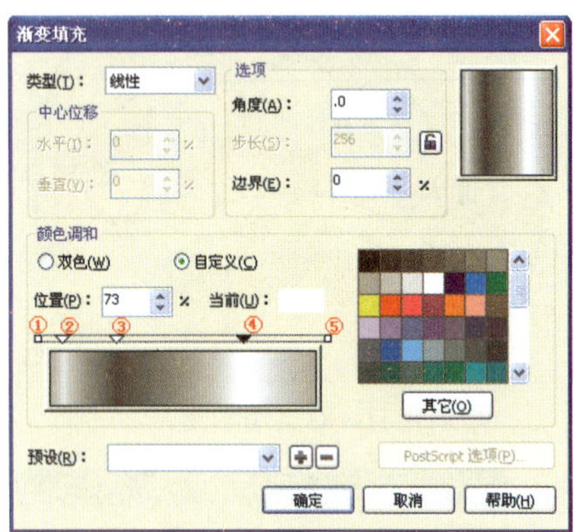

图11-193　【渐变填充】对话框

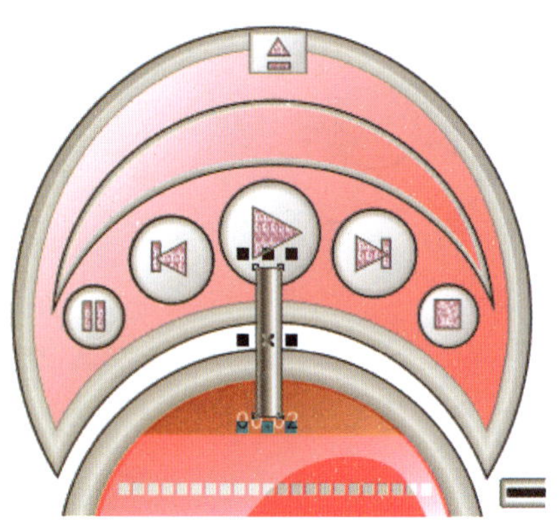

图11-194　渐变填充后的效果

说　明

色标1的颜色为30% 黑，色标2的颜色为10% 黑，色标3的颜色为80% 黑，色标4的颜色为白，色标5的颜色为30% 黑。

57 使用选择工具将刚绘制的渐变矩形向不同的位置拖动并右击复制出多个渐变矩形，拖动并复制后的效果如图11-195所示。

58 使用选择工具拖动渐变矩形至适当位置右击复制一个副本，然后在属性栏的 90.0 °中输入90，将渐变矩形进行旋转，再将其向下拖移到适当位置右击复制一个副本，结果如图11-196所示。

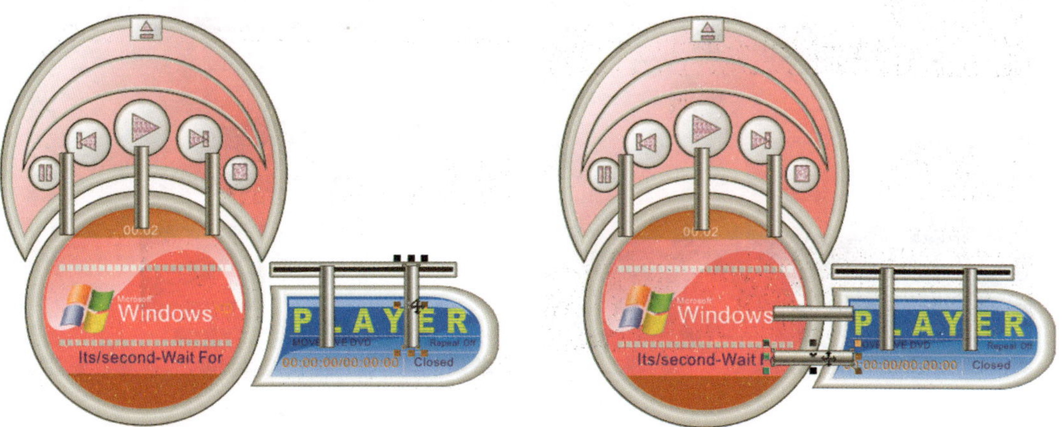

图11-195　拖动并复制后的效果　　　　图11-196　复制对象

59 按“Shift”键在画面中单击其他六个渐变矩形，以同时选择它们，然后按“Shift”+“PgDn”键将它们排放到最底层，再在画面的空白处单击取消选择，得到如图11-197所示的效果。至此播放器就制作好了。

图11-197　绘制好的最终效果图

11.5 网站设计

实例说明

“网站设计”可以用来制作网站中的网页。如图11-198所示为实例效果图，如图11-199所示为网站设计的效果欣赏。

图11-198 “网站设计”最终效果图

图11-199 精彩效果欣赏

设计思路

先使用矩形工具确定网页的大小，再使用导入、置于图文框内部命令先导入一张主题图片并置于矩形内，将其他导入的图片排放到相应的位置，然后使用钢笔工具、矩形工具、导入、文本工具、渐变填充、再制等功能为画面添加相关的内容。如图11-200所示为制作流程图。

图11-200 “网站设计”绘制流程图

操作步骤

01 按“Ctrl”+“N”键新建一个图形文件，在属性栏的【纸张类型/大小】下拉列表中选择“A3”，再单击□按钮，将页面设为横向，在工具箱中选择矩形工具，并在绘图页的适当位置绘制一个矩形，然后在属性栏的 350.0 mm 270.0 mm 中输入所需的宽度与高度，设置宽度与高度后的矩形如图11-201所示。

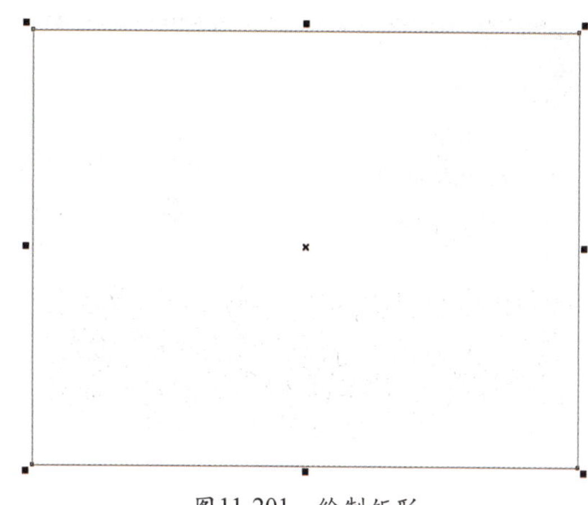

图11-201　绘制矩形

02 使用矩形工具在刚绘制矩形的上部绘制一个矩形，使它们的两边重合，绘制好的矩形如图11-202所示；同样在下方绘制其他三个矩形，绘制好的效果如图11-203所示。

03 按“Shift”键单击第1个和第3个矩形，以同时选择两个长的矩形，再在默认的CMYK调色板中单击黑，使它们填充为“黑”色，得到如图11-204所示的效果。选择第4个矩形，并在默认的CMYK调色板中单击“深绿”，将它填充为深绿色，结果如图11-205所示。

图11-202　绘制矩形

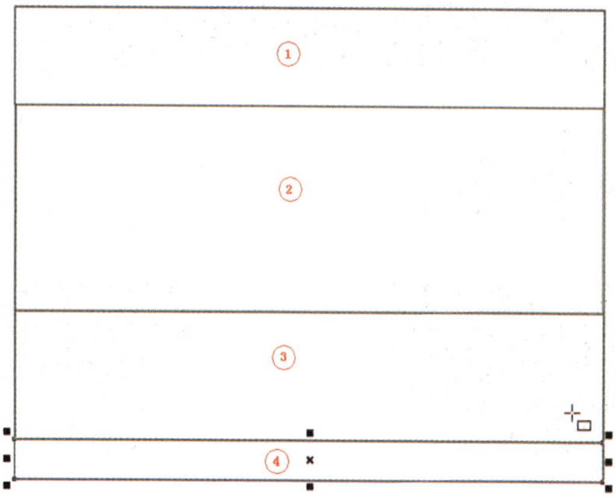

图11-203　绘制矩形

图11-204　填充颜色后的效果

图11-205　填充颜色后的效果

04 按“Ctrl”+“I”键导入一张图片，在菜单中执行【效果】→【图框精确剪裁】→【置于图文框内部】命令，当指针呈粗箭头状时，然后使用粗箭头单击第2个矩形，如图11-206所示，使图片置于矩形容器中，结果如图11-207所示。

图11-206　导入图片

图11-207　使图片置于矩形容器中后的效果

05 按“Ctrl”+“I”键导入一张图片，在菜单中执行【效果】→【图框精确剪裁】→【置于图文框内部】命令，当指针呈粗箭头状时，使用粗箭头单击第2个矩形，如图11-208所示，使图片置于矩形容器中，结果如图11-209所示。

图11-208　导入图片

图11-209　置于容器中后的效果

06 按“Ctrl”键在画面中单击图片，使它处于编辑状态，如图11-210所示，再选择婚纱图片，将其移动到适当位置，如图11-211所示；然后在左下方单击【完成编辑对象】按钮，得到如图11-212所示的效果。

07 按“Ctrl”+“I”键导入一个表示商标的图形，将其排放到适当位置，然后根据需要调整其大小，调整后的效果如图11-213所示。

图11-210　编辑图文框中内容

图11-211　编辑图文框中内容

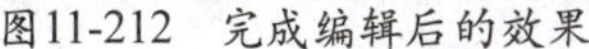

图11-212 完成编辑后的效果

图11-213 导入商标

08 按“Ctrl”+“I”键导入前面制作好的导航按钮，将其排放到适当位置，然后根据需要调整其大小，调整后的效果如图11-214所示。

图11-214 导入导航按钮

09 在工具箱中选择钢笔工具，在画面的底部绘制一条直线，在属性栏的【轮廓宽度】列表中选择“0.75 mm”，然后在默认的CMYK调色板中右击“黄”，将轮廓色改为黄色，得到如图11-215所示的效果。

10 使用选择工具将直线向上拖至中间图片的上、下两边分别右击复制两个副本，结果如图11-216所示。

图11-215 绘制直线

图11-216 移动并复制对象

11 使用矩形工具在画面中适当位置依次绘制出三个矩形，并分别填充为深绿色与土橄榄色，绘制好的效果如图11-217所示。

12 使用前面同样的方法再导入三张图片，然后将它们依次排放到适当位置并进行调整，排放好的效果如图11-218所示。

图11-217　绘制矩形

图11-218　导入三张图片

13 使用矩形工具在画面中右下方的图片右边绘制一个矩形，在默认的CMYK调色板中右击“白”，使其轮廓色为白色，再在属性栏的 中输入“20”，将矩形改为圆角矩形，结果如图11-219所示。

图11-219　绘制圆角矩形

14 在工具箱中选择 字 文本工具，在画面中圆角矩形中拖出一个文本框，如图11-220所示，然后输入所需的文字，按“Ctrl”+“A”键选择刚输入的所有文字，在属性栏中设置参数为 ，在默认的CMYK调色板中单击“黄”，取消文字选择的画面效果如图11-221所示。

图11-220　拖出段落文本框

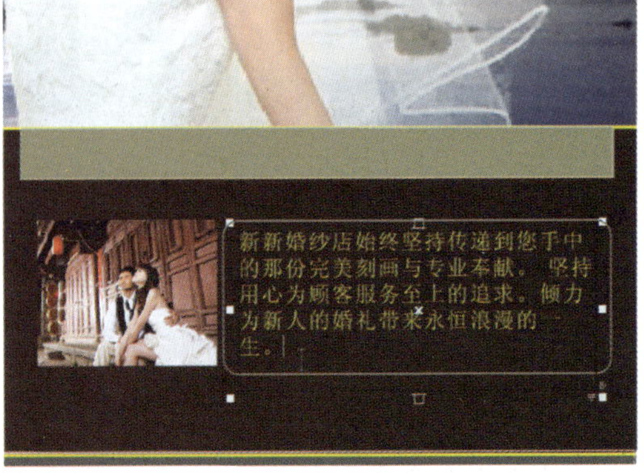

图11-221　输入文字后的效果

15 使用文本工具在画面中需要输入文字的地方依次输入所需的文字，输入文字后的效果如图11-222所示。

16 使用矩形工具在画面中“新闻动态”文字的下方绘制一个长矩形表示一条直线，如

图11-223所示。

图11-222 输入文字后的效果

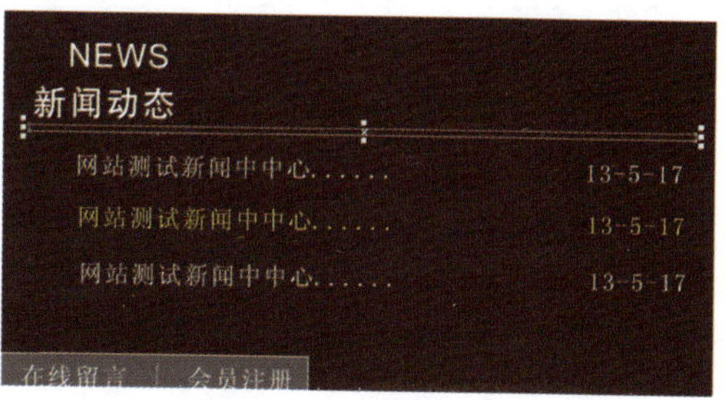

图11-223 绘制直线

17 按“F11”键弹出【渐变填充】对话框，在其中设定【从】为“橘红”，【到】为“白”，其他不变，如图11-224所示，单击【确定】按钮，再在默认的CMYK调色板中右击“无”，清除轮廓色，得到如图11-225所示的效果。

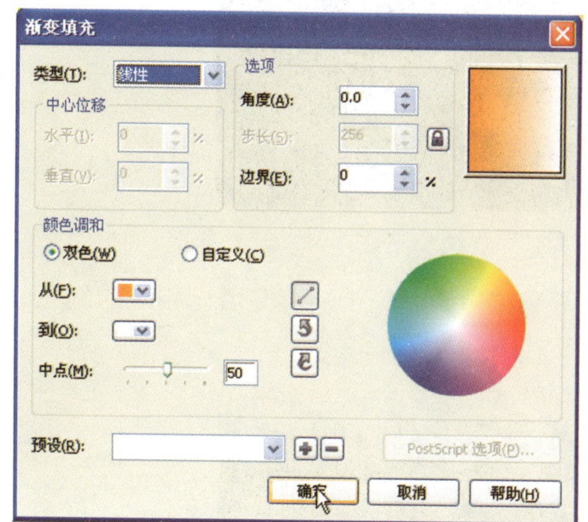

图11-224 【渐变填充】对话框

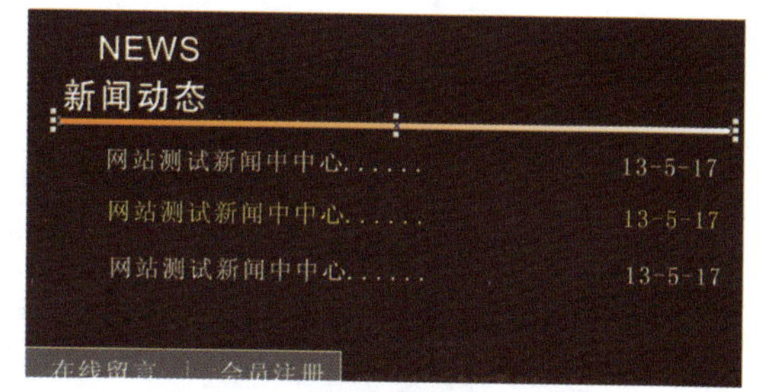

图11-225 渐变填充后的效果

18 在工具箱中选择钢笔工具，在“新闻动态”文字下方的文字之间绘制一条直线，再在默认的CMYK调色板中右击“白”，使轮廓色为白色，如图11-226所示，按F12键弹出【轮廓笔】对话框，在其中设置轮廓的样式，如图11-227所示，单击【确定】按钮，得到如图11-228所示的效果。

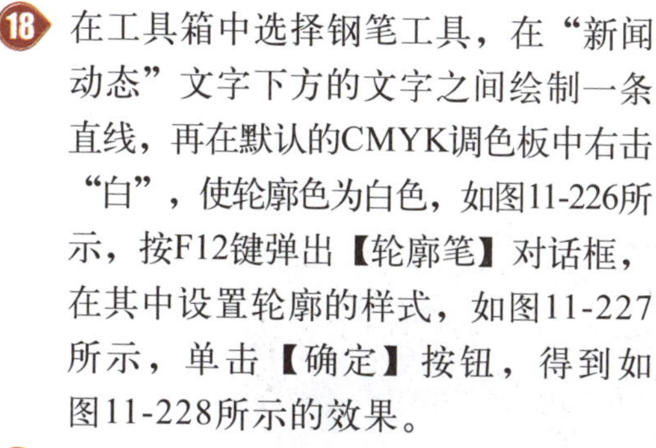

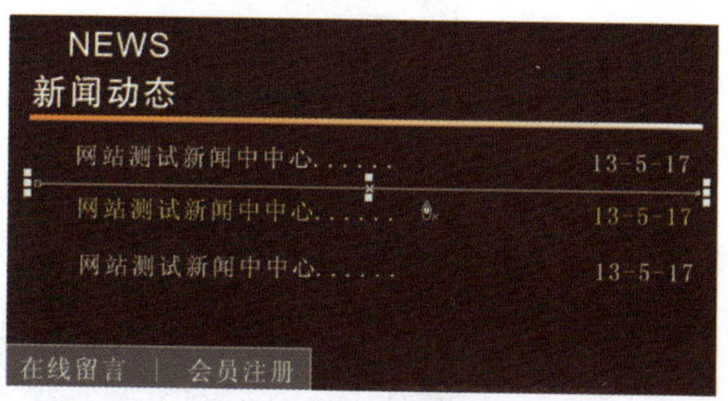

图11-226 绘制直线

19 使用选择工具将虚线向下拖动到适当位置右击复制一条虚线，然后按“Ctrl”+“D”键复制一条虚线，复制后的效果如图11-229所示。

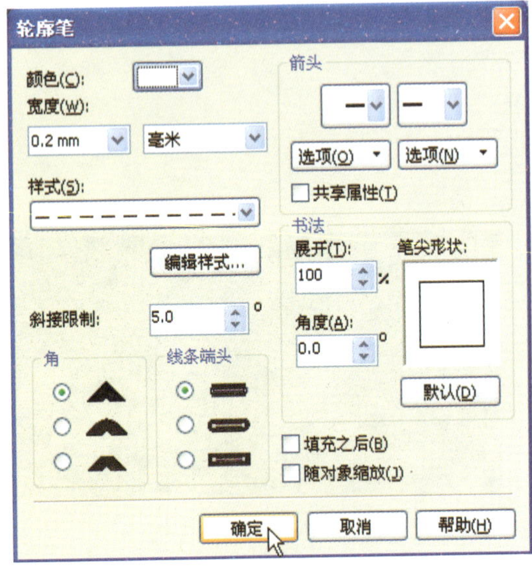

图11-227 【轮廓笔】对话框

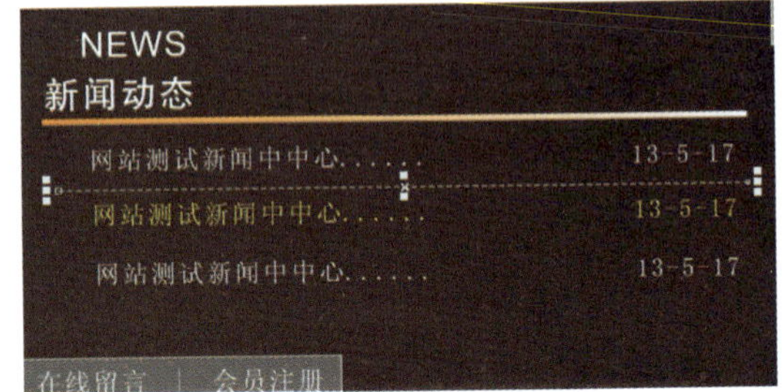

图11-228 改变为虚线后的效果

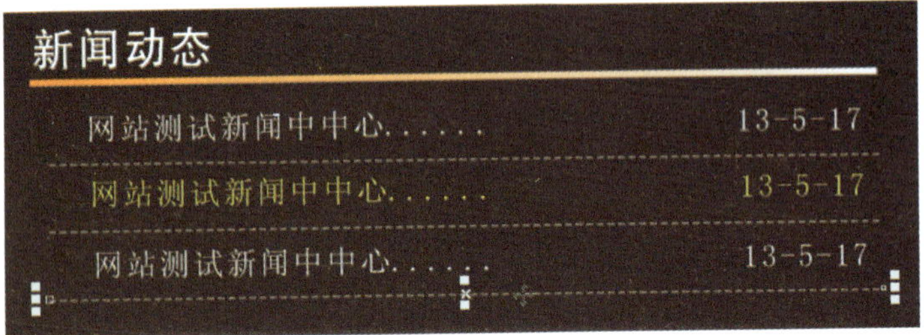

图11-229 移动并复制后的效果

20 使用矩形工具分别在“用户名”与“密码”文字后绘制一个矩形并填充相应的颜色，绘制好的效果如图11-230所示。至此网站就设计完成了。

图11-230 绘制好的最终效果图

读者回函卡

WISBOOK

亲爱的读者：

感谢您对海洋智慧IT图书出版工程的支持！为了今后能为您及时提供更实用、更精美、更优秀的计算机图书，请您抽出宝贵时间填写这份读者回函卡，然后剪下并邮寄或传真给我们，届时您将享有以下优惠待遇：

- 成为“读者俱乐部”会员，我们将赠送您会员卡，享有购书优惠折扣。
- 不定期抽取幸运读者参加我社举办的技术座谈研讨会。
- 意见中肯的热心读者能及时收到我社最新的免费图书资讯和赠送的图书。

姓 名：________ 性 别：□男 □女 年 龄：________

职 业：________ 爱 好：________

联络电话：________ 电子邮件：________

通讯地址：________ 邮编：________

1 您所购买的图书名：________ 购买地点：________

2 您现在对本书所介绍的软件的运用程度是在：□ 初学阶段 □ 进阶／专业

3 本书吸引您的地方是：□ 封面 □内容易读 □ 作者 价格 □印刷精美

□ 内容实用 □ 配套光盘内容 其他________

4 您从何处得知本书：□ 逛书店 □ 宣传海报 □ 网页 □ 朋友介绍

□ 出版书目 □ 书市 □ 其他________

5 您经常阅读哪类图书：

□ 平面设计 □ 网页设计 □ 工业设计 □ Flash 动画 □ 3D 动画 □ 视频编辑

□ DIY □ Linux □ Office □ Windows □ 计算机编程 其他________

6 您认为什么样的价位最合适：

7 请推荐一本您最近见过的最好的计算机图书：________

8 书名：________ 出版社：________

9 您对本书的评价：________

您还需要哪方面的计算机图书，对所需的图书有哪些要求：

社址：北京市海淀区大慧寺路8号 网址：www.wisbook.com 技术支持：www.wisbook.com/bbs

编辑热线：010-62100088 010-62100023 传真：010-62173569

邮局汇款地址：北京市海淀区大慧寺路8号海洋出版社教材出版中心 邮编：100081

海洋智慧图书